Beschäftigungen

der

Berlinischen Gesellschaft

Naturforschender Freunde.

Dritter Band.

Mit Kupfern.

Berlin,

bey Joachim Pauli. 1777.

Vorerinnerung.

Der dritte Band unsrer Beschäftigungen erscheinet etwas später, als wir anfänglich selbst vermutheten. Wir glaubten wenigstens jährlich einen Band sicher zu liefern. An Stoff dazu hat es nie gefehlet. Es waren andere Hindernisse, welche die Ausgabe dieses Bandes verzögerten. Hindernisse, die weder den hiesigen Mitgliedern der Gesellschaft, noch dem ermattenden Eifer unsrer entfernten Theilnehmenden Freunde zur Last geleget werden konnten! Für ietzo sind sie gehoben, und wir hoffen die kleine, durch unvermeidliche Nebenumstände veranlassete Zögerung dadurch wieder einzuhohlen, daß wir dem gegenwärtigen dritten Bande vielleicht auf Ostern 1778 den vierten folgen lassen.

In der Wahl der abgedrukten Abhandlungen und Nachrichten glauben wir die nöthige Vorsicht und Prüfung nicht vernachläßiget, in Ansehung der Abwechselung aller Materien aber, und alles dessen, was von uns allein abhieng, alles gethan zu haben, was billige Leser von uns zu erwarten berechtiget waren — Daß unsrer entfernten Freunde und Gönner ädelmüthiges Bestreben, unserm Institut immer mehr Nachdruk, Nüzbarkeit und sichre Dauer zu geben, ehe zugenommen habe, als im geringsten erkaltet sey, davon enthält, meines Erachtens, dieser Band allenthalben die thätigsten Beweise. Wir sahen kein sichreres Mittel vor uns, einer der ersten Pflichten gegen die großmüthigen Beförderer unserer Stiftung — unsrer Hochachtungsvollen Erkenntlichkeit, — einiger Maßen Genüge zu leisten, als wenn wir Ihnen öffentlich, nicht allein unsre Verbindlichkeit geständen, sondern zugleich unsre gemeinschaftliche Empfindungen der Hochachtung und des Dankes an den Tag legten. Das konnte, wie wir glaubten, durch nichts besser geschehen, als durch ein Verzeichniß der Geschenke, wodurch bisher unsre Bibliothek und Naturalienkabinet so ansehnlich bereichert worden, imgleichen durch Anzeige der von uns verehrten Freunde, welchen wir diese Vortheile zu verdanken haben. Wenigstens hatten wir beym Abdruk unsrer Verzeichnisse diesen Umstand hauptsächlich zur Absicht. Außerdem glaubten wir, daß es unsern Gönnern und Freunden angenehm seyn würde, nach und nach unsre Sammlungen etwas näher kennen zu lernen und einzusehen, wodurch uns in Zukunft, bey günstigen Gelegenheiten, Ihr ädles Wohlwollen ferner zu statten kommen könnte.

Von der Büchersammlung ist in diesem Bande das ganze Verzeichniß unsers gegenwärtigen Vorrathes enthalten. In so wenigen Jahren ein ansehnlicher Reichthum! Von dem angehenden **Kabinette** habe ich vorläufig nur dasjenige, was wir aus den 4 **ersten Linneischen Klassen** besitzen, kurz verzeichnet, und muß unsre günstige Leser, bey Gelegenheit der ersten Klasse, wegen eines Drukfehlers in der Ueberschrift um Vergebung bitten. In meiner Handschrift stand: **Menschen und vierfüßige Thiere.** Durch einen Zufall war beym Druk das erste weggelassen und in der Korrektur gleichfalls übersehen worden. Man wird aber diesem Fehler auf der 557 S. leicht abhelfen können, wenn man sich die Mühe nicht dauren läßt, unter die Worte: **Erste Klasse,** noch die zwey Worte: **Menschen und** rc. zu setzen. Im **vierten Bande** denken wir das Verzeichniß unsrer **Insekten, Konchylien** und anderer Seewürmer; in den folgenden aber, der gesammleten Merkwürdigkeiten des **Pflanzen**- und **Mineralreiches** zu liefern. Aus letzterm haben wir die vortreflichsten Stufen und Versteinerungen aus **Italien, Ungarn, Siebenbirgen** u. s. w. anzuzeigen. Wie sehr dieser Theil unsers Kabinettes durch die **Quecksilber**- und **Zinnoberstufen** vom Hrn. Prof. Hacquet bereichert worden, ist aus dem S. 56 rc. eingerükten unterrichtenden Verzeichniß zu sehen. Fast gleiche Beweise der

Großmuth haben wir von den Herren Ignaz Edlen von Born, Freyherrn von Meidinger, Hrn. von Fichtel, von Oesterreicher, Klein, Torkos, Ubelaker u. s. w. aus Oesterreich, Siebenbirgen und Ungarn, von unsern Italiänischen, Dänischen und vielen Deutschen Freunden theils schon erhalten, theils noch, als zuverläßige Versprechungen, zu erwarten. Ein sicherer Beweiß, daß die Freunde der Natur nie aufhören werden, Freunde unter einander selbst zu bleiben, und eine Wollust in den Verbindlichkeiten zu suchen, die einer dem andern aufzulegen vermögend ist!

Unter die neuern beträchtlichen Vortheile, die unsrer Gesellschaft durch einzelne Beförderer derselben zugewachsen, rechnen wir besonders den patriotischen Entschluß eines unserer verehrungswürdigsten Mitglieder, jährlich, so lang Er sich dazu aufgemuntert finden wird, einen Preiß von 20 Dukaten auf eine von Ihm selbst aufgegebene, gemeinnützige Frage vestzusetzen. Schade daß die Bescheidenheit dieses ädlen Menschenfreundes, den doch das Publikum schon aus viel rühmlichen Stiftungen kennet, uns nicht verstatten will, hier Seinen uns theuren Namen zu nennen! Die erste Preißfrage selbst, welche für dieses Jahr von Ihm den Gelehrten vorgeleget worden, haben wir auf einem besonders gedrukten Deutschen Programm, so weit es möglich war, bekannt zu machen gesuchet.

In

In so fern eine Stiftung dieser Art allemal desto vester gegründet, desto dauerhafter und nutzbarer ist, je weiter sich die einzelne Glieder des ganzen Körpers in der Welt erstrekken, und je mehr sich ihr Wirkungskreiß erweitert, können wir uns des Glükkes rühmen, uns mit diesen Vortheilen immer angenehmer schmeicheln zu dürfen. Wir müssen zum Ruhme der wahren Verehrer der Natur gestehen, daß nicht allein der Eifer unserer ersten Freunde und Beförderer unserer Stiftung sich immer in gleicher Thätigkeit zeiget, sondern daß noch immer mehrere vornehme, große und gelehrte Männer, an Ihren ädlen, patriotischen Gesinnungen Antheil zu nehmen, uns vergönnen. Hier sind, in fortlaufenden Zahlen, die Namen der Männer, deren Andenken uns allemal zur Ehrfurcht, Hochachtung, Dankbarkeit und Liebe reizen wird.

Verzeichnis der neuern Mitglieder vom Junius 1776 bis Oktober 1777.

112. Herr Nikolaus Andria, der Arzneygelahrtheit Doktor und Profeßor der Naturhistorie auf der Universität zu Neapel.

113. Hr. Gottfried Christoph Beireis, ordentlicher Professor der Medizin, Chirurgie und Physik zu Helmstädt, auch Herzogl. Braunschweigischer Hofrath.

114. Hr. Torbern Bergmann, Königlich Schwedischer Ritter, Prof. der Chymie zu Upsal, Mitglied der Röm. Kayserl. Akad. der Naturf., der Königl. Schwed zu Stokholm, wie auch der Königl. Sozietät zu London.

115. Hr. Johann Elias Bertrand, Profeß. der schönen Wissenschaften zu Neufchatel.

116. Hr. Franziskus Beuth, Jülich-Bergischer Hofkammergerichtsrath zu Düßeldorf.

117. Hr. Joh. Friedr. Blumenbach, der Arzneygel. Doktor, Profeß. der Medizin, Mitaufseher über das Universitätskabinet zu Göttingen.

118. Hr. P. Boddaert, der Arzeneygel. Doktor, ältester Rath im innern Senate des Kollegii der Stadt Vlißingen in Seeland, Mitglied der Röm. Kays. Akad. der Naturf. wie auch der Holländ. und Seeländisch. Gesellsch. zu Harlem und Vlißingen. Zu Utrecht.

119. Hr. M. Immanuel Karl Heinrich Börner, zweeter Oberlandschaftssyndikus und Sekretär bey der Schlesischen Patriot. ökonom. Gesellschaft zu Breslau. Hauptkorrespondent unsrer Gesellsch. in Oberschlesien.

120. Hr. Friedrich Heinrich Christian, Graf von Bork, Herr von Stargoordt, Laßehn, Pom-

Pommelen u. s. w. Domherr des Magdeb. Stiftes Gangolfi, zu Stargoordt in Pommern.

121. Hr. M. Georg Heinrich Borowsky, Prof. der Naturgesch. und Oekon. beym Philandropin zu Heidesheim, Mitgl. der Königl. gel. Gesellschaft zu Königsberg in Preußen.

122. Hr. Joh Philipp von Carosi, Hauptm. von der Armee des Großherz. von Lithauen.

123. Hr. Franz Dembscher, Oberaufseher der Veneziauischen Bergwerke.

124. Madem. Katharina Helena Dörrien, der Florentinischen botanischen Gesellschaft Mitglied, zu Dillenburg.

125. Hr. Ambrosius Egel, Magister der Weltweisheit und Profeßor der Experimentalphysik zu Würzburg.

126. Hr. Georg Forster, zu London, Mitglied der Königl. Akad. zu Madrit ꝛc.

127. Hr. Abt von Fortis, Mitglied der Röm. Kays. Akad. der Naturforscher und Königl. Akad. zu Siena ꝛc. Zu Venedig.

128. Hr. Joh. Kasper Füeßlin (jun.) Mitgl. der physik. Gesellsch. zu Turin ꝛc. Zu Zürch.

129. Hr. Joh. Herrmann, der Weltweisheit und Arzneygel. Doktor, öffentl. ordentl. Lehrer der Univers. zu Straßburg, der Königl. Schwed. Gesellschaft pro Patriâ Mitglied.

130. Hr. Amtmann Honkeny zu Golm bey Prenslow.

131. Hr. Franz, Graf von Kinsky, Mal-

theser Ritter, Kayserl. Königl. Kommandeur und Generalmajor zu Wien.

132. Hr. Christian Friedr. Karl Kleemann, berühmter Miniaturmaler zu Nürnberg.

133. Hr. D. Johann Lepechin, Mitglied der Rußisch Kays. Akad. der Wissenschaften, der Petersb. freyen ökon. Gesellsch. und Zensor beym Uebersetzungsinstitute zu St. Petersb.

134. Hr Franz Herrmann Heinrich Lüeder, Superintendent zu Tanneberg im Fürstenthum Lüneburg, der Zellischen Landwirthschaftsgesellsch. Mitglied, der ökonom. Gesellsch. zu Bern Ehrenmitgl. u. s. w.

135. Hr. Heinr. Gottfried Graf von Mattuschka, Freyherr von Sprattgen und Doppeltschau, Königl. Oberamtsregierungsrath, Hauptlandschaftspräsident von Mittelschlesien dirigirendes Mitgl. der patriot. ökon. Gesellsch. zu Breslau, Erbherr von Pilschen ꝛc.

136. Hr. Aloysius von Mehofen zu Salzburg.

137. Hr. Karl, des heil. R. R. Ritter und Freyherr von Meidinger, Herr zu Meidingen und Lauterbach. Hauptkorrespondent unsrer Gesellsch. für die Oesterreichische, Ungarische und Siebenbirgische Lande. Zu Wien.

138. Hr. Adolph Murray, Dokt. der Arzneygel. Königl. ordentl. Prof. der Medizin zu Upsal.

139. Hr. Karl von Oesterreicher, Kayserl. Königl.

Königl. Hauptmann beym Hochlöblichen Gradiskaner Infanterieregimente zu Petrovozello in Sklavonien.

140. Hr. Bernhard Christian Otto, der Arzneygel. Doktor und Adjunktus der Medizinischen Fakultät zu Greifswalde.

141. Hr. Joh. Georg Platho, sonst Wild genannt, erster Syndikus und Stadtschreiber zu Regensburg.

142. Hr. Karl Andreas von Plommenfelt, Mitgl. der Königl. Akad zu Florenz und Siena.

143. Hr. Johann Jakob Reichard, der Arzneygelahrtheit Doktor, approb. Praktikus und Aufseher über den botan. Garten bey der Senkenbergischen Stiftung zu Frankf. am Mayn, Mitgl. der Röm. Kays. Akad. der Naturf. und der Fürstl. Heßischen Sozietät der Wissenschaften.

144. Hr. Jakob Reineggs, der Arzneygel. Doktor, (jetzo in Asien und Afrika reisend).

145. Hr. Andreas Johann Retzius, Mag. der Weltweisheit, Adjunktus der Physikal. Klaße und Demonstrator der Kräuterkunde, beständ. Sekretär der physikographischen Gesellschaft zu Lund in Schweden.

146. Hr. Friedr. Eberhard von Rochow, Domherr und Prälat des hohen Stiftes zu Halberstadt, Ritter des Johannisordens, Herr von und zu Rekan, bey Brandenburg.

147. Hr. Julius Bernhard von Rohr, Königl.

nigl. Dänischer Hauptmann und Oberland-baumeister auf den Dänischen Inseln St. Johann, St. Thomas, und St. Croix.

148. Hr. Christian Rose, Kommandeur zu Jaffanapatnam auf Zeylon.

149. Hr. Baron S. A. von Rottemburg zu Klemzig bey Züllichau.

150. Hr Abt Rozier, Mitglied der Königlichen Akademien der Wissenschaften zu Paris, Lyon, Villefranche, Dijon, Marseille, der Kays. Akad. der Naturf. der Botanischen zu Florenz, Korrespondent der Gesellschaft der Künste zu London und Vlißingen, Mitgl. der ökonom. Gesellschaften zu Bern, Zürch, Limoges, Orlean, erster Direktor der Königl. Vieharzneyschule zu Lion ꝛc. in Paris.

151. Hr. Heinrich Sander, Professor der Naturgeschichte und Beredsamkeit am Gymnasio zu Karlsruhe.

152. Hr. L. R. G. Schrader, Advokat zu Elmshorn im Hollsteinischen.

153. Hr. Jo. H. Sulzer, der Arzneygel. Doktor zu Winterthur in der Schweitz.

154. Hr. Karl Gottlob Wagler, Leibarzt bey Ihro Königl. Hoheit, der regierenden Herzogin zu Braunschweig, Mitgl. der Harlemer Gesellschaft der Wissenschaften.

155. Hr. Christian Ehrenfried Weigel, der Weltweisheit und Arzneygelahrtheit Doktor, der Chymie und Pharmazie ordentlicher öf-

fentl.

fentl. Lehrer, Oberaufseher des botanischen Gartens zu Greifswalde, und Mitglied der Lundischen physikographischen Gesellschaft.

156. Hr. Abraham Gottlieb Werner, Inspektor des Naturalienkabinettes bey der Bergakademie zu Freyberg, Ehrenmitgl. der Leipz. ökonom. Gesellschaft.

157. Hr. Johann Georg Wisger, berühmter Medailleur zu Amberg.

158. Hr. Anton Michael Zeplichal, Direktor der Universität zu Breslau und sämmtlicher Katholischer Gymnasien in Schlesien und in der Grafschaft Glaz, ordentlicher Lehrer der Mathematik und Mineralogie zu Breslau.

159. Hr. C. L. Ziegler, Kurhannoverischer Kammerkondukteur oder Landbauaufseher zu Hannover.

So unbeschreiblich reizend für mich insbesondre die Wollust ist, mit so viel vornehmen, großen, berühmten, ädel und freundschaftlich denkenden Männern bisweilen in gesellschaftlichen und eignen Angelegenheiten mich schriftlich unterhalten, und Ihnen allen die Empfindungen meiner Ehrfurcht, Hochachtung, Dankbarkeit und Freundschaft versichern zu dürfen — so wesentlich dieser Beneidens werthe Vortheil zu den fühlbarsten Glükseligkeiten meines Lebens gehöret; so sehr bin ich doch zeithero durch abwechselnde Schwächlichkeiten und angehäufte

Ge-

Geschäfte verhindert worden, den Wünschen unsrer Naturforschenden Gesellschaft und Forderungen meines eignen Herzens, in baldiger Beantwortung Aller eingelaufenen, uns höchsterfreulichen Zuschriften, allemal Genüge zu leisten. Ich wiederhohle deshalb meine, in der Vorrede zum zweeten Band gethane Bitte, um gütige Nachsicht, wenn ich bey der beständig zunehmenden Anzal unsrer mitverbundnen, verehrungswürdigen Freunde, in meinen Antworten, wie seit Jahr und Tag geschah, nicht so pünktlich seyn kann, als die Gesellschaft und ich von ganzen Herzen wünschten. In Fällen, deren Beantwortung keinen Aufschub leiden, wird unsre Gesellschaft sicher jedem gerechten Vorwurf dadurch auszuweichen suchen, daß durch mich, oder durch meinen theuren Kollegen, den Hrn. Geh. Sekretär Otto, als zweeten Sekretär der Gesellschaft, alle verlangte Nachrichten ungesäumt ertheilet werden.

Bey dieser Gelegenheit muß ich noch anmerken, daß in allen Briefen oder Nachrichten von gesellschaftlichen Angelegenheiten keine andere, als des Herrn Sekr. Otto und meine Hand und Unterschrift für gültig anzunehmen, auch ferner alles, was die Gesellschaft angehet, unter der Addresse an die Gesellschaft Naturforschender Freunde, abzugeben beym D. Martini, an dieselbe zu senden sey. Was andre hiesige Mitglieder auswärtigen mitverbundnen Freunden schrei-

schreiben, ist allemal bloß als Privatsache, woran die Gesellschaft keinen Antheil hat, zu betrachten.

Unser täglich anwachsendes gesellschaftliches Archiv erfordert nun ebenfalls nothwendig eine Ordnungsmäßige Verfassung. Schwerlich, oder wenigstens höchst mühsam, würde diese zu erhalten seyn, wenn die an mich, in gesellschaftlichen Angelegenheiten gerichtete Briefe zugleich andre Privatsachen, wie bisher oft geschehen, enthalten. Unsre Gesellschaft ersucht aus diesem Grund alle respektive Mitglieder aufs freundschaftlichste, in Ihren gütigen Zuschriften alle gesellschaftliche und Privatangelegenheiten jedesmal von einander abgesondert, auf besondern Blättern, an mich einzuschikken.

In so fern sich auch bey Privatstiftungen kein anderer Fond, als die Börsen der gegenwärtigen ordentlichen Mitglieder vermuthen läßt, werden alle günstige Beförderer unsers gemeinnützigen Institutes uns gern verzeihen, wenn wir Sie ersuchen, uns in Ersparung alles überflüßigen und entbehrlichen Aufwandes nach Möglichkeit behülflich zu seyn. Das häufige Postgeld, welches wir zeither für unterschiedene, ganz unfrankirt an uns eingelaufene schwere Pakete zahlen müssen, deren Innhallt oft für uns von keiner Wichtigkeit gewesen, oft auch nur in bloßen Aufträgen bestanden, könnte mit der Zeit für unsern kleinen gemeinschaftlichen Fond zu einer wirklichen Beschwerde gedeyhen.

In den Fällen, wo es künftig einigen unserer verehrten Mitglieder beliebig seyn mögte, unsre Naturaliensammlung gütigst mit Beyträgen aus Ihren Gegenden zu bereichern, wünscht unsre Gesellschaft, allemal zugleich eine kurze Nachricht von den Gegenden, wo sie gefunden worden, und von den Provinzial-Benennungen der überschikten Produkte zu erhalten.

Da wir von unsrer auswärtigen, ädel denkenden Mitglieder höchst rühmlichem Eifer, den Endzwek unsrer Gesellschaft befördern zu helfen, genugsame Proben und Ueberzeugung haben; so dürfen wir hoffen, daß Dieselben diese unsre Wünsche nicht allein billigen und unsrer Gesellschaft innre Einrichtung dadurch immer mehr bevestigen helfen, sondern auch die Nothwendigkeit solcher Verfügungen so gut, als wir selbst, einsehen werden. Wahre Freunde suchen sich unter einander alles leicht und angenehm zu machen. Aedelmüthige Freundschaft aber, innige Hochschätzung, aufrichtiges Wohlwollen und gegenseitige Dienstleistungen, sind eigentlich der Gesichtspunkt, aus welchem wir alle respektive Mitglieder, und alle unsre Verhältnisse mit Ihnen, betrachten.

Berlin, den 4ten Oktober
1777.

D. Martini.

Innhalt

Innhalt
des
dritten Bandes
der Beschäftigungen
der
Berlinischen Gesellschaft Naturforschender Freunde.

)(V. Hrn.

den

Innhalt.

Char=

19) Aus

I.

Abhandlung wie die Naturkunde der Grund zu einer wohleingerichteten Oekonomie, und wie groß der Einfluß derselben in diese Wissenschaft ist.

von

Chr. Friedr. Reuß,

Prof. zu Tübingen.

Es giebt wenig Wissenschaften und Künste, die entweder an Anmuth oder an dem nahen Einfluß in das allgemeine Beste, oder an dem allgemein entschiedenen Werthe die Oekonomie übertreffen; es war daher kein Wunder, daß von je her grosse Gelehrte, eben so, als der Landmann, ihr Augenmerk auf Kenntnisse richteten, zu welchen sie die Natur selbst einladet, und welche ihnen die mancherley Bedürfnisse dieses Lebens unentbehrlich machen. Heut zu Tage redet alles von der Oekonomie, und es ist wirklich andem, daß diese Wissenschaft eine höhere Stufe, als jemals, erreicht hat; allein wir würden sehr fehlen, wenn wir den vorigen und ersten Zeitaltern Einsichten absprechen wollten, auf welche sie die Natur selbst und die Unterhaltung dieses Lebens eben so früh und eben so sehr aufmerksam machen mußte, als uns in diesen spätern Tagen. Wir können also in Ansehung des Anfangs dieser Wissenschaft sicher urtheilen, daß die Geschichte der Oekonomie mit der Geschichte des Ursprungs der Gesellschaften und Völker, also überhaupt mit der Geschichte der Menschheit parallel laufe. Denn so mußt' es seyn, und so reden die Denkmale der ältesten Zeiten, sowohl die Mosaische Schriften, als die Profangeschichten. Gleichwie aber alle Wissenschaften in ihrem Fortgang gewisse Epochen gehabt haben, wo sie zu einem grösseren Licht erhoben, oder in einen weiteren Umfang ausgebreitet worden: so lassen sich auch in der Geschichte der Oekonomie merkwürdige Stuffen beobachten. Mit einer unzähligen, Bewunderungswürdigen Anzal von Geschöpfen ist unser ganzer Erdball von dem so gütigen und weisen Schöpfer aller Dinge bereichert worden. Einem jeden Anschauer derselbigen ist ihre grosse Zahl unbegreiflich. Die so mannigfaltige Art der Ordnung, des Herkommens, inens, der Erhaltung, des Wachsthums, des Hauswesens, die unbeschreibliche Anzal von Pflanzen, Thieren, Fischen, Vögeln, Insekten, Würmern, setzt einen solchen in die größte Bewunderung. Ueber alle diese Arten von Geschöpfen ist der Mensch zum Oberhaupt gesetzt worden, zu dessen Nutzen alles da ist, woraus er sich alles Nöthige zu seinem Lebens Unterhalte, zur Kleidung, zur Bequemlichkeit wählen kann. Die Pflanzen sind dem Menschen vorzüglich zu seiner Nahrung von dem so gütigen Geber aller Dinge dargereicht; weil aber diese nicht allenthalben in den so verschiedenen Gegenden des Erdbodens in hinreichender Maasse, besonders bey der so starken Vermehrung der Menschen, fortkommen; so musten sie darauf bedacht seyn, mit aller Sorgfalt und Mühe ihr Hauswesen so einzurichten, daß sie durch Arbeit und Erfahrung, die für eine jegliche Gegend dienliche Gewächse den Sommer hindurch in genugsamer Menge pflanzten; in Ermanglung derselben sich der Thiere zur Nahrung bedienten, die auf dem Erdboden so verschiedene Gesteine auf mancherley Art zurichteten, und vermittelst der daraus zubereiteten Geräthschaften zu besserer Benutzung der Pflanzen und Thiere anwendeten. Sie wurden ferner genöthigt, eine gehörige Auswahl von den so mancherley Geschenken der Natur anzustellen, sich das besonders zu merken, und bekannt zu machen, was ihnen von denselbigen schädlich oder nützlich wäre. Diese Kenntniß der in die Natur gelegten Körper beruhet auf einer Wissenschaft, welche Naturwissenschaft, Naturkunde oder Naturgeschichte genennet wird. Wendet der Mensch diese Naturkunde zu seines Lebens Unterhalt und Bequemlichkeit an, so heißt sie Oekonomie, die gewisse Lehren in sich begreift, welche ihn unterrichten, wie er die in die Natur gelegte Körper und Eigenschaften derselben zu seiner Nothdurft recht anwenden kann, wie die Haushaltung, zu deren Aufnahme und Verbesserung, weislich zu führen, und alle schädliche Vorfälle klüglich zu vermeiden sind?

Der erste Mensch, welcher durch den Fluch zu einem mühsamen Anbau des Akkers, wovon er seinen Unterhalt nehmen sollte, bestimmt war, hatte von dieser Naturwissenschaft deutlichere Begriffe, als man insgemein glaubet. Das Licht der Erkenntniß natürlicher Dinge, welches vor dem Fall so herrlich in ihm leuchtete, daß er einem jeden Geschöpf einen Namen geben konnte, der seiner Art und Eigenschaft gemäß war, wurde durch den Fall nicht gänzlich verlöschet. Er verstand die Natur und Art der Sachen, die zur Haushaltung gehören, und besaß eine Fähigkeit, zu deren vortheilhaften Einrichtung weise Regeln zu geben. Wer wollte glauben, daß er dieses in seiner eigenen Haushaltung unterlassen, und den Kain beym Akkerbau, den Abel bey der Viehzucht einer Menge von Fehlern blos gestellt habe, die den Lauf ihrer häuslichen Geschäfte hindern und schaden konnten? Die lange Uebung und Erfahrung bey allerley

Fällen,

Fällen, verursachte bey dem ersten Menschen eine Fertigkeit, Regeln zu geben, die auch seine Nachkommen zu benutzen wußten; als beym Akkerbau, einem **Noah**, dem ersten Erfinder vom **Anbau des Weinstoks.** Es bekam also die Oekonomie hier schon einen Zuwachs. (Es mußten Regeln gegeben werden, wie der Weinstok gebauet, beschnitten, gepfählt, abgelesen, wie der Wein selbst gekeltert, auf Gefässe gebracht, gefüllt und erhalten werden sollte.) Ausser diesen Landwirthschaftlichen Verrichtungen haben sich die Hausväter sehr beflissen, eine bessere Einrichtung in der **Schäferey**, in der übrigen **Viehzucht**, wie auch in der **Jägerey**, und im **Gartenbau**, zu machen.

Es waren ihnen auch die meiste und vornehmste Künste und Handwerker nicht unbekannt, weil schon damals die mit den Materialien des mineralischen Reichs umgehende Gold- Kupfer- und Eisenschmide, die verschiedene, zu mehrerer Bequemlichkeit dienliche Gefässe zubereiteten. Die von diesen allenthalben verbreitete ökonomische Lehren benutzten auch nachher die **Hebräer**, **Phönizier**, und **Aegyptier**. Die vortrefliche Verfassung ihres Staats, und der blühende Zustand des ganzen Reichs in den Zeiten des Alterthums, sind Zeugen von der Achtung, die sie für diese Wissenschaft geheget.

Die Griechen suchten, aus Neigung zur Haushaltungskunst, die Aufnahme derselben durch öffentliche Schriften zu befördern. So sassen die Römer, welche in dem Guten, das die Griechen an sich hatten, sie nicht blos nachahmen, sondern übertreffen wollten, bey Verbesserung der Haushaltungskunst nicht stille. Sie suchten die Glükseligkeit ihrer Republik auf den höchsten Gipfel zu bringen, durch ein wohleingerichtetes Hauswesen, durch weise Regeln und Schriften vom Akkerbau, durch Pflanzung der Bäume, gute Einrichtung der Gärten, und andere zur Haushaltung gehörige Dinge. So hat sie bey den Hebräern, Phönizіern, Aegyptiern, (Griechen, Römern,) bey jeder Nation einen merkwürdigen Wachsthum erhalten. Den vollen Glanz erreichte sie aber in dem jetzigen Jahrhundert. Man werfe nur einen Blik auf Europa, wie es da in unseren Tagen beschaffen ist, so wird man im mindesten nicht zweifeln, daß die höchste unter allen zuvor angeführten Stufen unsern Tagen vorbehalten sey. Alle Reiche und Staaten vereinigen sich mit den Gesellschaften der Gelehrten, die Oekonomie auf den höchsten Gipfel zu bringen. Man sucht alle bisher noch unbenutzte Produkte der Natur auf, man erfindet beträchtliche Maschinen, man stellt eine Menge nützlicher und zum Theil kostbarer Versuche an, man setzt grosse Preise aus; alle Triebfedern der Natur, der Künste, der Erfindung und des Fleisses werden in Bewegung gesetzt, alles beeifert sich der Oekonomie wichtige Beyträge zu liefern, der Erde eine grössere Fruchtbarkeit zu geben, das Korn zu vermehren, die

Hol-

Holzungen zu vervielfältigen, neue Quellen zu entdekken u. s. w. Alle diese Bemühungen verdienen Hochachtung und werden auch nicht ohne glüklichen Erfolg, aber nur unter dieser Bedingung seyn, wenn die Anstallten, die Sittlichkeit zu verbessern, mit eben dem Eifer betrieben werden.

Eben so ist nun auch die **Naturgeschichte** in unsern Tagen vor andern eine Wissenschaft, welche beynahe allgemein wird. Nicht nur diejenige **Gelehrten**, deren Beruf und Amt es erfordert, die Natur genau zu kennen, ihren Geheimnissen eifrig nachzuforschen, ihrer Anweisung und ihrem Vorgange zu folgen, ja in manchen Fällen sogar ihre Kunstgriffe und Meisterstükke nachzuahmen, machen zu unsern Zeiten aus der **Naturkunde** mehr, als jemals, ihr Hauptwerk, sondern auch andere Gelehrte, und fast alle Gattungen derselben halten es gegenwärtig für eine ihrer angenehmsten Pflichten, eines Theils in der Naturgeschichte selbst einige Erfahrungen zu erlangen, andern Theils zu mehrerer Ausbesserung, Bereicherung und Aufklärung derselben das Ihrige beyzutragen, und überhaupt, dieselbe einen Hauptgegenstand ihrer Nebengeschäfte, und ihres angenehm nützlichen Zeitvertreibs seyn zu lassen.

Selbst **Kaiser, Könige** und **Fürsten** achten es heut zu Tag ihrer höchsten Würde so wenig entgegen, sich mit der Naturgeschichte zu beschäftigen, daß sie es vielmehr zu ihren wichtigen Regentenpflichten rechnen, Gönner, Beschützer und Beförderer dererjenigen zu seyn, die sich der Naturkenntniß widmen, und darinnen einige neue, besonders gemeinnützige Entdekkungen machen.

Alles, was von Körpern auf dem ganzen Erdboden sowohl einzeln, als besonders zusammen gesetzt anzutreffen ist, dienet zu des Menschen Lebensunterhalt, Nahrung und Bequemlichkeit, ihm die Tage dieses Lebens angenehmer und bequemlicher zu machen. Denn je mehr wir im Stande sind, unsern theils von der Natur, theils von der Erziehung, theils von der Gewohnheit herrührenden Bedürfnissen, oder erlaubten Trieben und Neigungen Genugthuung zu verschaffen, desto glüklicher sind wir in dieser Welt vor andern zu nennen.

Die **Anzal** dieser auf dem Erdball vorkommenden Körper ist Bewunderungswürdig groß, auf die mannigfaltigste Art, in der schönsten Ordnung, unter tausenderley lieblichen Formen und Gestallten anzutreffen. **Einige leben, wachsen und empfinden,** andere **wachsen** bloß und **leben,** und wieder andere **wachsen allein.** Diese Verschiedenheit unter den Körpern hat, um einer mehrern Deutlichkeit willen, zu drey Haupteintheilungen Gelegenheit gegeben. Die Kenntniß dieser in die Natur gelegten Körper, der Naturalien, nennt man **Naturkunde, Naturgeschichte,**

schichte, historia naturalis. Beschäftiget man sich aber nicht allein mit der blossen Kenntniß dieser Körper, derselben äussern und innerm Bau, sondern siehet man zugleich auch auf den Nutzen und die Vortheile, welche diese Körper so mannigfaltig darbiethen; so bekömmt alsdann diese Wissenschaft nach den verschiedenen Gegenständen besondere Namen, als die Wissenschaft, welche mit der Kenntniß der Vortheile, welche die Thiere zeigen, (Oeconomia animalium,) **Viehzucht, Jagd, Fischerey** u. d. gl. diejenige, welche die **Pflanzennutzung** an die Hand giebt, Oeconomia vegetabilium, das **Pflanzenwesen**, und die, welche die **Mineralienbenutzung** zeigt, Oeconomia mineralium, das **Steinreich**. Wie groß, wie wichtig, wie nöthig sind die Früchte dieser drey Reiche der Oekonomie! Wie nöthig und nützlich ist es demnach, allen Fleiß und Mühe anzuwenden, die so grosse Vortheile und den Werth derselbigen aufzusuchen! Wie können aber alle diese vortrefliche Früchten recht erlangt werden, wenn keine gründliche Kenntniß von der Körper äussern und innern Wesen damit verbunden ist, welche doch auf eine so leichte Art die **Naturgeschichte** an die Hand giebt? Wie nöthig und nützlich ist also die **Verbindung der Naturgeschichte mit der Oekonomie**! Die Wahrheit dieses Satzes wird sich immer mehr bestätigen, wenn man sich etwas genauer in jedes Naturreich einläßt.

Wenden wir uns zuerst zum Thierreich, so sehen wir hier mancherley Arten von Thieren auf den Feldern laufen, dort Vögel in den Lüften schweben, Fische im Wasser blinkern, Insekten allenthalben glänzen, und jedes nach seiner Art uns Vergnügen und Nutzen bringen. Einige Vögel streichen aus einem Theil der Welt in einen andern, Fische müssen aus der Tiefe der See an Strände herauf kommen, die Schnekken Muscheln, Heringe, Austern u. d. gl. die Ufer bedekken. Die Biene muß den süssesten Honig verfertigen, die Kuh, die Geis, die angenehme Milch, Butter und Käse, der Ochs, das Schaf, das Kalb, der Hirsch, das Schwein u. d. gl. das schmakhafteste Fleisch und Unschlitt darbieten, damit die Küche, die Werkstatt der Speisen, keinen Mangel leide.

Von verschiedenen harichten Thieren in diesem Reich erhalten wir die wärmste Kleider, als vom Hermelin, Zobel, Fuchs, Marder und Schafe; die annehmlichste und weichste Seide vom Seidenwurm; die kostbare Perle von der Muschel, das weisseste Elfenbein vom grösten vierfüßigen Thiere, dem Elephanten; das biegsame Fischbein, den schmierigen Thran und Spek vom Wallfisch, die weichsten Betten zu unserer Ruhe und Erquikkung vom Eidervogel, Schwan, Gans und andern Federreichen Thieren. Alle diese nur zum Beyspiel angeführte Vortheile von diesen Thieren recht zu benutzen, wird nothwendig eine genaue Kenntniß von eines jeden Thieres

Thieres und Geschöpfes Natur, Art, Weise und Eigenschaften erfordert, die uns die Oeconomia animalium, als die **Viehzucht, Jagd, Fischerey** u. d. gl. an die Hand giebt. So muß der **Landmann** seine Viehzucht, der **Jäger** seine Jagden, der **Grönländer** seinen Wallfischfang, der **Seidenhändler** seine Seidenwürmerkultur, der **Perlenfischer** seinen Perlenfang und so die andern alle, nach eines jeden Thieres Art und Weise einrichten, welche Behandlungen aus der **Thierökonomie**, als einem Theil der Naturgeschichte, leicht erlernet werden.

Seitdem man wahrgenommen, wie sich der **Luchs** vom Baum über die Hunde verwundert, wird er bald erleget. Der **Schollen** leichtes Aufsteigen aus dem Wasser auf das Eis, und deren schweres wieder Herabkommen, hat sie leicht fangen gelehret; so hat auch der **Raubthiere** Gierigkeit nach Fleisch und Aas veranlaßt, sie mit Fallen in Gruben, worinn Fleisch gelegt worden, zu fangen. Die Begierde des **Hermelins** nach Schwämmen, hat seinen Fang erleichtert; die Furcht der **Lerche** vor dem Habicht und ihr Niedersinken auf die Erde, hat sie uns durch papierne Habichte und Garne fangen gelehret. Der **Nachtigall** Verwunderung über alles, hat zu ihrem leichten Fang Anlaß gegeben. Ein erfahrner **Perlenfänger** weis aus seiner Naturkunde den Muscheln von aussen es anzusehen, ob sie Perlen halten oder nicht? Er sucht sie deshalb nicht zu tödten, noch um einer einzigen Geburt viele tausend Mütter umzubringen.

Um in der Oekonomie die Fortpflanzung und das Wachsthum der zahmen und wilden Thiere, der Vögel und Fische zu befördern, muß man deren Speise, Zeit, Weise und Lebensart verstehen, welche uns die Naturkunde der Thiere an die Hand giebt. Was für beträchtliche Vortheile verschaffen uns ferner die verächtliche Thiere, die Insekten, in Absicht auf die Färberey, welche alle noch bis auf den heutigen Tag verborgen geblieben seyn würden, wenn die Naturforscher diese Thiere so gering und unnütz geachtet hätten, als es der grosse Haufe der Menschen zu thun pflegt? Wie groß ist der Nutzen der Kochenille zum Rothfärben, eines Insekts, welches die Indianer in den Gehölzen von Neu-Mexiko, auf den wilden Opunzien, oder Indianischen Feigenblättern häufig sammlen! So wird das Gummilak in Siam an kleinen Aesten hangend angetroffen, die schwarzfärbende Galläpfel an den Eichen, von einer Art Fliegen. Der Purpurfärbende Pohlnische Kokkus ist, als ein kleines rundes Insekt, an den Wurzeln des Weggrases oder der Johannisblüthe, an dem Polygono coccifero a) befindlich, das auch an vielen Orten Deutschlands angetroffen wird, und statt der kostbaren Amerikanischen Kochenille sich leicht gebrauchen läßt. So nützlich es ist, manche Thiere zu

a) Sclerantus perennis L.

zu erziehen, so nöthig ist es einem Oekonomen, manche zu vertreiben, um den daraus entstehenden Schaden zu verhüten, den zum Beyspiel die so schädliche **Korn- und Mehlwürmer**, die **Werren**, **Mäuse**, **Maulwürfe** und andere verursachen. Wie können diese schädliche Thiere besser vertrieben werden, als wenn wir aus der Naturkunde die ihrer Natur nachtheilige Körper kennen lernen? Wie groß ist das Feld, das uns das Thierreich darbietet! Wie groß die Anzal von Vortheilen, die wir aus diesem Reich erhalten, die mit einem Bewunderungsvollen Auge kaum zu übersehen, und noch weniger in der Kürze alle zu erzählen sind!

Eine gleiche Bewandniß hat es mit dem **Pflanzenreich**, in welches uns die Thiere führen; denn die meisten Thiere nähren sich von Gewächsen, so, daß das Fleisch nichts anders zu seyn scheint, als ein durch eine wunderbare Maschine zubereitetes Gewächse. In diesem Reiche treffen wir alles an, was zur Speise, Erhaltung und Annehmlichkeit gereicht, die mancherley Garten- und Feldgewächse. Was für einen Einfluß hat nicht die Naturkunde in die Verbesserung der **Gartengewächse**, durch verschiedene Verpflanzungen, durch Fortpflanzung guter Obstsorten, durchs Einpfropfen, erhalten? Sind nicht auf diese Art manche ausländische Pflanzen zu uns gekommen? Ich will nur des Indianischen Gewächses, der Ananas, Erwähnung thun, welche die Gärten der Grossen

sen mit ihrer so lieblichen Blüthe zieret, und uns die schmakhafteste, gewürzhasteste, kostbarste Frucht anbietet.

Die **Oekonomie** hat ferner das **Getränke** zu einem Gegenstand ihrer Sorge; und hier leuchtet ihr wiederum die Naturkunde vor, indem sie ihr den so mannigfaltigen, nutzbaren Anbau, Fortpflanzung und Gebrauch der **Weinstökke**, des **Hopfens**, wie auch ausländischer Gewächse, und die Eigenschaften dieser Pflanzen, bekannt machet. Gleiche Bewandniß hat es mit der **Kornerndte**, diesem wichtigen Nahrungszweige des Landmannes. Waren es nicht Pflanzenkundige, die unzählige Versuche darüber anstellten? Waren sie es nicht ebenfalls, die an den entlegensten Gegenden die am stärksten sich vermehrende **Getreidearten** aufsuchten und welche nach genauen Versuchen Regeln vestsetzten, wie die Ausartungen des Samens in unseren Gegenden am besten zu vermeiden? wenn alle und jede Dinge am besten einzusammlen und zu verwahren wären? Schlägt einem Naturkundiger die Kornerndte fehl, so weis er aus den allenthalben stehenden, unschädlichen, nahrhaften, saftigen Wurzeln und Gewächsen sich leicht Nahrung zu verschaffen. So schöpft der Landmann aus eben dieser Quelle nützliche Regeln, wie er seine **Wiesen** und taugliche Grasarten anblümen soll; z. E. er troknet nicht nur bey einer nassen **Wiese** das morastige aus, befreyet sie vom Wasser, verbrennt davon den Rasen

oder

oder gräbt ihn, besäet sie nicht nur mit den gewöhnlichen Heublumen, von seinem Heuboden, sondern besäet den Platz mit solchen Grassamen, die vorzüglich für diese von der Nässe befreyte Wiese taugen. Ein in der Naturgeschichte erfahrner Landmann kann ferner sehr leicht nach seiner genauen Kenntniß von den verschiedenen Bestandtheilen der Gewächse, die für eine jede Gattung Thiere **dienliche Futterkräuter** auswählen, da eine jede Gattung von Thieren sich eigene Pflanzen zu ihrer Nahrung aussiehet, welche anderen Gattungen zuwider sind. Als da sind zum Beyspiele die **Bachbungen**, welche die Ochsen, Ziegen und Schafe gerne fressen, die Pferde und Schweine hingegen verachten. So lieben die Ochsen und Schafe den **spitzigen Ehrenpreis** b), den aber Pferde, Geisen und Schweine stehen lassen. Den **gemeinen Baldrian** verachten die Pferde, Ochsen und Schweine. Den Geisen und Ziegen giebt er ein angenehmes Futter. So fressen die Pferde und Ochsen den **gemeinen Wegerich** nicht, wohl aber die Ziegen und Schafe. Den **kriechenden Erdrauch** c) lieben die Pferde und Schafe, den Ochsen und Geisen ist er zuwider. So fressen den **Wasserschierling** d) das Pferd, das Schaf und die Geis. Der Ochs hingegen läßt ihn unberühret. So fressen alle bisher erzählte fünf Gattungen von Thieren den **Gänserich**, den

Berg=

b) Veronica spicata L.

c) Fumaria L.

d) Cicuta virosa L.

Bergklee, die Wikken, hingegen das gemeine Schöl-kraut, e) und Wasserranunkel f) gar nicht.

Von den Gärten, Weinbergen, Wiesen und vom Vieh begleiten wir nun den Oekonomen zum Bauwesen. Das Gewächsreich bietet die schönste und gröste Bäume dar, woraus wir bequeme Wohnungen, prächtige Palläste bauen, nützliche Hausgeräthe verarbeiten, Schiffe verfertigen, vermittelst welcher wir Entdekkungen unbekannter Länder machen, und dadurch aus entlegenen Ländern uns mehreres annoch Abgehendes zur Nahrung und Bequemlichkeit verschaffen können. Wie kann aber ein Oekonom gutes Zimmerholz zum Bauen aufsuchen, der von der Art, Eigenschaft und dem Alter des Holzes keine Begriffe hat? Wenn er z. B. von den Hochkiefern g) nicht weis, daß sie an ihren groben und mit Harz erfüllten Adern und besonderer Schwere zu erkennen, und in den Gebäuden zu Unterzügen und Fensterrähmen am dienlichsten, wie die Weichkiefern h) hingegen an den feinen Adern kennbar und zu Tafelwerk und Dachbrettern nutzbar sind; oder daß die rothe Tanne zu Pompen und Rohrhölzern bey hohen Wasserleitungen am brauchbarsten; die Fichte, die feinädrig und gelblich von Farbe, zu musika-

e) Chelidonium majus L.

f) Varietates et species Ranunculi aquatici.

g) Pinus sylvestris &c. Heideholz.

h) Eben dieselbe auserlesene Art, welche vom Unterschiede des Bodens gebildet wird.

sikalischen Instrumenten; die **Waldfichte** i) wegen ihrer Leichtigkeit zu Dachsparren, die **Harzfichte** k) nur zu Brennholz oder im Nothfall zu Zaunstökken am besten zu gebrauchen.

Da ich bey den Bäumen bin, so will ich nur ein Wort von den **Wäldern** erinnern. Haben nicht verständige Kräuterkundiger, in Anlegung dieser, zuerst für die Fortpflanzung der Bäume von verschiedenen Geschlechtern, für die rechte Einsammlung und Aussaat der Samen, für das rechte Fortkommen und Benutzen der in den Wäldern so verschieden vorkommenden nützlichen Gewächse, gegen die ein Unwissender gleichgültig ist, gesorget? Als der **Moose**, welche die Samen und die zarte Baumpflanzen vor der allzugrossen Hitze und Kälte bewahren? Oder lasset uns einen Blik auf den **Flachsbau** werfen, seitdem man diesen aus der Naturgeschichte kennt, seitdem man seinen Bau verbessert, tragen wir die schönste und bequemste Kleider. Da man ferner vorher bis ins neunte Jahrhundert in Europa nur die Aegyptische Papiere aus den Blättern einiger Pflanzen gebraucht, hat mit dem zugenommenen Flachsbau die Kunst es auch dahingebracht, aus den unnützen Lumpen ein bequemes, weisseres, dauerhafteres und wohlfeileres

i) Die gemeine Waldfichte ist die schlechteste, deren spaltige Stämme kein gutes und gleichadriges, vestes Kernholz geben.

k) Unterscheidet sich von der vorigen bloß, weil sie sehr kienig ist, welches man um der ökonomischen Anwendung willen anmerket.

Papier zu verfertigen. Zu dieser Erfindung nehme man auch eine zwote wichtige, die Erfindung der **Buchdrukkerey**. Durch diese beyde ist die ganze gelehrte **Welt** nur eine korrespondirende Gesellschaft geworden.

Nur noch ein Beyspiel aus dem **Pflanzenreich**! Diejenige Kräuter nämlich, mit deren Saft die **Mahler** auf mancherley Art mit der schönsten Farbe die Oberfläche verschiedener Körper zu überziehen wissen, oder deren Saft die Färber durch und durch in die leinenen, wollenen, seidenen Zeuge und Häute von Thieren hineinzubringen im Stande sind, z. E. die schönste gelbe Farbe mit dem Sandelholz, l) der **Erbsleorinde**, m) der **Kurkumäwurzel**, n) dem **Johanniskraut**, o) dem **Flöhkraut**, p) dem **Labkraut**, q) dem **Weiderich**, r) dem **Wullkraut**; s) die schöne Goldgelbe Farbe mit dem Safran, die prächtige rothe Farbe mit der **Färberröthe**, **Erlenrinde**, t) die **Purpurfarbe** mit dem **Fernambuk** und **Dostenholz**, u) die blaue mit dem **Indig**, **Weyd**, **Heidelbeeren**, x) die

l) Santalum rubrum. L.
m) Berberis. L.
n) Curcuma Radix.
o) Scleranthus perennis. L.
p) Polygonum Persicaria L.
q) Galium verum s. luteum.
r) Lythrum Salicaria. L.
s) Verbascum Thapsus. L.
t) Cortex Betulae Alni.
u) Herba florens Origani.
x) Vaccinium L.

die grüne mit der Jakobsblume, y) dem Faulbaum, z) dem Strausgras, aa) der Küchenschelle; bb) die schwarze Farbe mit der Erlen und Eichenrinde. Kann man also Materialien von Farben kennen, ohne das Pflanzenreich?

Welcher Wissenschaft haben wir die Kenntnisse zu danken, durch die wir für die Verfälschung der Arzneymittel von den Apothekern und Materialhändlern, wo nicht völlig, doch gröstentheils, gesichert sind? Welche war es, die uns diejenige Sachen kennen lehrete, die wir zubereitet schon seit Jahrhunderten in unsern Apotheken hatten, die wir als die kräftigste Arzneymittel gebrauchten, ohne einmal zu wissen, aus welchem Reiche sie hergenommen waren? Welche Wissenschaft ist es anders, als die **Botanik**, die uns vermittelst der Scheidekunst neue Wege zu Entdekkungen in der Arzneykunst öffnet? Welcher Führerin können wir sicherer folgen? Da sie uns, zum Beyspiel, der kostbarsten Gewürze Indiens vorzüglich wirkende Theile an ihrem Geburtsort entdekt, daß wir nicht mehr am **Kajaputöl** eine heilsame Wirkung in Nervenkrankheiten erwarten, da es meist verfälscht zu uns gebracht wird. Hat sie uns nicht die Betrügereyen mit dem Jalappenharz, mit der **Peruvianischen Rinde**, u. d. gl. bekannt gemacht? Hat sie uns

y) Senecio Iacobaea. L.
z) Rhamnus Frangula L.
aa) Agrostis ventispica L.
bb) Anemone Pulsatilla. L.

nicht gelehrt, wie wir statt der kostbaren ausländischen Chinarinde, die einheimische **Weidenrinde oder wilde Kastanie** brauchen sollen?

Wie groß und wichtig ist nicht die Pflanzenkenntniß für einen Wundarzt im Felde, wenn er im Getümmel und Gewimmel der Schlachten, von allen Mitteln entblößt dem Unglüklichen beyzustehen, gleich in der Nähe auf dem Felde diejenige Kräuter zu finden weis, die seine Salbe oder Pflaster wirksam machen?

Allein das **Botanische Feld** ist zu groß, als daß ich es übersehen könnte. Indessen hoffe ich doch erwiesen zu haben, daß die Sorgfallt, womit der Botanist die Staubfäden der kleinsten Pflanze, die geringsten Moose und veràchtlichste Schwämme betrachtet, nicht so sehr von glüklichen Folgen für das allgemeine Beste entblößt sey, als man vielleicht ehemals gedacht, ehe noch das Pflanzenreich, wie die ganze Naturgeschichte, in diesem Jahrhundert, durch den unermüdeten Fleiß und scharfsichtsvollen Beobachtungsgeist eines vertrauten Freundes der Natur, des unsterblichen Ritters von **Linné** eine neue Epoche angefangen hat.

Man wird gerne folgendes dem berühmten **Haller** nachsprechen:

Durchsucht das holde Reich der buntgeschmükten Kräuter
Die ein verliebter West mit frühen Perlen tränkt,

Ihr

Ihr werdet alles schön und doch verschieden finden,
Und den zu reichen Schatz stets graben, nie ergründen.

Wie das Thier- und Pflanzenreich uns manches zur Nahrung Nöthige und zur Bequemlichkeit unsers Lebens Dienliche verschafft; so treffen wir ein gleiches im Stein- oder **Mineralreich** an, welches seiner Lage nach das niedrigste ist, aber nicht seinem Werthe nach, da es uns die kostbarsten Körper darbietet. Wenn ich nur aus diesem Reiche, das seinen innern Werth immer behaltende **Gold** und **Silber** anführe, so nenne ich ein **Produkt**, für welches Länder und Städte verkauft, der lebenslängliche Unterhalt gesammlet, aus welchem die prächtigste Kleidung verfertiget wird, welches von keinem Element verzehrbar ist, das dem ganzen Handel oder Wandel, den Armeen, den Staaten überhaupt erst gleichsam die Nerven giebt. Aus diesem Reich erhalten wir auch das uns unentbehrliche Metall, das **Eisen**, womit wir die höchsten und dikſten Bäume niederschlagen, die harte Felsen durchgraben, aus Feuersteinen Feuer herausschlagen, unsere Häuser und Sachen vor den feindlichen Angriffe verwahren, daraus wir Gewehr, Geschütz und andere Instrumente verfertigen, und, um die Länge der Zeit abzumessen, Uhren verarbeiten. So haben wir auch daher den unansehnlichen schwarzen **Magnetstein**, den besten Wegweiser, wenn wir, ohne Land zu erkennen, in den wilden Wellen des brausenden Meeres herumgeworfen werden; den Wegweiser, der einem Kolumbus sicher noch einem unbekannten Welttheil führte. Wir erhalten ferner das Kupfer, in einen theils fadichten, theils breiten, Meßingnen Körper verwandelt, zu Saiten, Waldhörnern, Trompeten, um unserem Gehör eine angenehme und entzükkende Ergötzung zu verschaffen, wie von den Zinnernen, vom Orgelmacher mit Bley vermischten Orgelpfeiffen, oder von den aus Kupfer, Zinn und Bley vom Glokkengiesser verfertigten, weit und breit erschallenden Glokken. So das Bley, Zinn und Spiesglas untermengt, zu Verfertigung der Buchstaben, für den Buchdrukker, um alle Wissenschaften sicherer für die gegenwärtige und zukünftige Zeiten zu verwahren und mehrern bekannt zu machen. So dienen die grosse Sandsteine, um die aus dem Pflanzenreich erhaltene Früchte zu leichterer Nahrung in ein feines Pulver vom Müller verwandelt zu sehen. Die kleine Sandsteine aber, mit Potasche vermenget, auf den Glashütten in das helleste Glas verwandelt, verschaffen uns z. B. Sehröhre, durch die wir in die entfernteste Laufbahnen der Himmelskörper unsere Aussichten erweitern. Ferner entstehen hieraus die Vergrösserungsgläser, durch die wir eine uns unsichtbare Welt im Kleinen entdekken.

Ein anders wichtiges Produkt ist der **Marmor**, welcher die Säle in den Pallästen der Grossen ausschmükt, Bildnisse und Nachrichten, die darein gegraben werden, der Nachwelt zum Andenken überliefert.

liefert. Mit dem Salpeter, der mit Schwefel und Kohlenstaub vermischt, vom Pulvermacher zu einem schwarzen, unansehnlichen, körnigen Pulver verwandelt wird, richten wir erstaunliche Dinge aus; denn, was ist stärker als Salpeter, welcher die Stärke des Schießpulvers verursacht? Dieser kann die größte Schiffe in die Luft werfen, die stärkſten Vestungen erschüttern, die härtesten Felsen zersprengen, die tapfersten Helden gleich Kindern tödten, allen Thieren das Leben benehmen. So erhalten wir deßgleichen auch aus dem Steinreich den Arsenik, alles Lebendige zu tödten, und auch einen lieblichen blauen Glasartigen Körper zu verfertigen, welcher zu Pulver und Staub verrieben, unsere Leinwand angenehm färbet, und vor dem öftern Waschen verwahret. Wie offenbar ist nicht der Einfluß der Physik in alles dieses, besonders auch in die Kunst des Parmesans und Bekkasuni, mit Scheidewasser, aus Salpeter gemacht, statt des Grabstichels in Kupfer zu arbeiten? Diese viel kürzere Manier ist die Folge der Eigenschaft des Scheidewassers, die Metalle aufzulösen und des Wachses zu schonen.

Wer hat allen diesen Künstlern, Handwerkern, Fabrikanten, Manufakturisten die so grosse Vortheile aus diesen Steinen und Mineralien herauszuziehen gelehret? Wer hat es z. E. den Bergleuten, Schmelzern, den mancherley Schmieden, Uhrmachern, Glokkengiessern, Meßingschlägern, Goldschmieden zuerst

 gezeigt,

gezeigt, die auf dem Erdboden ganz roh vorkommende Mineralien auf so mancherley Art zu des Menschen Nahrung und Bequemlichkeit zu bearbeiten? Haben sie es nicht den Naturkundigern allein zu danken, welche zuerst durch vieles Nachdenken, und Nachforschen von den Mineralien sich die gründlichste Kenntniß verschaft, und nach der Mutter von der Frucht geurtheilt, wozu sie manche Chymische Versuche nach den Regeln der Scheidekunst verfertiget, die daraus wahrgenommene Vortheile andern erst mitgetheilt, bis alsdann mehrere Personen ihre tägliche Nahrung darinn gesucht, theils die rohen Mineralien zu besserem Gebrauch zuzubereiten, theils die gewonnenen und zubereiteten Dinge den Ausländern gegen die Bezahlung zuzuführen und zu verkaufen. Man siehet täglich in Bergwerken, wie alle Bergknappen auf alles Gebirge darinnen Achtung geben, und sich öfters aus dem geringsten Gestein Anleitung zu neuen Versuchen nehmen. Da hingegen in den Landschaften, wo noch keine sonderliche Bergwerke aufgenommen sind, Niemand darnach siehet; sollte er auch auf den gediegensten schwarzen Silberstufen sitzen und ruhen. So viel vermag die Kenntnis derselben! Doch ich will mich nicht mehr bey einzelnen Beyspielen aufhalten, sondern nur noch einen Blik ins Ganze der Natur werfen. Beruhet nicht die Glükseligkeit eines Landes meistens auf einem wohl eingerichteten Akkerbau, Viehzucht und rechter Benutzung aller übrigen auf dem Erdball anzutreffenden Körper?

Wo

Wo die Anger voller Schafe und die Auen dik voll Korn stehen, da ist der Unterthan vergnügt und eilt zu den Pflichten, die er seinem Fürsten schuldig ist. Er überläßt den benachbarten Staaten seinen Ueberfluß und zieht dagegen die Nothwendigkeiten in sein Land, welche ihm der Boden versagt, worauf er gebohren ist. Die Schatzkammer des Regenten wird erfüllt, seine zu Beschützung der Unterthanen nöthige Kräfte werden erhalten, und so bey denen furchtbar gemacht, die den Willen haben, seinen Staten Unruh zu verschaffen. Handel und Wandel kömmt da in einen blühenden Zustand. Wo aber die nöthige Geschäfte nicht gebührend betrieben werden, die Aekker aus Nachläßigkeit unbebaut liegen, oder aus Unwissenheit übel bestellt, die Wiesen durchlöchert und zerrissen, die Triften leer vom Viehe sind, da läßt sich eine durch alle Stände des Landes erstrekkende Armuth und Dürftigkeit vermuthen. Besonders wenn die Anzal der Einwohner sich täglich vergrössert, aber nicht die Sachen, die sie zu ihrem Unterhalte nöthig haben: denn die zum Bauen und zur Feuerung nöthige Holzung wird so rar, daß kaum für die Nachkommen etwas übrig bleibt. Die tragbare Aekker reichen nicht mehr zu, man muß sie ausdehnen, und den Pflug an solche Oerter bringen, die mühsamer zu bearbeiten und weniger fruchtbar sind. Wider diese üble Folgen ist die Oekonomie, auf die Naturgeschichte gegründet, allein das vorzüglichste Mittel. Sie giebt uns die rechte Erkenntnis von allen in die Natur gelegten Körpern, sie schreibt uns weise Regeln vor, und leitet uns zu nützlichen Erfindungen, wie die Haushaltung klüglich zu führen, die Viehzucht in einen bessern Stand zu setzen, die Aekker schiklicher zu bauen, und zu vermehren, und ihrer Unfruchtbarkeit abzuhelfen sey? Werden über dies noch der Akkerbau und die Manufakturen neben einander gesetzt, wie sehr wird alsdann das Wachsthum eines Staats gegründet! Beyde erfordern eine große Anzal Menschen, versorgen sie aber auch, und durch sie viele andere zugleich, auf eine ausnehmende Weise. Sowohl den Armen, als denen, die etwas besitzen, verschaffen sie Arbeit, hinlängliche Mittel und Ueberfluß.

II.

Sammlung einiger Merkwürdigkeiten aus dem Insektenreiche

von

D. August Christian Kühn.

Tab. I.

Der vorzüglichen Ehre, welche mir die berühmte Gesellschaft naturforschender Freunde dadurch erwiesen, daß sie mich unter ihre Mitglieder aufgenommen hat, würde ich schlechterdings unwürdig seyn, wenn ich nicht, Ihren Ruhmvollen Absicht gemäß, einigen Antheil an ihren Beschäftigungen nehmen wollte.

Da ich nunmehro überzeugt bin, daß es bey der Anhäufung meiner praktischen Arbeiten mir fast ohnmöglich fallen mögte, eine vollständige Faunam Thuringicam zu Stande zu bringen; so will ich doch dadurch den Wünschen der Insektenfreunde einigermaßen Genüge leisten, daß ich von Zeit zu Zeit dieser gelehrten Gesellschaft einige Beobachtungen Stükweise zur Beurtheilung und weitern Bekanntmachung einschikke. Wer seine ganze Lebenszeit blos der Naturgeschichte der Insekten widmet, dem werden gewiß manche kleine Geschöpfe vorkommen, deren Natur in ihrem ganzen Umfang und Vollkommenheit nicht hat können ergründet werden. Wie wenig fürchte ich also, mich der Tadelsucht dadurch auszusetzen, wenn ich hier und da nur abgebrochene und noch unvollkommne Nachrichten von Insekten gebe, die ich neben meiner angemeßnen Berufsarbeit, blos in meinen Erhohlungsstunden, habe beobachten können.

Vielleicht sind andre so glüklich, die hier ohne alle rednerische und weitläuftige Zierrathen angefangne Geschichten weiter auszuführen. Auch darinnen bitte ich um Nachsicht, wenn manche Insekten vorkommen sollten, die etwan in einem Insektenkabinet, oder in andern Schriften schon sollten gesehen worden seyn. Denn wer kann alle Insektensammlungen unsrer Zeiten, deren Anzal gewiß beträchtlich seyn muß, übersehen, und wer hat hinreichende Gelegenheit, oder so viel Einkünfte, sich alle Insektenwerke zu verschaffen?

§. I.

Von der Phalaena Aesculi, dem Blausieb. Tab. I. f. 1. 2.

Wir finden in unsern hiesigen Eisenachischen Wäldern, aber nur sehr selten, einen Nachtvogel, der dem bekannten

kannten Hermelinvogel, Vinula Linn. sehr ähnlich sie-het. Ohnerachtet Reaumur, und einige andre, seiner schon gedacht haben; so kömmt mir doch an ihm verschie-denes noch so sonderbar vor, daß ich ihn ungern überge-hen würde. In der ersten und zwoten Figur der 1sten Tafel finden wir von beyderley Geschlechte die getreueste Abbildung. Es wundert mich, daß Linneus von dem wilden Kastanienbaum seine Benennung herge-nommen. In unsern Gegenden ist die Puppe alle-zeit in dem vesten Büchenholz, und zwar mitten in dem Kern der mittleren gesunden Aeste, in einem langen, mit Holzspänen und Unrath angefüllten Gang gefun-den worden. Sie war sehr schmal, lang und hell-braun. Ob die Raupe, welche Rösel Tom. III. tab. XLVIII. fig. 6. nach dem Leben gemalet, eigentlich hieher gehöre, kann ich eben so wenig entscheiden, als ob die Linneische Phaläne mit der meinigen wirklich ei-nerley sey?

Die Holzhakker haben mir selbst einmal im Früh-jahr aus dem Büchenholz die Puppe gebracht, woraus das Weibchen fig. 2. auskroch. Seine erste Beschäf-tigung war, gleich einen halben Zoll langen Legestachel hervor zu stoßen, und damit sehr geschikt und behende nach allen Seiten herum zu schlagen. Er war gelb und hart, wie Horn, und hatte zwo zylindrische Schei-den, die der Vogel nach seinem Willen hinein und her-aus schieben konnte. In unsrer Figur sehen wir ihn auch; aber zusammen geschrumpft, und vertroknet.

Wer auch von der Puppe oder Larve dieses Nachtvogels noch nichts wüste, der könnte aus der Stuktur und den Bewegungen dieses Legestachels, welcher mit seiner Spitze beständig einen Riz oder Loch zu suchen schien, leicht schlüßen, daß die Raupe ein Holzbohrer seyn müsse. Die Fühlhörner sind an diesen Phalänen hauptsächlich die Gegenstände, die unsre Aufmerksamkeit verdienen. Ohne Vergrößerungsglas wird ein jeder schon das Ungewöhnliche an ihnen gewahr werden, und von neuem einsehen, wie ungebunden und unumschränkt die Macht der Natur sey. Das männliche Geschlecht dieser Gattung (Fig 1) trägt Fühlhörner, deren vordere Hälfte Fadenförmig, die hintere aber, nach dem Kopfe zu, Kammartig sind. Dieser Bau sollte fast einen Zwitter verrathen.

Vergrößert man ein solches Horn sehr stark: so stellt es fast ein skeletirtes Rükgrad eines Salamanders, oder eines andern dergleichen geschwänzten Thieres, mit den dazu gehörigen langen und kurzen Ribben vor; denn es hat vier und zwanzig Knotengelenke, oder runde Absätze, davon die zwölf vordern glatt sind, und nach dem äußern Ende ganz spitzig zu laufen; die zwölf hintern Absätze tragen aber nicht etwan an den Seiten Federn, sondern glatte und nach Proportion sehr starke, runde, niederwärts krummgebogene Ribben. Diese Ribben sitzen in der besten Symmetrie, zwölf an jeder Seite der dikſten Hälfte des Horns veste und beschreiben mit ihren Enden ein Regelmäßiges Oval;

denn

denn sie pflegen an ihrer Länge von dem Kopf an, bis zum sechsten Knoten zu, von diesem aber, bis zum zwölften, in eben der Ordnung wieder abzunehmen.

Bey dem Weibchen Fig. 2. findet man eben so sonderbare Fühlhörner. Diese sind 1) viel kürzer, als bey dem Männchen; 2) an der hintern Hälfte, mit einer dichten weißen Wolle besetzt, und an der vordern dünnen Hälfte, wie gewöhnlich, glatt und körnicht.

Mir sind noch nie an andern Nachtvögeln dergleichen Fühlhörner vorgekommen. Linneus würde vielleicht die männliche Semipectinatas; die weibliche aber lanosas vel hirsutas genennet haben.

§. II.

Von der Phalaenâ geometrâ chaerophyllatâ, dem Mohr mit weißen Flügelspitzen. Fig. 3.

Da dieser kleine schwarze Nachtvogel von vielen auswärtigen berühmten Insektensammlern, als eine Seltenheit, bey mir ist gesucht und verlangt worden; so habe ich ihn in der 3ten Figur nach der Natur abbilden lassen, und den Liebhabern nähere Nachricht davon geben wollen. Allerdings pranget dieser Vogel, wenn er um Johannistag kaum ausgekrochen ist, und zu der Zeit reinlich und unbeschädigt gefangen wird, in einer vorzüglichen Schönheit. Die durchaus gleichförmige Sammtschwärze des ganzen Vogels wird durch die blendend weiße Einfassung der Oberflügel ungemein erhöhet. Sein Federstaub sitzt sehr lokker auf den Flügeln; seine Flügel sind sehr zart und dünn; er pflegt sich allezeit sehr tief in dem dikſten und höchsten Gras zu verstekken. Daher wird es Niemanden wundern, daß man so selten ein reines, unbeschädigtes Exemplar in den Sammlungen antrift.

Ohnerachtet ich den grünen Spannenmesser des bekannten Kälberkerns, woraus nach dem Linné diese Phaläne kommen soll, und woher er auch seine Benennung genommen hat, noch nie finden können; so kömmt mir die Sache doch darum höchst wahrscheinlich vor, weil in Wiesen und Gärten, wo die Oekonomen dieses Kraut ausgerottet haben, auch diese schwarze Vögelchen nicht zu sehen sind.

§. III.

Von einer seltnen Puppe. Fig. 4 und 5.

Ein würdiger Freund übersendete mir im späten Herbst eine höchst wunderbar gestaltete Puppe. Da ich niemals eine dergleichen, weder in der Natur selbst, noch abgebildet, gesehen habe; so finde ich es für nöthig, diese Neuigkeit hier kürzlich zu beschreiben.

Das Sonderbare an derselben bestehet hauptsächlich darinn, daß sie vorn am Kopfe weder gewöhnlicher

cher Weise zugespitzet, noch abgerundet, sondern so platt ist, als wenn sie mit dem schärfsten Messer senkrecht abgeschnitten wäre.

Von dieser ebenen Fläche läßt sich leicht dadurch einen richtigen Begrif machen, daß man die Puppe frey auf den Kopf stellen kann, wo sie so lange vest, ohne äußerliche Hülfe, stehen bleibet, bis sie ihren Hinterleib aus eigner Lebenskraft in eine schwankende Bewegung setzt, und sich dadurch selbst umwirft. Hat man etwa schon mit andern Puppen dergleichen Versuche machen können? Ich zweifle sehr! Man wird aber gewiß, nachdem nunmehro die unerschöpfliche Natur der Insekten fast in allen Gegenden fleißig studiret wird, künftig noch mehrere dergleichen seltsame Formen antreffen.

Wir sehen diese Puppe hier in unsrer Zeichnung fig. 4. wie sie auf dem Bauch lieget. Alles, was ich noch übrigens an ihr anzumerken finde, ist 1) ihre hellgrüne Farbe, die über ihre ganze Oberfläche gezogen, und so dauerhaft ist, daß sie nicht eher, als einige Tage vor der Verwandlung ihre Lebhaftigkeit verliert, und ins Weißliche fällt. 2) Ihre Rosenrothe Schwanzspitze, die, wenn man sie etwas vergrößert, mit vier auswärts gebogenen, krummen Haken versehen ist. 3) Die zwo weiße kleine Augenförmige Erhöhungen, davon oben auf jeder scharfen Ekke des Vordertheils eine sitzet, welche auch ohne Glas zu erkennen

nen ist. 4) Der schwarz und weiße Saum, womit der obere Rand der Flügelscheiden eingefasset ist. Der kleine Nachtvogel, welcher sich im May daraus entwikkelte, ist in der 5ten Figur zu sehen, und bedarf keiner weiteren Beschreibung.

Die Raupe ist ein zwölffüßiger, hellgrüner Spannenmesser, der auf der Eiche lebet.

§. IV.

Von der raren Tinea Scalacella, dem schwarzen Treppchen. Fig. 6.

Diese fürtrefliche Motte, welche noch von wenigen wird gesehen worden seyn, ist hier in der 6ten Figur vorgestellet. Ohnerachtet sie nicht im Linné anzutreffen ist: so scheint mir doch die Benennung, welche ich von der Hauptzeichnung der Oberflügel hergenommen, ihr angemessen zu seyn.

Sie wird theuer bezahlet, und der bekannte Herr D Gladbach nennet sie in seinem neuen, nach dem Linné wohl eingerichteten Schmetterlingsverzeichniß la Greque.

Von der Raupe ist mir nur so viel bekannt, daß sie sich auf Weiden aufhällt.

§. V.

Von der braunen Fünffeder, und einigen andern Nachtvögeln. Fig. 7 — 10.

Das hier im Frühjahr nur an Bergen fliegende Federvögelchen Fig 8. kann man mit Grunde nicht für Alucitam tridactylam Linnei halten, weil es auf jeder Seite fünf Pommeranzenfarbige Federn hat. Man wird es also besser Pentadactylam aurantiam nennen.

Die beyde schöne gelbe Vögelchen Fig. 7 und 9. kann man in gewissen hiesigen Gegenden alle Sommer finden. Das erstre wird Schäfers Sulphuralis seyn. Das andre ist aber wohl noch unbekannter. Man kann es am besten, wegen der deutlich ausgedrükten Zeichnung auf den Oberflügeln, Ocellam flavam nennen.

Die Phaläne Fig. 10. ist hier weit seltner, als alle die vorige. Ich erinnere mich ein einzigmal, vor einigen Jahren, sie in einer kleinen Sammlung eines Freundes auf dem Land angetroffen zu haben. D. Gladbach nennet sie nach seinem Verzeichniß das Schmelzvögelchen, man könnte sie wohl schiklicher Phalænam marmoream nennen.

§. VI.

Von der ungewöhnlich schnellen Vermehrung mancher Insekten.

Damit es die angehende Insektensammler nicht befremde, wenn sie auf einmal Gattungen von Insekten, die sie viele Jahre vorher in ihren Gegenden vergeblich gesucht, Hauffenweise vor sich sehen: so will ich hier kürzlich einige Beyspiele erzählen.

I) Es war bereits über 10 Jahre, daß ich alljährlich über eine Meile weit den ganzen Umkreiß unsrer Stadt, wegen der Insekten sehr genau durchsuchet hatte, und dennoch war ich weder selbst, noch durch andre so glüklich, Sphingem Convolvuli, Phalænam Fraxini, Papilionem Cardui, so gemein auch dieser leztre ist, zu erhalten. Auch nicht einmal eine einzige von ihren Raupen konnt ich entdekken. Im Jahr 1775 wurden wir aber hier ganz unvermuthet reichlich damit gesegnet.

Die sogenannten Windige, Sphynges Convolvuli, fanden sich nicht allein zu Anfange des Mayes, sondern auch zum zweytenmal in dem Jahre, zu Ende des Augusts, dermaßen häufig bey uns ein, daß sie nicht allein Scharenweise in der Stadt, selbst auf unserm Markt und in den Strassen herumflogen, und sich an die Wände der Häuser anhiengen, sondern auch außer der Stadt, in den Gärten, Abends um alle Hütten von Je länger Je lieber herum saußten. Nachdem dem Pöbel, der sie für eine Landplage von Fledermäusen hielt, seine Furcht benommen worden, haben die Jungen von allen vier Enden der Stadt bis in die Mitte des Septembers noch immer in Menge dergleichen Nachtvögel, als Wunderthiere, zu mir zum Verkauf gebracht.

Ein dergleichen komischer Aufzug mußte mich jederzeit überaus belustigen; denn sie trugen sie mehrentheils in Zeisgenskäfichten herum, und hatten ihnen allerhand Sämereyen zum Futter vorgeworfen. Wie bekannt ist, so halten sich die Larven dieser Vögel gewöhnlicher Weise auf niedrigen Aekkern an Flüssen auf, und verpuppen sich da in lokkerer Erde. Wie leicht können sie da durch Ueberschwemmungen, die bey uns gar gewöhnlich sind, in der anhaltenden Nässe umgekommen seyn? Unter andern können wir auch die Feld- und Wassermäuse als ihre Feinde ansehen; denn es ist mir selbst begegnet, daß sie mir große Puppen, die ich im Feld, um einen gewissen Versuch zu machen, eingegraben, im Winter vor Hunger angegangen hatten. Alle Zufälle, denen sie durch Krankheit, widrige Witterung, Würmer, und andre Feinde, selbst auch durch die Menschen, ausgesetzet sind, können wir nicht einmal übersehen.

Man kann es also ganz natürlich erklären, daß man viele Jahre hinter einander manche Insektenarten ganz vermisset, so lange, bis verschiedne Umstände ihre Vermehrung wieder so begünstigen, daß wir gar oft auf einmal häufiger, als uns lieb ist, wieder damit umringet werden.

Die anhaltende trokne, heiße Witterung des Augusts, und des übrigen Herbstes in jenem Jahre war ohnstreitig die Ursache, daß die Puppen dieser Phalä-

 nen,

nen, die sonst gewöhnlicher Weise überwintern, sich noch vor dem Winter entwikkelt hatten, und daß wir diese Vögel zweymal in einem Jahre so zahlreich erscheinen sahen. Die Wahrheit dieser Sache wird dadurch außer allen Zweifel gesetzet, daß ich in dem nämlichen warmen Herbst, in welchem dem Herrn Hofrath Walch in Jena, noch vor Winters, die vollkommensten Todenkopfsphalänen auf seiner Stube ausgekrochen waren, auch aus meinem Puppenbehälter, welchen ich im Fenster der Sonnenwärme beständig ausgesetzet hatte, zu Anfange des Oktobers die schönsten Sphinges Ocellates, Tiliae, Euphorbii, &c. ausfliegen sahe. Das schöne blaue Ordensband Phal. Fraxini, welches ich nie für einheimisch gehalten hatte, ließ sich auch unvermuthet im Herbst 1775 ziemlich zahlreich sehen, und wurde vielmal des Abends in den Straßen von den hiesigen Schulknaben gefangen.

Die sogenannte Venus, oder den Distelfink, brachten so wohl im Frühling, als im Herbste desselbigen Jahres, die Bauerjungen Schokweise in kleinen Säkken zu mir. Ein Beweiß, wie unnütze meistentheils einem Insektensammler die Dienstfertigkeit solcher Leute sey!

Wie leicht eine solche Zahlreiche Familie auf lange Jahre wieder ganz unsichtbar werden könne, will ich durch eigne Erfahrung beweisen. Jeder Kenner wird

wird mir zugeben, daß Sphinx Celerio, der Phönix, unter die größten Seltenheiten gehöret. Vor ohngefähr 10 Jahren kam ich eben dazu, wie an einem Weinstok eine barbarische und abergläubische Magd die fürtrefliche schöne hellgrüne Raupen desselben herunter schlug. Sie nannte sie böse Dinger, und hatte viele derselben schon getödtet. Einer einzigen rettete ich noch das Leben, die sich auch bey mir zu ihrer Vollkommenheit entwikkelt hat. Durch Nachfragen erfuhr ich, daß zu der nämlichen Zeit an den mehresten Weinstökken in der Stadt dergleichen rare Raupen gesessen hatten, die aber alle an den unrechten Mann gekommen waren.

Wie viel ich mir seit der Zeit Mühe gegeben, einige von diesen Raupen hier herum wieder einzufangen, das kann sich ein jeder leicht vorstellen; bis hieher ist aber nicht die geringste Spur weiter davon zu entdekken gewesen.

II) Im Anfange des Augusts wurde ich in einem von unsern nahen Büchenwäldern, den ich alle Jahre fleißig besuche, eine Erscheinung gewahr, die mir noch nie vorkommen war, und mich sehr befremdete. Alle Büchenblätter waren an ihren Spitzen braun. Ich durchwanderte einige Stunden lang diesen weitläuftigen Wald hin und her, und konnte keine einzige Büche finden, an welcher die Blätter nicht wären eben so verlezt gewesen. Ich füllte von verschiednen Bäumen alle meine Taschen mit solchen Blättern an, und untersuchte die Sache zu Hause.

Diese braune Flekken waren an allen Blättern, bloß an den Spitzen eines Kreuzers groß zu sehen, und die untere und obere Haut des Blatts war an der Stelle etwas aufgeblasen. Zwischen denselben war ein weißer feiner folliculus verborgen, welchen ein kleiner Curculio ater, elytris sulcatis, magnitudine pediculi. oder seine Puppe, bewohnete. Wenn ich nun nach der Anzal der Büchenblätter des ganzen Waldes die Menge der Rüsselkäfer in meinen Gedanken überrechnete, die nun diesen Wald einnehmen würden; so wurde die Zahl unaussprechlich, und verlohr sich fast ins Unendliche. Zu Ende des Augusts kam ich wieder an einem schönen warmen Tage durch diese Waldung. Meine weißliche Kleidung wurde sogleich von einem großen Heer dieser Rüsselkäfer so überzogen, daß sie schwarz zu seyn schiene. Sie hatten hinten starke Springfüße, und hüpften wie die Flöhe auf mir herum. Die erstaunliche Menge dieser Geschöpfe, wovon ich nicht einmal einzelne Spuren in vorhergehenden Jahren in diesem Walde hatte wahrnehmen können, befremdete mich allerdings. Ich hielte diesen Käfer Anfangs für des Linnei Curculionem carbonarium, weil er gestreifte Flügeldekken hatte, und überall schwarz war; wenn ich aber seine Eigenschaft zu springen mit in Betrachtung nehme: so muß ich ihn unter die Curculiones saltantes zählen, und für den Curculionem Fagi halten.

Hier

Hier muß ich noch eine Lufterscheinung erzählen, um zu zeigen, wie unzureichend in manchen Fällen unsre Sinne sind, und wie leicht man auch große Herzüge von Insekten da sehen könne, wo wirklich keine sind. In dem nämlichen Jahr, kurz nach Johannistage, an einem sehr heißen, heitern Tag, bey einem sanften Abendwind sahen wir über unsre ganze Stadt durch alle Straßen, von Abend gegen Morgen, Nachmittags um 4 Uhr, und so lange, bis die Sonne völlig untergegangen war, eine so ungeheure Menge weißlicher Körper ziehen, daß man kaum, wie durch dünne Wolken, das Blaue des Himmels noch sehen konnte. Jedermann hielt es für geflügelte Insekten, und die mehresten besorgten schon ihre Schädlichkeit, und waren wegen ihrer Felder und Gärten in Angst und Unruhe. Da ich in der Stadt, wegen ihres schnellen und hohen Flugs nichts davon auffangen konnte; so eilte ich gleich auf unsern Wartenburger Berg, und siehe da, die vermeintlichen Fliegen und Heuschrekken, waren anders nichts, als die unschuldige Weidenwolle, Semina papposa Salicis capreae, welche in der durch die Hitze verdünnten Luft, durch den Abendwind, von der sehr großen Menge der Weiden, die an der Abendseite der Stadt an allen Bächen und Flüssen stehen, gar wohl hatte können in der Höhe mit fortgeführet werden.

III.

Ausführliche Beschreibung wie der Flachs durch gehörige Zubereitung dahin zu bringen, daß er zu vielen Arbeiten, statt der theueren Baumwolle, gebraucht werden könne.

vom

Reichsritter und Freyherrn

Karl von Meidinger.

Je eifriger man der Natur und Eigenschaft der natürlichen Körper nachforschet, und ihre wahren Bestandtheile zu untersuchen trachtet; desto eher geräth man auf die Gedanken, auch andere, und zwar wohlfeilere und häufigere Naturprodukte, die bisher nur auf einerley Art benutzt worden sind, zu ganz verschiedenen Absichten tüchtig und brauchbar zu machen. Daß dem also sey, beweisen uns die wichtigen und vortreflichen, in diesem Jahrhundert gemachte chymische und ökonomische Entdekkungen so vieler Gelehrten, die

die durch ihre vielfältigen Versuche nicht nur neue nutzbare Körper, sondern auch die wahren Bestandtheile und den Gebrauch schon bekannt gewesener an den Tag gebracht haben. --

So viele Versuche man uns nun auch bisher, theils zur näheren Aufklärung der Scheidekunst, theils zur Verbesserung des Akkerbaues und der Haushaltungskunst, mitgetheilet hat; so sehr muß man sich verwundern, daß noch Niemand daran gedacht, zur Ersparung der theuren Baumwolle, wenigstens in den Fällen, wo sie nicht unumgänglich erforderlich ist, ein anderes wohlfeileres Naturprodukt, welches in allen Gegenden ganz leicht gezogen werden kann, in Vorschlag zu bringen, solches durch gehörige Zubereitung so zu behandeln, daß es der Baumwolle, wo nicht gänzlich gleich, doch sehr nahe komme, und folglich zu einigen Arbeiten, als Steppen und Futtern der Kleider, mit Nutzen gebraucht werden könne.

Es ist mehr als zu bekannt, daß der meiste Theil der Baumwolle in der Levante, und nun auch etwas weniges davon in Italien und Tyrol, als vorzüglich warmen Gegenden, gezogen und gepflanzet werde. Die beste Gattung derselben wächßt auf Zypern, und sie ist dieser Insel vornehmste Waare, die weit und breit in Europa verführet wird. Diese natürliche Wolle hat sich nun durch eine lange Reihe von Jahren und durch ihren wahrhaftig großen Nutzen bey allen Menschen so nothwendig gemacht, daß sie dermalen

für

für viele Manufakturen und für den Haushaltungsgebrauch unentbehrlich ist. Wir sind also gezwungen, wenn wir nicht gedachte Manufakturen aufheben, und uns eine so große Bequemlichkeit entziehen wollen, diese Baumwolle von obgedachten Nationen zu erhandeln, und jährlich also eine ansehnliche Summe Geldes dafür aus dem Lande zu schikken; wodurch denn das Vaterland immer mehr und mehr von Geld entblößet, die fremde Nation aber durch den häufigen Absatz dieser Waare bereichert wird. Es ist ein wahrhaftes Uebel für jeden Staat, wenn er die Materialien zu seinen vorzüglichsten Arbeiten aus fremden Ländern muß kommen lassen, und die daraus verfertigten Produkte nicht alle dafür wieder hinschikken kann? Denn um so viel wird er im Ganzen an Geld ärmer, als verfertigte Waaren im Lande bleiben oder verbrauchet werden, wozu man den Stof erst von Ausländern hat erkaufen müssen. — Diesem Uebel einigermaßen abzuhelfen, das Geld im Lande zu erhalten, und armen Unterthanen mehr Verdienst und Nahrung zu verschaffen, waren eigentlich die Triebfedern, wodurch ich bewogen wurde, einen Versuch zu machen, ob die Baumwolle, als ein Pflanzenprodukt, nicht aus einem andern häufigen, überall wohl fortkommenden Gewächse durch die Kunst herzustellen sey? — Ich fand endlich, nach vielen mit allerhand Pflanzen angestellten Proben, daß der Flachs dazu am geschiktesten ist, weil er nicht nur in warmen und kalten Gegenden, sondern auch in jedwedem Erdboden gut fortkömmt, und schon ohnehin

mit

mit der Baumwolle diese Eigenschaften gemein hat, daß er sich spinnen, weben und färben läßt. In wie fern aber der Flachs noch von der Baumwolle verschieden, und mein Vorhaben gegründet sey, das wird ganz deutlich erhellen, wenn ich, bevor ich die ganze Verfahrungsart mit dem Flachs anzeige, erst die Begriffe, die man von Flachs und Baumwolle hat, auseinander gesetzt, und die Gränzen, wodurch sie beyde von einander abweichen, bestimmt haben werde.

Die Baumwolle kömmt bekanntermaßen von einer in warmen Gegenden wachsenden Staude (Gossypium Linn.) her, welche zu den Pflanzen mit vielen in einer Scheide verwachsenen Staubfaden (Monadelphia Polyandria) gehöret, und Blumen mit doppelten Kelchen, wovon der äußere dreyspaltig ist, hervorbringt. Auf die Blume folgt eine vierfächerige Kapsel, worinn diese Wolle, um die Samenkörner gewikkelt, gefunden wird. Diese Kapsel ist bis zur gänzlichen Reife des Samens und der Wolle verschlossen, springt aber alsdann voneinander, da die Wolle durch ihre eigene Schnellkraft sich nach und nach aufblähet und aus der Kapsel, die ihr nunmehr zu eng ist, heraus begiebt. Man kann leicht denken, daß sie in einer Kapsel, die nur die Größe einer welschen Nuß hat, erstaunlich zusammen gepreßt seyn müsse, weil man sie nach ihrer gänzlichen Entwikkelung mit aller Gewalle nicht nur nicht in ihr Gehäuße wieder verschlußen, sondern auch nicht einmal mit der grösten Faust umgeben

kann,

kann, woraus also die erstaunliche Ausdehnungkraft dieser Wolle begreiflich wird. Die vornehmste Eigenschaften der Baumwolle bestehen demnach darinn 1) daß sie höchst elastisch, 2) überaus leicht, und 3) aus unendlichen, ungemein feinen und weichen, Schneeweissen Fasern oder Härchen zusammen gewebt ist. Ihre oftgedachte Schnellkraft scheint, meiner Meynung nach, daher zu rühren, weil sie durch eine so lange Zeit, als sie zur Reife nöthig hatte, in dem engen Raum einer ihrem Verhältnisse nach so kleinen Kapsel verschlossen und eingepfropft gewesen ist, wodurch die Fasern ihre bestimmte Richtung erhalten haben. Denn drükt man dieselbe mit der Hand zusammen; so springen sie augenbliklich in ihre vorige Lage zurük. Diese Eigenschaften zusammen genommen, machen nun, daß sich die Baumwolle spinnen und weben läßt, und daß die davon verfertigte Zeuge überaus leicht und warm zu tragen sind. — Nun wollen wir auch auf den Flachs kommen, und sehen, wodurch sich derselbe von der Baumwolle unterscheidet.

Der **Flachs** oder **Lein** (Linum usitatissimum Linn.) ist eine bekannte Pflanze, welche in die Klasse derer mit 5 Staubfäden und 5 Staubwegen (Pentandria Pentagynia) gehöret, und einen fünfblätterigen zugespitzten Kelch, 5 gekerbte Blumenblätter, eine fünftheilige Kapsel mit 10 Fächern, worinn einzelne Samenkörner befindlich sind, Lanzettförmige, wechselsweise stehende Blätter und einen einfachen dünnen Stängel

gel hervorbringt. Aus den Stängeln, wenn sie reif sind, wird eigentlich der sogenannte Flachs, wie jedermann zur Genüge bekannt ist, bereitet. Wir haben also an dem wohlbereiteten Flachs ebenfalls eine Wolle; doch unterscheidet sie sich von der Baumwolle durch nachfolgende Stükke: 1) hat der Flachs nicht so dünne und feine Fasern, als die Baumwolle; 2) sind solche nicht elastisch; 3) nicht von Natur so weich und weiß; 4) nicht wollicht genug, und endlich 5) nicht so leicht, wie die Baumwolle.

Unser Vorhaben gründet sich also darauf, wie man diese Eigenschaften, wodurch sich der Flachs von der Baumwolle wesentlich unterscheidet, verbessern, und folglich der Natur der Baumwolle näher bringen könne? Es wird dieses begreiflicher fallen, wenn wir die Ursachen dieses Unterschiedes bekannt machen, und so viel als möglich, nach unserer Meynung erklären werden. Der erste Umstand, nämlich daß der Flachs nicht so dünne und feine Hare, wie die Baumwolle hat, scheinet blos von der gemeinen Methode, den Flachs aus den Stängeln des Leins zuzubereiten, abzuhängen, da dieselbe nicht vermögend ist, die Fasern vollkommen von einander zu trennen, und ihnen die höchste Feinigkeit zu geben. Zweytens: die Schnell- oder Ausdehnungskraft hat die Natur den Flachsfasern nicht wohl mittheilen können, weil sie in den Stängeln der Pflanze eine gerade Lage haben, und nicht zusammen gewikkelt in Kapseln, wie die Baumwolle, erzeugt werden. Der Flachs kann vors dritte von Natur nicht so weich und weiß, wie die Baumwolle, seyn, da er von holzigen, sturrigen, ausgetrokneten Stängeln entsteht, und dicht an einander der Länge nach liegende Fasern hat, welche beym Zusammendrükken weder nachgeben, noch elastisch zurükspringen. Ein Umstand, der uns die Baumwolle nnd andere Körper als ein weiches sanftes Wesen darstellet! Daß der Flachs viertens nicht wollicht genug sey, läßt sich aus den vorhergehenden Ursachen, nämlich aus dem Mangel der Schnellkraft und aus der Grobheit der Fasern leicht erklären. Der fünfte ünd lezte Umstand, wodurch sich der Flachs von der Baumwolle merklich unterscheidet, ist, wie oben gesagt worden, daß er nicht leicht genug sey; und deswegen sind die Leinwande viel schwerer, als die Baumwollenzeuge. Wir können nun hiervon keine andere wahrscheinliche Ursach angeben, als daß die Flachsfasern mit allzu vieler grober erdichten Unreinigkeit versehen seyn müssen, die ihnen eine solche Schwere zuwege bringt. Wenigstens scheint sich dieses dadurch zu bestätigen, daß der reinste Flachs durch unsere Zubereitung ein ziemliches an seinem Gewichte verlieret, wie wir bald sehen werden.

Nachdem wir nun die beyden Gewächse, Flachs und Baumwolle zu unserer Absicht ausführlich genug beschrieben, und nicht nur den Unterschied, der zwischen beyden obwaltet, angezeiget, sondern auch die wahrscheinlichsten Ursachen dieses Unterschiedes angegeben

geben zu haben glauben; so wollen wir nun auch zur Zubereitung oder Veränderung des Flachses selbst schreiten, und den Leser urtheilen lassen, in wie weit wir unsern vorgesetzten Endzwek erreichet haben.

Man nimmt z. B. 100 Pfund rein gehechelten Flachs, bindet solchen in mittelmäßige Bündel, legt ihn in starkes Salzwasser, oder, wenn es zu haben ist, in Seewasser, und läßt ihn darinn durch 24 Stunden beitzen, wodurch er von vielen anklebenden Unreinigkeiten befreyet, aber zugleich zu den nachfolgenden Arbeiten vorbereitet wird. Mittlerweile, da der Flachs in Salzwasser liegt, wird eine starke Lauge von gleichen Theilen ungelöschtem Kalk und Büchenasche nach gemeiner Art zugerichtet. Man muß sie durch ein dikkes Tuch laufen lassen, damit sie hell und klar werde. Hierauf wird der Flachs aus dem Salzwasser genommen, in reinem kalten Fluß- oder Regenwasser wohl ausgespület, und in einen eisernen Kessel gelegt, der so groß seyn muß, daß er von dem Flachse nur halb voll wird. Ehe man aber denselben einleget, muß ein grobes Tuch in den Kessel, und zwar so geleget werden, daß es nicht nur dessen Boden, sondern auch die Seitenwände bedekket, damit der Flachs nicht anbrennen könne. Ist dieses gethan, so wird der leere Theil des Kessels mit obgedachter Lauge vollgefüllt, und aufs Feuer gestellt, da dann der Flachs unter öfterem Umrühren gegen 3 mal 24 Stunden kochen muß. Es verstehet sich von selbst, daß man jederzeit das Ver-

 rauchte

rauchte durch Zugießung warmer Lauge ersetzen müße. Hat nun der Flachs seine Zeit in der Lauge gekocht: so wird der Kessel vom Feuer genommen, der Flachs aber herausgezogen, und abermal in Flußwasser rein ausgewaschen. Ist diese Arbeit gut von Statten gegangen; so muß der Flachs viel weißer und so gelinde, wie Seide, geworden seyn; wo nicht, so hat er noch länger in der Lauge zu kochen, bis er die erwähnte Eigenschaft erhällt, welches man leicht an einer von Zeit zu Zeit aus dem Kessel zunehmenden kleinen Probe untersuchen kann. Die eigentliche Zeit, wie lange er in der Lauge kochen müsse, läßt sich, weil die Sorten des Flachses gar zu verschieden sind, nicht so genau bestimmen. Wenn man den Flachs, wie gesagt, rein ausgewaschen hat, so wird er wieder in den Kessel gethan, aber jezo nicht mehr mit Lauge, sondern mit einer guten, von schwarzer Seife gemachten Brühe gegen 24 Stunden gekocht, welches völlig alle Unreinigkeiten hinwegnimmt, und ihm eine gewisse Lindigkeit zuwege bringt. Darauf wird er zum leztenmal gewaschen und an einem schattichten Orte getroknet. Dieser getroknete und vorbereitete Flachs wird nun ferner mit den Fingern gänzlich auseinander gezupft, lokker gemacht, und auf die Wiese zum Bleichen gebracht. Hier muß er fleißig mit Regenwasser, dann und wann aber mit einer dünnen Seifenbrühe begossen, zugleich öfter umgewendet werden. Man läßt ihn so lange bleichen, bis er durch und durch Schneeweiß geworden, welches bey schönem Wetter und fleißiger Begießung in 14

Tagen

Tagen zu geschehen pfleget. Man nimmt ihn sodann, wenn er gänzlich trokken ist, von der Bleiche, bringt ihn unter die Baumwollenkämme, die mit etwas Oel bestrichen sind, krazt ihn so fein, als möglich, und macht ihn zu dünnen Blättern, wie mit der Baumwolle gemacht zu werden pflegen.

Um nun noch dieser neuen Wolle das elastische krauße Wesen der Baumwolle zu geben, müssen die gedachten Blätter über glatte, 2 Zoll dikke und 2 Schuh lange, hölzerne Walzen vest gerollet, mit Papier überwikkelt und in einen nicht zu heißen Bakofen zum Bakken geschoben werden. den. Der Ofen muß nicht so heiß seyn, daß die Wolle verbrennen oder gelb sengen könne. Wenn sie eine Stunde darinn gewesen, nimmt man sie heraus, streift sie von den Walzen ab, und bringt sie zum lezten mal unter die feinsten Baumwollenkämme, wo sie ganz fein durcheinander gearbeitet, in Blätter geleget und zum Gebrauch aufgehoben wird. Sie wägt gegen 90 Pfund.

Man erhält durch diese Zubereitung eine vortrefliche Wolle, die der Baumwolle wenig oder gar nichts nachgiebt, und schon dem Vaterland einen ansehnlichen Nutzen verschaft, wenn sie auch nur zum Füttern und Steppen der Kleider sollte gebraucht werden können. Die Kultur des Flachses würde dadurch im Lande stärker betrieben, und vielen Unterthanen ein Mittel an die Hand gegeben werden, ihre Nahrung zu verdienen.

Nachschrift.

Auf die Anfrage unserer Gesellschaft: ob vorstehende Verbesserung des Flachses nicht im Großen kostbarer, als der Gebrauch des Abganges fein gekratzter Baumwolle seyn mögte? wurde vom Herrn Baron von Meidinger Folgendes zur Antwort ertheilet:

„Es läßt sich hierinn schwerlich etwas Allgemei„nes genau bestimmen. Wo die Baumwolle selten „und sehr theuer, der Flachs aber häufig und sehr „wohlfeil zu erhalten, auch das Holz nicht besonders „kostbar ist, muß die angegebne Verbesserung dessel„ben allerdings ungemein vortheilhaft ausfallen. „Mein Vorschlag kann auch überhaupt nur alsdann „die Wirklichkeit seines Nutzens äußern, wenn man „sich in einem Lande mehr auf den Anbau des Flach„ses befleißiget, so, daß er um $\frac{2}{3}$ wohlfeiler, als die „eingeführte Baumwolle zu haben ist. Setzen wir „z. B. ein Pfund von der schlechtesten Baumwolle ko„ste 24 Kreutzer — denn das ist ietzo ihr Preiß in „Wien — den Flachs könnte man aber, das Pfund „um 8 bis 12 Kreutzer erzeugen, und auf jedes Pfund „hätte man ohngefähr 4 Kr. Verbesserungskosten zu „rechnen; so wären das erst 16 Kreutzer, und hier„bey würde sich im Großen ein beträchtlicher Nutzen „zeigen.

Meine

„Meine Verbesserung ist auch allemal nützlicher, „als wenn man den Abgang der Baumwolle gebrau„chen wollte. Das Pfund Abgang oder schlechte „Baumwolle kostet hier doch allemal 17 — 19 Kreu„tzer. Der ganze Nutzen hängt allemal von der „Wohlfeilheit und Menge des Flachses ab, und man „kann hierüber leicht seine Rechnung machen. Um „diese Verbesserung in einem Land einzuführen, muß „man freylich von dem Lande, wo es geschehen soll, „wohl unterrichtet seyn. Die Absicht meines Aufsa„tzes war bloß, unserer Gesellschaft zu zeigen, daß ei„ne solche Veränderung des Flachses in der Natur mög„lich sey, und meine beygelegte Proben werden die „Wirklichkeit derselben außer allen Zweifel setzen.„

In der That waren die eingesandte, und in unserm Kabinet aufbehaltne, aus Werg und Flachs bereitete Proben so fein, weiß und elastisch, daß die Gesellschaft gestehen mußte, ihre Erwartungen fast übertroffen zu sehen.

IV.

Verzeichniß der hauptsächlichsten Arten und Abarten der Quecksilber- und Zinnobererze aus der Grube von Hydria oder Idria im Herzogthum Krain.

von

Balthasar Hacquet

Prof. zu Laybach. *)

Hiermit nehme ich mir die Freyheit, einer Löblichen Gesellschaft Naturforschender Freunde meine Hochachtung zu bezeugen, und selbiger die Hydrialschen Queksilbererzte, mit dem darüber gemachten

*) Wie sehr die sämmtliche hiesige Mitglieder unsrer Gesellschaft dem würdigen Herrn Professor Hacquet für das großmüthige Geschenk aller hier angezeigten merkwürdigen Quecksilber- und Zinnoberstuffen, und für deren so gründliche Beschreibung verpflichtet sey, wird jeder Kenner leicht begreifen. Es ist also nichts billiger, als diesem so thätig

machten Verzeichnisse zu übersenden. Ich wünsche, daß sie in dem gesellschaftlichen Kabinet einen Platz verdienen mögen. Obgleich hier 50 Abänderungen erfolgen *); so hat man sich doch darunter noch lange nicht die Zahl aller Arten und Abarten der Erzte aus benannter Grube zu denken. Es ist aber auch nicht möglich, zu allen Zeiten das zu haben, was man nur oft durch lange Jahre zusammen bringen kann. Mir selbst, da ich schon einige Zeit bey dem Kayserlichen Bergwerksdepartement im Dienste stand, und öfters Gelegenheit hatte, seltne Stükke zu sammlen, war es doch oft unmöglich, zwey Stükke von der nämlichen Art zu erhalten, auch nicht einmal zu der Zeit, als ich die Grube selbst befuhr. Nur durch gute Freunde, die doch im Bergwesen allemal sehr schüchtern sind, kam ich zu einigen sehr seltnen und lehrreichen Arten, die 15 und mehr Jahre vor meiner Ankunft bey dem Werke gebrochen waren. Die Zeit meines Aufenthalts hat mich in den Stand gesetzt, daß ich gegenwärtig in meinem Kabinet 100 verschiedene Stükke vorzeigen kann, die einzig und allein aus dieser berühmten Quecksilbergrube herstammen. Und wer weis, wie viel sehr besondere Arten schon in vorigen Zeiten gebrochen sind, welche man vielleicht wegen

 ihres

thätig an unserm Institute Theil nehmenden Freunde die Empfindungen unser wahresten Dankbarkeit und Hochschätzung hierdurch öffentlich zu gestehen. M...

*) Der Herr Verfasser hat uns in der Folge noch 6 Abänderungen zugeschikt, welche hier am gehörigen Ort eingeschaltet worden, ohne die erste Nummernzal dadurch zu verrükken. M...

ihres abgängigen schmierigen Glanzes nicht geachtet und verworfen hat? Denn die Liebe zur Stufensammlung gieng niemals weiter im Werke, als auf ihre sogenannte Schaustufen, welche aus krystallisirtem Zinnober und Quecksilber bestanden. Von den übrigen Erzen achtete kein Bergoffizianc etwas, ausgenommen dasjenige, was unter No. 17. beschrieben ist, woraus man allerley Figuren durch den Schleifstein bildete, die doch gemeiniglich ins Kindische fielen.

Vor Zeiten haben sich niemals Liebhaber der Naturhistorie bey diesem Werk eingefunden, folglich auch keine Sammler. Der Herr Bergrath Skopoli war der erste, der eine ordentliche Sammlung machte. Jedoch ist es zu bewundern, daß er so wenig Abänderungen von den dortigen Erzen besaß und bekannt machte. Allein gar oft schätzt man entfernte Sachen höher, und wenn sie auch gleich nicht mehr sind, als welche man täglich mit Füßen tritt *). Ich zweifle, ob sich ein Erz auf dem ganzen Harz befinde, welches mehr Bewunderung verdient, als unser Halbkugelerz, das ich unter No. 22. 2c. angeführet habe. Diese wenige Zuneigung für einheimische Produkte, macht oftmals, daß viele Sachen selten auf dem Geburtsort von Einheimischen, gemeiniglich von Fremden zuerst in der Ferne geprüft und gar oft unächt beschrieben werden;

*) Jedoch gilt dieses nur in Absicht auf das Steinreich. Denn wie unermüdet der Herr Bergrath im Pflanzen- und Thierreich in diesem Lande war, davon weis jeder Gelehrte genug zu sagen.

werden; oder man macht aus jeder unwichtigen Sache gar ein Geheimniß, wie z. B. mit dem schon lange bekannten Quecksilberofen zu Hydria. Dann muß man freylich so lange warten, bis ein Ausländer kömmt und die Sache bekannt macht.

Ich habe mir die Freyheit genommen, die Erze mit ihren Gangarten so nach der Ordnung zu beschreiben, wie sie die Natur meistentheils aufeinander folgen läßt. Jedoch da keines unter den drey Reichen der Natur so gemischt ist, als das Mineralreich, so ist auch hier keine Regel ohne Ausnahme. Daß ich an manchen Stükken mich der Beschreibung meiner Vorgänger nicht bedient habe, deshalb muß man mich nicht als einen Neuerungsgeist ansehen, sondern ich sage das, was der Natur der Sache am gemäßesten ist, und hoffe, daß ich so getreu, als möglich, war. Jedoch zweifle ich keinesweges, daß ich, als Mensch, nicht auch sollte gefehlet haben.

Nun zur Sache zu kommen; so mache ich den Anfang mit den Aeußersten oder mittelbarem Hangenden und Liegenden des Ganges; denn dieses Gestein hat doch auch für den Naturkündiger und Bergmann seinen großen Nutzen.

No. 1.

Lapis calcareus, seu *Terra calcarea indurata*, particulis impalbabilibus nigrescentibus. a *Born*. *)

Dieser

*) Vid. Equitis a *Born*, Index Fossilium in 8vo, c. figg. Pragæ 1772.

Dieser schwarze, aus unfühlbaren Theilen bestehende Kalkstein, welchen der Ritter von Born auf der ersten Seite seines Indicis anführet, ist immer ziemlich rein von Mineralien, er nimmt eine gute Politur an, enthällt aber niemals Versteinerungen. Er umhüllt den ganzen Quecksilbergang, und macht das wahre Aeußere oder mittelbare Hangende und Liegende aus, auf welches dann das Innere oder unmittelbare Hangende und Liegende folget. Warum ich diese besondere Abtheilung mache, das wird man weiter unten sehen. Die besondern Produkte dieses Kalksteins, welche aus demselben manchmal auch in dem Gang gebildet werden, sind folgende:

Nro. 2.

Spatum calcareum amorphum album, subdiaphanum, lamellosum; lamellis inordinatis compactis.

Dieser weiße ungestalltete Kalkspath ist halbdurchsichtig, im Bruche flach. Manchmal bildet er beträchtliche Scheiben, aber doch selten, und ist meistens ungestalltet. Diese Veränderung macht, daß man oft ein Stük zweymal bestimmen muß, wie man in der Folge sehen wird. Oft ist dieser Spath mit einem grauen Kalkmergel gemischet, wenn er nahe beym Gang, oder gar in demselben gefunden wird. Man sieht es an beyliegendem Stükke.

Nro. 3.

Nro. 3.

Spatum calcareum crystallisatum album, pellucidum, crystallis tetraedris columnaribus, truncatis, erectis & aggregatis, planis, omnibus æqualibus.

Dieser halbdurchsichtige, vierseitig abgestumpfte, weiße Kalkkrystall, als eine besondere Art, hat der Ritter von Born auf der 1 Taf. 5 Fig. in seinem Indice abgebildet. Wie man an dem beyliegenden Stükke siehet, so bilden die große Spatkrystalle, die oben und unten mit der Bergart bedekt sind, und erstere umgeben, eigentlich sechsekkichte Figuren, oder ein spatum calcareum crystallisatum album, crystallis acaulibus hexagonis. Die seltsame Säulenförmige Stükke hingegen sind in einer kleinen Grotte, in der Mitte von diesen letztern, halb eingeschlossen. Manchmal ist auch Zinnober mit eingemischt. Diese Säulenförmige Krystalle sind selten in der Grube. Besonders ist es, daß mitten unter den sechsekkichten, diese Säulenförmige sich vorfinden, und eine spätere Entstehung zu haben scheinen, als erstere. Die sechs Flächen, die diese Krystallen haben, eine nämlich oben, und eine unten, dann vier Seitenflächen, machen, wenn sie kurz sind, einen odentlichen Cubum aus. Betrachtet man sie mit dem Vergrößerungsglase; so wird man gewahr, daß ihre Ekken auch Flächen bilden, die kaum einen 50sten Theil einer Linie betragen. Solte vielleicht nach spätern Zeiten bey Auflösung des Spaths eine Salzsäure, (sal muriaticum) dazu gekommen seyn, welche ihnen diese Figur verschafte?

Nach

Nach des Ritters von Linné Systeme scheint es wahrscheinlich. Daß diese Krystalle vollkommen Kalkartig sind, ob sie gleich öfters in der Gangart brechen, welche mit der Vitriol- oder Schwefelsäure geschwängert sind, mag daher rühren, weil in diesen Klüften die spathige Materie von weitem durchs Wasser hergeführt worden, wo sie sich noch ganz rein befindet.

Nro. 4.

Spatum calcareum crystallisatum album, semipellucidum, crystallis aggregatis, prismate hexaedro confuso.

Diese weiße, halbdurchsichtige Pyramidenförmige, sechseckige Kalkspathkrystallen, welche sehr unordentlich auf einem weißen Spath aufsitzen, sehen, der Farbe nach, den Bleykrystallen ziemlich ähnlich. Der Spath, worauf sie sitzen, prasselt sehr im Feuer.

Nun sind wir bis auf das wahre oder unmittelbare Hangende gekommen.

Nro. 5.

Lapis calcareus impurus, *cinereus*, particulis spatosis, pyrite et cinnabari inspersus.

Gegenwärtiger grauer unreiner Kalkstein, welcher allezeit mit Thon, dann zuweilen mit Spath, Kies und Zinnober gemischt ist, macht eigentlich das innere Hangende des Ganges aus. An dem beyliegenden

Stükke

Stükke siehet man, welche Seite auf dem Gang ansaß, indem es mit dem Quecksilberhaltigen Letten oder Thonschiefer überzogen ist. Warum ich hier bey dieser Grube, wider den allgemeinen Gebrauch, zweyerley Hangendes und Liegendes anführe, dazu habe ich folgende Gründe. Erstlich ist der Kalkstein, der auf dem Gang aufsitzt, und niemals zu selbigem gehört, schon etwas mineralisirt, hat aber selten an Dikke, gegen das äußere Hangende, über 1 bis 2 Lachter. Warum aber dieser Stein weder für das taube Hangende, noch für den Gangstein gelten kann, ist, weil er von beyden einigen Antheil hat, und ein Mitteldiing ausmachet. Zweytens wird er, wo die Wasser aus dem tauben Hangenden oder Liegenden nicht stark oder gar nicht eindringen, weggenommen, und an Tag geführt, und das aus zwo Ursachen: einmal wird die Bergart zum Zusatz bey der Lebendigmachung des Quecksilbers gebraucht; und dann auch um das wenige Quecksilber zu Nutze zu bringen, was als Zinnober oder auf eine andere Art darinne stekket. Drittens, ist dieses Gestein als eine Schutzwehr wider das starke Eindringen des Wassers anzusehen, indem es die Wasser nicht so durchläßt, wie das taube Hangende. Die Ursach mag seyn, weil sich ein Theil Thon und Schwefel dabey befindet.

Ich war sehr oft im Zweifel, wie ich diesen, sammt allem übrigen Kalkstein, der immer in der Hydrianer Grube vorkömmt, bestimmen sollte. Denn der Stein braußt

braußt niemals mit Säuren, weil er hinlänglich mit der Schwefelsäure gesättiget ist, und mehr einen Gips darstellt, als einen Kalkstein. Allein in der Verkalchung verhällt er sich anders, denn er braucht ein beträchtliches Feuer, bis er so mürbe wird, als der Gipsstein, der nur eines ganz schwachen Feuers benöthigt ist. Macht man ihn nach der Verkalchung zu Pulver und feuchtet ihn mit Wasser an, so bindet er sich nicht so vest, als der Gips. Das mag wohl eigentlich der gebrannte Thon, der sich dabey befindet, verursachen.

Nach dem berühmten Profeßor Vogel, gehöret indessen dieses Produkt zu den Gipsarten; allein folgende Ursachen haben mich bewogen, ihm den Namen Kalkstein zu lassen. Er brauset nicht mit den Sauren*) erstlich: weil er noch sehr vest ist, und noch nicht mürbe genug gemacht worden, also nur einen angefangenen Gips darstellet. Zweytens nimmt der, wo der Zinnober aufsitzt, eine gute Politur an; da hingegen der gemeine Gips dazu viel zu weich ist. Hieraus erhellet, wie unschiklich es sey, diesen Stein anstatt des Kalks zum Zusatz des Quecksilbers zu nehmen. Allein eine alte Gewohnheit bey einem Bergwerke, wo das Erz im Ueberfluß ist, macht, daß man lange Jahre bey einem alten dummen Schlendrian verbleibt, wenn auch der

*) Hier muß man genau Acht haben. Denn wenn man Säure drauf gießt; so wird man oft ein Brausen gewahr, das aber von einem andern Körper herkömmt, als von Spath, Zinnober rc. rc.

der Schade noch so groß wäre, ob man gleich Beyspiele hat, daß eine Grube mehr Erz habe, als man haben will. Eine wunderliche Sache ist es indessen, mit dem Quecksilber von Hydria, daß man nicht noch einmal so viel erzeuget, als es fast mit einerley Unkosten geschehen kann. Wie viel können aber nicht Mißverständnisse zuweilen schaden! — *)

Die

*) Das ist gewiß ein Fehler wider eine gute Oekonomie, wenn man seine Kapitale todt liegen läst. Wenn ich also Erz genug in meiner Grube habe, und sie so bauen kann, ohne sie zu schwächen, oder einen Raub zu begehen; so ist es ungereimt, wenn ich es da nicht thue, wo doch die Unkosten wenig Unterschied machen. Vor einigen Jahren hat man beständig 3000 Zentner Quecksilber erzeugt, und jetzo nur noch 1500. Die Hauptstraßen, Schächte, Pumpwerke und übrige Maschinen, müssen doch eben so erhalten werden, Beamten müssen doch eben so viel seyn, als verschiedene Dienste sind, wenn man eine Ordnung beybehalten will. Also kömmts lediglich auf den gemeinen Bergmann an, der in Ersparniß kömmt, und deren sind aufs höchste 100 weniger geworden. Denn so, wie die Hauptgrubengebäude beständig sind, so verhällt sichs eben auch mit den Gebäuden am Tage. Der Bergknappe zu Hydria ist zu allem geschikt. Er ist Maurer, Zimmermann, Hauer, Schlämmer, und alles, was nur immer für eine Arbeit bey einem Bergwesen vorkömmt. — Nun, wo mag der Fehler stekken, daß man nicht mehr von diesem Halbmetalle verkaufen will? Ich vermuthe: erstlich, man fürchte sich, man müßte von dem Preiß etwas ablaßen, welches aber immer geschehen kann, wenn ich hundert oder auch nur funfzig vom Hundert gewinne; denn durch dieses Fallen des Preises kann ich schlechtern auswärtigen Werken Abbruch thun, und hernach Meister des Preises bleiben. Zweytens sind wir der Meynung, daß das erzeugende Quantum umschränkt verpachtet ist, welches aber allemal einen sehr großen Fehler und Schaden für den Eigenthümer ausmacht. Wer davon überzeugt seyn will, der lese

das

Die Produkte der Bergart Nro. 5. sind folgende:

Nro. 6.

Gypsum crystallisatum rhomboideum album, rhombis semipellucidis, depressis.

Diese würflichte weiße, ins Gelbe fallende halbdurchsichtige Gipskrystalle brechen oft in einem schwarzen unreinen Kalksteine. Sie haben selten eine bis zwo Linien an Größe.

Nro. 7.

Gypsum crystallisatum filamentosum album, subdiaphanum, crystallis inordinatis oblongis, striatis, s. *Selénites Mineralogorum.*

Hier sitzen die weiße, durchsichtige und Nadelförmige Seleniten auf einem schwarzen schieferichten, unreinen Kalksteine. Die Seleniten, welche ohne Zweifel schon lange eher, als ich zum Werke kam, gebrochen sind, waren den dortigen Bergleuten unbekannt. Sie hielten selbige für Harvitriol oder Spathkrystallen. Sie brechen zwischen den Klüften des Gesteins, liegen verwirrt durcheinander, wo sie sonst am Harz, im Erzgebirge, und Ungarn Büschelweise beysammen sitzen. Hier sind sie manchmal mit einer Eisenocher überdekt, auch zuweilen damit gefärbt, wie ich in meinem Kabinet einige habe, die davon schwarzgelb

das unschätzbare Werk, das nicht seines Gleichen hat, nämlich: Histoire philosophique & politique des Etablissemens & du commerce des Européens dans les deux Indes. à Amsterdam 1773.

gelb gefärbet sind. Hier siehet man eine Verwandschaft dreyer Körper. Hätte sich keine Kalkerde da gefunden, welche mehr mit der Vitriolsäure, als mit dem Eisen verwandt ist; so würde sich ohne Zweifel ein Vitriol gebildet haben. So blieb aber das Eisen zum Theil frey. In dem Stein Nro. 5. fand sich auch einmal folgende Art.

Nro. 7. a.

Gypsum impurum cinereum, particulis impalpabilibus. Unreiner grauer Gipsstein, aus Theilen, die sich nicht fühlen lassen, bestehend.

Dieser Stein ist eigentlich die Mutter (matrix) des oben beschriebenen Papierasbestes. Dem äußerlichen Ansehen nach, kömmt er ganz dem Kalksteine Nro. 5. gleich; allein seine Natur ist mehr durch die Vitriolsäure geändert. In allen seinen Ritzen und Spalten enthält er den erwähnten Asbest, wie man an dem beykömmenden Stükke sehen kann.

Nro. 8.

Papirus montana, s. *Asbestus corticosus membranaceus*, membranis flexibilibus albis. a *Born* L. c.

Diese Art stak im Liegenden der Grube. Vor einigen Jahren entdekte man diesen weißen biegsamen Stein, welchen man mir für ein Schorfmoos brachte. Zum Unglük warf man alle große Stükke in ein Gesenke, welches versetzt wurde, bevor ich noch den Ort befuhr, welcher einen Seitenschlag im Liegenden machte und 106 Lachter Tiefe hatte. So bald ich es zu sehen bekam, ersah ich, daß es kein Schorfmoos seyn konnte. Da nun der Ort ohne Zweifel auf ewig versezt ist; so sieht man sich für die Zukunft gänzlich dieses seltsamen Körpers von dieser Grube beraubet. Seine Biegsamkeit und Feine kömmt dem, der in den Pyrenäischen Alpen bricht, am nächsten. Die Farbe ist manchmal so weiß, als Holländisches Postpapier; manchmal aber auch dem Papier ähnlich, welches Doktor Schäffer aus Wespennestern machte. Es verträgt die Schrift sehr gut, wie man es auf dem beyliegenden Stükchen sehen kann. Die Substanz ist auf der Oberfläche etwas hökricht. Dies verursachet, wenn man es nicht erst ein wenig mit einem Streichbein vor dem Schreiben überstreicht, daß die Tinte sich etwas ausbreitet. Diese drey lezten Arten brechen immer nahe oder in dem Hangenden, wie auch in den Kalkkeilen, die im Gange stekken. Der Herr Bergrath Skopoli giebt fünf Arten von Spathkrystallen an; allein oft aus einem Stükke kann man zwo bis drey Arten gewahr werden, wie aus Nro. 3. zu sehen. Jedoch sind sie nicht allemal bestimmt genug, um besonders beschrieben werden zu können. Man sehe dessen Schrift *) von dem Hydrianischen Quecksilber.

Nro. 9.

*) A. *Scopoli* de Hydrargyro Idriensi, 8vo. Venet. 1761. s. Editio nova Lipsiæ.

Nro. 9.

Argilla communis plastica, *impura*, cinerea, indurata, s. *Schistus* Mineral. Grauer, etwas unreiner pikenter *) verhärteter Thon oder Schiefer.

Was diesen Thon oder Schiefer unrein macht, ist Kalkerde, manchmal auch Vitriolsäure. Er ist eigentlich die wahre Gangart sammt dem folgenden der Hydrianischen Quecksilbererze. Gemeiniglich, doch nicht allezeit, ist, je mehr er ins Schwarze fällt, desto eher Hofnung auf Ausbeute. Wenn sich der Gang verworfen oder verdrukt hat, und die Bergleute sind mit dem Schlag im Kalkstein, und sie kommen auf diesen Schiefer; so haben sie gewonnen, weil sie den Gang erreicht haben.

Diese Art hat nun folgende Abarten:

Nro. 10.

Argilla communis plastica indurata, impura, nigra. à *Born*. L. c. seu *Schistus* Mineral.

Dieser harte, schwarze, unreine pikente Thon oder Schiefer, hat bisweilen ein halbes Pfund und mehr Quecksilber im Zentner, oft aber auch gar nichts. Zu Hydria wird er noch selten unter die Wascherze genommen, weil er schwerlich die Kosten tragen würde, ihn an Tag zu fördern. Es werden daher meistens die verhaute Oerter damit versetzet. Seine Schwärze kömmt gröstentheils vom Schwefel her.

*) Ob wir gleich dies Provinzialwort nicht verstehen; so haben wir uns doch nicht für berechtigt gehalten, es auszulassen. M...

Nro. 11.

Argilla communis mixta cinerea, obscura, indurata seu *Lithomarga polita* cum cinnabari & terrâ griseâ immixtâ.

Dieser Mergelstein oder unreine Thon, pflegt oft die Bergart der nicht reichen Quecksilbererze, meistentheils aber der Zinnoberarten auszumachen. Die Politur, die er öfters hat, ist sehr schön, wenn sich darinn Zinnoberadern befinden. Bey diesem Stük aber ist der Zinnober nur auf der Politur aufsitzend mit einem geringen Antheil von Gipserde. Besonders ist es, daß diese Bergart von der Natur selbst eine solche Politur bekömmt. So viel ich durch einige Jahre in der Grube beobachtet habe, so machten diese geschliffene Stükke allezeit feine, wie auch beträchtliche Klüfte aus, in welchen ohne Zweifel eine lange Zeit Wasser geflossen haben mag. Da nun die Grubenwasser viele erdige Theile mit sich führen, und oft einen feinen Thon, der einem Smirgel ähnlich ist, besitzen; so ist es wahrscheinlich, daß der Fall des Wassers mit diesen Erdtheilen diese Politur mag zuwege bringen. Mehr find ich diese Art in den Kalkkeilen, welche den Gang durchsetzen. Ohne Zweifel ist dies die *Lithomarga*, seu *Argilla subfriabilis &c.* des Ritters von Born.

Nro. 12.

Minera Hydrargyri mollior, *argillacea*, *ponderosa*, seu Argilla communis, friabilis, mineralisata, nigra

nigra, vel *Hydrargyrum petrosum homogeneum* lamellatum, splendens, friabile, nigrum *Scopoli* & *Bornii*. L. c.

Dieses schwarze, weiche, unreine Thonschieferer̃z hält von 1 bis 4 Pfund Quecksilber im Zentner, welcher dann mit Schwefel und Quecksilber vererzt ist. Der Stein ist glänzend, und wird zu Hydria Mildzeug, sammt der folgenden Abart genennet. Da Herr Bergrath Skopoli das Mildzeug in seiner Einleitung der Foßilien einen schiefrichten, bituminösen Stein nennet, *) so weis ich nicht, was er für eins mag gehabt haben. Mir hat es nie geglükt, ein Bitumen darinn zu entdekken. Jedoch man findet oft eine Sache in einer Grube, die erst nach vielen Jahren wieder, oder auch gar nicht mehr, vorkömmt.

Nro. 13.

Minera Hydrargyri mollior argillacea, ponderosa, seu Argilla communis friabilis, mineralisata, striata, *coloris hepatici*.

Diese Art ist etwas vester, als die vorstehende, und mit dunkelrothen Streifen von Zinnober durchmischet. Die Fläche ist auch glänzender, als bey der 12ten Art, und hällt von 5 bis 7 Pfund Quecksilber im Zentner. Seine Farbe ist Leberartig.

*) Skopoli Einleitung zur Kenntniß und Gebrauch der Foßilien. 8vo. Riga 1769.

Nro. 14.

Minera Hydrargyri mollior argillacea, ponderosa, vel Argilla communis friabilis, mineralisata, *fulva, nigrescens.*

Dieses Erz fällt etwas röthlich ins Auge, obgleich die Art sehr ins Schwarze spielet. Der Gehallt an Quecksilb.r ist von 30 bis 40, auch mehrern Pfunden im Zentner. Alle diese Arten haben eine sehr glatte Fläche auf ihrem Bruche. Manchmal ist etwas Schwefelerde sichtbar.

Nro. 15.

Minera Hydrargyri lapidea solida, sive Lithomarga impura, mineralisata, dura, nigra, ponderosa.

Dieses schwarze Mergelsteinige Quecksilbererz kann man, wie die folgende, als einen unreinen Zinnober ansehen, oder als einen halb verwandelten Mohrenkopf. Ohne Zweifel war das der schwarze Zinnober des Kronstedt. Daß er aber in der Sublimation beständig schwarz geblieben seyn soll, ist von keinem Hydrianer Erze möglich. Denn man setze der Sublimation aus, welches man will; so bekömmt man allezeit einen schönen und reinen Zinnober, und um so viel schöner, wenn man die Sublimation einmal wiederholt, und noch Schwefel hinzusetzt. Läßt man letzteres aus, so gehet noch viel Quecksilber in die Vorlage herüber, welches vielleicht der inhabende

Kalk=

Kalktheil des Erzes verursachet. Als vor einigen Jahren der Herr Professor Brünnich aus Koppenhagen bey mir in Hydria war, so bewies ich ihm, daß der gelehrte Kronstedt übel berichtet worden sey, welches er denn auch in der neuen Ausgabe seiner Mineralogie, nebst andern Stükken, die erwähnte Gruben betrafen, verbesserte. Dieses Erz hat 50 bis 70 Pfund Quecksilber im Zentner. Dieses samt den zwey folgenden, ist das *Hydrargyrum petrosum Scopoli.*

Nro. 16.

Minera Hydrargyri, lapidea solida, seu *Lithomarga* impura mineralisata, ponderosa, solida, texturâ chalibeâ, coloris hepatici.

Dieses Leberfarbige, Mergelsteinichte Quecksilbererz hat eine ziemliche Vestigkeit, und wird von den Bergleuten, wie das folgende, plattweg Lebererz genannt, wie auch uneigentlich gediegenes Erz. Es ist sehr brüchig, und hat meistens in seinen Brüchen ganz kleine Zinnoberkrystallen, wie man an dem beygelegten Stükke sehen kann. Sein Gehallt ist von 70 bis 80 Pfund im Zentner.

Nro. 17.

Minera Hydrargyri lapidea solida; seu *Lithomarga* impura mineralisata, solida, ponderosa, subrubra, argenteo nitore.

Dieses schwere, röthliche Silberfarbige Mergelsteinichte Quecksilbererz, nimmt eine gute Politur an, so wie ein jeder etwas vester Kalkstein. Man kann auch solche geschliffene Stükke mit der Nadel radiren, und mit maßivem Gold oder Silber eintragen, wie an beygehendem Stükke deutlich zu sehen. Die Bergleute nennen es, wenn es zur Politur geschikt ist, Stahlerz, wegen seines scharfen Bruches, in welchem es auch dem Stahl an Farbe gleichet. Der Gehallt dieses Erzes ist selten weniger als 75 bis 80 Pfund Quecksilber im Zentner, der Zentner allezeit zu 100 Pfund gerechnet. Eben dieses Erz giebt durch die Sublimation einen schönen Zinnober. Man siehet gar oft auf der Oberfläche desselben den unreinen, oder vielmehr unvollkommenen Zinnober liegen. Einer der gemeinsten Vorfälle heut zu Tage in der Hydrianischen Grube! Es werden zu Zeiten Stükke davon gebrochen, und an Tag geführt, welche bis fünf Zentner haben. Manchmal führen diese wenig oder mehr Kalkerde bey sich. Wenn man auf ein fein gestoßenes Pulver von diesem Erz eine wohl zubereitete Salpetersäure gießt; so sondert sich bald der Zinnober von den erdichten Theilen ab: aber man muß sie zu rechter Zeit wegnehmen, damit sich nicht auch der Zinnober auflöse. Wenn durch gute Handgriffe dies weniger kostbar gemacht würde; so könnte man der Sublimation entübriget seyn.

Nro. 18.

Nro. 18.

Minera Hydrargyri lapidea, *solida*, seu *Lithomarga* impura mineralisata, dura, polita, cum Cinnabari amorphâ insidente.

Dieses Mergelsteinichte Quecksilbererz hat auf einer Seite eine von Natur abgeschliffene Fläche, welche meistens aus einem schwarzen, harten Thon bestehet, und eine Menge feiner Ritzen oder Einschnitte zeiget. Es siehet aus, als wenn das Erz von der Seite eine Kluft gehabt hätte, worinn Sand gerollt wäre, der diese Ritzen verursacht hätte. Oft habe ich in einer Teufe von 70 und mehrern Lachtern in der Grube Sandhaufen gesehen, welche durch allerley Schläge entdekt worden. Diese Art des Quecksilbererzes ist mit etwas ungestalltetem Zinnober gemischet. Dies letzte Mergelsteinerz zeigt, so zu sagen, den Uebergang zu den Zinnobererzen, welche sich meistens in den tauben Kalk- oder Mergelkeilen bilden, die in dem Schiefergang liegen, auch oft an dem Hangenden und Liegenden.

Nun folgen sieben Abänderungen von Erze, die zwo Hauptarten ausmachen, und unter den oben erwähnten zufälliger Weise brechen, als:

Nro. 19.

Minera Hydrargyri phlogistica, *friabilis*, rubescens. *à Born*. L. c. f. Minera Hydrargyri argillacea impura, phlogistica, subrubra.

Dies

Dieses Quecksilberbranderz bestehet aus vielem Schwefel und unreiner Thonerde, ohne bituminöses Wesen, und hällt 30 bis 45 Pfund Quecksilber im Zentner. Seine Farb ist bisweilen halbroth, aber meistens fällt sie ins Schwarzgelbe, wie man aus der Beylage sehen kann.

Nro. 20.

Minera Hydrargyri phlogistica friabilis, nigrescens. *à Born.* L. c. seu Minera Hydrargyri argillacea, impura, phlogistica, nigra.

Diese Abart des Quecksilberbranderzes ist nicht so reich an Gehallt, wie die vorigen, sondern hällt nur 12 bis 18 Pfund Quecksilber im Zentner. Beyde Arten brennen leicht am Lichte, brechen selten, bloß zufällig, und zwar nur im bloßen Gangschiefer, niemals bey dem Zinnobererze, wie man an dem Stükke dieser Nummer siehet, daß es an dem Erze Nro. 12. hängt. Wenn sichs ereignet, daß auf einer kurzen Strekke viel von diesem Branderz, wie es die Bergleute nennen, sich vorfindet; so ist man oft einer nicht geringen Gefahr ausgesetzt. Entwikkelt sich viel von diesen Theilen, wird die Luft damit geschwängert, und entsteht endlich das Bild, was man brennende Schwaden nennt; so ist der erste, der mit seinem Grubenlichte daran kömmt, in Gefahr, den Schwaden anzuzünden, und den ganzen Leib zu verbrennen, wenn er

nicht

nicht die Vorsicht braucht, sich hurtig auf die Erde zu legen. Indessen kann dies nicht allemal seyn, wie ich Beyspiele anderwärts angeführt habe.

Während meines siebenjährigen Aufenthalts in Hydria hat sich dieses Unglük dreymal ereignet, wodurch viele Leute jämmerlich verbrandt worden. Jedoch mit geschwinder Hülfe nach einer grausamen Marter hat man sie noch beym Leben erhalten. Ich habe diesen Fall in einer besondern Abhandlung, nebst der Kurart, beschrieben, welche zu Wien, unbedachtsamer Weise, durch einen jungen Gelehrten, in ein Wochenblatt gerathen, wo sie gar nicht hingehöret. Denn diese, sammt andern Abhandlungen, waren für ein Magazin bestimmt, welches nach dem Plan des Hamburger hätte herauskommen sollen *). Jedoch kommen auch oft die brennende Schwaden in der Grube zu Hydria von versessenen Wässern im alten Mann, wenn sie viel Schwefeltheile mit sich führen.

Nro. 21.

Minera Hydrargyri lapidea, *solida*, seu *Lithomarga impura*, mineralisata, hæmisphærica, solida, hæmisphæriis aggregatis, excavatis, foliaceis nigris, in minera Hydrar. lapidea no. 14.

Dies ist das Korallenerz der Bergleute in Hydria, und wird vom Bergrath Skopoli mit angezeiget. Der unschikliche Name, den man demselben in

*) Das Wiener Allerley, eine Monathschrift, 3tes St. 1774.

in Hydria gegeben hat, mag daher rühren, weil die Weiber an unsern Seeküsten Schnüre mit eingereiheten Kugeln von rothen Korallen am Halse tragen, mit welchen man ohnstreitig eine entfernte Aehnlichkeit in unserm Erze glaubt entdekt zu haben. Die Bergleute, die aus dem Lande sind, geben ihm schon die rechte Benennung in unserer Muttersprache, ob sie auch gleich viel durch die Deutsche verdorben worden. Hier brechen die kleine, schwarze, blätterichte, halbkugelförmige und ausgehöhlte Körper häufig beysammen, welche den gebrannten Kaffébohnen ziemlich ähnlich kommen, in einem schwärzlichen Quecksilberreichen Erz, welches unter Nro. 14. beschrieben worden. Es hat also nicht statt, wenn man behaupten will, die Quecksilberhaltigen Kugeln brechen nur in einem fast beständig tauben Gestein. Ich habe sie noch meistens in solchen Bergarten gefunden, die bald reicher, bald ärmer waren, als die darinn sitzende Kugeln. Ich habe Stükken in meinem Kabinette, wo die Halbkugeln in dem Erz Nro. 17. stekken, und wenn es polirt ist; so siehet es dem Engl. *Pudding stone* nicht unähnlich. Das gegenwärtige Erz hat 40 bis 50 Pfund Quecksilber im Zentner, und bricht viel seltner, als die folgende Arten.

Nro. 22.

Minera Hydrargyri lapidea solida, seu Lithomarga impura, mineralisata, hæmispærica, dura, hæmisphæriis aggregatis, excavatis, foliaceis, nigris, in *Silice*

Silice nigrescente, cum Cinnabari & Ferro immixto.

Halbkugelerz. Hier liegen die Halbkugeln etwas weniger gehäuft beysammen, als in der vorigen Art, in einem schwarzen, mit etwas Eisen, Zinnober, auch oft Kies gemischten Kieselsteine. Vielleicht ist dieser Kiesel Kronstedts Quarzum calce ferri atrâ intrinsecè mixtum, welcher in Stafs Eisengrube in Südermannland zu Hause ist. Ich werde weiter von dieser besondern Bergart Erklärung geben. Diese Gattung von Erzen ist nicht selten in Hydria. Es ist zu verwundern, daß ihrer noch von keinem Mineralogen gedacht worden. Die Ursache mag seyn, weil man oft den Quarz in dieser Grube geleugnet hat. Man sehe unter den letztern Hrn. Professor Ferbers Beschreibung von Hydria *). Wenn man auch gegenwärtigem nur den Namen Kiesel giebt; so sind doch die Bestandtheile immer die nämlichen, die der Quarz besitzt, denn es kömmt allein auf die Zusammenfügung der Theile an. Ich habe in meiner Sammlung ein Stük halbdurchsichtigen Quarz aus den Hydrianischen Gruben, der mit reinem, ungestalltetem Zinnober durch-

*) Hrn. Ferbers Beschreibung des Quecksilberbergwerks zu Hydria in Mittelkrain in 8. c. figg. Berl. 1774. An dieser ziemlich unvollkommnen Beschreibung von diesem Werke hätte Herr Professor Ferber gewiß noch vieles verbessert, wenn er sich länger im Werke selbst aufhalten können; denn seine gründliche Kenntniß im Bergwesen ist nicht gering. Indessen hat ihm doch die gelehrte Welt sehr für dieses Werkchen zu danken, da es nicht so leicht Jemand hätte bekannt machen dürfen.

durchmischet ist. Auch der Ritter von Born gedenkt desselben in seinem Indice ausdrüklich. Dies erwähnte Kugelerz in unreinem schwarzem Kiesel oder Quarz, ist ziemlich reichhaltig, und hat 20 bis 25 Pfund Quecksilber im Zentner. Es ist natürlicher Weise, wie die drey folgende, sehr hart zu gewinnen, und die Bergleute haben auch dafür das größte Gedinge.

Nro. 23.

Minera Hydrargyri lapidea, solida, seu *Lithomarga impura* mineralisata, hæmisphærica dura, hæmisphæriis aggregatis excavatis, foliaceis, nigris, in silice nigrescente, cum minerâ hydrargyri striatâ, nigrâ.

Das Besondere an diesem Erz ist das ansitzende, sehr schwarze gestreifte glänzende Quecksilbererz, welches ich noch nie anders, als höchst selten in kleinen Adern bey diesem Erze gefunden habe, wie man an dem beyliegenden Stükke sehen kann. Der Gehallt ist wie oben.

Nro. 24.

Minera Hydrargyri lapidea solida, seu *Lithomarga impura* mineralisata, hæmisphærica, dura, hæmisphæriis dispersis excavatis, foliaceis, nigris, in silice cinereo-nigrescente.

Hier liegen die Halbkugeln mehr zerstreuet in dem grauschwarzen Kiesel. Die halben Quecksilberkugeln

kugeln in allen diesen Erzen, sind auf ihrer gewölbten Fläche beständig schwarz, im Bruch sind aber die Blätter Zinnoberartig. Der Gehalt dieses Erzes ist selten über 10 Pfund Quecksilber im Zentner.

Nro. 25.

Minera Hydrargyri lapidea, solida, seu *Lithomarga impura* mineralisata, hæmisphærica, dura, hæmisphæriis dispersis, excavatis, foliaceis nigris, cum pyrite hæmisphærico flavescente, in silice cinereo, nigrescente.

Dies ist das nämliche, wie das vorstehende, aber es hat sichtbare halbe, ausgehöhlte Kugeln von gelbem Eisenkies. Einige scheinen ganz, aber sie sind nur ein Seitenstükke.

Ich habe in meiner Sammlung eine solche Stufe auf einer Seite angeschliffen, wo die halben Kies- und Quecksilbererzkugeln in allen Stükken, der Figur nach gleich kommen.

Nro. 25. a.

Minera Hydrargyri lapidea solida, seu *Lithomarga impura* mineralisata, hæmisphærica, solida, hæmisphæriis interruptis excavatis, foliaceis, nigris, in minera hydrargyri no. 17. cum pyrite insidente.

Die Halbkugeln liegen hier in diesem sehr reichen Quecksilbererz zerstreuet, und mit dem Erze durchsetzet.

Die Bildung der Halbkugeln ist hier sehr unordentlich, als wenn sie in dieser Bärmutter mehr Gewallt gelitten hätten, als in den andern. In einem polirten Stükke sehen sie hieroglyphischen Lettern ähnlich. Der eingesprengte Kies ist gelb und kleinspeisig. Dieses Erz brach im Jahr 1770 als eine Niere, im Gange 72 Lachter tief.

Die richtige Beweise, daß die Gebährmutter, Matrix, worinn dieses halbkuglichte Quekſilbererz sitzet, ein Kiesel sey, sind folgende:

1. Im Bruch ist der Stein sehr rauh, scharf und veste.

2. Giebt am Stahl Feuer, und braußt mit keinen Säuren. Hier muß man wohl Obacht haben. Wenn man Säure drauf gießt, und sich ein Brausen erregt; so kömmt es daher, daß man Blätter oder ganze Kugeln damit getroffen habe, die dann freylich manchmal brausen, wenn sie viel Zinnoberkalk bey sich führen.

3. Wenn man ein Stük eine Zeitlang im Feuer frey liegen läßt, ohne allen Zusatz, so verliert die Matrix oder Kiesel seine schwarze Farbe, und bekömmt eine Aschgraue. Ein Zeichen, daß er die Farbe einem mineralischen Körper, dem Schwefel nämlich, zu danken habe! Die Erzkugeln,

Kugeln welche aber darinn sitzen, werden Schneeweiß, und stellen eine unreine Schwefelleber dar. Ich sage unrein, weil Thon mit darunter gemischt ist. Den Geruch der Schwefelleber stellet der Salpetergeist dar, sobald man ihn aufgießet.

4. Gleiche Theile Alkali in dieser Matrix, sammt den darinn stekkenden Kugeln, geben ein schwarzes, etwas schwammichtes Glas, welches den Eisenschlakken ähnlich kömmt, wenn es bey starkem Feuer in dem Kramerischen Universalofen vier Stunden ausgesetzet ist.

5. Drey Theile Alkali mit zween Theilen dieses Steins geben im nämlichen Feuer den sogenannten Rieselsaft, welcher ganz schwarz, und erst nach einiger Zeit fließend wird. Warum aber diese Masse nicht eben zu Glas wurde, das liegt nicht allein an der Menge des Alkali, sondern die Tutte stand in einem Winkel im Ofen, wo sie dem Zuge des Feuers nicht so ausgesetzt war.

6. Ein Theil Alkali, und drey Theile dieses Steins oder Erzes geben eine sehr schwammichte, schwarze Masse, und steigt bis zur Oefnung der Tutte in die Höhe. Sie kömmt dem Bimsenstein ähnlich, ist wie Nro. 4. glänzend im Bruche, war auch eben so lange im Feuer, und blieb

auch vest in der Luft. Der sich dabey befindende Thon, mag wohl die Hauptursache des Aufblähens abgeben.

7. Ein Theil dieses gerösteten Erzes, und zween Theile dieses Alkali, in eben dem Feuer, machten zum Theil eine schwarze veste Masse im Grunde der Tutten. Wenn man ein wenig Salpetergeist darauf goß, so gohr es ein wenig, und gab den Gestank der Schwefelleber. Der übrige Theil der Masse war in die Höhe gestiegen, und bildete einen grauen schwammichten, leichten Körper, der mit Salpetergeist weder braußte, noch den Geruch der Schwefelleber hergab. Ein Zeichen, daß es bloß eine kieselichte Masse war! Die Tutte hatte während dem Feuer einen Sprung bekommen, wodurch etwas geflossen war, und eine schöne grüne Masse an dem Fuße der Tutte, gleich nach dem Herausnehmen aus dem Feuer, darstellte, welche aber mit der Zeit die Feuchtigkeit der Atmosphäre wieder an sich zog, und einen unvollkommnen *Liquorem silicum* machte. Bey diesem Versuche scheint es, als ob sich die Terra mineralis allein zum Boden der Tutte gesetzt, und der Kiesel sich abesondert hätte. Wiederholt man diese Versuche, und giebt ein längeres Feuer; so wird alles zu einem schwarzen undurchsichtigen Glase, wie die Lava des Vesuves. Denn die

Bestand-

Bestandtheile sind auch die nämlichen, als eine unreine Glaserde und Eisen.

8. Quarz und gleiche Theile dieses ungerösteten Erzes mit noch einmal so viel Alkali, machten eben ein so vestes Glas wie Nro. 4; aber dichter oder kompakter, und etwas durchsichtig.

9. Vier Theile Salpetergeist mit einem Theile dieses gerösteten Erzes, in eine gelinde Digestion eine Zeitlang gestellet, lößt das Eisen und Kalktheile auf. Anfänglich ist der Gestank der Schwefelleber heftig, welcher aber nach und nach verschwindet. Gießt man die Säure nun ab, und wäscht das Ueberbleibsel mit reinem Wasser ab; so bekömmt man eine reine Kieselerde, welche, mit Alkali geschmolzen, ein vestes Glas giebt. Mit den übrigen Säuren habe ich nichts Merkwürdiges wahrgenommen.

10. Wenn man dieses Erz fein in einem meßingenen oder steinernen Mörsel stößt und fein reibt, so zieht der Magnet die Eisentheile zum Theil heraus, das Erz mag geröstet seyn oder nicht. Dies zeigt, daß nicht allein Eisentheile darinn sind, die vererzt waren, wie der Kies, sondern auch blos, sonst würde der Magnet bey dem ungerösteten keine anziehende Kraft haben.

Dieses hat mich bewogen zu muthmaßen, daß es Kronstedts schwarzer Quarz mit Eisen sey. Der Kalktheil der darinnen stekt, ist allezeit sehr merklich. Man darf nur ein wenig mit Salmiak abreiben, so zeigt sich also gleich der Uringeruch und der Schwefel.

Dies wenige mag genug seyn, um diejenige zu überführen, die dieses Erz besitzen, und in ihrem Kabinet mit einer falschen Taufe liegen haben, um dem Körper seinen rechten Namen zu ertheilen. Wer es nun nicht glauben wollte, oder nicht so viel hätte, um einige Versuche zu machen, wenn er mit dem Stahl und Scheidewasser nicht zufrieden ist, darf nur die Probe Nro. 3. mit einem kleinen Stükchen versuchen; so wird er davon überzeuget seyn.

Nun muß ich noch auf die Entstehung kommen. Ein sehr besonders Produkt ist das halbkugelförmige Quekfilbererz, es mag in was immer für einer Gebährmutter stekken. Ob die Minera mercurii solida, &c. fulva, in globulis nigricantibus des Herrn *Collini* eine Aehnlichkeit mit den unsrigen habe, das ist mir unbekannt, indem, ob ich wohl viele Quekfilbererze aus der Pfalz habe, ich doch keines von jenen besitze. Man sehe dessen Beschreibung verschiedener Quekfilbererze in der Pfalz *). Vogel und Wallerius führen ebenfalls in ihren Mineralogien solche gebildete Körper

*) Acta academ. Theodoro-Palatinæ Tom. I. Dann Mineralische Belustigungen, 3ter Band.

per von Thon an, unter folgender Beschreibung: Fissilis rudis reniformis. Allein da ich sie ebenfalls nicht gesehen; so weis ich auch nicht, wie viel sie damit übereinstimmen. Oft, und sehr oft, habe ich Betrachtungen in und ausser der Grube über dieses figurirte Erz gemacht. Beym ersten Anblik, als ich es in der Grube zu sehen bekam, hielt ich es für eine Versteinerung, und zwar für Heliziten. Aber wie sehr hatte ich mich in meinem Urtheil geirret! Ich sahe vollkommen ein, daß es weder ein See- noch anderes Produkt war: sondern bloß ein in oder ausser der Erde entstandener mineralischer Körper, der sich nach gewissen Grundsätzen so, und nicht anders gebildet habe.

Endlich ergriff ich ein System, welches mir so ziemlich wahrscheinlich vorkam. Ich stellte mir den ganzen Gang unserer Gruben bey ihrer Entstehung als einen hohlen Graben vor, und zu dieser Muthmassung hatte ich einiges Recht aus folgenden Ursachen: Erstlich, mitten in dem Thon, oder Mergelschiefergang liegen große taube Kalksteinkeile, welche sich ohne Zweifel von den hohen Bergen in die damals vorhandene Schluchte oder enges Thal, worinn der weiche Thon lag, gestürzt haben. Es befinden sich solche Keile in dem Gang, die weder hängend, noch liegend berühren: doch giebt es auch so große, die den Gang ganz und gar abschneiden, welche doch auch einen nicht geringen Nutzen verschaffen, und die beste Stützen gegen den blähenden Schiefer abgeben. Zweytens:

Alle unsere hohe Gebirge, wovon die um Hydria einen Theil der Lullischen des Plinii ausmachen, bestehen aus Kalkfelsen, welche sehr stark verwittern, und die großen und kleinen Thäler mit einem Kalk- oder Thonmergel anfüllen, der dann mit der Zeit Schiefer von allerley Art und Farbe bildet. Nun dieses zum Voraus gesetzt, stellte ich mir die vererzte oder nicht vererzte blätterichte Kugelerde, welche das Erz bildet, am Tage, der freyen Luft ausgesetzt vor. Da nun aus Erfahrungen bekannt ist, daß die mehresten Thonarten am Tage bey Austroknung aufspringen, und sich in kleine Scheiben theilen; so bildete ich mir ein, es mögte hier eben so zugegangen seyn, wenn diese ausgetroknete Schuppen öfters mit neuen weichen Schichten von eben der Erde überdekt wurden, und ebenfalls durch das Trokkenwerden wiederum frische bildeten. — Indessen mit dieser Muthmassung war ich nicht lange zufrieden, und sahe leicht ein, wie viel man dagegen Einwürfe machen konnte. Daher nahm ich meine Zuflucht zu der Attraktion oder Anziehung. Ich stellte mir vor, es sey möglich, die Erde des Kugelerzes sey der erste vererzte Körper in der Grube gewesen, und das zwar in einem ziemlich flüßenden Zustand, und habe also das Vermögen gehabt, sich auf einen Punkt zusammen zu ziehen, jedoch nur Verhältnißmäßig, nach der Macht des Widerstandes der dazwischen sich befindenden fremden Körper. Denn niemals befindet sich die Matrix, worinn die Kugeln sitzen, mit derselben ganz gleichartig. Wo das geschehen ist, können

sie

sie nicht leicht merkbar seyn, es müste dann die Matrix in spätern Zeiten sich vererzet haben. Endlich ließ ich auch diese Muthmaßung fahren, so unbeständig war ich dabey, und wandte mich zu dem Kies. Es ist einem jeden bekannt, wie viel die Kiese Vereinigungskraft besitzen, um Figuren zu bilden. Ich besitze kleine Kieskugeln, aus Ungarn, die halb in ihrer Mutter hervorragen, und eins an Schwefel und Eisen so reichhaltig ist, als das andere; jedoch scheinen die Kugeln von einer ältern Entstehung zu seyn, als die Masse, worinn sie sitzen. Auch in der Hydrianischen Grube fand ich Kieskugeln so groß, wie eine Faust, mit Zinnober, wie auch Kugelerze, wie Nro. 24. zeiget, wo die Kugeln bald aus Kies, bald aus Quecksilbererz bestehen. Nun sey es erlaubt eine Frage an meine Leser zu wagen! Sollte vielleicht der Schwefel an der runden Figur Schuld seyn, wenn Quecksilber, Eisen, und eine besondere zusammengesetzte Erde dazu kömmt, diese Gestallt zu machen? Allein lauter ungewisse Muthmassungen wird man sagen! Ja freylich ungewiß! und es wird mir ein Vergnügen seyn, es zu erfahren, wenn jemand den gewissen Weg dieser Entstehung zeigt; aber es ist wahrscheinlich, und der große Haller wird ewig recht behalten, wenn er sagt: „Ins „Innre der Natur dringt kein erschaffner Geist". Ich bitte also meine Leser um Vergebung, wenn ich sie mit dieser kleinen Ausschweiffung verdrüßlich gemacht. Wenigstens habe ich sie mit der Kürze entschädiget. Meine Muthmassungen sind nun einmal so; jedoch werde ich mir niemals in den Sinn kommen lassen, jemanden mit dieser Unzulänglichkeit überweisen zu wollen.

Nro. 26.

Cinnabaris nativa amorpha, impura solida, lamellosa, in gypso spatoso, super Argillâ induratâ, nigrâ, mineralisatâ.

Diese Zinnoberart ist erst seit zwey Jahren in der Grube gebrochen. Manchmal ist auch der Gipsspath, worinn der Zinnober stekt, mit einer Schwefelerde gemischt, und meistens haben diese Erze eine rechte glänzende Politur, schwarz und roth untermenget. Der ganzen Klasse von Zinnobererzen weis ich keinen Gehallt zu geben, wie viel der Zentner Quecksilber liefert, indem sie nur zufälliger Weise brechen, und auch niemals in der Grube mit Fleiß erbauet werden. Seit 9 Jahren sind sie so selten geworden, daß man nicht einmal so viel erbeuten kann, als erfordert werden, den Hof genugsam damit zu versehen, der sie, auf Ersuchen, an die Kabinette großer Herren verschenket. Da nun diese und alle folgende Zinnoberarten in den tauben Keilen, wie auch im Hangenden und Liegenden brechen, und diese beyde Dekken des Ganges oft Wasserreich sind; so sucht man ganz natürlicher Weise dergleichen arme Anbrüche jederzeit, so viel möglich ist, zu vermeiden.

Nro. 27.

Cinnabaris nativa amorpha impura, in Argillâ & terrâ sulphureâ, colorem ligni putridi æmulante.

Dieser unreine Zinnober bricht nur im alten Mann, und die Bergleute heißen ihn Modererz, weil er manchmal für ein faules Holz ergriffen wird, und sehr mürb ist. Ueberhaupt hat er einen vorzüglich reichen Gehallt. Es scheint, daß die Alten dies Erz oft versetzt, oder selbiges in der First oder Sole gelaßen, wodurch es von den Wettern eine Verwitterung mag erlitten haben.

Nro. 28.

Cinnabaris nativa amorpha, impura solida, superficialis, in Argillâ indurata nigrâ, cum Vitriolo martis insidente.

Es ist etwas vorzüglich seltenes diese ungestalltete und unreine Zinnoberart auf eine solche Art mit Zinnober gemischt anzutreffen. Ueberhaupt wird die ganze Bergart am Tage sehr brüchig, weil die Feuchtigkeit des Dunstkreises sich begierig mit der Vitriolsäure vereinigt. Jedoch ist das Gestein in der Grube ziemlich veste.

Nro. 28. a.

Cinnabaris nativa amorpha impura, solida, polita, in Lithomargâ nigrescente; venulis cinnabarinis, Mochum, seu Achatem dentriticam referens.

Diese

Diese sehr seltene und schöne Art, von welcher vor einigen Jahren auf einem einzigen Schlage nur einige kleine Stükke gebrochen sind, ist sehr brüchich, und hat von der Natur eine feine Politur. Der Zinnober, welcher mit den schwarzen Adern des Steins in einem weisseren Grund abwechselt, stellt den dentritischen oder Mooßähnlichen Achat vor, nur daß er nicht durchsichtig ist.

Nro. 29.

Cinnabaris nativa amorpha, impura solida, texturâ chalibeâ, fracturâ arida, in argillâ impurâ, nigrâ, cum Pyrite & Mercurio vivo immixtâ, colore lateritio.

Diese Art des ungestallteten Zinnobers, welcher sehr vest ist, nennen die Bergleute Ziegelerz, vermöge der Farbe, die es oft im Anbruche zeiget. Dieses Erz ist ungemein reich an Quecksilbergehallt. Manchmal hat es auch vier und mehr Pfund Eisen im Zentner. Dies macht der viele Kies, der mit eingemischt ist.

No. 30.

Cinnabaris nativa amorpha, impura solida, in Argillâ cincreâ & Pyrite flavescente.

Dieser unreine Zinnober ist mit eben so viel kleinspeisigem Eisenkies genau in einem grauen Thon gemischet, und ebenfalls von sehr beträchtlichem Gehallte. Sehr selten findet sich dabey loses Quecksilber. Im

Anbruch

Anbruch ist es noch rauher, als das vorige. Die Farbe des Zinnobers ist roth, gelb oder grau, weil der Kies allenthalben hervorbricht.

Nro. 31.

Cinnabaris nativa impura, *solida*, cum Mercurio vivo in Pyrite flavescente.

Hier bey dieser Stufe zeigt uns die Natur abermal den wahren Weg der Verwandschaft in dem Mineralreich. Nämlich der Schwefel, der mit dem Eisen in einer viel größern Verwandschaft, als mit dem Quecksilber stehet, hat erstlich hier den Kies gebildet, zweytens aber der übrige Schwefel, der nach Bildung des Kieses übrig blieb, den Zinnober dargestellet. Weil nun viel zu wenig Schwefel zugegen war, um alles vorräthige Quecksilber zu verzehren; so mag das die Ursach seyn, warum auch noch eine so große Portion frey oder loß geblieben ist. Gemeiniglich werden diese Arten der Erze in Eyförmigen Kugeln unter den andern gefunden. Der Gehallt ist, alles Anscheins ohnerachtet, nicht beträchtlich.

Nro. 32.

Cinnabaris nativa pura, *solida*, *tessularis*, tessulis superficialibus, cum crystallis trigonis supèr lapide calcareo impuro, seu *Cinnabaris lamellata*. *Scop*. L. c.

Dieser

Dieser schuppichte oder blätterige reine Zinnober ist nun selten in der Grube geworden. Ich habe Stükke in meiner Sammlung, wo man die Schuppen des Zinnobers zu halben Zollen groß von dem unreinen Kalksteine wegnehmen kann. Selten ist diese Art ohne Zinnoberkrystallen und Spath mit losem Quecksilber.

Ich hatte eben so viel Recht, allen Kalkstein, der sich in und an dem Gange befindet, Gipsstein, als Kalkstein zu nennen, und das aus folgenden Ursachen: 1. Braußt er mit keinen Säuren, weil er schon zum Theil genug damit gesättigt ist. 2. Nach der Kalzination verhällt er sich zum Theil, wie der Gips, und wird mit dem Wasser etwas veste. Da nun gebrannter Thon allemal darunter ist; so kann er nicht so binden. Dies ist eben der Grund, warum ich allezeit unreinen Kalkstein sage. Indessen ist er bis jezo noch nicht vollkommen Gipsartig; denn es bedarf eines stärkeren Feuers, um ihn zu zerlegen, und er ist vest genug, eine Politur anzunehmen.

Nro. 33.

Cinnabaris nativa, pura, solida, tuberculosa, tuberculis obscuris, cum Cinnabari pulverulentâ & Mercurio vivo super Lithomargâ impurâ.

Dieser Warzenförmige Zinnober, welcher mit dessen Pulver und lebendigem Quecksilber gemischt ist, hat

hat ein ganzes dunkles oder ſchmieriges Anſehen. Im Bruch der Bergart, worauf er ſitzt, ſiehet der blätterichte Zinnober dem Stahl ähnlich.

Nro. 34.

Cinnabaris nativa, pura, ſolida, cryſtalliſata, cryſtallis minimis, figuris indeterminatis, in lapide calcareo impuro.

Dieſer ſehr kleine kryſtalliſirte Zinnober hat ein mattes Anſehen; allein die kleinen Blätter, welche von Zinnober darunter gemiſcht ſind, geben ihm einigen Glanz. Die Figur der Kryſtallen iſt unbeſtimmt. Der Stein, worauf ſie ſitzen, ein eigentlicher Kalkmergelſtein. Manchmal findet ſich auch lebendiges Quekſilber dabey.

Nro. 35.

Cinnabaris nativa pura, ſolida, cryſtalliſata, cryſtallis polyaedris ſupèr, minerâ hydrargyri lapideâ, ſolidâ.

Dieſe Zinnoberkryſtallen, welche auf dem reichen Quekſilbererze ſitzen, ſind vielſeitig, oft mit loſem Quekſilber gemiſchet. Sie brachen vor 10 Jahren, aber ſehr ſelten in groſʒen Stükken, und ſind oft mit einem ſchwarzen glänzenden Thon überzogen.

Nro. 36.

Cinnabaris nativa pura, ſolida, cryſtalliſata, crycryſtallis tetraedro-truncatis, ſupèr minerâ Cinnabaris

nabaris amorphâ, impurâ, cum terrâ martis sulphureâ, seu *Cinnabaris solida*, cum Sulphure nativo flavescente in Argilla induratâ. a *Born*. L. c.

Hier liegen die kleinen abgestumpfte vierseitige Krystallen, auf einem ungestallteten, unreinen Zinnober. Oft sind sie von der Schwefel- oder Eisenerde, Goldgelb angeflogen, daß man vermuthen sollte, es sey noch ein anderes Metall beygemischet. Hier folgt eine Abänderung davon.

Nro. 37.

Cinnabaris nativa pura, solida, crystallisata, tetraëdris veris, coloratis supèr lapide calcareo impuro.

An dieser Abänderung der vorigen Art ist es besonders, daß die Krystallen, wie mit Streifen von vielerley Farben überzogen sind. Diese Stufen brachen vor 20 Jahren, jetzt aber gar nicht mehr. Ich habe Stükke, wo Zollbreite gefärbte Streifen über die Krystallen gehen, und einen Regenbogen bilden. Diese Stükke machen ein eben so schönes Ansehen, als unser Antimonium venis coloratum von Felsöbania aus Oberungarn. Oft hat auch der beschriebene Zinnober loses Quecksilber bey sich.

Nro. 38.

Cinnabaris nativa pura, crystallisata, crystallis squamosis, in spato gypseo, crystallisato albo, supèr Lithomargâ nigrâ.

Diese

Diese schwammichte Zinnoberkrystallen, wenn ich mich dieses Namens bedienen darf, haben das Ansehen, wie ein schäumiges, troknes Blut. Die Gipsspathkrystallen, worauf sie sitzen, und worinn sie manchmal auch eingeschlossen sind, haben gemeiniglich sechs ungleiche Flächen.

Nro. 39.

Cinnabaris nativa pura, solida, crystallisata, crystallis subdiaphanis trigonis, supèr lapide calcareo impuro, seu *Cinnabaris solida crystallisata*, crystallis pyramidatis trigonis. à *Born.*

Diese sehr schöne, halbdurchsichtige Zinnoberkrystallen sitzen auf einem unreinen Kalkstein, welcher mit ungestallterem Zinnober durchwachsen ist. Sie sind niemalen sehr groß, aber desto häufiger beysammen. Wenn man mit dem Grubenlicht auf einen solchen Schlag kömmt, wo an den Wänden häufig solche Krystallen sitzen; so ist das der schönste schimmernde Anblik, den man unter der Erde nur immer erwarten kann. Gemeiniglich sind auch diese Krystallen mit losem Quecksilber gemischt, welches ihnen dann einen starken Glanz ertheilet. Bey Entstehung dieser Zinnoberkrystallen gehet die Natur ganz anders zu Werke, als die Kunst. Der Zinnober, der sich hin und wieder in feine Theile durch das Wasser von seiner ungestallteten Masse ablößt, bildet, mit Hülfe der Schwefelsäure, Krystallen, so wie die übrigen Krystallisationen, welche die Natur hervorbringt, sowohl unter den Steinen, als auch unter den Metallen. Bergleute, die 30 und 40 Jahre die Gruben befahren, haben wahrgenommen, daß sie feuchte Oerter mit taubem Zeug versetzten, und nach einer Zeit von vielen Jahren, wenn man wieder hat durchbrechen mussen, daß man dann dergleichen krystallisirte Zinnobererze gefunden; zwar nur wenig, man war aber doch versichert, daß sie auf eine solche Art entständen. Darum, wie oben gesagt, sind sie auf Wasserreichen Oertern am meisten anzutreffen.

Nun auf das lose oder gediegene Halbmetall zu kommen!

Nro. 40.

Hydrargyrum, seu Mercurius nativus fluidus in Cinnabari crystallisatâ, supèr lapide calcareo impuro, cum cinnabari immixto.

Loses lebendiges, Jungfer- oder gediegenes Quecksilber, wie man es alles nennen will; hängt in kleinen Zellen, zwischen den Zinnoberkrystallen, auf einem vesten, unreinen Kalkstein. Der Gehallt ist niemals bedeutend bey diesen Erzen, und Quecksilber findet sich nur in den Spallten. Diese Art und die Zinnobererze werden in Hydria von den Bergleuten Schaustufen genannt, weil man diese nur wegen ihres Glanzes bewundert und sammlet.

Nro. 41.

Hydrargyrum nativum fluidum, in spato crystallisato albo, cum lapide calcareo impuro, striato, subrubro.

Loses Quecksilber ist niemals viel in dieser Bergart, welche vor vier Jahren einmal, nachher aber nicht mehr gebrochen. Der gestreifte Kalkstein, der bey den Spathkrystallen sitzt, hat seine Farbe vom Zinnober, von welchem er geschwängert ist.

Nro. 42.

Hydrargyrum nativum fluidum in pyrite flavescente. *Scop.* & *à Born.* L. c. cum Argillâ nigrâ tectum.

Das lose Quecksilber, welches hier mit einem gelblichen Kies häufig vermischt ist, wird mit einem schwärzlichen, unreinen Thon bedekket. Manchmal brechen diese Arten Lagenweise in armem Gangschiefer, manchmal bilden sie auch große halbe Zirkel, welche ausgehöhlet sind.

Nro. 43.

Hydrargyrum nativum fluidum in Schisto cinereo impuro, seu Hydrargyrum nativum fluidum in Argillâ induratâ nigrescente. *à Born.* L. c.

Dieses lose oder lebendige Quecksilber liegt hier in der Gangart Nro. 9. auch oft in der Nro. 10. Bey dieser und den zwo folgenden Arten geschieht die Gewinnung des Halbmetalls aus der Bergart nicht wie bey den übrigen, sondern sie werden fein geputzt und auf dem Schlämmherde gewaschen, wo dann, ohne Verlust, auf eine leichte Art alles genau geschieden wird. Der Schlämmheerd, wo dieses geschieht, ist verkehrt, nämlich beym Ablauf erhöht, um das Quecksilber zu erhalten. Wenn dieses in dem schwarzen Schiefer in einem Schlag in der Grube häufig vorkömmt; so ist das Ansehen mit dem Lichte sehr sonderbar. Es scheint als wenn diese viele 1000 Quecksilberkugeln, die an den Wänden hängen, lauter Krystallen wären.

Nro. 44.

Hydrargyrum nativum fluidum, in terrâ calcareâ impurâ. *à Born.* L. c.

Hier ist das Quecksilber in einer unreinen Kalk- und Thonerde. Diese wird in den Kalkkeilen in der Grube gefunden, kömmt aber wegen des Ertrags in keine Betrachtung. Auch hier ist die Kalkerde zu einem unvollkommnen Gips geworden.

Nro. 45.

Hydrargyrum nativum fluidum, in Schisto micaceo nigrescente, pyrite insidente.

Loses Quecksilber in schwärzlich glimmerichtem Steinschiefer, mit Kies gemischet. Das Quecksilber lieget hier blos, und wird durch eine schmierige Materie, die von Schwefel und Thon abstammt, in

Kugeln

Kugeln an dem Stein erhalten. Manchmal bildet es auch mit ihm einen Körper, der einem Amalgama gleichet. Das Rothe, was man dabey erblikt, kömmt mehr vom Eisen, als vom Zinnober her. Manchmal ist das Quecksilber so häufig in diesem Gestein, das der Bergmann schon zu Zentnern und noch mehr in einer Schicht gewonnen hat. Indessen ist diese Begebenheit doch sehr selten, und man kann auf keine Weise behaupten, daß man mehr als 1, 2, bis 3 Zentner Quecksilber, ein Jahr ins andere gerechnet, auf eine solche Weise gewinnet.

Obgleich viel von diesem Halbmetall auf eine solche Art vorkömmet; so hat man doch nie viel Hofnung auf reiche Anbrüche zu kommen, und wird in der überaus reichen Grube, der bis jezo keine bekannte in der Welt gleichet, welches man auch sogar auf die sechsmal größere Grube von Almada in Spanien mit anwenden kann, gar nicht darauf geachtet. Auf den Straßen oder Schlägen in der Grube, wo das Quecksilber so losbricht, ist es sehr warm, folglich sind auch die Wetter matt und ungesund für den Bergmann, der, wenn er lange da arbeiten müste, bald ein Zittern in Händen und Füssen, wie auch den Speichelfluß bekommen würde *). Man braucht aber die Vorsorge,

 daß

*) Hier sollte man alle Venusbrüder zur Arbeit verdammen, wenn ein Aeskulapiussohn für gut befindet, seinem Ritter den Speichelfluß zu erwekken. Bey diesem Verfahren wär ein doppelter Nutzen: die Grube bekäm einen Arbeiter umsonst, und der Held die Genesung, und wie viel würde die gute Bewegung nicht beytragen!

daß alle 4 oder 6 Stunden die Mannschaft von der Arbeit abgelöset wird. So lange, als ich in Hydria war, habe ich niemals mehr gesehen, daß dieses Uebel den Bergleuten zugestoßen wäre; und man lebt da so gesund, als es immer in einem Bergwerke möglich ist, wenn man nur sonst Mäßigkeit gebrauchet.

Nun kommen die Produkte von der Vitriolsäure, die ein Hauptwesen in der Grube ausmacht.

Nro. 46.

Vitriolum martis nativum, *stalactitium*, semipellucidum viride, fragmento ligni insidens.

Dieser grüne, halbdurchsichtige, Tropfsteinförmige Eisenvitriol hängt gemeiniglich an der First und Ulmen der alten Zimmerung. Gemeiniglich, wenn man ihn abbricht, bleibt etwas Holz daran hängen, wie man an dem beygelegten Stükke sehen wird. In der Grube zu Hydria kömmt dieser Vitriol Tropfsteinförmig, nie zu einer beträchtlichen Größe, aber in den Gruben in Ungarn habe ich ihn Armsdik gefunden.

Nro. 47.

Vitriolum martis nativum, subviride, fibrosum, fibris parallelis, in fasciculos ordinatis.

Diese, als die zwote Art unsers Vitriols, zeigt, wenn die Fibern mehr zusammen gedrängt sind, die

grüne

grüne Farbe, welches die folgenden Arten nicht thun. Indessen sind auch oft zu wenig Eisentheile dabey, um die Säure zu färben.

Nro. 48.

Vitriolum martis nativum, tuberculosum, albissimum, semipellucidum, tuberculis albedine nivis supèr minerâ hydrargyri.

Diese sehr seltne Art, welche ich noch nie über zweymal in der Grube gefunden, hat ein besonderes Ansehen in großen Stükken. Ich habe eine Zinnoberstufe, worauf dieser Warzenförmige Körper sitzt, als wenn man einen etwas alten Schnee darauf gedrukt hätte. Unter dem Vergrößerungsglase zeigt er Krystallen an, wie der Alaun. Sollte ich einmal so glüklich seyn, genug davon zu bekommen, so werde ich nicht ermangeln, Versuche damit anzustellen, um diesen Körper besser kennen zu lernen, als ich ihn jetzo kenne.

Nro. 49.

Vitriolum martis nativum, crystallisatum, album, pellucidum, crystallis aggregatis erectis.

Dieser zusammengehäufte krystallisirte Vitriol, macht eigentlich den Grund oder Basis des folgenden aus. Die zusammengehäuften Krystallen sitzen auf den Wänden der Gruben vest. Ihre Figur ist beynahe wie der Selenit. Wäre weniger Säure und mehr Kalkerde dabey, ohne Eisen, so würde es auch ein vollkommner seyn.

Nro. 50.

Vitriolum martis nativum crystallisatum plumosum, album, crystallis erectis striatis, semipellucidis, seu *Halotrychum Scopoli*. L. c.

Dieser Feder- oder weiße krystallisirte Harvitriol, wie er ganz recht von den Bergleuten genannt wird, bestehet aus nichts anders, als aus ein wenig Eisen: dann aus seiner eigenthümlichen Säure, und etwas von einer unreinen Mergelerde. Alles übrige, was man entdekt haben will, ist fremd, und gehöret nicht hieher. Das Merkwürdigste ist die dabey befindliche Erde, welche oft der Alaunerde gleich kömmt. Sollte vielleicht nicht die ursprüngliche Erde des Alaunes doch eine wahre Thon- oder Mergelerde seyn, welche erst mit der Länge der Zeit durch die Säure eine andere Gestallt oder Eigenschaft annimmt?

A, *Hydrargyrum nativum fluidum*, in Argillâ induratâ foliaceâ, nigrâ, cum Cinnabari amorphâ & Pyrite flavescente.

Hier liegt das lose Quecksilber in den Schichten von schwarzem blätterichtem hartem Thon, mit ungestalltetem Zinnober und gelbem Kies.

Wenn

Wenn man dieses Erz frisch im Bruch bekömmt, so kann man nicht leicht behaupten, welcher von den drey Theilen, nämlich Kies, Zinnober oder loses Quecksilber, die Oberhand habe.

B. *Crystallus pyritosa rhomboidalis*, *subsolitaria. Scop.* L. c seu *Pyrites rhomboidalis* flavescens, in Argilla friabili, nigrâ.

Diese Kiese, welche häufig in Nieren in der Grube vorkommen, sind selten in der Figur bestimmt genug, um sie genau angeben zu können: denn an Einem Stükke kann man verschiedene Bildungen sehen. Der Thon, der dabey ist, hällt gemeiniglich etwas Quecksilber.

C. *Hydrargyrum nativum fluidum*, ex venis fodinarum Hydriæ.

Wenn das Quecksilber in einem Schlag durch die Klüfte oder Adern häufig zuläuft; so wird es gleich in hölzernen Gefässen in der Grube aufgeschöpft, und gereinigt, alsdann in dem Magazin in Leder von einem Viertelpfund und mehr eingebunden, und zu zween Gulden auf der Stelle verkauft, ob man gleich das nämliche um 1 Gulden 40 Kreuzer in dem Seehafen zu Triest haben kann. So groß ist der Zwang des Pachters. Die Goldmänner oder Alchymisten sind sehr begierig auf dieses Quecksilber; aber sie wollen allemal haben, daß es in der Grube in verschlossene Gefäße komme, damit es durch das Tageslicht seine Wirkung nicht verliehre — *).

*) Der ganze Reichthum Hydrianischer Stufen, wie er hier beschrieben worden, ist in unserm Gesellschaftlichen Kabinette nach eben den hier vorgezeichneten Nummern dankbar beygelegt worden, und kann, als ein Beweiß der Güte des Herr Prof. Hacquet, jedem Kenner in seiner ganzen lehrreichen Pracht vorgezeiget werden.

M...

V. Be-

V.

Beschreibung des Desmans.

von

D. Güldenstädt.

S. Tab. II.

Der Desman ist zwar ein dem Namen nach in der Naturhistorie bekanntes Thier; man kennet ihn aber auch fast nur allein dem Namen nach, so daß der Herr Graf von Büffon die kurze Erwähnung desselben, welche im fünften Theile der allgemeinen Historie der Natur vorkömmt, mit den Worten schlüßet: daß es ihm leid thue, nichts mehr davon zu wissen. Ich hoffe daher, daß es den Naturforschern angenehm seyn werde, wenn ich dieses in vieler Betrachtung sehr merkwürdige Thier, nach seiner Lebensart, und nach seiner innern und äussern Gestallt genauer beschreibe.

Das

Das Vaterland, der Geruch und die obenhin betrachtete Gestallt dieses Thieres haben demselben auch den Namen der Moskowitischen Bisamratze verschaffet. Ich ziehe die Provinzialbenennung, die man diesem Thier in Schweden giebt, nämlich den Namen Desman, der auch in der Büffonischen Naturhistorie, so wohl in der Französischen, als in der Deutschen Sprache aufgenommen ist, allen andern vor; und ich wünschte, daß man auch im Lateinischen dieses Thier die Desmana nennen mögte. Dergleichen einfache Trivialnamen schaffen im Reden sowohl, als im Schreiben eine große Bequemlichkeit; und sind das beste Mittel, dem großen Uebel in der Naturhistorie, den sich häufenden Synonymen vorzubeugen, die so lange, als man die Geschlechtsnamen mit hinzugefügten Beywörtern, den Gattungen der organischen Körper beylegen wird, noch vielfältig zunehmen werden. Diese Vermuthung kann leicht, besonders aber auch durch das Thier, von dem eigentlich hier die Rede ist, bestätiget werden.

Klusius, der zu Anfange des vorigen Jahrhunderts die erste Nachricht von diesem Thiere gab, nannte es Mus aquaticus exoticus; Aldrovand, Worm, Jonston und Rajus nannten es in der Folge den Mus aquaticus Clusii; endlich ward es von Klein in seinem Systeme der Glis moschiferus und von dem Herrn Ritter von Linné der Castor moschatus genannt. Herr Brisson läßt es in eben der Verwandschaft mit

dem

dem Biber und dem Ondatra, in die es der Herr von Linné gesetzt, und nennt es den Mus moschiferus; Herr Professor Pallas aber erinnert, (in dem ersten Theile seiner Reisebeschreibung pag. 156) daß man dasselbe den Sorex moschatus nennen müsse, weil es mit dem Geschlechte des Sorex genau, und mit dem Geschlechte des Castor gar nicht, verwandt ist. Diesen letztern Namen hat auch der Herr Professor Lepechin im ersten Theile seiner Reisebeschreibung angenommen; auch schon Charleton gab diesem Thiere den Namen Sorex moscoviticus odoriferus. Ich bin ganz der Meynung des sehr scharfsinnigen Herrn Pallas, daß, nach der natürlichen Verwandschaft, der Desman mit dem gemeinen Europäischen Sorex oder mit der Spitzmauß und mit der in der Büffonischen Naturhistorie beschriebenen Wasserspitzmaus gar füglich verbunden werden könne. Die nachfolgende Beschreibung wird die Bewegungsgründe hierzu hergeben. Aus eben derselben wird aber auch erhellen, daß, wenn man genau den Regeln des Linneischen Systems folgen will, der Desman weder in eines der in diesem System bestimmten Geschlechter, noch in eine der sieben Ordnungen der Mammalien sich schikke. Mit dem Igel scheint der Desman, wenn man strenge nach den Zähnen sich richten will, in eine abgesonderte Ordnung zugehören; für sich aber ein besonderes Geschlecht auszumachen, dessen Karakter leicht aus der nachfolgenden Beschreibung der Zähne genommen werden kann.

Der

Der Entwurf der Systeme der Thiere und Pflanzen, oder die Eintheilung derselben in Ordnungen und Geschlechter ist eine der nüzlichsten Erfindungen der neuern Zeiten, obgleich es izt schon offenbar ist, und künftig, wenn mehrere Gattungen entdekt seyn werden, noch offenbarer werden muß, daß die Natur selbst dergleichen Eintheilungen nicht gemacht habe. Sie ist nüzlich, weil wir durch sie die Namen und mit denenselben, durch die hinzugefügten Zitationen die ganze Geschichte der uns unbekannten Thiere und Pflanzen, die uns vorzukommen pflegen, schnell erfahren, oder auch eben so schnell lernen, daß dies oder jenes Subjekt, das wir vor uns haben, den Naturforschern bisher unbekannt, und folglich unserer ganzen Aufmerksamkeit würdig sey. Um aber diese große Endzwekke gewiß zu erreichen, ist höchst nöthig, daß man ganz strenge nach den einmal vestgesezten Eintheilungsregeln verfahre, so sehr dadurch auch, im Ganzen betrachtet, sehr ähnliche Körper von einander getrennet werden sollten. Es ist z. E. nach den im Linneischen Pflanzensysteme vestgesezten Regeln ganz richtig und folglich in der Untersuchung sehr nüzlich, daß das Geschlecht des Sorex von dem Geschlechte des Scirpus, daß die Azaleen von den Rhododendronen, daß die Silenen von den Lychnissen, daß die Arenarien, Sperguln und Zerastien von den Alsinen abgesondert worden; aber eben deswegen hätten auch die vier Pflanzen, die in dem Geschlechte der Phytolakka vereinigt sind, in vier besondere Geschlechter und in vier

vier

besondere Klassen vertheilet werden müssen, obgleich die natürliche Verwandtschaft unter ihnen sehr groß ist.

Wäre dies bey diesen Pflanzen und bey noch vielen andern Geschlechtern so wohl im Thier- als im Pflanzenreiche, bey allen unsern künstlichen Systemen, und besonders bey dem Linneischen (das ich nicht aus einer verwegenen Tadelsucht, sondern seiner vorzüglichen Vollständigkeit wegen, mit der es alle andere übertrift, nenne) genau beobachtet werden; so würden diese Systeme noch von weit größerem Nutzen und Werthe, als jetzo seyn. Ich kann mich daher nicht enthalten zu wünschen, daß diejenigen Naturforscher, die Kenntnisse und Geduld genug haben, Systeme entweder von einzelnen Klassen der Thiere und Pflanzen, oder von dem organischen Naturreich überhaupt zu schreiben, die Vervielfältigung der Geschlechter so oft, als die Regeln ihres Systems es erfordern, und ohne auf die natürliche Verwandtschaft im geringsten zu sehen, vornehmen; aber den Geschlechtern keine Trivialnamen geben, sondern nur durch die Versetzung des Geschlechtskarakters die darunter gesetzten, mit Trivialnamen, Synonymen und spezifischen Kennzeichen versehene Gattungen vereinigen mögten. Alsdann würde zweyen Ubeln vorgebeuget werden. Die leichtsinnige und ganz gewiß wider ihre eigene Ueberzeugung redende Verächter der Systeme würden in diesem Falle nicht mehr das Lächerliche in den Systemen finden, welches ihnen bisher anstößig war; denn der Löwe

würde

würde alsdann nicht mehr eine Katze heißen, sondern man würde nur sagen können, daß der Löwe, der Panther, der Tiger, der Luchs und die Katze unter sich mehr, als mit andern Thieren in gewissen Stükken, die der Geschlechtskarakter anzeigt, übereinkommen, und daher in ein Geschlecht verbunden sind. Das zweyte, noch größere und wirkliche Uebel, das die Systeme bisher gestiftet, und, wenn man bey der bisherigen Gewohnheit bleibt, noch stiften werden, und das alsdann wegfallen würde, ist die Vervielfältigung der Namen der Gattungen; denn diese würden in allen Systemen dieselben bleiben können Der Desman würde alsdann in allen möglichen Systemen den Namen Desman behalten und keinen andern bekommen können.

Die verschiedene vorher angeführte Schriftsteller, welche den Desman mit so mannigfaltigen Namen beleget, haben ihn nie anders, als nur ausgestopft gesehen, ausgenommen die Herren Pallas und Lepechin. Diese sahen den Desman lebendig in den Gegenden an der Wolga, so wie auch ihre Zeitgenossen, der jüngere Herr Gmelin und ich; auch unser Vorgänger, der ältere Herr Gmelin sah ihn lebendig. Von dem letztern rühren die Nachrichten und Abbildungen her, welche man in dem 4ten und 5ten Theile der *Novorum Commentariorum Petropolitanorum* von diesem Thiere, das daselbst den Namen Mus aquaticus exoticus Clusii hat, antrifft. Diese sind indeß noch sehr unvollständig, und in vielen Stükken, als

bey

bey den Zähnen, bey der Leber, bey den Gedärmen, bey den Zeugungstheilen ganz unrichtig. Der jüngere Herr Gmelin hat in dem ersten Theile seiner Reise durch Rußland S. 28. die in den Kommentarien vorgetragene Nachrichten, ohne genaue Prüfung, wiederholet, von den Zähnen etwas nicht Vollständiges und nicht ganz Richtiges, aber von den Ursachen des Bisamgeruches das Nöthige hinzugefüget. Die Abbildung des Desmans, die auf der 3ten Tafel der erwähnten Reisebeschreibung vorkömmt, stellet die natürliche Größe vor, und ist richtiger und besser, als die auf der 13ten Tafel des 5ten Theils der neuen Kommentarien. Die Abbildung in der Büffonschen allgemeinen Historie der Natur in 5ten Theile auf der 2ten Tafel ist niedlicher, als die Gmelinische, aber weniger deutlich, und stellet nur die Hälfte der natürlichen Größe vor. Der Herr Pallas giebt allgemein nützliche, für eine Reisebeschreibung sich schikkende, kurze Nachrichten von dem Nutzen, von den Fähigkeiten, von der Lebensart und von der Diät des Desmans, im ersten Theile seiner Reise durch Rußland, S. 130. Herr Lepechin aber eine kurze Beschreibung und Ausmessung einiger äußern Theile dieses Thieres in dem ersten Theil seiner Reisebeschreibung, S. 287.

Der Desman hällt sich nur in der Nähe der Gewässer auf, wie der Biber, die große und kleine Fischotter, die Wasserratze, der Ondatra und die Wasserspitzmaus. Er sucht die sanftfließenden Flüsse, vorzüglich die Seen, und gräbt an den steilen Ufern derselben unterirrdische Gänge. Diese haben unter der Wasserfläche eine Oeffnung und gehen schräg in der Erde in die Höhe, so daß das Ende derselben, das zu einem Lager dienet, von dem Wasser nicht kann erreicht werden. Nur im Frühlinge, wenn der Trieb zur Zeugung rege wird, siehet man den Desman an den Ufern auf dem vesten Lande. Er versteht sehr gut die Kunst zu schwimmen, dazu die Struktur der Füße und des Schwanzes ihn geschikt macht; aber der Gang ist aus eben der Ursache sehr schwerfällig. Er kann auch sehr gut tauchen und sich lange auf dem Grunde der Gewässer aufhalten; denn dadurch, daß die ovale Oeffnung der Scheidewand der Vorkammern des Herzens und der Botallische Duktus arteriosus oder Schlagadergang bey demselben nicht verwachsen, wird er in den Stand gesetzt, auch ohne Respiration, so wie die ungebohrnen Thiere, zu leben. Diese Struktur scheint ihm auch bey dem Winterlager, wenn das Eis die Gewässer bedekt, und die Luft von seinen unterirrdischen Kanälen abhällt, zu statten zu kommen. Die Nahrungsmittel nimmt der Desman nicht aus dem Pflanzen-, sondern aus dem Thierreiche. Die Struktur der Zähne und der Gedärme läßt schon das leztere vermuthen. Er lebt von den Larven der Wasserinsekten, von dem Froschlaich und hauptsächlich von Blutigeln, die er durch Hülfe seines fein riechenden Rüssels ausspüret, und aus dem Schlamm aufwühlet. Der Geruch scheint derjenige Sinn zu seyn, der die größte Vollkommenheit bey die-

sem

sem Thiere hat, durch den er auch fast alle seine Bedürfnisse befriedigen kann. Seine Augen sind sehr klein und besonders kurzsichtig; sein Gehörgang ist ungemein kurz, mit Haren dicht umgeben; und beyde Sinne sind auch bey der gewöhnlichen Lebensart dieses Thieres, die im finstern unter der Erde und in dem Wasser geführt wird, entbehrlich.

Unter der Haut dieses Thieres wird die unter dem Linneischen Namen *fasciola intestinalis* bekannte Art eines Bandwurms überaus häufig angetroffen, besonders in der Nähe der Drüsen, deren Lymphe dieser Wurm zu saugen scheint; daher findet man die ansehnlichsten Konglomerate derselben am Hals, unter den Achseln, in den Weichen und neben den Hoden. Auch in dem Magen werden sie gefunden. Die längsten dieser Würmer hatten drey Fuß; gewöhnlich waren sie einen Fuß und oft nur drey Zolle lang, und ihre Breite betrug eine Linie. Ein größerer Feind des Desmans ist der unter dem Namen Wels bekannte Fisch, der ihn oft ganz verschlinget. In die Netze und Fischkörbe pflegt er sich auch öfters zu verirren, und dadurch gefangen zu werden. In der Gefangenschaft bezeigt er sich wild, furchtsam und beißend. Seine Stimme ist dem Geschrey der Ratzen ähnlich.

In Rußland wird der Desman bloß in der Wolga, in dem Don, und in den mit diesen beyden großen Flüßen Gemeinschaft habenden Gewäßern, als in den Flüssen Okka, Kama, Woronesch, Choper, und in den benachbarten Seen gefunden. Nordlicher als 56, und südlicher als 49 Grade der Breite siehet man auch in diesen Gewässern dieses Thier nicht. Im Ural oder sonst Jaik genannten Flusse wird es so wenig, als im Dnieper angetroffen. In der Rußischen Sprache heißt der Desman, an der Wolga und an dem Don, Wychuchol, an der Okka, Tschirsin, und in Kleinreußen Chochul. In Schweden und Lappland soll der Desmann auch gefunden werden.

Nach diesen historischen, den Desman betreffenden Nachrichten, soll die Beschreibung der innern und äußern Theile desselben folgen.

Der Kopf des Desmans ist klein und dreyekkig. Er gleicht in seiner Figur mehr der Wasserspitzmaus, als irgend einem andern Thiere; doch ist die Aehnlichkeit mit dem Kopfe des Maulwurfs nicht viel geringer. Der Rüsselförmige Ansatz der Schnauze des Desman ist noch länger, als bey diesen beyden, mit einem ähnlichen Organ versehenen Thieren. Er beträgt mehr, als ein Drittheil der Länge des knöchernen Kopfs; er ist knorplicht, doch mit der Haut bekleidet, beweglich, gerade, horizontal zusammen gedrükt, überall fast gleich breit, stumpf geendigt, auf der Oberfläche kahl, schwarz gefärbt und punktirt, auf der Unterfläche an den Seiten mit einigen Haren besetzt, in der Mitte aber mit einer kahlen, weißen, dreyekkichten Grube versehen. Am Ende des Rüssels befinden sich

der

die beyden Nasenlöcher, die gerundet, ziemlich weit und durch eine knorpelichte Scheidewand abgetheilet sind. Das Maul ist dreyekkig, eng und mit dicht geschlossenen harichten, die Zähne bedekkenden Lefzen versehen.

In dem obern Kinnbakken sind zwey und zwanzig Zähne, nämlich zween Schneidezähne und auf jeder Seite zehen Bakkenzähne. Die Schneidezähne (man sehe die erste Figur Tab. II. bey a.) sind an ihrem Körper an drey Linien lang, dreyekkicht prismatisch zugespitzt und mit den Spitzen beyde dicht vereinigt. Sie haben drey Flächen; die vordere und äußere, die in der Zeichnung zu sehen, ist die größte; die vordere und innere, ist die kleinste, und sie macht fast nur einen gerundeten Rand aus. Die hintere hällt in der Breite das Mittel und beyde Zähne bilden mit dieser zusammen nur eine Fläche, die mit dem Gaumen einen rechten Winkel macht. Die Wurzel dieser Schneidezähne ist nicht länger, als der Körper und nur sehr wenig gekrümmt. Zwischen den Schneidezähnen und den Bakkenzähnen ist ein kleiner, etwan eine Linie betragender Zwischenraum (man sehe die Figur bey f.) Hierauf folgen die Bakkenzähne, die alle dicht aneinander gränzen, alle gleich lang sind, und kaum eine Linie aus dem Zahnfleisch hervorstehen. Die sechs vordern haben einfache, konisch zugespitzte Kronen; (man sehe die Figur bey b.) der siebente hat neben der Hauptspitze noch drey sehr kleine Spitzen (man sehe die Figur bey c); der achte und neunte (man sehe die Figur bey d) sind die breitesten, die an dem äußern Rande fünf, an dem innern Rande zwo, in der Mitte gleichfalls zwo Spitzen haben; der zehnte (man sehe die Figur bey e) gleicht dem siebenten in der Größe, und hat einige sehr unvollkommene Spitzen; die vier vordern haben einfache, die übrigen doppelte Wurzeln.

In dem untern Kinnbakken sind auch zwey und zwanzig Zähne, wie in dem obern; deren sind aber vier Schneidezähne und nur neun Bakkenzähne auf jeder Seite. Die vier Schneidezähne (S. Fig. 2. g.) sind wie bey dem Schweine vorwärts gestrekt, und bilden zusammen eine halb Mondförmige abgestutzte Schneide, welche im natürlichen Zustande gegen die hintere Fläche der obern Schneidezähne sich beweget und den Raum, der zwischen den obern Schneidezähnen und Bakkenzähnen leer ist, wenn der Mund zugeschlossen wird, einnimmt. Es sind die untern Schneidezähne fast eben so lang, als die obern; aber ihr Körper ist kaum halb so breit, und die beyden mittlern sind nur halb so groß, als die äußern. Ihre Figur ist fast zylindrisch; und ihre Wurzel nicht viel länger, als ihr Körper; sie sind unbeweglich. Zwischen den untern Schneidezähnen und Bakkenzähnen ist kein leerer Zwischenraum; auch unter sich gränzen die Bakkenzähne dicht aneinander (S. Fig. 2. lit. h.); diese sind den obern völlig gleich, nur einer der vordern ist weniger. Alle Zähne des Desmans haben solide Wurzeln.

Die

Die Zunge ist lang, zylindrisch, stumpf geendigt, und auf der obern Fläche mit stachelichten Wärzchen ganz besetzet.

An den Rändern des Maules und am Kinne stehen viele lange, Borstenähnliche, weißliche Barthare ohne Ordnung untereinander.

Die Augen des Desmans sind eben so klein, als bey der Spitzmaus und bey dem Maulwurf; und in Ansehung der äußern Ohren kömmt der Desman vollkommen mit dem Maulwurf überein; denn der knorplichte Gehörgang ist kurz, und endigt sich mit einem Rande, der nicht viel weiter, als der Gehörgang selbst, nur nach hinten zu mit einer kleinen Vertiefung versehen und übrigens dichte mit Haren besetzt ist, so daß man, ohne diese zurükzubiegen, nichts vom Ohre sehen kann. Der knöcherne Gehörgang bestehet nur in einem flachen Gewölbe, das nur das halbe Trommelfell bedekket.

Das Trommelfell macht mit der äußern Oeffnung des Ohres fast einen rechten Winkel, und liegt daher mit dem Gaumen beynah in einer Horizontalfläche. Der Stiel des Hammers erstrekt sich über den Mittelpunkt des Trommelfelles hinaus; doch ziehet er dasselbe nicht einwärts; und der kurze Ansatz, der aus dem Halse des Hammers herauszugehen pflegt, ist so kurz, daß er keine Erhabenheit am Trommelfell verursacht; folglich ist das Trommelfell bey diesem Thiere ganz gleichförmig eben. Es ist beynahe Zirkelrund und hält drey Linien im Durchmesser. Die Cavitas Tympani, oder Trommelhöhle, ist sehr groß, und gleicht an Figur einer gemeinen Flußmuschel. Ihr größte Länge beträgt 7, ihre größte Breite 3 Linien. Nicht in dem mittelsten, sondern in dem hintern und äußersten Theile dieser Höle, der die Sinuositas mastoidea pflegt genannt zu werden, befinden sich die Gehörknochen. Sie sind in der Zahl und Figur den Gehörknochen des Menschen sehr ähnlich, und gleichen denen, welche ich bey dem Spalax im 14ten Theile der *Novor. Comment. Petropol.* beschrieben, fast gänzlich. In dem vordern und innern Theile der Cavitas Tympani wird durch eine bloße Oeffnung und ohne Kanal die knorplichte, Eustachische Trompete angebracht. In dem mittlern Theile der Cavitas Tympani, die das Trommelfell bedekt, fällt an der innern Wand ein Hökker ins Auge, den die Schnekke hervorbringt; zur rechten oder äußern Seite dieses Hökkers merkt man zwo erhabene Linien, und auf der Linken oder innern eine dergleichen, welche von den halb Zirkelförmigen Kanälen hervorgebracht werden. In dem Mittelpunkte der Cavitas Tympani, an der Spitze der Schnekke stoßen diese Kanäle konvergirend zusammen. In Ansehung des Labyrinths kömmt also der Desman dem Menschen näher, als dem Spalax.

Der Hals des Desmans ist sehr kurz und dik; der Körper noch unförmlicher dik, die Brust sehr breit

und

und stark gewölbet und mit dem Unterleibe von gleicher Ausdehnung, mit zwölf Ribben versehen.

Die Beine des Desmans sind auch so sehr kurz und so dicht mit dem Rumpfe verbunden, wie bey dem Maulwurf; aber in der Figur und Struktur der eigentlichen Füße gleicht der Desman dem Maulwurf gar nicht, wohl aber dem Biber und der Fischotter.

Am vordern Fuße sind fünf Zeen, mit einer Membran unter einander vereinigt; die Zeen sind kurz; die zwote von innen ist die längste. Die Zeen, die Membranen zwischen ihnen und die ganze untere Fläche sind kahl und punktiret. Der ganze Umfang des vordern Fußes, von der Spitze der innern und äussern Zee bis zur Ferse, ist mit kurzen, sehr steifen Borsten eingefaßt, die in der Gegend der Ferse am längsten sind. Das Fußblatt ist etwas mit Haren besetzet. Die Klauen sind fast so lang, als die Zeen, etwas gebogen, spitzig zusammengedrükt, unten ausgehölt und Bleyfarbig.

Der hintere Fuß hat auch fünf Zeen, die noch einmal so lang, als am vordern Fuße, und mit einer viel weitern Membrane vereinigt sind. Ihre Proportion unter einander ist wie bey dem vordern Fuße. Der ganze hintere Fuß ist so wohl an der untern, als obern Fläche, so gar bis zum untern Ende des Schienbeins, kahl und mit undeutlichen Schuppen besetzet.

Die Einfassung von Borsten befindet sich nur am äußern Rande des Fußblattes, an der zwoten Zee und an der Ferse. Auch hier sind sie weder so lang, noch so dicht, als am vordern Fuße. Sie scheinen bestimmt zu seyn, um bey dem Graben zu verhüten, daß die Füße nicht wund gerieben werden. Zum Schwimmen scheinen sie überflüßig zu seyn. Die Klauen sind so, wie an den vordern Füßen, beschaffen; sie haben aber dies Besondere in ihrer Lage, daß ihre Spitzen nicht hinunterwärts, sondern einwärts gekehret sind. Die Farbe der Füße ist schwärzlich. Die 4te Tafel des ersten Theils der angeführten Gmelinischen Reisebeschreibung stellet die Figur der Füße vor; aber sie sind widernatürlich groß, und in Ansehung der Hare und der Borsten fehlerhaft.

Der Schwanz ist von der Länge des Rumpfes, und gleicht dem Schwanze des Ondatra mehr, als einem andern Thiere. Er ist schwerdtförmig, an der Wurzel zylindrisch zusammen gezogen; darauf bis auf ein Viertheil der ganzen Länge zylindrisch knollicht; alsdann bis zur Spitze senkrecht zusammen gedrükt und an den Rändern, besonders am obern, fast schneidend. Er ist ganz mit Schuppen bedekt. Die am untern Theile der Wurzel sind am breitesten und zwischen ihnen sind keine Hare; zwischen den übrigen aber befinden sich kurze und dünn zerstreuete Börstchen. Die Farbe des Schwanzes ist schwärzlich.

Von

Von dem Anfange des Schwanzes ist der hintere einen halben Zoll abstehend, das Perinäum sehr kurz, die Vorhaut fast gleichförmig bey beyden Geschlechtern hervorhängend und dichte mit Haren besetzt; daher es schwer hällt, das Geschlecht dem äußern Ansehen nach zu bestimmen, besonders weil man bey dem Männchen gar keinen Hodensak wahrnimmt.

Zitzen hat der Desman in allem acht, auf jeder Seite viere; zwo auf der Brust und zwo am Unterleibe, die untereinander einen halben Zoll abstehen.

Der Desmân hat zweyerley Hare, so wie der Biber, der Fischottter und der Ondatra. Das Wollhar stehet sehr dicht; ist höchst fein, sehr sanft, und am Unterleibe, wo es am längsten, einen halben Zoll lang; aus diesem ragen noch einmal so lange, etwas steife Hare hervor, die sehr undichte sind.

Die Farbe des ganzen Thieres ist auf der obern Fläche dunkel Aschgrau; nur der Rand der Augen und Ohren ist weiß gefärbt; die untere Fläche ist weißlich und alles mit einem seidenen Glanze versehen. Der Gebrauch, den man in Rußland von diesen Fellen zu machen pflegt, besteht darinn, daß man daraus Fingers breite Streifen schneidet, mit denen die Ränder der Kalmukkischen Schlafpelze, die man in den Stuben trägt, besetzt werden. Man könnte das Wollhar füglich, so wie das von dem Biber und von dem Ondatra, zu Hutfilzen anwenden.

Die

Die Größe einiger äußern Theile des Desmans ist nach Englischen Zollen und Linien bestimmt worden:

	Zoll	Linien
Länge vom Ende des Rüssels bis zum Anfange des Schwanzes	9	—
Länge des Rüssels	—	10
Breite des Rüssels	—	6
Dikke desselben	—	2
Abstand beyder Nasenlöcher	—	2
Durchmesser der Nasenlöcher	—	1
Länge des Kopfs von der Wurzel des Rüssels bis zum Nakken	2	3
Durchmesser des Maules	1	—
Abstand zwischen den Nasenlöchern und dem vordern Winkel des Auges	2	—
Abstand zwischen dem hintern Winkel und dem Ohr	—	6
Durchmesser des Auges	—	1
Durchmesser des Ohrs	—	4
Abstand zwischen den Augen in gerader Linie	1	—
Abstand zwischen den Ohren	1	6
Dikke des Kopfs von der Scheitel bis zum Kinn	1	—
Abstand zwischen der untern Lefze und dem Schwerdförmigen Ende des Brustbeins	4	—

Von

Von dem Ende des Brustbeins bis zur Vorhaut . .	3 Zoll	3 Linien.
Von da bis zum Hintern .	— =	3 =
Von da bis zum Anfange des Schwanzes . . .	— =	6 =
Perpendikulairer Durchmesser der Brust . . .	1 =	8 =
Transverseller Durchmesser der Brust	2 =	8 =
Gröster Umfang des Rumpfes	8 =	— =
Länge des Schwanzes .	7 =	— =
Perpendikulairer Durchmesser des Schwanzes in der Mitte .	— =	9 =
Transverseller Durchmesser daselbst	— =	4 =
Länge des vordern Beins vom Knie bis zur Ferse . . .	1 =	— =
Länge des vordern Fußes von der Ferse bis zur Spitze der zwoten Zee . .	1 =	3 =
Länge der ersten Zee .	— =	4 =
Länge der zwoten Zee . .	— =	5 =
Länge der dritten Zee .	— =	$4\frac{1}{2}$ =
Länge der vierten Zee .	— =	4 =
Länge der fünften Zee .	— =	$3\frac{1}{2}$ =
Länge der Klaue der zwoten Zee	— =	3 =
Durchmesser zwischen den Spitzen der äußern Zeen des ausgebreiteten vordern Fußes .	— =	11 =
Länge des hintern Beines vom Knie bis zur Ferse .	2 =	— =

Länge

Länge des hintern Fußes von der Ferse bis zur Spitze der Klaue der zwoten Zee	2 Zoll	4 Linien
Länge der ersten Zee	—	6
Länge der zwoten Zee	—	8
Länge der dritten Zee	—	$7\frac{1}{2}$
Länge der vierten Zee	—	7
Länge der fünften Zee	—	6
Länge der Klaue der zwoten Zee	—	4
Durchmesser zwischen den Spitzen der äussern Zeen des ausgebreiteten hintern Fußes	1	10

Diese Ausmessungen sind von einem Thiere von mittlerer gewöhnlichen Größe. Ich habe andere gesehen, deren Länge vom Ende des Rüssels bis zum Anfange des Schwanzes nur sieben und einen halben Zoll betrug; und Herr Lepechin giebt am angeführten Orte die Länge von vierzehn Zollen an. Dieser Verschiedenheit nach sind dann auch die übrigen Theile proportionirt.

Die anatomische Beschreibung der innern Theile des Desmans ist nach eben dem Thiere gemacht, dessen äußere Ausmessungen eben itzt angegeben worden.

Die von Haren entblößte Haut ist Schneeweiß und sehr zart und glatt, aber dem ohngeachtet sehr dik, nämlich an zwo Linien stark, und fast knorplicht zwischen den Fingern anzufühlen. Fett findet sich fast gar

gar nicht unter der Haut; aber der Hautmuskel ist überall desto deutlicher und stärker.

Der Rüssel bestehet aus einem zylindrischen Knorpel, der durch ein schlaffes Ligament mit dem Ende der Nasenbeine zusammenhängt. Von dessen Seiten biegen sich dünne Lamellen auswärts und unterwärts hin, durch die das äußere Ende der Nasenlöcher gebildet wird. An den Seiten des knorplichten Rüssels hängt die starke Flechse des zur steifen Ausstrekkung und Seitwärtsbiegung dieses Organs bestimmten Muskels, dessen dikker Körper die ansehnliche Grube (man sehe die 1ste Fig. bey i) an den Schläfen ausfüllt, und darauf an dem Gande des sehr dünnen zygomatischen Bogens (man sehe die erste Figur bey k) und an der obern Kinnlade gleich oberhalb den Bakkenzähnen, folglich an der ganzen Länge des Kopfs, bevestigt ist. Durch die Kraft dieses starken Muskels ist dies Thier im Stande mit dem Rüssel zu graben und zu wühlen. Ein kleiner Muskel, der von der Gegend der vordern Schneidezähne nach der untern Fläche des Ursprungs des Rüssels geht, dient jenem Muskel, das Gleichgewicht zu halten, und den Rüssel nöthigen Falls hinunter zu biegen. Unter dem großen, den Rüssel ausstrekkenden Muskel liegt der Masseter, der zwar etwas breit, aber sehr dünn ist; er hängt an dem zygomatischen Bogen mit dem einen Ende, und mit dem andern blos an dem Winkel der untern Kinnlade (man sehe die 2te Figur bey m). Die übrige Fläche des Körpers

Körpers der untern Kinnlade (man sehe die 2te Figur bey n) ist von dem Buccinator besetzt, der mit seinem andern Ende an dem Rande der obern Kinnlade dicht neben der Krone der Bakkenzähne bevestigt ist. Von der Pfeilnath der Scheitelbeine (man sehe die erste Figur bey o) steigt zu beyden Seiten ein sehr dünner Muskel seitwärts nach dem knorplichten Gehörgang hinunter, um denselben zu erweitern und zu spannen; und unter diesem liegt der Crotaphytes, der sehr stark ist, die ganze Scheitel von der Stirn bis zur Lamdaförmigen Nath (man sehe die 1ste Figur bey r) einnimmt, und mit seinem andern Ende in der zygomatischen Grube an den Kronförmigen Fortsatze der untern Kinnlade (man sehe die zwote Figur bey p) sich ansetzt.

Zwischen dem Crotaphytes und dem zuerst beschriebenen großen Muskel des Rüssels liegt in dem vordern Winkel der zygomatischen Grube der Augapfel, der die Größe eines Hanfkorns hat, von fast sphärischer Figur; doch ist die durchsichtige Scelerotica etwas konverer, als der übrige Theil. Die Linse ist sehr klein und Kugelrund. Die innere Wand des Auges ist Dintenschwarz.

Der äußere knorplichte Gehörgang bestehet aus zween röhrichten und durch die Haut mit einander vereinigten Knorpeln; sie sind sehr dünn, und der äußere ist am äußern Rande mit zwo Vertiefungen versehen.

Eine

Eine Vergleichung dieser bisher beschriebenen Muskeln und Organen des Desmans mit derjenigen Beschreibung, die ich von eben diesen Theilen des Spalax im 14ten Theile der *Nov. Comment. Acad. Scient. Petropol.* gegeben, wird durch eine bessere Aufklärung des vielen Sonderbaren dieser Thiere nützlich seyn.

Eine Parotis ist kaum sichtbar; auch die Drüsen der untern Kinnlade sind sehr klein; aber die Drüsen am Halse sind desto grösser und sehr breit; denn sie gehen von der untern Kinnlade bis zum Schulterblatte fort und stossen so gar bey dem Rükgrad unter einander zusammen. Den Raum zwischen den Schulterblättern füllt eine andere große Drüse aus, und am Halse findet man zwo thyroideische Drüsen, die rund und breit sind, und den Raum zwischen der untern Kinnlade und den Schlüsselbeinen einnehmen. Diese viele und große Drüsen machen, daß der Hals des Desmans sehr dik und der Rükken sehr flach aussiehet. Dagegen sind die Drüsen unter den Achseln und in den Weichen sehr klein. Die Drüsen der Zitzen bedekken aneinander hangend die Gegend von der Mitte der Brust bis in die Nabelgegend.

Der Schwanz ist von seiner Spitze bis in seine Mitte, am obern Theile so wohl, als am untern, mit einer drüsichten Substanz versehen, auf die am untern Theil ein Konglomerat von achtzehn bis zwanzig Bläschen folget, welches einen Zoll der Länge nach einnimmt, und fast noch einen Zoll vom Anfange des Schwanzes entfernt ist. Diese Bläschen liegen über und neben einander; und von ihnen wird die äußere Haut des Schwanzes in dieser Gegend knollicht ausgedehnt. Sie sind von ungleicher Größe, und haben anderthalb bis drey Linien im Durchmesser. Sie enthalten eine ölichte Fettigkeit, die an Farb und Konsistenz einem guten Eiter vollkommen gleich und von sehr starkem Bisamartigem Geruch ist. Daher allein rührt der dem Thier eigene Geruch, der in keinem andern Theile, wenn er nicht mit dem Schwanze beschmiert ist, wahrgenommen wird. Die vielen Drüsen des Schwanzes scheinen diese Substanz abzusondern, dazu ihnen ein großes Blutgefäß, das auf dem untern Theile der Wirbelbeine des Schwanzes fortläuft, das nöthige Blut herbeyführet. Einen Exkretionskanal dieser Substanz habe ich bey diesen Bläschen nicht entdekken können. Lymphatische Gefäse scheinen aus dem Innern der Hölen dieser Bläschen, die mit einander keine Gemeinschaft haben, die Zurükführung ins Blut zu verrichten. In Ansehung dieser besondern Struktur des Schwanzes, welche die 4te Tafel des ersten Theils der erwähnten Gmelinischen Reisebeschreibung vorstellet, gehet der Desman von allen bisher bekannten Thieren ab. Man legt in Rußland die Schwänze des Desmans zwischen Kleider, besonders zwischen Pelzwerk, und man glaubt dadurch die Motten abzuhalten. Die Kleidungsstükke nehmen davon einen sehr starken und den mehresten Menschen unangenehmen Geruch an.

Es

Es scheint, daß diese riechende Substanz mit dem Zibet gleiche Medizinalkräfte haben könne, dem es auch so wohl in der Konsistenz, als im Geruche, mehr als dem Bisam gleichet. Man erhällt aus einem Thier einen Skrupel.

Die Brusthöhle ist sehr weit, und in zween gleiche Theile durch das Brustmittelfell getheilet. Die Lungen bestehen aus 5 Lappen. Drey sind fast gleich groß unter sich und liegen in der rechten Brusthöle über einander; der vierte liegt in der linken Brusthöle und ist platt und klein; der fünfte ist länglicht und liegt zwischen dem Herzen und dem Oesephagus auf dem Zwerchfelle. Die Luftröhre ist geringelt und bald unter dem Schlund in eine Gabel getheilt; der hintere Theil der Ringe ist platt. Die Knorpel der Kehle sind fast knöchern. Von der Thymusdrüse zeigt sich in dem obern Ende der Brusthöle ein weißlichtes Ueberbleibsel.

Das Herz ist vollkommen zylindrisch, und liegt in der linken Brusthöle der Länge nach ausgestrekt, welche Lage und Figur sehr ungewöhnlich ist. Das rechte Herzeohr ist viel größer, als das linke. In der Scheidewand der Vorkammern des Herzens ist das ovale Loch offen, eine Linie weit, und mit einer Välvel versehen. Auch der Botallische Gang verwächßt nicht bey dem Desman; daher bey demselben der Umlauf des Blutes auch ohne Respiration bestehen kann.

Die rechte Kammer des Herzens ist weit, aber ihre Wände sind sehr dünne; die linke ist viel enger und kaum eine Linie weit, hat die Figur einer Röhre, und ihre Wände sind sehr dik.

Das Zwerchfell hat in seiner Mitte einen breiten Spiegel.

Das Netz bedekt den ganzen Unterleib und ist mit keinem Fette durchwachsen.

Die Leber hat vier Hauptlappen. Der rechte Lappen ist der größte, der die ganze rechte Seite und einen Theil der linken einnimmt. Er ist an seinem hintern Rande durch das transverselle Ligament oder Querband an das Zwerchfell angeheftet, am vordern Rand aber in drey Theile durch zween Einschnitte getheilet. In dem einen Einschnitte liegt die Gallenblase, die mit ihrem stumpfen Ende hervorragt und die Größe einer Haselnuß hat; in dem zweeten Einschnitt ist das breite Band befindlich, durch welches die Leber an den Helmontischen Spiegel des Zwerchfelles angehänget wird. Der zweete Lappen der Leber ist der linke, der einen Theil der linken Seite ausfüllt und fast unter dem rechten Lappen liegt. Der dritte und vierte liegen im Grunde der rechten Seite über einander, zwischen der untern Fläche des rechten Lappens und dem obern Ende der rechten Niere.

Die Milz liegt am Boden des Magens, zwischen dem linken Lappen der Leber und dem obern Ende

der

der linken Niere; sie ist fast eben so groß, als der Magen, von länglich platter Figur.

Die Gekrösdrüse ist fast zylindrisch, in einen Kreis gewunden, von gelblicher Farbe. Sie liegt am Anfange des Darmganges, in den sich, gleich neben dem Pförtner, der Duktus choledochus begiebt.

Der Magen ist vollkommen zylindrisch, drey Zolle lang und einen halben Zoll weit. Der Boden ist stumpf. Die Cardia macht fast einen rechten Winkel mit dem Magen in der Mitte desselben.

Der Darmgang ist von gleicher Weite vom Anfange bis zum Ende, und hat kaum mehr, als zwo Linien im Durchmesser. Es ist auch kein Blinddarm anzutreffen. Die Länge aber ist desto ansehnlicher; denn diese beträgt neun Fuß und übertrift also zwölfmal die Länge des Körpers. In Ansehung des Magens und des Darmganges ist der Desman vom Biber so wohl, als vom Ondatra, die beyde Blinddärme haben, sehr verschieden. Der Spitzmaus und dem gemeinen Igel gleicht er mehr; deren Darmgang ist aber nur fünfmal länger, als ihr Körper. Größer ist die Aehnlichkeit mit dem Maulwurf; denn diesem fehlet, wie jenen beyden, der Blinddarm, und die Länge des Darmganges des Maulwurfs übertrift zehnmal die Länge seines Körpers, von der Schnauze bis zum Ursprunge des Schwanzes, so wie ich es durch genaue Ausmessungen, die bey den Büffonischen Beschreibungen dieser Thiere nicht gefunden werden, erfahren habe. Die Häute des Magens und des Darmganges des Desmans sind dünn, röthlich, und von innen so wohl, als von außen glatt; nur am Boden des Magens ist die Haut etwas runzlich. Die Hölung pflegt mit vielem gelblichtem Schleim angefüllt zu seyn.

Das Mesenterium, das den Darmgang vielfältig Kreisförmig zusammenzieht, ist weit und enthällt kein Fett. Die Mündung des Afters umgiebt ein fettichter, drüsiger, gelber Ring, der von einem starken Sphinkter eingeschlossen wird.

Die Nieren liegen beyde gleich hoch und nicht tief unter dem Zwerchfelle. Sie sind von ovaler Figur, ohne Einschnitte und von der Größe einer kleinen Haselnuß. Die Behälter der schwarzen Galle liegen an dem obern Ende der Nieren etwas einwärts. Sie sind gerundet-viereckkicht, von Erbsengröße, weiß, hohl und mit gelblichtem Schleim angefüllet.

Die Harnblase ragt mit ihrem Boden über das Schambein hervor, und hängt durch ein Ligament an dasselbe. Sie ist oval, und ergießt sich in die Harnröhre, die bey dem weiblichen Geschlecht in der obern und vordern Gegend des Wurfs, und bey dem männlichen an der Spitze der Ruthe sich endigt.

Der Harngang oder die *Urethra* ist bey ihrem Anfang etwas aufgeblasen, und mit fleischichten Fasern versehen; nachher aber ist diese Röhre ganz einfach und dünn. Ohne mit einer hölichten Substanz um-

geben

geben zu seyn, läuft sie an der untern Fläche des hölichten Körpers der Ruthe fort, und endigt sich kurz vor dem Ende derselben.

Der hölichte Körper der Ruthe hängt mit zweenen, mit fleischichten Fibern bewaffneten Armen an den Schambeinen, macht aber in seinem übrigen Fortgange nur einen zylindrischen Körper aus, dessen Ende zugleich die Eichel vorstellet. Im erschlafften Zustande ziehet sich die Ruthe in eine Schlangenlinie, wie bey einigen wiederkäuenden Thieren, unter der Haut zusammen; daher sie sehr kurz zu seyn scheinet, ob sie gleich, wenn man sie hervorziehet, anderthalb Zolle lang ist. Die Eichel, oder das Ende der Ruthe, das von der Vorhaut entblößt werden kann, ist einen halben Zoll lang. Sie läuft zugespitzt zu, ist aber am Ende doch stumpf, in ihrem ganzen Umfange dagegen mit sehr steifen und sehr spitzigen, hinterwärts gekehrten Schuppen besetzt, in welchem Stük der Desman von der Spitzmaus abweicht, aber mit dem Biber und der Katze übereinkömmt. Die Parung muß daher eben so schmerzhaft heftige, und, wenn man die Proportion der Theile überlegt, noch heftigere Empfindungen bey dem Desman, als bey der Katze, hervorbringen. Ein Knochen ist in der Ruthe des Desmans nicht wahrzunehmen.

Die Geilen liegen zwischen den Bauchmuskeln und dem obern Rande des Bogens des Schambeins, zunächst an dem Boden der Harnblase, so dicht eingeschlossen, daß man von ihnen ausserhalb nichts wahrnimmt, so wie bey dem Maulwurf; dennoch sind sie ansehnlich groß und kaum kleiner, als die Nieren. Ihre Figur ist oval. Die Epididymis ist an dem äußern oder untern Ende der Geilen, wie ein Anhang, angesetzt, und vielmal Kreisförmig gekrümmt; von da läuft sie längs dem innern Rande der Geilen, mit dem sie dicht verbunden ist, und endigt sich in die zuführenden Kanäle, die sich in die Samenbläschen ergiessen. Diese sind flach und im Sommer sehr klein, aber im Frühling zur Brunstzeit vielmal größer, wie sonst auch von dem Ondatra angemerkt, und von mir auch von dem Hamster beobachtet worden. Sie öffnen sich, ohnweit der Mündung der Harnblase, in die Harnröhre, durch besondere, doch dicht nebeneinander liegende Oeffnungen.

Die Prostrata ist Birnförmig und sehr groß, nämlich kaum kleiner, als die Harnblase. Andere Drüsen habe ich bey den männlichen Zeugungstheilen nicht gefunden. Es scheint, daß der ältere Gmelin in seiner angeführten Beschreibung die Epididymis für Drüsen angesehen habe.

Die weiblichen Zeugungstheile haben nichts Abweichendes; die Scheide ist der Länge der Ruthe proportioniret. Im Grunde derselben stoßen die Mutterhörner in eine gemeinschaftliche Oeffnung zusammen. Sie sind eben so lang, als die Scheide, und an

ihren

ihren gekrümmten Enden liegen die weiblichen sehr kleinen Geilen.

Wenn man glauben darf, daß, wie der Herr Graf von Büffon, und Rajus vor ihm, behauptet, die Natur den Maulwurf, um ihn wegen des sehr unvollkommenen Sinnes des Gesichtes Schadlos zu halten, mit dem sechsten, in den Zeugungstheilen sitzenden Sinne desto vorzüglicher vor allen andern Thieren versehen habe, welches durch den in den Samenbläschen enthaltenen erstaunlichen Vorrath des Samens, durch die Größe und durch die Lage der fast ganz in dem Unterleib eingeschlossenen und daher weit wirksamern Geilen, und durch die unmäßige Länge der Ruthe, bewiesen werden soll: so muß jene Meynung noch eher bey dem Desman statt finden können. Der Desman übertrift wenigstens gewiß den Maulwurf, und vielleicht alle bisher bekannte Thiere, in der Länge der Ruthe, und in der reizenden Kraft der Eichel.

St. Petersburg 1776.

VI.

Ueber die Reitzbarkeit im Pflanzenreiche zwote Abhandlung.

Mikroskopische Beobachtungen an der Mimosa sensitiva Linn.

von
D. Karl Joseph Oehme.

S. Tab. III. Fig. 1 — 7.

Ich habe im vorigen zweeten Bande dieser Beschäftigungen, im 7ten Artikel einige Vermuthungen über die Gegenwart der Reitzbarkeit im Pflanzenreiche gewaget. Mich dünkt, man könne mit Recht von mir fordern, daß ich mein daselbst gethanes Versprechen halten, in Erwägung dieser Materie fortfahren, und diese Vermuthungen entweder bestätigen oder widerrufen solle. Ich habe einen Theil meiner

meiner Arbeiten des vergangenen Sommers dieses seyn lassen, daß ich mich bemühte, etwas Bestimmteres über diese Materie zu erfahren. Gegenwärtige wenige Versuche, welche ich den Freunden der Natur in diesem Stükke vorlege, mögen zeigen, wie weit ich in die Dunkelheit, welche diesen Gegenstand noch lange bedekken wird, einzudringen vermögend gewesen! Nur glaube ich, daß es nöthig sey, vorher ein Paar Worte von der Pflanze zu sagen, an welcher ich diese Versuche vorgenommen. Es ist:

Mimosa sensitiva *Linn*. Sie gehört bey dem Ritter zu der Klasse der Pflanzen, die er Polygamia Monoecia nennet. S. *Linn*. Gen. Plant. n. 1158. Spec Plant. T. II. p. 1501. n. 13.

Mimosa *Ludwig*. Def. Gen. Plant. n. 223 unter den Monopetalis regularibus polyantheris, monostylis.

Mimosa sensitiva *Cranz*. Instit. rei herbar. T. I. p. 20. Bey diesem steht sie unter den incomplet. Clas. II. vulgò Noli me tangere Hortulanor.

Ich habe in dem angezogenen Artikel, die merkwürdigsten Erscheinungen ihrer Empfindlichkeit angezeigt, und zugleich einiges von ihrer Struktur, wie sie bey dem ersten Anblik in die Augen fällt, beygebracht.

gebracht. Hier habe ich nur noch weniges hinzuzusetzen. Ihr Vaterland ist Brasilien. Se kann aber bey uns ohne große Sorgfallt gezogen werden, und ist jetzt in den Gärten keine Seltenheit mehr. Sie ist nicht perennirend, sondern zeugt sich alle Jahre aus den Samen. Ihre Blumen, welche sie zu Anfange des Septembers bringt, stehen auf und an dem Hauptstamm, und sind in eine Kugel vereiniget. Sie haben an der Gabe der Zweige und Blätter, bey dem Anrühren und dem Drukke der Luft empfindlich zu seyn, keinen Antheil. Einige der merkwürdigsten Erscheinungen an dieser Pflanze sind in den Nachrichten der Pariser Akademie *) vom Hrn. Du Fay beschrieben, ohne daß derselbe sich in physiologische Untersuchungen derselben eingelassen; doch vermuthet er, daß der Sitz der Empfindlichkeit in dem weißen Pünktchen des Blattes liegen müsse, das wir in der I Fig. der 3ten Tafel gezeichnet haben, und bald, mikroskopisch betrachtet, beschreiben werden. Sie bringt im Oktober in runden Kapseln schwarze Samenkörner. Sie verlangt viel Wärme, und je mehr sie von der Sonne getroffen wird, desto merklicher wird ihre Empfindlichkeit. Man kann sie aber doch in Töpfen ausser dem Mistbeet erhalten, ausgenommen, wenn sie Samen bringen sollen, welcher unter Glasfenstern oder im Teibhause muß gezogen werden. Gegen das Ende der schönen Jahrszeit werden ihre Blätter

*) Anm. Mem. de l'acad. 1736. observat. sur la Sensitive par Mr. du Fay.

ter unempfindlich, ziehen sich nicht mehr zusammen, und pflegen endlich bey dem geringsten Anrühren oder Wind abzufallen, an dem Stamm und Aesten aber bleibt keine Spur der Empfindlichkeit übrig, sondern sie vertroknen, und verderben den Winter über gänzlich.

Um nun die Ursache der sonderbaren Erscheinungen der Reitzbarkeit im Pflanzenreiche zu erfahren, oder vielmehr die Organe kennen zu lernen, durch welche diese Erscheinungen hervorgebracht werden, faßte ich den Entschluß, das Mikroskop zu Hülfe zu nehmen, und die Theile dieser Pflanze, welche ich bey den Aeußerungen einer Art von Empfindung für die geschäftigsten hielt, mit gewafnetem Auge zu betrachten. Ich bediente mich zu den Versuchen eines sehr guten zusammengesetzten Vergrößerungsglases, der letzten Arbeit des seel. Herrn Inspektor **Rudolphs** hier in **Dresden**, in welchem uns der Tod einen der geschiktesten und fleißigsten Mechaniker geraubet hat. Ich wählte aber die **Sensitive** vor andern Fühlkräutern, weil sie unter den bekanntern die merklichste Empfindlichkeit äußert, und ich sie häufig gezogen hatte. Ich fieng also an, den Bau des **Blattes**, des **Stammes** und der **Zweige** zu untersuchen, unbesorgt, ob meine Beobachtungen die im angeführten Artikel geäußerten Muthmaßungen bestätigen oder widerlegen würden. Ich lege hier meinen Freunden und Lesern alles vor, was ich auf diese Art gesehen habe.

1. Das

1. Das Blatt. Ich trennte zuerst eines von den kleinen Blättern, die ein zusammengesetztes Blatt ausmachen, von dem gemeinschaftlichen Stiele, mit der Behutsamkeit, welche nöthig war zu verhüten, daß dasselbe nicht auf einmal zusammenschrumpfte. Es ist in der natürlichen Größe Fig. 1. gezeichnet. Mit einer guten Luppe sah' ich schon sehr deutlich die kleinen Hare, mit denen es an der Seite bewachsen zu seyn scheint, als lange Fäden erscheinen. Ich bracht' es sogleich unter Nro. 3 meines Mikroskops, ein Glas von 9 Linien. Ich muß hier erinnern, daß ich alle hier vorkommende Beobachtungen bloß mit dieser und der folgenden Linse gemacht habe, um meine Gegenstände ganz übersehen und zeichnen zu können. Ich fand es gerade so, wie es in der 2ten Fig. gezeichnet, und in der 3ten Fig. ausgemahlet ist. An beyden Seiten zeigten sich die mit a a bezeichneten Fäden, in einiger Weite von einander, an ihrem Entstehungspunkte dik, und spitz zulaufend. Ich habe sie an mehr angeführtem Ort als bloße Hare angegeben. Ich glaube aber dieses widerrufen zu müßen. Es sind in der That weiße, markicht scheinende Fäden, die, wofern meine Meynung nicht zu kühn ist, den thierischen Nerven gleichen. Hare sind, nach aller Erfahrung, zylindrische Röhren, durch welche die Ausdünstung befördert wird, sie gehen gerade fort, und haben gewöhnlich keine Seitenäste. Die Fäden, welche ich hier beschreibe, sind konisch, und werfen bey α α Sprößlinge aus. Die innere Substanz des Blattes erschien

sehr

sehr markicht, und wenn man ihr starke Beleuchtung gab, wie mit unzähligen kleinen Krystallen besetzt, bis an a a der 3ten Fig. wo die Spitze des Blattes von den zwey Gläsern, zwischen welche ich es gelegt hatte, gedrükt wurde, und daher die jedem Blatt eigne Ramifikationen zeigte (Fig. 2. b b b) Das Blatt selbst ist an der rechten Seite mit einem rothen glänzenden Rand eingefaßt, welcher aus Gefäßen zu bestehen scheint. Unten, wo das Blatt am breitesten wird, ist ein blaßbrauner Flek zu sehen, welcher der weiße Punkt ist, den man mit bloßen Augen an dem Blatte wahrnimmt, und den Du Fay in der angeführten Abhandlung für den Sitz der Empfindlichkeit hällt. Hier setzt das Blatt auf einmal ab, und man kömmt auf den Theil, der mir am merkwürdigsten scheinet. In der 2ten Fig. d d ist er gezeichnet, und Fig. 3. c c so natürlich, als möglich war, ausgemalet. Er ist rund, auf einer Seite etwas eingedrükt, und scheint eine grüne markichtere Substanz, als das Blatt, zu haben. Auf seiner Oberfläche sieht man eine Menge glänzender, rother Flekchen, die ich, ich weis nicht ob mit einigem Grunde, für Oefnungen von kleinen Gefäßen halte. Er endigt sich Fig. 3. d d mit einem rothen glänzen Rande, und macht, bey Sonnenschein und starker Beleuchtung das angenehmste mikroskopische Schauspiel. Lit. e e zeigt uns die Stelle, wo das Blatt von dem gemeinschaftlichen Stiele getrennt, und die innere Substanz des Stängels zu sehen ist, die sich aber von dem Bau andrer Pflanzen nicht

merklich

merklich unterscheidet, außer daß ihr Aeußeres mit den schon beschriebenen Fäden bewachsen ist.

2. **Der Stamm.** Ich verstehe darunter den dikkesten Stängel, aus welchem die kleinen Stiele der zusammengesetzten Blätter herausgehen. Es giebt an einer Sensitiva gemeiniglich mehrere solche Stängel, die aus einer gemeinschaftlichen Wurzel entstehen, sie sind aber von verschiedener Dikke. Mehrentheils wachsen sie schräg aus der Wurzel heraus, und liegen niederwärts gebogen, alsdann ist der obere Theil der Rinde, der nach dem Himmel zu gekehrt ist, hochroth, wie Fig. 6 Der nach der Erde gekehrte, Lichtgrün, wie Fig. 4. In dieser Figur ist die äußere Rinde von der untern Seite mit ihren Fäden gezeichnet. Diese sind wie bey dem Blatte beschaffen, nur daß ihr Anfang mit einem Rosenrothen Flekke bezeichnet ist. Fig 5 stellt einen senkrechten Durchschnitt des Stammes vor. Man sieht darinne die ordentlichen Holzfasern, die man bey jeder Pflanze antrift, und welche eben so viel Harröhren sind, ohne etwas besonders dabey zu bemerken. In der 6te Fig. ist der Stängel horizontal durchschnitten, und zeigt die holzichten und markichten konzentrischen Schichten von Röhren, welche sich aber von andern Pflanzen auch nicht merklich unterscheiden.

3. **Die Zweige.** Es ist schon angemerkt worden, daß sich die Zweige, worunter ich die kleinern

Stän-

Stängel verstehe, die von den Stämmen ausgehen, und an welchen die Stiele der zusammengesetzten Blätter sitzen, bey der geringsten Berührung niedersinken. Dieses geschieht vermittelst eines Gelenks nahe am Stamme. In dieser niedergebogenen Richtung ist ein solcher Zweig Fig. 7 gezeichnet; Lit. a ist der obere konvexe Theil des gesunkenen Zweiges. Er ist mit einer schrumpfichten, dünnen Rinde oder Haut überzogen, welche roth und grünlich aussieht, und gleichsam Papillen hat. Diese Haut giebt bey dem Sinken des Stängels nach, und wird glätter. Der Zweig nimmt in b sehr jähling von seiner Dikke ab, und endigt sich daselbst in den Zweig. In c, wo seine stärkste Dikke ist, hat er allemal zwey, zuweilen auch drey Blätterchen, welche aber nicht frisch grün, sondern, mit bloßen Augen gesehen, bräunlich sind. In d ist er mit einem spitzigen Stachel bewafnet. Unterwärts hat er mehrere Fäden, als oben, und diese sitzen genau in seiner Biegung. Hier ist die empfindlichste Stelle der Pflanze, und die Beweglichkeit dieses Gelenks ist um so viel bewundernswürdiger, da der Zweig augenbliklich niederfällt, und sich dann erst nach und nach wieder in die Höhe hebt.

Ohngeachtet ich sehr gern gestehe, daß diese Beobachtungen weder Zahlreich sind, noch in die innere Oekonomie der sonderbaren Pflanze, die sie betreffen, eindringen; so sind sie doch nicht ganz unfruchtbar an Stoff zu Betrachtungen über die Reitzbarkeit im Pflanzenreiche. Das gewafnete Auge hat durch dieselben einige Theile gesehen, welche man ohne Glas nicht sehen konnte. Ich wagte in meiner ersten Abhandlung über diesen Gegenstand die Vermuthung, daß zu den Aeußerungen der Reitzbarkeit in den Pflanzen nothwendig eine Art von thierischer Organisation erfordert würde. Ich berief mich auf das äußere Ansehen der Fühlkräuter, auf die Papillen und Drüsen, und auf die Hare, womit sie mehrentheils bewachsen wären. Ich hatte damals mit bloßen Augen gesehen, ohne die Werkzeuge zu Hülfe zu nehmen, womit man jetzt die Natur in ihren geheimsten Geschäften gleichsam zu belauschen weis. Unter diesen Maschinen verschwanden die Hare, und erschienen an ihrer Stelle markichte Fäden, über alle, besonders über die reitzbarsten Theile der Pflanze verbreitet. Die Drüsen wurden zu runden, mit Gefäßen versehenen Körpern, und einige Organe der Pflanze bekamen ein sehr thierisches Ansehen. Die rothe Farb und die Fasern, wodurch sich die äußere Rinde unserer Pflanze von andern unterscheidet, und die ihren Theilen ein muskulöses Ansehn giebet, tragen gewiß etwas zu ihrer Reitzbarkeit bey. Warum sollte man nicht in diesen Fibern eine Kraft vermuthen können, die man in den thierischen Fibern antrift? Die mehrmals erwähnte Fäden, die ich mit thierischen Nerven zu vergleichen wagte, sind ganz gewiß eines der vornehmsten Organe der Reitzbarkeit. Sie sind nicht bloße Hare, welche der Stelle, wo sie sitzen,

tzen, Reitz verschaffen. Sie sind aber eben so wenig Organe der Empfindung, wie die thierische Nerven. Sie unterscheiden sich von diesen durch ihre Vertheilung, weil die Nerven im ganzen Körper des Thieres angetroffen werden, diese aber nur die Oberfläche der Pflanze einnehmen. Sie sind oszillirende Fibern, welche die Natur dahin gesetzt hat, um den geringsten Druk in seiner Annäherung anzunehmen, und als Ableiter, die in ihnen hervorgebrachte Erschütterung zu den Theilen zu bringen, in welchen die Reitzbarkeit ihren Sitz hat. So stelle ich mir die Art vor, wie die scheinbare Empfindlichkeit der Fühlkräuter hervorgebracht wird. Dem allen ohngeachtet aber bleiben doch viele Probleme bey dieser Erklärung übrig, welche den Fleiß und die Beurtheilungskraft des größten Naturforschers zu ermüden im Stande wären, als: Wenn die beschriebene Theile die Organe der Reitzbarkeit sind, welches ist die erste Ursache, die sie in Bewegung setzt? Liegt diese in dem Innern der Pflanze, oder ausser ihr? Haben die weißen markichten Fäden eine dem thierischen Nervensaft ähnliche Flüßigkeit in sich? Was macht die Unempfindlichkeit und den Tod derselben? u. s. w.

Ohne diese Fragen erörtern zu können, bleibt es bey mir gewiß, daß wir den Pflanzen immer noch zu wenig Antheil an thierischen Geschäften laßen — daß wir das Thier- und Pflanzenreich zu willkührlich trennen — und daß die Fühlkräuter die Erscheinungen der Empfindung, durch die von dem Herrn von Haller an den thierischen Fibern entdekte Reitzbarkeit äussern. So lange diese leztere nicht in ein vollkommenes Licht gesetzt wird, sondern wir zufrieden seyn müssen, wenn man uns Erscheinungen erzählt, ohne uns hinlängliche Erklärungen davon zu geben, so lange wird man auch keine bestimmte Beantwortung obiger und ähnlicher Fragen von mir verlangen können. Wissen wir nicht, was in unserm thierischen Körper vorgeht, wie können wir mit Richtigkeit auch nur muthmaßen, was in so ganz anders organisirten Körpern sich zuträgt? Weil wir uns aber doch in Betrachtung der Natur bemühen müßen, immer einen Schritt vorwärts zu thun, ob wir gleich in dunkeln Gebieten wandeln; so muß ich mir für diese wenigen Versuche und Muthmaßungen die gütige Nachsicht meiner Naturforschenden Freunde und der Leser unsrer Beschäftigungen ausbitten, bis mir vielleicht einmal Zeit und Gelegenheit erlauben, Ihnen etwas Vollständigeres zu liefern. Dresden, am 28. des Weinmonats, 1776.

VII.

Gedanken über das Leuchten,

welches man

an einigen Gattungen

des faulen Holzes

im Dunkeln wahrnimmt.

von

dem Ritter und Freyherrn

von Meidinger.

So bekannt es Jedermann, besonders den Bauern ist, daß gewisse Gattungen des faulen Holzes die Eigenschaft besitzen, bey der Nacht, oder an einem dunkeln Ort einen glänzenden, feurigen Schein von sich zu geben; eben so wenig hat man bisher daran gedacht, die Ursache dieser wunderbaren Erscheinung physikalisch zu untersuchen. — Man weis schon längst, daß nicht alle Holzarten, ob sie schon hinlänglich gefaulet sind, im Dunkeln leuchten, und dieses hätte uns am meisten aufmuntern sollen, der Sache nachzuspüren. Aber, so viel ich weis, hat noch Niemand davon geschrieben, oder Beobachtungen deßfalls angestellet. Das faule Büchen- Birken- und Erlenholz besitzt diese Eigenschaft, wie wohl das letzte, im höchsten Grade. — Fraget man den gemeinen Mann, der eben dieses Leuchten bey Nacht in den Wäldern am mehresten gewahr wird, um die Ursache; so weis er wohl keine andere anzugeben, als daß es von der Fäulniß des Holzes herrühre. Und dieses ist dann auch die Meynung einsichtsvollerer Männer geworden. — Mich dünkt, man urtheilet in dieser, so wie in andern Naturbegebenheiten, oft zu voreilig, und legt gewissen Dingen eine Wirkung bey, die sie doch ohnmöglich hervorzubringen fähig sind. Denn soll die bloße Fäulniß vermögend seyn, das Holz leuchtend zu machen, so müßte sie solches an jeder Holzart bewirken können, oder wenn wir darinn eine Ausnahme gestatten wollen; so müßte doch wenigstens dasjenige verfaulte Holz, welches einmal leuchtet, auch beständig diese Eigenschaft behalten, wo anders nicht der Grad der Fäulniß vermehret wird, oder andere dazwischen kommende Umstände diese Wirkung verhinden und zernichten — Allein, unzählige Versuche, die ich zur Erklärung dieser Erscheinug angestellet, haben mir gerade das Gegentheil gezeiget. Ich habe fast alle Gattungen verfaulter Hölzer untersucht, aber an

keinem

keinem, als am Büchen= Birken= und Erlenholze das Leuchten wahrgenommen, und das letzte giebt gemeiniglich einen weit stärkeren Glanz von sich. — Ich bemerkte unter andern einen besonderen Umstand, nämlich daß das Holz, wenn es leuchtete, jederzeit durch und durch naß war; welches mich dann auf die Gedanken brachte: ob nicht die Ursache des Leuchtens ganz allein in derjenigen Feuchtigkeit, womit das Holz durchdrungen ist, zu suchen sey? — Um hiervon mich näher zu versichern, stellte ich folgende Versuche an: Ich ließ ein grosses Stük wohl gefaultes, nasses Erlenholz aus dem Walde bringen, und als ich solches an einen sehr dunkeln Ort legte, warf es einen hellen Schein von sich, daß man fast dabey in einem gedrukten Buche lesen konnte. Der Glanz verbreitete sich aber nicht über die ganze Oberfläche des Holzes; sondern zeigte sich nur in vielen großen und kleinen Flekken; auch nahm man zwischen diesen unendlich viele glänzende Punkte und Striche wahr. Ich hatte nun hierdurch von dem wirklichen Leuchten dieses Holzes Versicherung, und konnte damit weiter gehen. Ich brach also ein Stük, welches am meisten glänzte, von demselben ab, ließ es an einem schattichten Ort in der Luft trokken werden, daß es zwar alle Feuchtigkeit verlohr, aber doch nicht vollkommen dürr wurde. Als ich dasselbe hierauf abermal ins Dunkle brachte, konnte, ich zu meiner großen Verwunderung, nicht den geringsten Schein mehr daran wahrnehmen, sondern alles war todt und schwarz. Hieraus muste ich nun freylich schlüßen, daß das Holz mit seiner Feuchtigkeit auch zugleich die Eigenschaft zu leuchten verlohren habe; es ließ sich aber doch noch nichts Gewisses bestimmen, und ich urtheilte folgendergestallt: Wenn die Feuchtigkeit die Ursache des Glanzes ist; so muß solcher auch wieder erscheinen, so bald man das Holz, wie zuvor, durch und durch naß macht, da es in seinen übrigen Bestandtheilen durchs Troknen nicht im geringsten verändert war. Ich säumte also nicht, ihm den vorigen Grad der Nässe wieder mitzutheilen, und es so nochmals in das dunkle Zimmer zu bringen. Aber da war kein Glanz, nicht das geringste eines Scheines mehr zu sehen, und das angenehme Schauspiel hatte auf immer ein Ende. Aus diesem Versuch lernte ich nun augenscheinlich, daß das Leuchten am Holze nicht der vermeynten Feuchtigkeit oder der Fäulniß, sondern ganz andern Ursachen, zugeschrieben werden müsse. (In der Folge werden wir aber doch sehen, daß hierbey die Feuchtigkeit, wiewohl aus einem ganz andern Grunde, unumgänglich erfordert werde.)

Bey vielem Nachdenken und wiederholten Versuchen, die doch alle meinem gesuchten Endzwekke nicht entsprechen wollten; fiel mir endlich ein, daß man verschiedene Gattungen von Insekten habe, die alle einen, dem Leuchten des faulen Holzes ganz ähnlichen Glanz im Dunklen zeigten. Dergleichen sind

nun

nun die Arten der **Laternenträger** (Fulgora), der **St. Johanniswurm** (Lampyris noctiluca) und viele andere, die im Linnéischen Natursystem angeführet werden. Dieses bewegte mich nun zu vermuthen, ob das Leuchten des faulen Holzes nicht ebenfalls von gewissen kleinen unsichtbaren Thierchen herrühren könne? Und was meiner Meynung noch einen grössern Grad der Wahrscheinlichkeit gab, war, daß das Seewasser auch manchmal die Eigenschaft hat, im Dunkeln zu leuchten, welches, wie **Bakker** in den Beyträgen zum nützlichen und vergnügenden Gebrauche des Mikroskops S. 521 und folg. schreibet, ebenfalls von ganz kleinen, sich schnell bewegenden Insekten verursacht werden soll. — So viele Beyspiele hätten mich nun allerdings ausser Zweifel setzen können, auch das Leuchten am faulen Holze von ähnlichen Thierchen herzuleiten, wenn mir anders nicht hinlänglich bekannt wäre, daß gar oft einerley Wirkungen und Erscheinungen ganz verschiedene Ursachen zum Grunde haben. Und deswegen wollt ich erst noch zu andern Versuchen schreiten, bevor ich einen gewissen Schluß machen könnte.

Ich eilte daher mit einem neuen Stükke stark glänzenden Erlenholzes zu meinem, in ein dunkles Zimmer gestellten Vergrößerungsglas, als der einzigen Zuflucht bey solchen Versuchen, in Hofnung, diese Thierchen in der zwischen der Rinde des Holzes sitzenden Feuchtigkeit zu entdekken. Ich bediente mich hierzu des zusammengesetzten Kuffischen Mikroskops, und schraubte gleich Anfangs eine stark vergrößernde Linse auf, unter welche ich ein Stükchen dieses leuchtenden Holzes brachte. Allein ich konnte noch nichts anders wahrnehmen, als was ich mit den bloßen Augen schon gesehen hatte; aber doch mit dem Unterschiede, daß hier die leuchtenden Flekken viel heller und glänzender erschienen, als sie sich dem unbewafneten Auge zu zeigen pflegten. Ich hofte nun durch Hülfe stärkerer Linsen dasjenige, wornach ich so sehr verlangte, nämlich die Thierchen, zu sehen, und nahm also eine solche, deren ich mich zur Untersuchung der kleinsten Infusionsthierchen bediene. Aber auch durch diese hatte ich nicht das Glük, die leuchtenden Thierchen im faulen Holze zu entdekken. Alles, was ich auf diese Art bemerken konnte, bestand darinn, daß die glänzenden Flekken sich noch viel heller und lebhafter zeigten, als zuvor. Wenn man ganz genau Acht gab, so sah man zuweilen die Flekken etwas dunkler, gleich darauf aber wieder helle werden, welches dann die ganze Bewegung war, die sich durchs Glas wahrnehmen ließ. Dadurch ward ich nun versichert, daß dieses Ab- und Zunehmen des Glanzes von den verschiedenen Bewegungen und Drehungen dieser ungemein kleinen Thierchen herkommen müsse; ob ich schon weder ihre Gestallt, noch die Größe, noch die Art der Bewegung unterscheiden konnte. Ich setzte diese mikroskopische Versuche — die jederzeit in einem finstern Zimmer vorgenommen wurden

wurden — noch lange fort, erblikte aber immer das nämliche, nur mit dem Unterschiede: daß schon viele Flekken gänzlich zu leuchten aufgehöret, andere aber schon ein ziemliches an ihrem Glanze verlohren hatten, welches daher kam, weil das Holz immer trokkener wurde. — Man sah zuletzt nur hin und wieder noch einige, wiewohl ganz matt leuchtende, einzelne Punkte und dünne Striemen, und da das Holz völlig trokken war, hatte auch mit diesen das ganze Leüchten ein Ende.

Ob ich nun gleich nicht im Stande war, durch die gewöhnlichen besten Vergrößerungsgläser die Thierchen selbst zu entdekken; so bestätigen doch die angeführten Beobachtungen und die Analogie mit den obgedachten leuchtenden Insekten und Thierchen des Seewassers, meine Meynung: daß das Leuchten des faulen Holzes ebenfalls von dergleichen Thierchen herkommen müsse, auf eine unwidersprechliche Weise. —

Aus allem diesem laßen sich demnach folgende Schlüsse machen:

1) Müssen diese Thierchen so ungemein klein seyn, daß sie sich durch die gewöhnlichen Vergrößerungsgläser nicht entdekken laßen: ja sie scheinen auf einem ganz kleinen Flekken zu vielen Millionen beysammen zu sitzen.

2) Ist wahrscheinlich, daß sie sich nur in gewissen Gattungen von Holz aufhalten, aber nicht eher darinn erscheinen oder zu glänzen anfangen

gen, als bis das Holz einen gewissen Grad der Fäulniß erreicht habe.

3) Glänzen sie vermuthlich nur so lange, als ihr Leben dauert, welches aber durch Austroknung der Feuchtigkeit des Holzes gänzlich aufzuhören scheinet. Denn wäre dieses nicht, so müste das Holz, so bald es wieder durch und durch feucht gemacht wird, sein Licht von neuem erhalten, welches aber keineswegs erfolgt, weil man dadurch die todten Thierchen nicht wieder lebendig machen kann.

Es wäre nun allerdings zu wünschen, daß fleissige und unermüdete Naturforscher diese meine Gedanken durch wiederholte genaue Versuche prüfen und folglich den wahren Grund dieser sonderbaren Erscheinung näher bekannt machen mögten, um durch diese wichtige Entdekkung die Naturgeschichte zu bereichern, und auch von dieser Seite etwas zum Lobe des allmächtigen, in der Natur verherrlichten Schöpfers beyzutragen. — Wien 1776.

VIII.

Aufmunterung zu mehrerem Anbau Oeltragender Pflanzen in Deutschland und wie aus denselben ein Provencer-Oel zu verfertigen.

von
Chr. Fr. Reuß.
Prof. zu Tübingen.

Glücklich ist ein Land, und einen beträchtlichen Vorzug vor manchen andern Ländern verdienet besonders dasjenige, in welchem der Regent alle Anstallten zu neuen Nahrungswegen, zu neuen Pflanzungen, zu mehreren Kommerzien und Fabriken macht, sie unterstützt und befördert, besonders auch, wenn ein solches Land noch von der Natur ein so herrliches Klima erhallten hat, daß das meiste, ja fast alles, was zur Nothdurft sowohl, und Nahrung, als zum Vergnügen und zur Pracht gehört, in demselben angetroffen wird, ja darinn gepflanzet werden kann.

Gesegnet ist ein solches Land, worinn Aekker, Weinberge, Wiesen und Gärten, Wälder und Viehtriften im ganzen Umfang und Durchschnitt abwechseln, so daß es nicht nur an allem einen Ueberfluß hat, sondern auch der Unterschied so verschiedener Gegenden selbsten zum erspriesslichen Nutzen gereicht, vermöge dessen eine Gegend bald dieses Geschenke der Natur in mehrerer Vollkommenheit genüßt, bald eine andere ein anderes Produkt zur Gleichstellung und Vorzug erhallten hat. Eine solche verschiedene Austheilung erhällt einen gesegneten Handel in sich selbst, und macht überdies fast alle Gewerbe und Handthierungen möglich.

Noch viel glükseliger ist ein solches Land, welches seinen Vorrath, bey noch so überflußiger Bevölkerung, nicht nur nicht aufbrauchen darf, sondern auch seine Nachbarn glüklich machen kann, wenn deren viele auf eines, dergestallt gesegneten Landes Grenzen ihre Fruchtböden und Weinkeller haben können.

Eben diese glükliche Lage ist es, welche die Industrie unserer Voraltern beynahe nur auf 3 Haupt-Nahrungswege eingeschränkt hatte, den Akkerbau, den Weinbau und Viehzucht. Ihr Glük, daß sie, bey einem so grossen Ueberfluß an Vieh, die schmakhaftesten

haftesten Speisen mit Butter, Schmalz und Spek zubereiten konnten, machte sie vergessen, daß ihnen ihr Himmelsstrich den Oelbaum versagte, und der Ueberfluß an Unschlitt sezte sie außer die Nothwendigkeit, Oel zu brennen. Sie erschraken vielmehr darüber, wenn man behaupten wollte, daß das Schmalz auf den Bäumen wüchse, und wollten sich dadurch, als durch ein Orakel, Mangel aufs Zukünftige verkündigt wissen. Blos aus diesem Grunde verwandten sie den Samen der Buche zum Oelschlage. Aber wie können sich Gebräuche und Sitten der Menschen so wundersam ändern?

Der Luxus, welcher Länder verheeret und glüklich macht, verursacht auch mitten im Ueberfluß Theuerung und Mangel. Er macht den gemeinen Mann so glüklich, daß er seine Butter und Schmalz um den doppelten Preiß verkaufen kann, aber auch oft so unglüklich, daß er um das wenige Geld, um das er ehemals, wie der Reiche, Butter und Schmalz im Ueberfluß hatte, nun nicht einmal schlechtes Oel zu kaufen erhallten kann.

Ohne sich hier in zu weitläuftige Beweise einzulaßen, warum in neueren Zeiten der Gebrauch der Oele größer ist, als jemals in älteren Zeiten, werden kurze Anmerkungen uns ein genugsames Licht ertheilen. Man schreibt viel vom Holzmangel, und ein ieder bemühet sich, Mittel aufzutreiben, daß wieder neues Holz in den Waldungen nachgezogen werde.

Alles

Alles dasjenige aber, was man vom grossen Holzaufwand sagen kann, gillt auch vom Fett und dessen unglaublich grösseren Aufwand, als ehemals. Wie wir zu jetziger Zeit ein Staatszimmer, eine Studier- oder Amtsstube, ein Wohnzimmer, eine eigene Kinderstube öfters auch eine besondere Gesindestube heitzen laßen, wo vordem in älteren Zeiten kaum zwey Zimmer gewärmt worden; so brennen auf unsern Tischen sechs Lichter statt eines, und sechs Gerichte Speisen werden statt zweyer aufgetragen, wovon manche öfters doppelt geschmolzen oder mit Fett versehen sind. Wenn in den Konzertsälen alles von Wachslichtern erleuchtet zu seyn scheinet; so stekken doch die Oellampen noch zu tausenden hinter den Verzierungen. Das Licht der Opernsäle wird gleichfalls meistens vom Oel unterhalten.

Alles dieses kann aber wohl noch der geringste Aufwand in Fett und Oel genennet werden. Niemand wird läugnen, daß unsere Voraltern meistens Kleider von gefärbtem Zeug und Tuche getragen. Itzo aber siehet man am häufigsten Kleider von Leinwand und Kattun; und da die Reinlichkeit aufs höchste getrieben wird; so ist allemal die sichere Rechnung zu machen, daß jetzo in manchen Ländern bey einer solchen neuen Lebensart mancher Zentner Seife verbraucht wird, wo man sonst nur wenige Pfunde mag verwendet haben. Wer würde zu jetziger Zeit in einem Zimmrr wohnen, wo die Wände, das Getäfel, die Fenster nicht mit Oelfarb überzogen und angestrichen sind? Wie vielerley Oele erfordern nicht unsere

sere Tapeten von Wachstuch, unser übriges Tischlerwerk, und so verschiedene, bey der Baukunst nöthige Kütte? Auch die gelehrte Welt ist hier nicht zu verschonen. Wie viel unnöthige, unnützliche Bücher werden gedrukket? Man zähle einmal die in den meisten Städten eingeführte Leichen- und Hochzeitgedichte, wovon unsere Voraltern gar nichts wusten! Wie groß ist nicht in unsern Zeiten fast Tag und Nacht die Beschäftigung der Buchdrukker, viel Drukkerfarbe, und also auch viel Oel zu verbrauchen?

Wie viel erfordern unsere Uhren, Glokken, Räderwerke, Maschinen und Künste Oel zum Einschmieren? Wie viel unser Riemwerk und Kutschenzeuge? Würden wir wohl dazu den widrig riechenden Fischtrahn und das Fett vom Kleemeister gebrauchen, wenn wir ein wohlfeileres Oel hätten? Es erhellet dahero so viel aus dem bisherigen, daß wir sehr viel Oel von der Ferne hereinführen müssen. Wer noch daran einigen Zweifel hat, dem wird er sogleich benommen, wenn er sich nur eine kurze Zeit an den Zollstädten aufhällt.

Manche werden vielleicht glauben, es gebe kein ander Mittel, als es anderwärts herkommen zu lassen; das Oel wachse nun einmal nur unter den hitzigern Himmelsstrichen.

Diese Meynung ist in so fern gegründet und kann mit Ja beantwortet werden, als wir weder den Oelbaum, noch Mandelbaum, weder den Pistazien- noch den Pineenbaum in unsern Gegenden, die kälter sind, pflanzen können. Es giebt aber viele Pflanzen, deren Samen ein gutes Oel geben, die auch in nördlichern und kältern Gegenden, als die unsere ist, mit Nutzen, in Absicht auf den Oelschlag, angebauet werden. Man wird mir wohl entgegen halten, man pflanze auch bereits bey uns dergleichen in Menge, als den Leinsamen bey dem Flachsbau; den Hanfsamen bey dem Hanfbau, und so auch den Rüb- oder Rebsamen. Man gebrauche bereits die Baumnüsse, wenn sie gerathen, zum Oelschlag u. s. w.

Allein so wenig dieses letztere kann geläugnet werden, so gewiß kann man auch erweisen, daß der Anbau der Früchte zum Oelschlag gar in keinem Verhälltniß mit unserem Verbrauche der Fettwaren überhaupt zu stehen scheine.

In manchen Gegenden sind kaum einige wenige, öfters gar keine Kaufleute anzutreffen, welche den Oelhandel im Großen treiben, bey welchem Handel sich doch manche recht wohl befinden würden, wenn nur erst der Anbau solcher Gewächse, woraus man gut Oel schlagen kann, unter dem Landvolk eingeführt wäre. Gemeiniglich ist der Oelhandel nur eine Krämerey mit ausländischem Oel, da man bloß einige Fässer kommen läßt, und sie so Pfundweise auswiegt.

Die Anzal von Oelmühlen ist auch in manchen Gegenden nicht so gering; allein sie stehen alle fast

so

so lange stille, bis das, dem gemeinen Mann an sich fürchterliche Glük sich ereignet, daß der Büchensamen gerathen ist. Beweiß genug, daß wir den Anbau Oel-tragender Samen vernachläßigen! Es kömmt auch noch folgender besondere Umstand hinzu, daß man auf solchen Oelmühlen kein Oel von gutem Samen schlagen kann, weil dieses (Oel von gutem Samen) vom Geschmak des schlechten Oels durchdrungen wird, indem unsere Oelmühlen von bloßem Holze verfertigt sind, worinn das von den Buchölen und andern schlechten Samen eingesogene Oel hangen bleibt, veraltet, ekelhaft und widrig schmekkend wird, und noch überdis mit seinem Gestank alles darauf geschlagene gute Oel anstekt und äußerst unangenehm machet.

Ehe wir weiter gehen, haben wir einer besondern scheinbaren Einwendung, die uns hier entgegen gehallten werden könnte, zu begegnen. Man lasse, sagt man, den Flachs- den Leinsamen- und Hanfsamenbau noch so sehr vervielfältigen, und muntere auch das Volk zu Anpflanzung der Nußbäume in großer Menge noch so lebhaft auf; so erhalten wir doch nur Oel zum Malen, Brennen, Einschmieren, und keines das wir, außer der Hungersnoth, zum Essen genüßen könnten. Ich kann hier nicht läugnen, daß, wenn man nur diese Samen pflanzt, und die Oelmühlen nicht einrichtet, diese Einwendung ihre Richtigkeit habe.

Wie viele Samen aber giebt es, die ein köstliches Oel geben, wenn man sie nur im Grossen pflan-

 zen

zen mögte? Ich will nur einiger gedenken, die zum Theil schon von manchen Innwohnern mit großem Nutzen gezogen werden.

Das Magsamenöl *)! Wie wohl befinden sich bey dessen Kultur z. E. die Einwohner der Durlacher Lande? Wem ist nicht bekannt, daß man damit das Provenceröl verfälschen kann? Man befürchtet umsonst dessen schläfrig machende Kraft. Es ist nicht zu läugnen, der Magsamen kömmt von der nämlichen Pflanze, aus welcher in der heißen Türkey das Opium verfertigt wird: allein je kälter der Himmelsstrich ist, worinn dieses Gewächs gepflanzt wird, desto mehr verliert es von seiner Schlafmachenden Eigenschaft. Gesetzt aber, man hätte doch ein Vorurtheil dagegen, warum pflanzt man nicht Senfsamen **) in solcher Menge, daß man Oel daraus schlagen könnte? Senfsamen wird wohl Niemand für ungesund halten; seine aromatische Kraft wird vielmehr zur Präservation wider Schlagflüsse gerühmt, und an seiner Delikatesse darf Niemand zweifeln. Boerhave sagt von diesem Oel, ich wunderte mich ehemals, daß man das ausgepreßte Oel aus Senfsamen mit so gutem Nutzen in den empfindlichsten Gries- und Steinschmerzen gebrauchen könne: ich habe aber aufhören müssen, mich zu verwundern, da ich durch das Versuchen erkannte, daß dieses Oel so süß und so gelinde sey. Die Schärfe des Senfsamens liegt in dem inneren Häutchen der Schale

*) Oleum Seminis Papaveris.

**) Sem. Sinapios.

Schale und in den Kleyen, nicht in dem ölichten Theile. Zerstört man überdis noch seine Süßigkeit nicht, so ist es überaus angenehm.

Wie leicht wären die Kukumer- und Kürbiskernen *) in Menge anzupflanzen, die so leicht in jedem Boden fortkommen, und in Menge zu haben sind? Nicht zu gedenken, daß sie ein so kostbares Oel geben, welches dem Provenceröl den Vorzug streitig macht.

Alle Disteln und Salatarten **) geben einen Samen, welcher ein so köstliches Oel enthällt. Wer wird wohl daran zweifeln, daß die Kultur derselben nicht im Großen möglich wäre? Es klingt zwar anfangs lächerlich, aus Salatsamen Oel schlagen zu wollen, wovon man jedes Loth meistens für einen Groschen verkauffet. Allein dieser Preiß wird alsbald aufhören, und also dieses Bedenken wegfallen, so bald man die Kultur ins Große bringt, und ganze Aekker damit anpflanzet.

Gesetzt aber, man wolle seine Vorurtheile nicht ablegen; so wird doch eine Kultur, die bereits in andern kältern Ländern eingeführt ist, manchen auf andere Gedanken bringen.

Unter dem Flachs wächßt ein Unkraut, das man Flachsdotter ***) nennet. Dieses wird nur bey uns

 für

*) Sem. Cucumeris et Peponis.

**) Species Cardui et Lactucæ.

***) Leindotter. Myagrum sativum.

für Unkraut gehalten, in so fern es unter dem Flachs ein dem Flachswuchse schädliches und ein, den Flachs abtreibendes Gewächs ist. In Franken, im Halberstädtischen, im Magdeburgischen, im Thüringischen pflanzt man davon ganze Aekker. Das gesammte Landvolk derselbigen Gegend braucht das Oel davon zum Schmelzen der Speisen.

Die meiste dieser vorgeschlagenen Kräuter haben überdies noch den Vorzug, daß ihnen das Wild keinen Schaden thut, daß man sie in solchen Gegenden pflanzen kann, wo man sonst ungehütet kein Korn zur Erndte bringt. So nützlich und zuverläßig diese Vorschläge sind; so fallen sie doch gänzlich hinweg, so lange nicht Oelmühlen zu gutem Oel errichtet sind, und Gelegenheit gemacht wird, daß das von gutem Samen zu schlagende Oel nicht auf den Mühlen verderbet, und dessen Feinheit nicht von dem, in die hölzerne Oelmühlen eingedrungenen schlechten Oel im Geschmak vernichtet wird.

Ferner ist richtig, daß nicht alles Oel, das man auch aus dem besten Samen erhällt, einerley Güte hat, und daß auch nicht alles zum Essen gebraucht werden könnte; sondern nur der erste Vordruk ist recht gut, so lange die Samen noch nicht stark geröstet worden. Denn aus dem Nachdruk, welcher durch stärkeres Rösten erlangt wird, erhällt man ein schlechter Oel, weil seine Zärte durch das Rösten verdorben wird. Die so mannigfaltig aus manchen Versuchen

erhaltene

erhaltene Vortheile, vermittelst deren der Geschmak den Oelen etwas könnte benommen werden, sind, wie die Weinverbesserungen, eine Künsteley ohne weitern Erfolg. Durch eine kluge Einrichtung der Mühlen, und vermittelst einer geschikten Art, das Oel daraus zu schlagen, kann man so verschiedene Oele aus einerley Samen verfertigen, daß man kaum vermögend seyn wird, sie noch dafür zu erkennen.

Die dabey zu beobachtende nöthige Stükke sind vorzüglich folgende:

1) Daß man die Samen gerbet, 2) daß man dieselbe anfangs fast gar nicht röstet, sondern nur erwärmet. 3) Daß man die Gefäße der Oelmühlen von Eisen oder Zinn machen läßt, worinn der Vorlauf gepreßt wird, und dann erst die Samen noch geröstet werden, um das übrige Oel vollends heraus zu schlagen.

Beobachtet man diese Stükke genau, so kann man aus dem gemeinen Büchensamen ein Oel zur Probe herauspressen, vermittelst der Apothekerpresse, bis man eine andere, genau eingerichtete Oelpresse hat, welches Niemand für büchenes Oel, weder nach seinem Geschmak und Zärte, noch nach seiner Farb und Reinlichkeit, halten wird.

Die Geduld meiner Leser würde ich mißbrauchen, wenn ich hierinn so weitläuftig seyn wollte, als ich

ich könnte *). Doch muß ich noch folgendes hinzu setzen; einen Satz, der zwar dem ersten Anblikke nach sehr paradox scheint, aber einen desto nahrhafern und sicherern Grund hat.

In einem Lande, wo durch Aufmunterung zum Oelbaue, der Oelhandel um ein merkliches zunimmt, vermehrt sich auch zugleich, nach dem nämlichen Verhälltniß, Butter, Schmalz und Unschlitt.

Der Erweis dieses Satzes ist sehr leicht: Von jedem Oelschlag bleibt ein Oelkuchen übrig, das ist, ein aus den Kleyen des zum Oelschlag genommenen Samens oder Kerns bestehender Ueberbleibsel, worinnen nothwendig noch sehr viele fette Theile hängen, welche durch die Gewallt dieser Maschine niemals ganz heraus gepreßt werden können. Diese Oelkuchen füttert man dem Vieh, dessen Dauungskräfte ziehen die fette und nahrhafte Theile aus, welche alsdann entweder in Milch, oder in Unschlitt und Fett verwandelt werden. Der Beweis liegt also in der Erfahrung sehr deutlich am Tage. Wo Oelmühlen im Gange sind, da kann man die nützlichste Melkereyen und Viehmästungen anlegen.

Wie sehr würde es also manchen Einwohnern zu statten kommen, wenn sie mehreren Fleiß und Mühe

*) Erwünscht ist es mir, jene Abhandl. hier anzuzeigen, und zu empfehlen, die der Abt *Rozier* in den *Journal d'Observations sur la physique* 1774. hat einrükken laßen; wo er die beste Art, den Reps- und Kohlsat anzubauen, und aus dieser Pflanze ein von seinem schlimmen Geruch befreytes Oel herauszuziehen eben so vorschlägt, wie wir eben oben eine vorgeschlagen haben.

Mühe auf die Anpflanzung solcher Gewächse, die zum Oelschlage taugen, verwendeten!

Warum versäumen so viele den Hanfbau so sehr, daß an manchen Orten die Seiler sich mit Einführung fremden Hanfes, und mit dessen Verschluße nähren? Es stehen freylich viele in der üblen Meynung, der Hanfsamen tauge nur zu Fütterung der Kanarienvögel.

Warum legen sich aber die Hauswirthe nicht mehr auf den Flachsbau, welcher doch die Seele vom Kornbau und eine Verbesserung der Güter ist?

An den Rebssamenbau *) wird kaum gedacht. Wie nützlich ist es, wenn man auch Buchen zum Samen stehen läßt, nicht eben allein zur Aesung des Wildprets, welches schon für sich ein beträchtlicher Nutzen ist, sondern auch zur allgemeinen Nahrung der Armen, die sie sammeln!

Wie nöthig ist es, den mehreren Wachsthum der Nußbäume zu befördern, nicht nur um der Brauchbarkeit des Holzes willen, sondern auch wegen der Früchte, die ein vorzügliches Oel geben!

Wie viel würde es einem Land eintragen, wenn die Magsamen- und Leindotterkultur noch mehr eingeführt und ernstlicher betrieben würde!

Man wird mich wohl beschuldigen, ich scherze, wenn ich behaupten wollte, durch den mehreren Anbau solcher Oeltragenden Pflanzen werde ein solches Land ein Kanaan, ein Land, worinnen Milch und Honig

 fließt;

*) Raphanus Rapistrum.

fließt; ein jeder wird aber das im Ernst sagen können, wer nur alle Umstände genau überleget.

Das erste, die Vermehrung der Milch, Butter, Schmalz und Unschlitt durch die Oelkuchen, ist schon erwiesen. Es wird aber auch das folgende eben so leicht zu erweisen seyn, was nämlich die Bienenzucht bey dem Vorschlag, den Oelbau mehr zu betreiben, für Nutzen habe.

Alle die Samenarten, deren mehrere Kultur vorgeschlagen worden, als Hanf- Flachs- Rebs- Magsamen, Senf, Kukumern, Kürbse, Salat, Flachsdotter, auch die Disteln nicht ausgenommen, tragen nach dem Verhälltniß der Menge der Samen, um deren willen wir sie pflanzen, auch eben so viel Blumen. Wer wird wohl zweifeln, daß unsere Bienen sich auf das ämsigste beschäftigen würden, den Honig dieser Blumen einzusammeln, wenn wir ihnen dieselbe nur auf unsern Aekkern pflanzen wollten? *)

*) Ausser den bisher angezeigten Körpern hat man auch schon mit andern Versuche gemacht, brauchbare Oele herauszuziehen. So kann man aus der Birkenrinde ein Oel verfertigen. Es wird daher dieselbige gereiniget in einen Topf gethan, zu Oel gebrannt, wie man Eschen- und Wachholderöl machet. Nach des Nordenbergs Beobachtungen wird der Geruch desto angenehmer, als wie vom Rußischen Oel in Juchten, wenn etwas weniges Sokoatra darunter kömmt. Dieses Oel bekömmt man mit geringer Mühe. Es dient zu Leder- und Räderschmiere, und ist besonders vollkommen gut zum Leder, wenn man ein wenig ander Fett darzu nimmt, welches in der Wirthschaft sehr nutzet. Es scheint in Ansehung des Geruchs, und indem es das Leder geschmeidig macht, eben das zu seyn, dessen sich die Russen bey ihrem Leder- und Juchtenbereiten bedienen. (s. Schwed. Abh. 3. B. p. 244.)

So wird auch aus dem Samen des Buchweizens in den Niederlanden ein nützliches Oel gepreßet. (s. Schwed. Abh. 8 B. p. 47.) Auch von Schlangen, Fischen wird ein in der Haushaltung sehr nützliches Oel verfertigt. So bereitet man aus dem Fette der Klapperschlange ein Oel auf folgende Art. Man suchet, indem man sie tödtet, zu verhüten, daß sie sich nicht selbst beißt, nachgehends nimmt man das Fett aus ihr, und leget solches auf einen Teller, setzet es in die Sonne, und läßt es solcher Gestallt schmelzen und zu einem Oele werden, das man in einer gläsernen Flasche verwahret. Man hällt dieses Oel für sehr dienlich gegen allerhand Schmerzen, besonders solche, welche von einem Bruch entstanden, auch wider den Schlangenbiß dient es vortreflich. (s. Schwed. Abh. 15. B. p. 190.)

Von dem Fische Skötspiggs wird in Schweden auch ein Oel, nach des *Westbeks* Beobachtungen, folgender Gestallt herausgezogen. Man füllet einen eingemauerten Kessel bis an die Ränder mit diesem Fische. Je größer der Kessel ist, desto mehr Mühe, Holz und Zeit erspart man. Nach diesem gießt man 2 bis 4 Eimer Wasser darauf, so, daß man nur das Wasser zwischen den Fischen steigen sieht. Darauf leget man Holz und Feuer unter, und richtet im Kessel eine Stange auf. Sobald dieser Klumpen warm wird, rühret man mit der Stange um, bis es anfängt aufzusieden, da alsdann der Fisch schmelzet, und sich oben ein rothes Oel zeiget, welches man abschäumet, und in ein ander Gefäße gießt. Nachgehends rühret man wieder im Kessel um, und schäumet wieder. Hiemit fähret man, so lange sich etwas Oel zeigt, fort, und erhällt aus einem Kessel, der eine Tonne faßt, 2 Kannen, wenigstens 1½ Kannen Oel. Siedet man den Fisch noch lebend und frisch, so wird das Oel schön, und riecht nicht übel, aber sonst wird es weniger Oel, und es stinket. Dieses wird ohngefähr eine oder anderthalb Stunden im Kessel gesotten, und nachgehends nimmt man noch die überbliebene durchgeseyhte Brühe, und gießt sie auf den Fisch, der gleich darnach soll gesotten werden, weil noch Oel darinnen ist, und so muß man immer fortfahren.

Das nach dem Sieden überbliebene, sowohl das Feuchte, als Trokkene, ist eine gute Nahrung für die Schweine; man

man kann es auch mit großem Nutzen auf Aekker brauchen.

Das letztere, Grünlichte im Kessel, worinn noch mehr Oel ist, kann ebenfalls gebraucht werden, Leder damit zu schmieren.

Es ersetzt dieses Oel nicht nur den Thran, sondern weil es, wenn es klar und frisch ist, keinen andern Geruch giebt, als Baumöl; so kann es auch sehr wohl zu Lampen in vornehmen Häusern gebraucht werden. Auch in Engelland wird viel Oel von diesem Fisch gemachet. (s. Schwed. Abhandl. 15. B. p. 267.)

IX. Be=

IX.

Beschreibung dreyer Stükken Changeant- oder Schielerquarz aus Labrador.

von

J. J. D. Annone

zu Basel.

Tab. IV. f. 1 — 3.

Vor etwas mehr als einem Jahr erhielt ein hiesiger Handelsherr aus Engelland drey Steine, welche als eine Seltenheit aus Labrador, dem Lande der Esquimaux, waren dahin gebracht worden. Diese gab mir dieser Freund, um meine Gedanken darüber zu vernehmen, und erklärte sich dabey: wie er bereit wäre, dieselben als ein Geschenk an die Steinsammlung, die sich auf unserer öffentlichen Bibliothek befindet, zu uberlassen, wenn ich finden würde, daß solche daselbst aufgehoben zu werden verdienten. Ich fand, daß es Changeant- oder Schielerquarze wären. Ich kannte ihre Seltenheit, und fand sie um so viel merkwürdiger, da alle drey in Ansehung

sehung der Farbe gar sehr unter sich verschieden, und bezeugte daher dem großmüthigen Gönner, daß dies ein sehr schäzbares und angenehmes Geschenke für unsere öffentliche Steinsammlung seyn würde, und so wurden diese Steine an dieselbe abgegeben.

Meines Wissens ist diese Gattung Steine nur noch allein vom Herrn Diakonus Schröter ꝛc. bekannt gemacht worden; und ihre Seltenheit muß noch ausserordentlich groß seyn, zumal ausser demjenigen, welcher dem König in Engelland überreicht und der Königl. Gesellschaft zu London übergeben worden; demjenigen, welcher sich in dem Herzogl. Naturalienkabinette zu Weimar befindet, und von gedachtem Herrn Diak. Schröter, im 2ten Bande seines Journals S. 397. ꝛc. beschrieben worden; denen unserigen, und denen, welche Se. Exzellenz Milord Hamilton, Königl. Großbrittanischer Gesandter an dem Neapolitanischen Hofe ꝛc. besitzen, vermuthlich sehr wenige nach Europa gebracht worden *). Dieser grosse Kenner von Naturseltenheiten so wohl, als Alterthümern, der Herr Ritter Hamilton, wiesen mir, als Sie mich im lezt abgewichenen Heumonat, bey Ihrer Durchreise nach Engelland, mit einem Besuche beehrten, unter andern drey Stükke solcher Steine, die mit den unsrigen, in Ansehung der Farbe, übereinkamen, aber etwas kleiner waren;

*) Von einem unter unsrer Gesellschaft befindlichen Stükke dieses Steins sehe man die Anmerkung am Ende dieser Beschreibung. S.

waren; und versicherten mir dabey, daß außer diesen, und denen, welche die Königl. Gesellschaft zu London besitzt, Ihnen sonst keine zu Gesicht gekommen wären.

Die beygefügte Zeichnung stellet die Gestallt und natürliche Größe der drey unsrigen dar. Keiner scheint irrgend eine seiner natürlichen Flächen behalten zu haben; denn rings herum sind sie entweder abgebrochen oder abgeschliffen, und ihre große Flächen haben sie ebenfalls dem Schnitt und Schleifen zu danken, dadurch sie die Gestallt von Täfelchen bekommen haben; so daß aus dem gegenwärtigen Ansehen dieser Stükke kein Schluß auf die ursprüngliche und natürliche Gestallt dieser Steine kann gemacht werden.

In der Dikke gehen sie von einander ab: Fig. 1. hat $1\frac{1}{2}$ Linien Französ. Maaß; Fig. 2. $1\frac{3}{4}$ Linien; Fig. 3. aber kaum $\frac{3}{4}$ Linien.

Alle drey sind halbdurchsichtig, am meisten der Fig. 3 vorgestellte, welches ohne Zweifel seiner mindern Dikke, und dem zuzuschreiben, daß er weniger fremde Körper in sich schlüßt, als die übrigen. Denn bey allen finden sich gewisse dunkle Stellen, wo die Durchsichtigkeit mehr oder weniger gehemmet wird, durch solche Unreinigkeiten und fremde Körper, die mit denjenigen eine Aehnlichkeit zu haben scheinen, die sich in den Krystallen oft unter der Gestallt von Moosen rc. sehen laßen. — Einige dieser Stellen sind Fig. 1. a f i g h und Fig. 2. b e f angedeutet.

Bey

Bey allen ist die eine ihrer großen Flächen polirt, die andere aber blos matt geschliffen.

Hällt man den ersten in der Richtung, wie er Fig. 1. abgezeichnet steht, und in einer horizontalen Lage, gerade, und dergestallt vor sich, daß das Licht von a b her auf dessen polirte Oberfläche fällt; so erscheint dieselbe mit einer Aschgrauen Farbe, von verschiedenen Schattirungen, in einigen Stellen mit einem sehr schwachen gelben, in weit mehrern aber, mit braunschwärzlichten Flekken, untermischet. Wird der Stein nur etwas aufgehoben, daß er mit der Seite a b etwas höher zu stehen kömmt, und sich selbst einen Schatten auf seine Oberfläche wirft; so fängt, insonderheit an den Seiten b c und a e f d, das prächtigste Grün eines Smaragds an, sich zu zeigen. Weit vollkommner aber zeigt sich eben dieses Grüne, wenn man das Licht von der Seite e f darauf fallen läßt, und dieses so wohl bey einer horizontalen, als schiefen Lage des Steines; da sich dann auch in etlichen Stellen etwas Violblau mit untermischt, und in a f, f i, i g, den dunkeln Flekken gleichsam mit einem Rand einzufassen scheinet. In seinem vollesten Glanz und Pracht aber zeigt sich das Grüne, wenn der Stein, bey eben der Richtung, da das Licht von e f her darauf fällt, etwan auf 8 bis 10 Zoll nach der rechten Seite geschoben wird. Wobey zu beobachten, daß der Stein immer um ein Merkliches tiefer, als das Auge des Beobachters, gehalten werden muß. Denn wird er erhoben, und näher an die Höhe des Auges gebracht, und folglich

lich die Richtung, unter welcher die Lichtstralen von dem Stein auf das Auge geworfen worden, schiefer; so verwandelt sich das Grüne in Blau, und wenn derselbe etwan 1 Zoll niedriger, als das Auge, gehalten wird, so zeigt sich an eben denselben Stellen, die vorhin grün erschienen, das herrlichste Blau eines Sapphirs. — Wendet sich aber der Beobachter um, und läßt das Licht von der Seite b c auf den Stein fallen; so verschwinden diese Farben, sowohl das Blaue, als das Grüne, und dies ohne Unterschied der Entfernung von dem Auge, und es treten die Aschgraue und schwärzlichte Farben an deren Stelle; doch kommen jene wieder zum Vorschein, so bald, bey unveränderter Stellung des Beobachters, der Stein von der Seite e f aufgerichtet wird, daß er beynahe senkrecht zu stehen kömmt. — Und so kann, man nach den Richtungen, die man dem Steine giebt, und die beynahe unendlich verschieden seyn können, und je, nachdem Licht und Schatten darauf angebracht werden, dessen Oberfläche bald mit der grünen, bald mit der blauen Farbe, und dies mit mehr oder weniger Lebhaftigkeit, spielen machen; doch scheint meistentheils die Grüne die Oberhand zu behaupten. — Eben diese Farben lassen sich auch auf der umgekehrten, matt geschliffenen Fläche sehen.

Der zweete Stein, (Fig. 2.) zeigt, auf seiner polirten Fläche, wenn er horizontal, und so gehalten wird, daß das Licht von der Seite a b darauf fällt, eine blos Aschgraue Farbe in verschiedenen Schattirungen, mit etlichen, theils weißlichten, theils schwärzlichten Flekken. Wird er aber, bey unverändertem Auge des Beobachters, in seiner horizontalen Lage umgedrehet, daß das Licht von a d, oder d c hereinfällt; so läßt sich, besonders in a b e, e f d, f b c, die herrlichste Himmelblaue Farbe des Sapphirs sehen, und mit eben dieser Farbe prangt er, wenn er schief gegen das Licht gehalten wird, und in tausend andern Richtungen, auch wenn ein durch Schatten gebrochenes Licht darauf fällt; und selbst auf der umgekehrten, bloß matt geschliffenen Seite. Darinn gehet aber dieser von dem ersteren ab, daß, weil bey jenem die graue, grüne und blaue Farbe mit einander abwechseln, und eine in die andere übergehet, je nachdem das Licht darauf fällt, dieser hingegen seine blaue Farbe beständig behällt, außer in einer gewissen Richtung, da sie blos mit dessen ursprünglichen Farbe, der grauen, abwechselt. — Ich nenne diese dessen ursprüngliche Farbe, weil sich der Stein auf dem Bruch, an den Kanten, aller Orten, und in allen Richtungen, immer mit dieser Farbe zeiget.

Der dritte Stein (Fig. 3.), vertikal zwischen das Auge und das Licht gehalten, erscheint beynahe ganz durchsichtig, wie ein Lichtgraues Glas, und mit dieser Farbe, nur etwas dunkler und minder durchsichtig, zeigt er sich auch in verschiedenen andern Richtungen. Hällt man aber denselben horizontal, nach der Richtung, wie er in der Abzeichnung vorkömmt, so, daß das Licht von der Seite

a b g,

a b g hereinfällt, und sieht ihn von oben herunter an; so zeigt er sich, in den Stellen a b g e, a e h f, mit der schönsten hellgelben Farbe eines Topasen, und mit eben dieser Farbe prangt er auch in verschiedenen andern Richtungen, doch immer nur in den eben genannten Stellen; da der übrige Theil von dessen Oberfläche, e h f d c g, allemal grau bleibt; immer aber werden jene Topasenfarbichten Theile, in e g und und e h f, mit einem blauen und Violenfarbichten Rand umgeben.

Gegen den Stahl und das Scheidewasser verhalten sich diese Steine, wie die Quarze; allein in Ansehung ihres Gefüges und innern Baues gehen sie von dem ordentlichen Quarz ab. — Auf dem Bruch sehen sie nicht wie dieser, Glasartig und wie zusammengeschmolzen, aus. — Sie haben auf demselben keine unordentliche, scharfe und ekkichte Scherben. — Ihr Gefüge ist blätterichte. — Bey dem ersten siehet es dem eines Glimmers in etwas ähnlich, ist aber unendlich vester. — Die zween übrigen haben auf dem Bruch beynahe das Ansehen eines Seleniten, sind aber ebenfalls sehr vest; und alle haben eine vortrefliche Politur angenommen, dergleichen ein ordentlicher Quarz wohl niemals annimmt.

Bey Nro. 1. scheinen die Lamellen, aus denen er zusammengesetzt ist, nach einer Richtung zu laufen, die mit dessen großen Oberflächen einen sehr schiefen Winkel macht. — Bey Nro. 2. hingegen machen dieselbe mit dessen großen Oberfläche allerdings einen geraden Winkel, welches Rings um auf dem Bruch, besonders in a b, wo derselbe angeschliffen ist, sehr deutlich in die Augen fällt. Daher hat auch der Stein auf seinen großen Flächen das Ansehen, als ob er aus unzählichen, parallelen, nach der Richtung von a d oder b c laufenden Fasern zusammengesetzt wäre. — Bey dem 3ten kann, wegen seiner geringen Dikke, die Lage seiner Lamellen so eigentlich nicht angegeben werden. Er scheint in diesem Stükke mehr mit Nro. 2, als mit Nro. 1. übereinzukommen.

In der Lage dieser Lamellen, in Rüksicht auf die Oberflächen dieser Steine, und der Richtung, nach der sie durchschnitten worden, liegt vermuthlich der Grund von der Verschiedenheit ihrer Farben. — Ich unterfange mich nicht, hierüber etwas Weiteres zu bestimmen. — Ich wünschte, daß vorerst noch mehrere dergleichen Steine mögten unter sich verglichen werden können.

Ich merke hier nur noch dieses an: — daß ein jeder dieser Steine etliche kleine Kiesflekchen, in seiner polirten Oberfläche, eingesprengt zu haben scheint, die aber bey Nro. 3. dem unbewaffneten Auge beynahe unsichtbar sind, — und daß ich ihre eigenthümliche Schwere untersucht, und, wie folgt, befunden habe:

No. 1. verhält sich zum Wasser wie				2.698 zu 1.000.
No. 2.	—	—	—	2.755 zu 1.000.
No. 3.	—	—	—	2.684 zu 1.000.

Anmer-

Anmerkung

zu Herrn d'Annone Beschreibung dreyer Stükken Changeant oder Schielerquarz.

Der Herr Geheime Finanzrath Müller haben zu Ihrem schönen Kabinette von natürlichen Seltenheiten vor kurzem einen dergleichen Stein, durch einen guten Freund, aus London erhalten, und wir können daher den Freunden des Steinreichs hier einen kleinen Beytrag von diesem seltenen Steine liefern.

Labrador ist auch für sein Vaterland angegeben worden. Die Durchsichtigkeit und die Grundfarbe, nebst den unreinen schwärzlichen Flekken kommen völlig mit den, vom Herrn d'Annone oben beschriebenen Stükken überein.

Es ist ein Plättchen von unregelmäßig vierekkichter Figur, nur $\frac{7}{8}$ Zolle lang, etwas über einen halben Zoll breit, und einen achtel Zoll dik, und der lezte Abschnitt von einem größern Stükke. Die eine große Fläche ist nur, nebst einer der langen schmalen Kanten poliret, alle übrige Seiten und Flächen aber sind in ihrem rohen, natürlichen Zustande noch befindlich, und hierdurch erhällt dieses Stük bey Kennern einen vorzüglichen Werth vor den oben beschriebenen 3 Stükken.

Diese äußere rohe Fläche zeigt ganz deutlich, daß diese Steinart zu den Quarzartigen Steinen, und zwar zu den blättrigen Quarzen oder den Glasspaten des Herrn Gerhardt gehöre. Sie ist ungleich, etwas gewölbt, voll kleiner Gruben, von grauer, schmutziger Farbe, und hat ein blättrig schuppichtes Gewebe, welches auf der einen schmalen, rohen Kannte, und an der gegenüberstehenden, wo etwas ausgebrochen ist, sehr deutlich in die Augen fällt. An dieser ausgebrochenen Stelle wird man es am besten gewahr, daß der Stein aus lauter schräg gegen die Oberfläche gerichteten und gleichsam in Reihen liegenden Lamellen oder Blättchens, von rhomboidalischer Figur, bestehet. Diese Blättchens sind auf ihrer schmalen sowohl, als breiten Seite glänzend, wie an den gewöhnlichen Blätterspatdrusen Auch erblikt man hier das Glasartige, und den scharfen uneben ekkichten Bruch des Quarzes.

Wenn man die schielende grüne, blaue, violette und gelbe Topasartige Farben sehen will; so müssen die Lamellen des Steines nicht gegen das Auge, sondern abwärts laufend gerichtet seyn, und nach der mindern oder mehrern Erhebung und Wendung des Steines erscheinen dem Beobachter, er mag den Stein von der Seite, oder niederwärts vor sich, immer dem Lichte gegen über, halten, die angeführten Farben; doch sind beständig die grüne, als die herrschende, und violette Farben zugleich sichtbar; die Topasartige und schönste Smaragdgrüne Farbe siehet man vornämlich auf der rohen Seite. Des Abends beym Lichte zeigt sich nur allein die grüne Farbe auf beyden großen Flächen, auf den Kanten aber rund herum, ist keine Farbenspielung zu bemerken. In dieser Richtung und

rhom=

rhomboidalischen Figur der Lamellen scheint auch vorzüglich der Hauptgrund der Farbenspielung zu liegen; obgleich der Herr Diak Schröter am oben angeführten Orte, Seite 401. solchen in den metallischen Dünsten, womit der Stein angefüllet sey, vornämlich zu setzen scheint, da es bekannt ist, daß ein solcher harter, mehr als halbdurchsichtiger Stein, dessen feine Theile in dünne, schief gegen die Oberfläche gerichtete Lagen oder rhomboidalische Blättchen geordnet sind, nothwendig nach dem verschiedenen Einfalls- und Zurükprallungswinkel der Lichtstralen, wie andere Edelsteine, verschiedene Farben spielen muß.

Bevor man nicht größere rohe, und besonders dikke oder kubische Stükke von diesem Stein erhällt, welche man nach allerley Richtungen könnte schneiden laßen, ist wohl nicht zu hoffen, hierüber etwas Befriedigendes den Liebhabern anzeigen zu können.

In der Folge haben wir noch Gelegenheit gehabt, einige dünne Plättchens von diesem Steine zu sehen, wovon diejenigen, welche ein mehr dunkles und schmutziges Ansehen hatten, am Rande herum schön dunkelblau, und in der Mitte grün mit gelb gemischt spielten. Ein Stük aber, das oval und ungleich geschnitten, und dabey sehr weiß und rein, ohne alle dunkle Flekke war, spielte nur in einer einzigen Richtung, und nur in der Mitte des Steines violet, und an beyden Rändern des Violetten ganz matt roth, sonst aber keine andere Farben.

S.. d.

X.

Beschreibung und Naturgeschichte des Blaufelchen.

von
Bernhard Wartmann,
der Arzneygelahrtheit Doktor zu St. Gallen *).

Gewisse Ursachen treiben mich an, eine vollständige Beschreibung des blauen Felchen zu machen, eines Fisches, der von allen und jeden Menschen begierigst genossen wird, ohne ihn anders

*) Da es in der That an einer deutlichen und vollständigen Geschichte dieses Fisches noch gänzlich zu fehlen scheinet; so hielt es unsre Gesellschaft für desto schiklicher, diesen Aufsatz, den Herr D. Wartmann mir zu überschikken beliebt, in unsern Beschäftigungen, auf mein Ansuchen, mit abdrukken zu laßen. Wir hoffen dadurch vielen unserer Leser eine angenehme und Lehrreiche Abwechselung, bey Durchlesung dieses Bandes, verschaffet zu haben. Der Herr Verfasser, welcher beyde Arten von Felchen, den Adelfisch und Blaufelchen, mit vielem Fleiß, oft, und in allen Jahreszeiten, genau untersuchet, auch die Erfahrungen der Fischer und anderer Kenner fleißig zu Rathe gezogen, merkt in seiner Zuschrift beyläufig an, daß unter dem alten Rhein die Gegend nach dem Rheinthal zu verstehen sey, wo

ders, als nur dem Geschmakke nach, zu kennen. Ich darf also nicht zweifeln, man werde mit eben der Begierde, mit welcher man ihn speiset, wünschen, denselben auch nach seiner natürlichen und wahren Beschaffenheit kennen zu lernen; um so mehr, da bis auf diese Stunde keine ächte Beschreibung dieses Fisches ist gemachet worden, oder vielleicht gar keine. Denn ich las verschiedene Schriften großer Naturforscher, als des Hrn. Ritters von Linné, des Herrn Müllers in Erlangen, des Herrn D. Martini in Berlin, Büffon, Gesner, Scheuchzer, und mehrere, ob nicht bey einem oder dem andern Nachrichten vom blauen Felchen vorkommen mögten ——— aber ich las umsonst! Deutliches fand ich nicht, wohl aber eine unvollkommne Beschreibung des weißen und blauen Felchen, so untereinander, daß keiner von beyden zu erkennen ist. Es scheint also, dieser Fisch sey noch nicht bekannt genug, als daß er hätte können beschrieben werden; besonders da oben angeführte, tief nachforschende, auf alles in der Natur sonst Seltenes, und ihren durchdringenden Augen nichts leicht Entwischendes, aufmerksame Männer noch zu klagen Ursache gehabt haben, wo sie von dem so genannten Weißfisch, Adelfisch, weißen Blauling

wo vormals der Rhein geflossen, der sich aber nun, eh er in den See fällt, mehr auf die Schwabenseite lenket. — Den beygefügten Riß vom Bodensee haben wir, da er sich nicht wohl ins Kleine bringen ließ, ohne Nachtheil der Geschichte, weggelaßen, und ich habe diese Gelegenheit nicht verabsäumen wollen, dem Herrn Doktor für diesen unerwarteten Beweiß einer unverdienten Freundschaft öffentlich meine Danksagung abzustatten. M...

ling, Felchen, Salmo Albula, Salmo Lavaretus, handeln, daß es an hinlänglichen Nachrichten und Vergleichungen der Kennzeichen verschiedener Schriftsteller mangelt, welche von allerhand Fischen unter verschiedenen Namen, die zum blauen und weißen Felchen zu gehören scheinen, ohne deutliche Unterscheidungszeichen geredet. Die großen Naturkündiger bleiben also noch in der Dunkelheit in Betracht dieses Fisches, so, daß auch des in der Naturgeschichte so sehr belesenen Herrn Doktor Martini Naturlexikon, (welches von allen Freunden der Natur gelesen zu werden verdient noch unvollkommen bleiben mußte.

Es ist zu bewundern, wie ein solcher Fisch, als der blaue Felche, der von einer so ausnehmenden Güte ist, der so vielen Menschen das Brod verschaffet, von noch viel mehrern genossen, von eben so vielen, wegen seines schmakhaften Wesens, bewundert wird, so viele tausend Gulden jährlich einträgt, daß er füglich der kleine Heringsfang des Bodensees kann genennet werden; wie ein solcher Fisch, sag ich, so lange den Naturforschern hat können verborgen bleiben? Noch mehr aber, wie von so vielen Gelehrten, die von der Schweitz und den Naturprodukten des Zürcher- und Genfersees geschrieben, — den Bodensee gar nicht oder nur obenhin berühret, als ob die Natur zu karg mit ihm verfahre, und er nicht eben so viel, oder noch mehr Naturseltenheiten und Kostbares habe, als oben besagte Seen? — und warum keiner noch auf den Gedanken ge-

kommen,

kommen, diesen so edlen Fisch zu beschreiben, um denselben der Welt und den Naturforschern so kennbar zu machen, wie er solches vor vielen hundert andern Fischen, wegen seines großen Fanges, seines Reichthums und seines Geschmakkes schon längstens verdienet hätte.

Die Beobachtung der Fische in ihrem Element ist eine mühsame Sache. Es erfordert vielen Fleiß, diese Einwohner des Wassers eben so genau und deutlich, nach ihren Eigenschaften, ihrem Trieb, ihrem Lauf, ihrer Nahrung, Vermehrung und Wachsthum, kennen zu lernen, als man Landthieren, auch den allerkleinsten, ja sogar den Insekten, von ihrer Zeugung an, aller Verwandlungen ungeachtet, bis zu ihrem Tod, hat nachspüren und sie entdekken können. Diese Entdekkung der Fische in ihrem Element ist zwar eine harte Forderung an einen Menschen, welcher am Ufer und Strande des Wassers nur ein müßiger Zuschauer ist, ob er wohl mit begierigen Augen einem Fisch entgegen sieht, welcher auf ihn zukömmt, aber auch in eben dem Augenblikke, durch die besondern Organen seines Körpers, und durch die schnelle Bewegung im Wasser, dem scharfsinnigen Auge des Naturforschers wieder entgehet. Wer kann mit solcher Schnelligkeit einem Fische nachwandeln? Wer mit ihm die Abgründe des Wassers, die Hölungen und Wohnungen, die er sich wählet, entdekken? Wer seine Gesellschaft, seine Speise, seinen Lauf erforschen? Es scheint schwer, ja unmöglich zu seyn, diesem allen nachzukommen, und dennoch

dennoch haben Zeit, Geduld, Aufmerksamkeit, Unverdrossenheit bisher alles ausgespähet. Wer entdekte das Geheimniß, wie man den Riesen des Wassers, den Wallfisch, fangen sollte? Wer die Bezähmung des Elephanten? Wer lehrte, wie man auf einem Strausvogel reiten solle? Wer, mit einem Löwen, als mit einem Kinde, zu spielen u. s. w.? Kömmt nicht alles von solchen Naturforschern her, welche in der Geduld, in der Aufmerksamkeit, und im Fleisse große Meister waren?

Um eine richtige Beschreibung des Blaufelchen zu erhalten, ist nothwendig, den ganzen Bodensee, nebst seinen Buchten und Lagen genau zu kennen, weil wir dadurch von seinem Zuge, Strichen, Laichen und Gange bessere Kenntniß erlangen, welches zur nähern Erläuterung vieles beyträget.

Der Bodensee ist einer der grösten Seen, und liegt in einer Gegend, welche vielleicht in Europa wenig ihres Gleichen findet, die den Augen sehr viel Ergözungen, dem Gemüth aber wahres Vergnügen, wegen ihrer äußerst angenehmen Lage sowohl, als wegen der vielen schönen Städte und Flekken, die sich am Bodensee befinden, verursachet. Sein Vorzug ist, daß er der Eydgenossenschaft wegen der starken Handlung nicht nur überaus große Bequemlichkeit verschaffet, sondern auch das ganze Jahr hindurch mit den edelsten und delikatesten Fischen reiche Ausbeute giebet, und so viele Tafeln lekkerhaft machet. Der Bodensee wird

gemei-

gemeiniglich in drey Seen getheilet, wobey jeder seine eigne Benennung hat. Der gröste und breiteste fängt gleich beym Ausflusse des Rheins, nahe bey Rheineke an, und reicht bis zur Stadt Konstanz. Der zweete ist der Bodmersee, von dem alten Schloß Hohenbodman also genennet. Dieser Theil des Sees ziehet sich von der Stadt Konstanz nordwestlich tief in das Schwabenland. Er gehört eigentlich noch zu dem Obern- oder Bodensee, schlüßet die Abtey und Insel Meinau in sich. Der dritte ist der Unter- oder Zellersee, welcher die Insel Reichenau in sich faßet. Er fängt $\frac{3}{4}$ Stunden unter der Stadt Konstanz an, und endet sich oberhalb der Stadt Stein am Rheine. Diesen Untersee werde ich übergehen, weil er nicht mit zu meiner Absicht gehöret. Zwar ist er sehr reich an Fischen, aber nicht an so guten, als der eigentliche Bodensee erzeuget.

Die Länge des ganzen Bodensees erstrekket sich von dem Einflusse des Rheins, nahe bey Rheinek, in der See, oder von Bregenz bis Stein am Rhein, auf 15 à 16 Stunden. Von Bregenz bis Ausgang des zweeten Sees aber 12 bis 13 Stunden. Die gröste Breite des Sees ist von Roschach bis nach Langenargen oder Buchhorn, und beträgt 5 starke Stunden. Wegen des starken Zuflusses von vielen und großen Flüssen, und weil der Wind frey über den See hinstreichen kann, geschieht es nur selten, daß er überfrieret, oder mit Eis bedekket wird. — Ich muß den Unterter- oder Zellersee ausnehmen, welcher alle Jahre so hart zufrieret, daß große Lastwägen mit ihren Ladungen über denselben fahren können. — Indessen geschieht es doch alle Jahrhunderte Einmal, daß er vollkommen zufrieret, und so mit Eis bedekket wird, daß man darüber gegangen und gefahren ist, wobey man die Breite des Sees nach einigen 7144, nach andern 7275 Klaftern gefunden haben will; das Klafter zu 3 Schritten gerechnet; — welches aber mehr als fünf Stunden machen würde; man müßte dann 4000 Schritte auf eine Schweizerstunde rechnen. — Die Tiefe des Sees ist sehr ungleich, wegen des Sandes, der sich an einigen Orten stark angehäufet; doch soll die g.öste Tiefe bey Mörspurg, und von 300 Klaftern, seyn. Buchten oder flache Winkelgegenden des Sees nach dem Lande zu, bildet er verschiedene. Diese dienen, obgleich nicht alle, den Fischen, wegen des Sandes, auch der wenigern Gefahr, von den Raubfischen verschlungen zu werden, zum Laichen und Nahrung der jungen Fische. Die gröste und schönste ist zwischen Lindau und Bregenz. Zwischen dem Einflusse des Rheins in dem Bodensee und dem Dorf Stade im Rheinthal ist eine andere Bucht, der ersten nach Süden gerade gegen über. Zwischen Arbon und Steinach ist wieder eine. Eine andre bey Romishorn. Der Bodmersee bildet ebenfalls verschiedene Buchten. Auf der Schwabenseite ist, zwischen Mörspurg und Immenstad, eine lange große Bucht. Bey Buchhorn findet sich auch eine, und noch eine andre bey Langenargen.

Nun-

Nunmehr ist es Zeit auf den Fisch selbst zu kommen. Dieser Fisch oder Blaufelchen ist, wie bekannt, der edelste, schönste, beste, kostbarste und schmakhafteste, den der Bodensee hervorbringet, und der Einzige in seiner Art. Denn in keinem Wasser, außer diesem See, weder in der Schweitz, noch sonsten, wird er gefunden. Den ganzen Sommer hindurch, vom Monat May an, bis zum Herbstmonat, wird er häufig, bey Millionen gefangen; die man aber hernach fänget, werden gemeiniglich Morgens und Abends gezogen. Wenn sich das Wetter ändert, oder, wenn es Regen geben will, oder anfängt zu donnern, alsdann begeben sich diese Fische gegen die Oberfläche des Wassers. Insgemein gehen des Abends, in den Sommertagen, 10, 20 bis 50 Boote auf den Fischfang aus. Auf jeglichem pflegen sich zween, oder, wenn das Schiff etwas groß ist, vier Mann zu befinden. Da sich nun aber die meisten Felchen bey Romishorn oder Romanshorn aufhalten; so müßen die Fischer ziemlich tief in den See fahren, bis sie ohngefähr 50 Klafter Wasser haben: denn unter 50 Klaftern werden die Felchen selten gefangen; es wäre dann, wie oben gesagt worden, daß Donner- oder auch Regenwetter einfallen sollte, da sich die Felchen mehr nach der Oberfläche des Wassers erheben, bisweilen auf 20 und bis auf 10 Klaftern Wasser. An jedem Ende des Schiffes, oder vorn und hinten, halten die 2 oder 4 Mann ein einfaches Garn, und lassen es auf 40 bis 50 Klaftern, nach Beschaffenheit der Witterung, hinunter.

Je stürmischer und unruhiger nun der See und das Wetter, je mehr fangen sie Felchen. In einem Abende kann ein Schiff wohl 200 bis 400 fangen, und dieses kann alle Tage im Sommer geschehen. Zu Anfange des Herbstmonats aber gebrauchen sie nur das Netz, entweder ein doppeltes, oder ein einfaches, weil in dieser Jahreszeit die Felchen aus der Tiefe pflegen hervor zu kommen. Dieses wird eigentlich dem öftern Südwinde, der in diesem Monat viel zu blasen pfleget, beygemessen, da sie dann in einem Zug 50 bis 100 ziehen. Sind aber Wetterund Winde kallt; so begeben sie sich öfters zu 100 à 200 Klaftern in die Tiefe hinunter, bey welcher Witterung dann oftmals nicht einer zu bekommen ist, weil die Fischergarne und Netze nicht so tief reichen. Der Blaufelche ist so empfindlich, daß er, so bald man ihn aus dem Wasser ziehet, augenbliklich absteheт. Ein Gegensatz von vielen andern Fischen, welche noch eine geraume Zeit auch außer demselben leben können!

Es ist ein prächtiger Anblik um den Felchen, wenn er aus dem Wasser kömmt. Seine schön blau und weißglänzende Farben spielen lieblich ins Auge. Denn nicht nur auf dem Rükken, wie beym Weißfelch oder Adelfisch, sondern auch auf beyden Seiten des Bauches, und bis an die Bauch After- und Schwanzflosse, ist er schön blaulich-glänzend. Unten an der Bauchgräte ist er vom Hals bis zum Schwanz weiß oder Silberfarbig. Die Schuppen liegen prächtig und wie Ziegeln

geln übereinander, und sind an der konveren oder äussern Seite, so weit sie einander berühren, hellblau, mit zierlichen weißen Streifen, gegen ihre Wurzel aber Perlfarbig, so wie auch ihre konkave oder innre Seite eben dieselbe schön glänzend spielende Perlenfarbe zeiget. Mit solchen Farben prangen alle seine Gattungen und Verwandlungen, zwar so, daß die Felchen ein stärker Blau, als die Stuben= und Gangfische haben, weil sie größer und ausgewachsner sind. Ich hatte nicht genug Zeit, und vielleicht — — noch weniger Geduld, seine Schuppen zu zählen, so sehr mich auch die Neugier dazu reizte.

Der Felch muß erst sieben Jahre haben, bevor er Felch kann genennet werden; wie hoch er aber sein Alter bringt, hab ich, so viel Mühe, Nachforschen und Unkosten ich auch darauf gewendet, um die wahre Beschaffenheit und möglichste Beschreibung dieses Fisches zu liefern, dennoch nicht erfahren können. Sie sollen im Alter ihr Blaues auf dem Rükken, wovon sie ihren Namen haben, in eine schwärzliche Farbe verwandeln.

Die ersten in dieser Gattung von Fischen, nachdem sie sich aus den Eyern entwikkelt, und bis zu einem Jahre, behalten den Namen Heuerling, oder nach der Fischersprache Maidel. Gesner nennet sie Mydelfisch; es dörfen aber keine gefangen werden, indem sie durch das sogenannte Klausgarn — wovon in der Folge zu reden, — und das daran bevestigte Seil gehen.

Im zweyten Jahre werden sie mit dem Namen Stuben oder Steuben beleget, deren es zweyerley Gattungen giebet, nämlich:

a) Die ordentlichen oder blauen Stuben; diese werden in der Tiefe, mit dem Seil am Klausgarn, gefangen.

b) Die Gröning- oder Grüningstuben. Diese werden nicht, wie die blauen, in der Tiefe, sondern an erhabenen Oertern, und gegen den Strand oder das Ufer zu, gefangen. Die Fischer nennen einen erhabenen Ort oder Hügel, eine Halden; daher werden die Garne, womit sie diese Fische fangen, Haldengarn genennet.

Die Stuben werden vom Jänner bis Ostern häufig, von Langenargen an, bis zum alten Rhein, zur Nachtzeit gefangen. Von Ostern hingegen bis St. Johannistag, d. i. bis fast Ausgangs Junii, bey Tage. Vor Ostern hat das Klausgarn, — (welches vom Klausfang, wovon unten beym Gangfisch ein mehreres gesaget werden soll, seinen Namen hat, und jetzo 550 Maschen oder Fäden tief gehen darf), einen langen und enggestrikten Netzsak oder Beutel, worinnen die Stuben gefangen werden. Auf den Sonntag Lätare, oder mitten im Märzmonat muß dieser Beutel weggethan werden, um den Stuben zu schonen. Wenn die Stuben gefangen, werden sie auf Lindau und St. Gallen zu Markte getragen, allwo wo man sie nach Hunderten verkaufet. Bey uns in St. Gallen wird, von den ersten, die nach der Stadt kommen, das Hundert bis zu einem Reichsthaler bezahlet. Wie aber immer mehr und mehrere zu Markte gebracht werden, so fällt auch alsdann ihr Preis zu einem Gulden, bis zuletzt auf 30 und 24 Kreuzer das Hundert. Der blaue Stuben ist ein sehr niedlicher Fisch zum Essen. Man siedet sie ab, und macht eine weisse Brühe daran, oder sie werden in Butter gebakken, oder als Sallat zugerichtet, und genossen. Sie haben die Länge von 3 bis 4 Pariser Zollen.

Im dritten Jahr ist es der berühmte und kostbare Gangfisch, der 5 bis 7 Zoll in der Länge hat. Er wird ebenfalls bey Lindau, Bregenz, Langenargen ꝛc. gefangen. Sein Fang dauert von Lichtmeß bis auf Georgentag oder Ausgang Aprilles; nur selten länger, weil alsdann sein sonst zart und Schneeweißes Fleisch ins Röthliche zu fallen pfleget, welches der Wärme des Wassers um diese Zeit zugeschrieben wird. Niemand will ihn alsdann mehr essen, da der falsche Wahn herrschet, daß dieser Fisch krank sey, welches aber ein Vorurtheil ist, und nur aus oben besagtem Grunde das Röthliche am Fleisch erfolget. Es ist zwar ein Verboth, nach Ostern keine mehr bey Nacht zu fangen. Bey Tage ists bis St. Johannis erlaubt. Nach Bartholomäi (24. August) dörfen die Fischer wieder am Tage auf die Gangfische und Ränken ausfahren; der Tagfang ist aber immer schlecht und von keiner Erheblichkeit.

Die Gangfische leben außer dem Wasser kaum einen Augenblik, und können in keinem andern Wasser erhalten werden; daher man sehr selten einen lebendigen siehet. Sie sollen sehr schlau empfindlich, und so Wetterlaunicht seyn, daß, wenn im Frühjahre noch Schnee oder Frost in der Natur zurükke sind, sie nicht aus dem Grunde heraus kommen. Dieses mag die Ursach im Jahr 1713 gewesen seyn, daß in selbigem ganzen Frühjahr nicht ein einziger Gangfisch ist gefangen worden, weil stets schlechte Witterung gewesen. Auch vor und nach diesem Jahr ist, wie man weis, der Gangfischfang eben so schlecht ausgefallen, als nun einige Jahre her geschehen. Vor Ostern läßt sich keiner bey Tage, und nach Ostern keiner bey Nacht weder sehen, noch fangen; deswegen ist die Verordnung von einer Fischerzunft in Lindau gemacht worden, wenn und wie auf den Gangfischfang — (worunter man auch noch die Stuben und Ränken verstehet, —) soll ausgefahren werden. Vor Ostern muß der Fang, wie schon oben gesagt, bey Nacht gemachet werden. Die Fischer können sich schon zum Voraus eines reichen und ergiebigen Fanges getrösten, wenn Tages vorher warmer Sonnenschein gewesen. Wenn der See vom Regen anschwillt; wenn der Südwind mäßig wehet, dann kommen die Fische aus dem Grunde hervor, und sind leicht zu fangen, so, wie auch bey stiller und dunkeler Witterung, und bey einem sanften Regen. Bey Nebel aber, bey Mondenschein,

schein, das Wasser müßte dann trübe seyn, wenn der See vom Schneewasser, das aus den Alpen kömmt, groß wird, und wenn der Wind stark bläset: dann kommen sie nicht aus der Tiefe, und der Fang ist nothwendig schlecht und geringe. Sie sind schlau, haben ein scharfes Gesicht, und einen hohen Grad von Empfindlichkeit.

Zu der Fischerzunft in Lindau gehören die Fischer zu Lindau, Bregenz, Langenargen, Wasserburg ꝛc. Es sind schon Verträge und Verordnungen von ihnen, von 1393, 1478, 1536 und 1554 vorhanden. Die letzte, und die noch bis iezt brauchbar gewesen, ist von 1596*). Die Regeln dieser Verordnung werden aber nicht mehr so genau und pünktlich gehalten. Der Fang giebt ihnen die besten Gesetze, der seit einigen Jahren sehr schlecht und schwach, und nicht mehr so ergiebig, als ehedem, gewesen, welches man von der schlimmen und fatalen Witterung herleitet. Stürme, Schneewasser, von den Gebirgen, heftige Regen, oder gar zu kalte Nächte ꝛc. sind schon viele Jahre her meistentheils Hindernisse des schwachen und wenig ergiebigen Gangfischfanges gewesen. Ueberdies kann auch der halbe Monat vom letzten Viertel bis zum ersten, gegen den Vollmond windig und stürmisch seyn, und von dar an

 bis

*) Da dergleichen Verordnungen mehr den Fang und Fischergerechtigkeiten, als die Geschichte des Fisches, betreffen, haben wir sie, zu Schonung des Raumes, in der Urschrift überschlagen. M...

bis nach dem vollen Mond zwar ruhig, aber heiter und hell. In diesem Falle kann wieder nichts gefangen werden, und folglich ein janzer Monat Fruchtlos ablaufen. Desgleichen, wenn im November und Dezember der See wächset, und das Wasser vom Winde heruntergetrieben wird; so verlieren sich die Gangfische, und gehen nach der Tiefe bey Mörspurg, entgehen dem Klausgarn, und kommen ihr Lebetage nicht wieder herauf, sondern erwachsen zu Halbfelchen und Felchen. Daher kömmt es, daß es schon eine geraume Zeit so viel Felchen und so wenige Gangfische gegeben.

Es ist unglaublich, was für eine Menge Gangfische vor 30 und mehrern Jahren in dem Bodensee gefangen worden sind. Heut zu Tage pflegt dieser Fang, wegen besagter übler und später Witterung, immer mehr und mehr abzunehmen; denn, seit 10 bis 12 Jahren kann mit Wahrscheinlichkeit behauptet werden, daß die Verhältniß des Fanges voriger Jahre, und letzo, sich wie 100 zu 10 verhalte. Freylich ists Schade, daß niemals genaue Berechnung von einem aufmerksamen Beobachter darüber ist gemachet worden. Wie reich aber vor Zeiten der Fang oftmals gewesen, davon ist ein Beweiß, daß vor zwanzig Jahren einmal in einer Nacht 35 tausend sind gefangen, und des Morgens zu Markte getragen worden. Sonst aber sind manche Märkte 10, 12 bis 20 tausend zu verkaufen gewesen.

Mit

Mit diesem Fisch wird ein erstaunend einträglicher Handel getrieben; denn für keinen Fisch in der Welt wird, nach Verhälltnisse seiner Kleinheit, so viel bezahlt, als für den Gangfisch. Er ist viel kleiner, als ein gemeiner Hering, welchem er seiner Gestallt nach sehr gleichet, und dennoch ist bey guten Jahren, in welchen in einer Nacht so viele tausende sind gefangen worden, das hundert von 3 bis zu 5 Gulden, an dem Orte selbst, wo man ihn gefangen, verkauffet worden. Er ist eine sehr lekkere Speise, und wird an Kayserlichen, Königlichen und Fürstlichen Tafeln sowohl, als bey Gemeinen verspeiset. Gemeiniglich wird er auf dem Rost bey glüenden Kohlen gebraten, mit Weineßig und Provenceröl, Kapern und Anchoix oder Anchovis in einer Sauce aufgetragen und genossen.

Seit einigen Jahren, da er nicht mehr so häufig gefangen wird, verkauft man sie auch ungleich theuer: denn für 100 solcher Fische werden in Lindau zehen und mehrere Gulden bezahlet. Daselbst werden sie marinirt oder gebraten, mit Eßig und Oel eingemacht, in Tönnchen oder Fäßchen gepakket, deren es zweyerley giebt, (man nennet sie in Lindau funfziger und 100ter) und nach Augspurg, Ulm, Regenspurg, Wien, Nürnberg, Leipzig, Frankfurt, Strasburg, Lion und Paris vor einige tausend Gulden verschikket. Man kann sicher behaupten, daß wenigstens $\frac{5}{6}$, und, wenn der Fang ergiebig ist, wohl $\frac{10}{12}$, auswärts versandt werden. Da noch Niemand sich die Mühe gegeben, genau zu bemerken, wie viel Fäßchen mit marinirten Gangfischen in einem oder mehrern Jahren sind versendet worden; so läßt sich hierüber nichts Zuverläßiges bestimmen. Doch ist bekannt, daß der Postwagen und der Augspurger Bothe manchen Dienstag, da sie abfahren, funfzig bis siebenzig Fäßchen mitnehmen. Auf Meiningen, Augspurg, Ulm, und vom See nicht allzuweit entfernte Oerter, werden sie mit dem Postwagen auch frisch, oder unmarinirt versendet. Sie werden bloß nach Landessprache ausgeweidet, d. i. aufgeschnitten, die Eingeweide herausgenommen, eingepakt und so verschikket. In der Fastenzeit werden starke Verschreibungen davon gemachet. Der erste Käufer, der auf den Markt kömmt, machet den Preis, den ihm einer oder mehrere Verkäufer eingestehen, für alle Käufer desselbigen Tages und Marktes; und so geht es alle Tage, so lange Gangfische zu verkaufen sind.

Ich kenne keinen Fisch von so schönem Ansehen — besonders heut zu Tage, da es nicht sehr rar ist, einige mit goldnen Schwänzen und silbernen Flossen zu sehen — von so zartem, weissem Fleisch, und von so gutem Geschmak, als unsern blauen Gangfisch. In Stargard in Pommern, als ich bey dem Feldlazareth im letzten Kriege diente, habe ich auch eine solche Art Fische gegessen, die dem Gangfisch am gleichsten kommen. Man fängt sie dort in einem Teich, eine Stunde oder etwas weiter von Stargard. Von da werden sie nach Berlin an des Königs

Tafel

Tafel, so viel mir bewust, geschikket. Sie kommen aber mehr mit dem Weißgangfisch, die bey Konstanz häufig gefangen werden, in Vergleichung, und leztere werden bey uns nicht sehr geachtet, weil der blaue einen weit größern Vorzug verdienet. Noch muß ich anmerken, daß nach Bartholomäi oder zu Ende des Augusts aufs neue auf den Gangfischfang gefahren wird, alsdann heißen sie Springer. Es ist ein Gangfisch, aber er hat nicht die Güte, wie der Gangfisch im Frühjahre.

Im vierten Jahre nennet man diesen Fisch Ränken. Er hat alsdann 8 bis 9 Zolle, wird ebenfalls gebraten, mit Eßig und Oel u. s. w. wie die Gangfische zubereitet, und genossen. So wie man ihn gefangen, wird er, wie der Felch, auf den Markt getragen, und das Paar um 6, 9 bis 12 Kreuzer verkaufet. Er speiset sich auch gut, jedoch nicht wie der Gangfisch, ob er gleich eben derselbe Fisch, und nur ein Jahr älter ist.

Im fünften Jahre wird er Halbfelch, und im sechsten Dreyer genennet. Der Halbfelch ist 9 bis 11 Zoll, und der Dreyer einen Schuh bis 13 Zolle lang. Diese zwo Gattungen Fische laichen schon zu Maidel, zur Zeit der Felchen. Sie werden im Aprill und Maymonat bey Romishorn, Ueberlingen bis gegen Konstanz, überhaupt aber mitten im See gefangen, verkaufet, zubereitet und genossen, wie die Ränken. Die Stuben bis zum Felchen gehen dem trüben Wasser nach, schnappen Mükken über dem

Wasser

Wasser, und jagen noch Hürling, einer andern Art sehr kleiner Fischchen, die von den Oeglein herkommen.

Aus diesem bisher Angeführten erhellet, daß eine jede dieser Gattung Fische seine besondere Zeit und Gegend hat, wo er sich aufhällt, um gefangen zu werden. Nämlich die Stuben im Jänner und Hornung; die Gangfische im Hornung, März und Aprill; die Ränken, im Aprill und May. Bisweilen werden alle drey Gattungen mit einander von Langenargen über Lindau und Bregenz, bis an den alten Rhein gefangen. Halbfelchen, Dreyer und Felchen hingegegen mehr unten oder mitten im See und im Sommer, so wie jene oberwärts im See und im Frühjahr.

Im siebenten Jahr ist dieser edle Fisch derjenige Blaufelche, von dem wir eigentlich reden. Seine Fangzeit ist, wie schon oben gesagt, vom Maymonat bis in den Herbstmonat. Den ganzen Sommer hindurch wird er alle Tage, den Sonntag ausgenommen, gefangen. Von allen Schriftstellern, die von diesem Fische geschrieben, kömmt ihm, beym Artedi, der am nächsten, den er *Coregonus*, von dem Griechischen Worte, auch Bläuling, Folchen u. s. w. nennet; da er aber die maxillam superiorem longiorem, wie er sich ausdrükket, gefunden; so scheint es doch, daß er den Weißfisch oder Weißfelchen gemeynet habe, oder aus beyden Arten nur eine gemachet. Alle übrige haben offenbar nur den Weiß- oder Adelfisch beschrieben, und den blauen, als den viel edlern, aus der Acht gelaßen. Der Weißfelche oder Adelfisch und der Blaufelche müssen wohl unter-

unterschieden werden, weil es nicht einerley Fisch ist, wie unten mit mehrerem erhellen wird.

Der Blaufelche ist von 14 bis 17 Zoll in der Länge. Seine Dikke ist einer starken Hand breit; sein Gewicht von $\frac{3}{4}$ Pfund bis zu $1\frac{1}{4}$ Pfund. Ich glaube auch nicht, daß unter tausenden dieser Fische nur einer ist, welcher $1\frac{1}{2}$ Pfund am Gewichte hällt. Sein Körper, Kopf und Maul sehen dem Hering am gleichsten, nur daß er größer und blauer ist. Von den Fischohren bis zum Schwanze läuft, wie der D. Martini wohl angemerkt, eine gerade, zwar unmerkliche Linie, die aber beym Weißfelchen viel deutlicher ins Auge fällt. Sein Gabelförmiger Schwanz spielt eben so bläulich, als seine Schuppen, und so sind auch seine Floßfedern beschaffen. Er hat an jeder Seite eine Brust- oder Halsflosse, deren jede 17 Finnen, eine Rükkenflosse, die 15, zwo Bauchflossen, davon jede 12, und eine Afterflosse, die 14 Finnen haben. Ueber der Afterflosse auf dem Rükken, ohnweit dem Schwanze, hat er eine Fettflosse oder einen Auswuchs von Fett, der einer Flosse gleichet; und wenn er gebraten wird, verschwindet. Jede Floßfinne ist am Ende sehr zart gezähnelt oder Federnartig; in der Mitte theilet sich jede zu 7 bis 8 Stralen. Die Oberlippe ist nicht länger, als die untere, das Maul macht eine stumpfe Spitze aus. Sperret man ihm das Maul auf, das sehr klein und enge ist, und kaum den allerkleinsten Finger durchläßt, so bemerket man an der obern Lippe einen vollkommenen Knorpelartigen Bart, oder ein breites

Bändchen, das die untern Lippen auf beyden Seiten bedekket. Er hat weder merkliche, noch unmerkliche Zähne, aber eine schöne glatte Knorpelartige Zunge, die 2 bis 3 Linien von der Oefnung des Mauls entfernet bleibet. Seine Augen sind groß und stehen so zu sagen vor dem Kopfe. Ich vermuthe, daß er seiner Augen wegen, die den Falkenaugen gleichen, seine Benennung Felch oder Falk erhalten habe; denn die Etymologie des Felchen habe nicht erhalten können. Auf der Stirn und gegen den Hals, bisweilen auch über den halben Rükken hinunter, hat er eine glänzend-hellgrüne Farbe. Sein Schwanz endet sich nicht in einen schwarzen Saum, wie beym Adelfisch, sondern in einen schönen dunkelblauen. Riemen hat er vier auf jeder Seite, mit schönen lebhaft rothen Zotten. Auf diese wird zuerst gesehen wenn man einen Felchen kaufen will. Sind die Zotten nicht schön roth; so wird er nicht mehr gekauft, weil man es für ein sicheres Zeichen hällt, daß er nicht mehr frisch ist. Das Herz hat eine Dattelförmige Figur. Der obere Theil davon ist breit und endet sich in zwo breite, stumpfe Ekken, und die dritte ist unten. Das Dattelförmige Herz ist auf beyden Seiten flach und wie zusammengequetschet. Der Magen ist hart und wie Knorpel, ja fast Beinartig, erstrekket sich in die Länge zu 2 bis 3 Zollen, und an der obern Mündung (Oesophagus) hat er ein zottichtes Angehänge von 1½ Zolle. Die Höle des Magens ist sehr eng, und noch nicht so weit, als ein Federkiel. Aus dem was in demselben enthalten war, ersah ich, daß dieser Fisch von Würmern und andern Insekten, welche die vielen Flüsse in den See führen, sich ernähret. Die Leber ist ziemlich groß, und die Gallenblase, von 2 bis 3 Linien lang, stark angefüllt mit einer schwarzbraunen Galle. Die Gedärme oder vielmehr der Darm, denn es ist vom Magen bis an die Afteröfnung nur ein langer Kanal, mit schönem weißem Fett an der äußern Seite umgeben, ist noch nicht so lang, als der Fisch, wenn auch gleich der Magen mit gemessen wird. Die Luft- oder Schwimmblase, die eine Oefnung im Munde hat, wodurch die Luft hineinkömmt, oder auch hineingeblasen werden kann, wenn die Kiemendekkel vest verklebet werden, erstrekket sich vom Zwergfelle (diaphragma) bis an den After, dem Rükgrade der Länge nach hinunter, und ist $1\frac{1}{2}$ Zoll weit im innern Raum gerechnet.

Im September verlieren sich die Felchen und kommen nicht wieder zum Vorschein, bis den 25 Wintermonat, wo sie laichen; alsdann werden sie wieder aufs neue, 5 bis 8 Tage oder so lange der Laich dauert, am stärksten gefangen, und zwar also, daß, wenn am ersten Tage 40 und 50, den zweeten Tag von einem Fischer schon 1 und 200, und so in 2, 3 Tagen 3 bis 400, können gefangen werden. Darauf trägt man sie zu Markte, von welchem Tag an sie Katharina-Felchen heißen. Sie sind aber nicht so schmakhaft, als im Sommer, und viele, die sie essen, bekommen davon starkes Bauchgrimmen. Gewöhnlich laichet

der

der Blaufelchen in der Zeit des Vollmondes, und alsdann gehet der Laich sehr tief. Die Fischer sehen sehr gerne, wenn er im Vollmond laichet; geschiehet es aber vor dem Vollmond; so ist der Laich in der Höhe, und nur 3 bis 5 Schuhe tief, oder, wie die Fischer sprechen, so tief, als eine Lödi gehen mag. Eine Lödi ist das gröste Schif, das im Bodensee gebrauchet wird. Wenn der Felch laichet und der See dabey ruhig ist; so fällt der Laich zu Boden und wird von den sogenannten Tryschen oder Schleyen gefressen. Je unruhiger das Wasser, desto gedeylicher für den Laich. Der belebte Laich ziehet sich alsdann den See hinauf, bis an die Klaus bey Bregenz. Nach dem Laichen gehen die Felchen in die Tiefe, und bleiben bis im folgenden May verborgen. Sie laichen sehr stark bey Mörspurg, Ueberlingen, gegen Konstanz und Romishorn, wo sie sandichte Grundfläche haben, die nicht gar zu tief liegen, damit die Jungen, wenn sie hervorkriechen, nicht sogleich von den Raubfischen verschlungen werden. Eben deswegen hat ihnen die Natur den Trieb gegeben, nach der grösten Bucht bey Bregenz zu gehen, weil sie dorten die beste Sicherheit zu ihrer Selbsterhaltung finden. Die Art zu laichen geschiehet durch das Aneinanderreiben ihrer Seitenbäuche, wie bey den mehresten Fischen dieser Art.

Sobald die Felchen gefangen sind, werden sie sogleich in den nächsten Ort gebracht, und in fast runde, geflochtene, flache Körbe, die $1\frac{1}{2}$ Schuh im Durchmesser halten, und deren Rand drey Finger hoch ist,

geleget.

geleget. Man pakt sie so dicht aneinander, als ob sie laichen müsten, daß der Bauch ganz flach gedrükket wird. In jeden solchen Korb werden 40 bis 50 Stükke geleget; um 2 oder 3 Uhr des Morgens laufen die Fischerweiber, mit einem solchen Korb voller Fische auf dem Kopf, nach der Stadt St. Gallen in vollem Gallop, und da sie 4 gute Stunden von Romishorn, allwo die meisten Felchen auf der Schweizerseite, ja vielleicht am ganzen Bodensee, gefangen werden, bis nach der Stadt haben; so kommen sie in vollem Schweiß an und fast außer Athem, weil eine jede die Erste seyn will. Denn je früher und eher sie damit kommen, je besser und theurer können sie ihre Waare anbringen. Die Felchen im May und Anfang Junii verkaufen sie gemeiniglich das Paar um 18 bis 20 Kreutzer; hernach aber, und so wie sich ihr Fang vermehret, desto wohlfeiler, und bisweilen das Paar um 5, 8 bis 12 Kreutzer. Je frischer und kühler nun diese Fische des Morgens nach der Stadt kommen, deste vester und steifer ist ihr Fleisch, und dann finden sie den stärksten Abgang. Ein frischer Felch, wenn man ihn mitten auf zween Finger leget, muß starr darauf liegen bleiben, ohne sich zu biegen. Fängt er an, weich und welk zu werden, welches gegen Mittag, oder, wenn die Tage sehr heiß, gegen 9 Uhr schon geschiehet, dann findet er wenig Abgang mehr. Sehr besonders ist es, daß die Fischträger oder Fischträgerinnen unter Weges wenige oder gar keine von ihren Fischen verkaufen wollen. Freylich ist die Ursache, daß

sie

sie dadurch aufgehalten werden, und alsdann später damit kommen. Sie wissen auch, daß sie alles in der Stadt verkaufen können, da theils die Stadt und das Kloster, theils das Land und Appenzell alles aufkaufsen, was zu Markte von Fischen nach der Stadt gebracht wird. Aus diesem Grunde sind die Felchen zu Arbon und Roschach oftmals theurer, als in St. Gallen, da doch beyde Orte am See liegen, ja bisweilen pflegen die Böte Fische aus der Stadt mitzunehmen.

Sobald die Fischer oder ihre Weiber mit Fischen nach der Stadt kommen, müssen sie, ehe sie einen verkaufen, nach dem bestimmten Platz oder Fischbanke gehen, um die Fische, durch die dazu bestellten und beeidigten Fischschauer besichtigen zu laßen. Finden diese einen oder hundert oder noch mehrere, denen sie nicht wohl trauen, oder finden, daß sie nicht frisch sind, oder deren Kiemen nicht schön roth aussehen; so werden diese Fische, nachdem ihnen die Bäuche mit einer Schere oder Messer aufgeschnitten worden, in den Bach oder nächsten Fluß geworfen, damit keine Krankheiten durch verdorbene Fische unter dem Volk entstehen. Die gut und frisch gefundene Fische können sie nachher auf dem Fischplatz, oder durch die Gassen und Straßen tragen und verkaufen, wie sie können und wollen.

Viele von diesen Fischen werden nach dem Rheinthal, Thurgau, ins Züricher und Schafhäuser Gebiet getragen und verkaufet. Was auf der

Schwa-

Schwabenseite gefangen wird, gehet durch ganz Schwabenland in die Städte, Klöster ꝛc. In Lindau, besonders aber in Konstanz und Reichenau werden sie marinirt, in den letzten Orten aber meistens nur Weißfelchen, in Fäßchen oder Tönnchen zu 80 bis 100 gepakt, um 7 bis 8 und mehrere Gulden verkaufet. Sie gehen nach Augspurg, Regenspurg, Wien, ins Salzburgische, Tyrol, Bayern, auch nach Lion und Paris. Es werden jährlich einige hundert Fäßchen versandt. Man fängt eine solche Menge dieser Fische, daß allein schon an einem Morgen 1500 Felchen, ohne die großen Rheinlanken, Lachsforellen, andre Forellen, Karpfen, Brachsemen, und eine Menge andrer Fische, die der Bodensee so häufig erzeuget, in unsre Stadt sind gebracht und verkaufet worden. Merkwürdig ists aber, daß, wenn es wenig Früchte des Landes giebt, alsdann der See die reichste Beute an Fischen liefert. Der Grund hiervon liegt nicht tief verborgen; er gehört aber nicht zur gegenwärtigen Beschreibung. — Daher hat man hier zu Land ein allgemeines Sprüchwort, welches allezeit sich bestätiget:

Ist das Land arm an Früchten
Dann ist der See reich an Fischen.

Der Felch ist eine delikate Speise. Er wird wegen seines vesten, zarten, schön weißen, angenehmen, lekkern und gesunden Fleisches von Jedermann, Alten und Jungen, hohen und niedern Standes ungemein geliebet und genossen, entweder gesotten oder gebraten, mit Eßig und Oel ꝛc., wie die Gangfische, angemacht. Zur gehörigen Zeit pflegt man ihn fast bey allen Gast- und Hochzeitsmahlen aufzutragen. Einigen Kranken oder Genesenden, die wieder ein wenig essen dürfen, wird er, wegen seines leicht verdaulichen, Saftreichen und wohlschmekkenden Fleisches, zu speisen erlaubet.

Mit dem Adelfisch, Weißfisch, oder Wißfelchen hat es eine ganz andre Bewandniß, indem er fast das ganze Jahr zu haben ist. Jedoch pflet er sich meistens im Unter- oder Zellersee im Sommer aufzuhalten. Hernach kömmt er auch in den großen oder Bodensee, doch niemals über Romishorn und Mörspurg hinauf, als den Sitz der blauen Felchen, sondern immer unter denselben, gegen Konstanz hin. Vielleicht daß es ihm oberhalb Romishorn zu tief ist, und er da seine Nahrung so leicht nicht bekommen kann. Der Weißfelche wird gegen den blauen Felchen gar nicht geachtet. Ob er gleich zu 4 bis 6 Pfund anwächset; so ist er doch immer wohlfeiler, als der blaue. Er ist gegen den blauen eben das, was der Weißling oder Strandhering gegen den rechten Nordischen Hering ist, sowohl im Geschmak und in der Annehmlichkeit, als im Preise. Sie laichen meistens im Frühjahr, doch will man auch solches gegen Ende Novembris wahrgenommen haben. Sie laichen etwan in Mannstiefe, um die großen Steine herum, und werden alsdann häufig gefangen. Ihre Klaßifikation ist, wie bey dem Blaufelchen, nämlich:

1. Weiße

1. Weiße Maidel oder Heuerling.
2. Steuben, auch Agaunen.
3. Gangfische.
4. Ränken.
5. Halbfelchen.
6. Dreyer.
7. Weißfelchen.

Im Untersee und Konstanz werden sie häufig gefangen, auch daselbst eingesalzen, in Fäßchen, die man allda Lägeln nennet, gepakket, nach Proportion der-Fische, 100 bis 110 Stük in ein Fäßchen. Die Reichenauer handeln stark damit. Sie gehen nach Bayern, Tyrol ꝛc. und werden, das Fäßchen um 6 bis 7 Gulden und 30 Kreutzer, verkaufet. Dieser Fisch ist von schlechtem, wässerichtem, schleimichtem Fleisch und Geschmakke; daher ist er, wenigstens bey uns in St. Gallen, in so geringem Ansehen. Sein Fleisch ist auch nicht so weiß, als beym blauen Felchen. Es braucht sehr viel Salz, Pfeffer und ander Gewürz, um ihn nur leidlich eßbar zu machen. Wegen seines schleimichten und unverdaulichen Fleisches wird er nur von schlechten Leuten genossen, die auf große, doch wohlfelle Stükke halten. Mich wundert auch, wie ihn *Lemery* in der Schwindsucht und andern Brustkrankheiten hat anrathen können. Vielleicht aber hat er nur geglaubt, daß er in diesen Beschwerden dienlich sey, wenn er sagt: qu'il eſt propre pour les

les maladies de la poitrine &c. Den Grund davon kann ich nicht einsehen.

Jede Halsflosse an diesem Fische hat 15, die Bauchflosse 11, die Rükkenflosse 13, und die Afterflosse auch 13 Finnen, und auf dem Rükken gegen dem Schwanz eine Fettflosse, wie der blaue Felch. Artedi sagt von ihm, daß die pinnæ dorsi ossiculorum quatuordecim wären; es sind aber nur dreyzehn und alle Finnen sind Beinartig, nicht bloß die auf dem Rükken alleine. Bey dem Blaufelchen hingegen hab ich sie weich und zart befunden, ob ich wohl immer solche Weißfelchen zur Untersuchung nahm, die nicht größer, als die Blaufelchen waren. Der Schwanz und alle Flossen enden sich in einen schwarzen Saum. Ueberhaupt hat er kein so schönes Ansehen. Er ist nur bis zu der Linie, die von den Fischohren bis zum Schwanze geht, bläulich, der ganze Bauch aber weiß. Oben auf dem Kopf ist er ganz grün, über den Rükken hat er eine falbe, grünbläuliche Farbe; ist er aber entschuppet, so ist sein Rükken blau. Seine Augen stehen nicht so weit vor dem Kopf, wie beym blauen Felchen. Das Maul ist sehr weit, und groß, fast wie beym Karpfen, wenigstens noch einmal so weit, als des blauen Felchen. Er hat eine breite, große Beinartige Zunge, die einen Zoll von der Oefnung entfernt ist. Zähne habe nicht wahrgenommen. Das Herz ist kleiner, als beym blauen, auch Deltaförmig. Die Leber gleichfalls kleiner, und unterscheidet sich merkwürdig von dem blauen, daß sie ganz und gar keine Galle hat. Der Magen ist größer und weiter, als beym blauen, auch

nicht

nicht so hart, und hat hat kein Angehänge am obern Magenmunde, sondern bloß zottichte Fasern. Der Magen selbst stak voll stinkenden Schlammes, Kothes und Sandes. Die Schwimmblase ist sehr groß, über einen halben Schuh lang und 2 Zolle weit. Der Darm ist so lang, als der Fisch selbst, weit, und mit keinem Fett umgeben.

Mit diesem Weiß- oder Adelfisch kommen alle die von den Schriftstellern angegebene Arten, auch sogar der aufmerksame Ray, überein: als der Albelen der Zürcher, der Ferra und Lavaret der Genfer und Franzosen, vielleicht auch der Schweden und Engelländer; keineswegs aber mit dem ächten oder blauen Felchen.

XI.

Beschreibung zweener Becherschwämme,

von

D. Johann Jakob Reichard,
ordentlichem Praktikus und Aufseher über den botanischen Garten bey der D Senkenbergischen Stiftung zu Frankfurt am Mayn, wie auch der Römisch-Kayserlichen Akademie der Naturforscher und der Heßischen Sozietät der Wissenschaften zu Giessen Mitglied.

Tab. IV. f. 4 — 7.

I.

PEZIZA RADICATA MIHI. Tab IV. fig. 4. 5. 6.

Peziza fusca, hemisphærica, glabra; radice simplici, fibrillis passim donata.

Dieser, den Kräuterkennern bis hieher noch unbekannte Becherschwamm ist, in feuchtem Zustande, halbdurchsichtig und ganz glatt; wird er aber trokken; so verliert er dies Halbdurchsichtige, und die Haut desselben zieht sich in Runzeln zusammen. Er ist sonst Lederartiger und zäher Natur,

tur, und deswegen sehr geschikt, aufbewahret zu werden; aber nirgends mit Haren bekleidet.

Seine eigentliche Farb ist braun, und zwar hellbraun, wenn der Schwamm trokken oder jung, dunkelbraun aber, wenn er feucht oder alt und öfters befeuchtet oder beregnet worden ist. Der ganze Schwamm hat diese Farbe, auch die Wurzel nicht ausgenommen.

Das Besondere an meinem Becherschwamm ist die **Wurzel** (*a a*), welche mehrentheils ganz in der Erde vest sitzet, bisweilen aber auch etwas über dieselbe hervorraget. Sie ist bey den grösten Exemplaren anderthalb Zolle lang, auch wohl noch länger, bey den kleinern kürzer. Sie hat fast einerley Dikke und ist hin und wieder mit kleinen Fasern versehen.

Der Becher hat die Gestallt eines Theeköpfchens; ist drey bis vier Linien hoch, und oben im Durchschnitt acht bis neun, bey kleinern drey bis vier Linien breit. Im Grunde desselben finde ich keine Linsenförmige Körperchen. Wenn der Schwamm zur Zeitigung gelanget: bekömmt sein Becher einige Risse und theilet sich in etliche Lappen.

Dieser Becherschwamm gehöret zur Flora meines Vaterlandes. Ich habe ihn schon zweymal im Frühjahr, nämlich 1775 und 1776 im Aprill auf den feuchten, bergichten Wiesen, welche drey gute Stunden von hier, bey Falkenstein zur rechten Hand, an

 der

der Reichenbach liegen, häufig angetroffen. Er wächßt theils einzeln, theils zu mehreren beysammen.

Er ist, so viel ich weis, noch unbekannt und von Niemand beschrieben worden; und man wird ihn bey dem Herrn von Linné, von **Haller**, **Gleditsch** (Meth. fungor.), **Schäffer** (Bayerische Schwämme), **Skopoli** und andern vergeblich aufsuchen.

Noch muß ich erinnern, daß ich mich bey Bestimmung der Größen des Französischen Maßes bedienet.

II.

Peziza *lutea* Mihi. Vid. Tab. IV. fig. 7.

Elvela (*lutea*) sessilis, cyathiformis, flaua. Scopoli *Flor. Carn.* ed. II. Tom. II. pag 481.

Dieser, noch von wenigen Botanikern bemerkte Becherschwamm hat die Größe einer kleinen Linse, man findet ihn aber auch noch viel kleiner. Ich habe ihn, so wie er in Haufen beysammen von unterschiedener Größe gefunden worden, in der angezeigten Fig. 7 der IVten Kupfertafel abmalen laßen.

Von Farb ist er hochgelb. Die untere Fläche desselben ist mit zarten, weißlichten Fäden auf der Erde, als auf ihrem Standorte, bevestiget.

Der

Der Rand (margo) des Schwammes ist mit kleinen zarten Haren gezieret. Er ist wenig erhaben, daß alsodie Oberfläche des Schwammes einen nicht gar tiefen Teller vorstellet, in welchem ebenfalls keine Linsen ähnliche Körperchen vorhanden sind.

Er ist von seiner wässerichten Natur; daher dauret sein Leben kurze Zeit, und Hitze kann er gar nicht ertragen, als wodurch er sogleich zusammenschrumpft und seine Gestallt auf immer verlieret.

Er ist in diesem Frühjahr im Aprill zwischen den Ritzen einer Erde, welche mit sehr vielem Menkoth untermischt war, gefunden worden.

Dieses wäre die kurze Beschreibung eines Becherschwamms, der noch von wenigen Beobachtet worden. **Ray** scheint der erste zu seyn, der ihn bemerket; indem dessen Peziza lutea, parua, marginibus pilosis. *Synops* ed. 3 18. n. 7, der Beschreibung nach, mit dem unsern übereinkömmt. Das Buch selbst habe ich nicht, und ich führe die Stelle nur aus Micheli's *Nou. plant. generibus* an. Nach dem **Ray** folgt **Micheli**, dessen Fungoides scutellatum, patulum, minimum, aureum, externè subhirsutum. *Gen. plant.* p. 207. n. 25. vom Herrn Bergrath **Skopoli**, als ein Beyname, mit angeführet wird. Endlich gedenket unsers gelben Becherschwammes Herr **Skopoli**; denn ich glaube für gewiß, daß dessen oben angezeigte **Elvela** hieher zu

 rechnen

rechnen sey, indem die Beschreibung davon und der Standort mit dem von mir beschriebenen und beobachteten Becherschwamm übereinstimmen. In dem 2ten Theil der Frankfurter Flora habe ich ihn durch folgende Umschreibung von andern zu unterscheiden gesuchet:

Peziza sessilis, cyathiformis, flaua; margine villoso.

Da er übrigens noch nicht abgezeichnet ist, auch in dem kostbaren Werke von Bayerischen Schwämmen des Herrn D. Schäffers noch fehlet; so wird es, wie ich hoffe, den Naturforschern angenehm seyn, eine natürlich ausgemalte Bildung dieses Schwammes hier zu finden. Frankfurt am Mayn, den 27ten Dezember. 1776.

XII.

XII.

Nachtrag zu der Abhandlung von der Auflösung der Kieselerde in Säuren.

von

J. C. F. Meier,

zu Stettin.

(Siehe den ersten Theil, Seite 267.)

Ich habe noch einige Versuche mit der Kieselerde nachzuholen, die ich, um Alaun mit der Vitriolsäure daraus zu erhalten, angestellet hatte. Ich erhielt wirklich Alaun; demohnerachtet aber glaube ich, dieses könne meine Meynung, daß sie gar nicht mit der Alaunerde einerley sey, nicht umstossen.

Man hatte mir den Vorwurf gemacht, daß ich, um Alaun mit dieser Erde zu erhalten, beständig die geschwäch-

geschwächte, nie aber die konzentrirte Vitriolsäure angewandt hätte, mit der einige Chymisten ihn erhalten.

Ich schmolz daher zwo Unzen fein geriebnen Freyenwalder Sand mit zwo Unzen Weinsteinsalz. Dieses gieng etwas schwer von statten. Da ich es, um es recht gut zum Fluß zu bringen, lange im Feuer halten mußte, drang ein Theil der Mischung durch den Tiegel, es fielen auch, da der auf den Tiegel gedekte Ziegel zersprang, einige Stükke hinein, und ich konnte nunmehr gewiß Alaun zu erhalten hoffen.

Ich goß die geflossene Masse aus, lösete sie in ohngefähr acht Unzen destillirtem Wasser auf, mischte dieses, nachdem ich es durchgeseiget, mit einem und einem halben Quart Wasser (54 Unzen) und tröpfelte nach und nach Vitriolgeist hinein. Es ward gleich zu Anfang trübe, und nachher, ob ich es gleich beständig umrührte, zu einer dikken Gallerte. Ich goß gleich ein Paar Quart Wasser zu, und ließ die Gallert sich zu Boden setzen. Das überstehende Wasser färbte den Violensaft noch sehr grün. Ich goß es ab, süßte die Gallerte bestens aus, schüttete sie aufs Filtrum, und theilte sie, da das Wasser abgelaufen war, in zween Theile. Den einen Theil übergoß ich in einer gläsernen Retorte mit zwo Unzen

rekti-

rektifizirtem *) Englischen Vitriolöle. Die Mischung ward warm, ohne das geringste Aufwallen, oder andere Zeichen der Auflösung. So stand es einige Wochen, nachher destillirte ich es mit der grösten Behutsamkeit, daß die Feuchtigkeit nur gelinde abdunstete, bis es zulezt zu ziemlich trokkenen, nur wenig Feuchtigkeit enthaltenden Stükken geworden war.

Das Uebergegangene schmekte säuerlich, und färbte den Violensaft roth. Die in der Retorte befindliche Stükken warf ich in destillirtes Wasser. Sie erhizten das Wasser, und zogen es mit Zischen in sich. Ich süßte sie aus, und rauchte die Lauge ab, die einen Gran **Selenit** gab. Da weiter nichts anschiessen wollte, goß ich aufgelösetes Weinsteinsalz hinzu. Es schoß vitriolisirter Weinstein an, und kein Alaun. Ich sättigte daher die Lauge ganz, und erhielt ein Paar Grane **Kieselerde**, nicht aber die mindeste Spur von **Alaunerde**. Die ausgesüßte Kieselerde floß vor dem Lothröhrchen mit Weinsteinsalz zu Glase.

Den

*) Wie nöthig es sey, das Vitriolöl zu chymischen Versuchen vorher zu rektifiziren, davon überzeugte mich folgender Vorfall. Ich erhielt eine Parthey sehr weisses Englisches Vitriolöl, das mit höchstrektifizirtem Weingeiste vermischt, sehr trübe ward, und daraus sich ein weisses Pulver zu Boden sezte. Dieses war vitriolisirter Weinstein, davon sich in jedem Pfunde zwo Drachmen befanden.

Den zweeten Theil der niedergeschlagenen Kieselerde übergoß ich mit zwoen und einer halben Unze Vitriolgeist und acht Unzen destillirtem Wasser, und ließ es in einer mäßig warmen Stube stehen. In einem halben Jahre war die Feuchtigkeit verdunstet, es wollt' aber nicht ganz trokken werden, welches doch auf dem warmen Ofen in einigen Wochen erfolgte.

Mit Wasser übergossen, blieb es unaufgelöset. Die Kieselerde war unverändert, und aus der Lauge, damit es ausgesüßt ward, erhielt ich eben so wenig, wie bey dem vorigen, Alaun. Da das Weinsteinsalz aber beym Schmelzen nach den im ersten Theil der Beschäftigungen p. 285. angeführten Versuchen etwas von der Alaunerde auflöset; so schmolz ich eine Drachme Freyenwalder Sand mit drey Drachmen Weinsteinsalz vor dem Gebläse. Als es recht klar floß, warf ich funfzehn Grane gut ausgesüßte Alaunerde hinein. Ich bemerkte keine Aufwallung, ließ es aber noch eine viertel Stunde fliessen.

Die ausgegossene Masse war, so lange sie heiß war, durchsichtig, und man sah in ihr noch Flokken von der Alaunerde. Ich lösete sie auf, seigete sie durch, und schlug die Kieselerde nieder, übersättigte die Mischung nachher mit der Vitriolsäure, und ließ die ganze Mischung eintroknen. Nachdem diese mit Wasser übergossen war, blieb die Kieselerde unaufgelöset liegen, und aus der Lauge erhielt ich ausser dem

vitrio-

vitriolisirten Weinstein, sehr gute Alaunkrystallen. Dieses war nun freylich nicht zu bewundern. Da mir aber die Kieselerde bey allen vorigen Versuchen keinen Alaun geliefert hatte, konnte der von einigen Chymisten erhaltene nicht aus dem Thon im Tiegel herrühren?

Der geschikte Scheidekünstler, Herr Scheel, ist der Meynung, daß der Alaun dem Tiegel seine Entstehung verdanke. Er schmolz nach den Versuchen, die er in den Abhandlungen der Schwedischen Akademie von Anno 1776. anführet, einen Theil Bergkrystall mit drey Theilen Laugensalz, lösete die Masse auf, und mischte die Lauge mit so viel Vitriolsäure, daß diese die Oberhand hatte. Die Kieselerde ward ausgesüßt und getroknet, und die Lauge gab Alaun.

Die getroknete Kieselerde ward wieder mit drey Theilen Laugensalz geschmolzen, wie vorhin behandelt, und gab wieder Alaun. Dieses wiederholte Hr. Scheel siebenmal, und allezeit erhielt er Alaun. Da er aber bemerkte, daß die Tiegel, darinn er diese Mischungen geschmolzen hatte, nach dem Schmelzen voll kleiner Gruben waren, schmolz er eine solche Mischung in einem eisernen Tiegel, verfuhr damit, wie mit den vorigen, und erhielt keinen Alaun.

Niedergeschlagene und nicht getroknete Kieselerde digerirte er auch mit geschwächter Vitriolsäure

vier-

vierzehn Tage, ohne daß das geringste sich auflösete. In Absicht des Verhaltens der Kieselerde stimmen des Herrn Scheel Versuche mit den meinigen, aber nicht in Absicht des Alauns, überein, den ich nur bey dem letzt erzählten Versuch erhalten. Woher kam dieses? War der Feuersgrad, den ich beym Schmelzen meiner Mischung zur Kieselfeuchtigkeit angewandt, etwa nicht stark genug gewesen? Um dieses zu erfahren, mischte ich nochmals:

Zwo Drachmen **Freyenwalder Sand** mit einer Unze **Weinsteinsalz**, und setzte diese Mischung in einen Tiegel vors Gebläse. Da es nicht mehr schäumete, sondern ganz ruhig zu fliessen anfieng, ließ ich es noch eine halbe Stunde bey starkem Zublasen stehen, goß es aus, lösete die Masse in destillirtem Wasser auf, womit ich auch aus dem Tiegel alles darinn noch Befindliche auflösete. Die Laugen goß ich zusammen, seigete sie durch, und verdünnete sie mit so vielem destillirten Wasser, daß überhaupt ohngefähr sechzehn Unzen dazu gekommen waren. Nun goß ich so viel Vitriolgeist hinzu, bis es ziemlich sauer schmekte, wobey sich die Kieselerde gleich anfangs zu scheiden anfieng. Die ganze Mischung ließ ich eintroknen, übergoß sie mit destillirtem Wasser, troknete die unauflösliche Erde, und süßte sie nochmals aus. Sie war nun nach dem Troknen ganz unschmakhaft, sahe Milchweiß aus, floß vor dem Lothröhrchen mit der Hälfte Weinsteinsalz zu einem klaren Glas, und

wog

wog drey Drachmen, und achtzehn Gran, also eine Drachme und funfzehn Grane mehr, als die dazu genommene Kieselerde.

Die Lauge rauchte ich ab, und erhielt, ausser dem vitriolisirten Weinstein, eine Drachme und zween Skrupel Alaunkrystallen.

Der Tiegel war, so hoch die Masse darinn gestanden hatte, sehr angefressen. Ich hatte ihn, ehe ich ihn gebrauchte, heiß gemacht gewogen, und wog ihn, nachdem ich ihn ausgelauget hatte, ebenfalls heiß gemacht, wieder. Er wog eine Drachme und einen Skrupel weniger.

Hier hatte das Laugensalz also in der sehr dünnen, fliessenden Vermischung, da sichs mit der Kieselerde vereiniget hat, noch einen Theil der Kieselerde des Tiegels, und auch der Alaunerde aus ihm aufgelöset.

Ich vermuthe nicht, daß man hiebey seine Zuflucht zur Kieselerde nehmen könne. Mir deucht es wenigstens aus den wirklichen Auflösungen dieser Erde in den Säuren, da sie sich entweder als eine Gallert von selbst scheidet, oder eingetroknet alle Säuren durchs Wasser von sich scheiden lässet, hinlänglich bewiesen: daß sie sich von der Alaunerde zu sehr unterscheidet, als daß man sie bis jetzt nicht für zwo unterschiedene Erdarten ansehen könne.

XIII.

Nachricht von einem Pferde, welches an den Zeugungstheilen verunstalltet war.

von
P. S. Pallas
zu Petersburg.

Tab. V. fig. 1.

Als ich im Frühling 1773 zum letzten mal in Jaizkoi (oder, wie der Ort nunmehro genannt werden muß, Uralskoi Gorodok) gegenwärtig war, um von dort durch die wüste, vorhin von Kalmukken bewohnte Steppe an die Wolga zurük zu gehen, erhielt ich von dem daselbst kommandirenden Herrn Obersten Simanof, gegen andre Gefälligkeiten, ein erbeutetes Kirgisisches Pferd, welches, nach der gemeinen Art zu reden, einen Hermaphroditen vorstellen konnte, im Grund aber ohne Geschlecht oder doch ohne Zeugungsfähigkeit war, wie fast alle bisher unter Men-

Menschen sowohl, als unter andern Säugthieren bemerkte Mißgeburten dieser Art zu seyn pflegen. — Es war von mittelmäßiger Grösse, gemein von Ansehen, der Gestallt und Stärke nach mehr einer Stute zu vergleichen und von Farbe dunkel braun. Es hatte, fast wie eine junge Stute, Spuren von Eitern zwischen den Hinterschenkeln, und von Hoden war keine Spur äusserlich zu fühlen. Weder unter dem Bauch war von männlichen, noch auch gleich unter dem After, von weiblichen Zeugungstheilen einiges Zeichen vorhanden. Allein ohngefähr eine kleine Spanne niedriger, als der After, hieng nach hinten zu ein zylindrischer kurzer Schacht schräg abwärts, von einer dikken Hautfalte getragen, welche abnehmend bis an den Afterring fortlief. Der Schacht selbst war, nebst der Falte, schwarz und ganz glatt von Haren, an sich runzlicht, und im gewöhnlichen Zustande nur einige Zolle lang, verlängerte sich aber, wenn das Thier den Harn ließ, und auch sonst bisweilen, wenn das Glied durch öftere Bewegung des Schweifes gereizt wurde, bis auf eine kleine Spanne (dodrans). Am Ende trug es eine Art von platter Eichel, welche ziemlich flach, abgerundet Rautenförmig, durch einen Einschnitt vom Gliede, mit seinem zugerundeten Rand abgesondert, und mit einer stärkern Runzel, statt einer Vorhaut, umringet war. Nicht recht in der Mitte dieser Eichel war eine Warzenförmige Erhöhung, mit der Oeffnung der Harnröhre, von welcher eine Furche oder Nath die Eichel aufwärts an der Oberfläche theilte. Die Eichel war stets entblößt, und entzündete sich im Sommer nicht selten, wenn das Thier, um sich des Ungeziefers zu erwehren, den Schweif oft bewegen muste. Diejenigen Fliegen, deren Würmer man im Magen der Pferde findet, besetzten selbige mit Eyern, woraus Würmer entstanden, die sich Reihenweise zwischen dem Rande der Eichel und der Vorhautrunzel einbohrten; so daß ich das Pferd bisweilen niederwerfen und dieses Ungezieser mit einem Zänglein wegnehmen lassen muste; bey welcher Gelegenheit sich einst auch ein Steinchen fand, welches unten, zwischen der Runzel und Eichel sich erzeugt hatte. Wenn das Pferd harnte, so schoß der Urin, wie beym Kameel, nach hinten in einem Bogen heraus; weswegen die Kirgisen auch den also verunstallteten Pferden, welche sie, ihrer unzählbaren Heerden ungeachtet, dennoch für eine grosse Seltenheit halten, **Kameelpferde** zu nennen pflegen.

Ich erhielt dieses Pferd bis zu meiner Wiederkunft nach Petersburg 1774, und es ertrug die Reise, ohngeachtet es bey schlechtem Futter fast täglich 60, 70, ja bis hundert Werste zu laufen hatte, recht gut; ward aber bey der Ankunft verwahrloset, und ist von dem Herrn Professor **Wolf** zergliedert worden; wobey sich dann ganz verwelkte Ueberbleibsel von Geilen und Samenbläschen, und eine ganz unvollkommne Organisation der Zeugungstheile gezeigt hat, die gedachter Herr Professor vermuthlich selbst bekannt machen

chen wird. Aber auch aus den äussern Zeugungstheilen war genug abzunehmen, daß dieses Thier aus einer unvollkommen gebliebnen männlichen Frucht erwachsen, und ich habe von je her die für Hermaphroditen ausgeschriene Menschen, und sonderlich den **Michael Anna Drouart**, welchen ich im J. 1762 zu Berlin zu sehen Gelegenheit hatte, und der doch von vielen Gelehrten und selbst Zergliederern Zeugnisse einer weiblichen Beschaffenheit schriftlich aufzeigte, für nichts anders, als eine mißwüchsige Mannsperson gehalten; welches durch die neuliche schöne Beobachtung des Herrn Prof. **Lepechin**, *) von einigen, dem Drouart ähnlichen Hermaphroditen, deren sich einer in der Ehe als Mann bewiesen hatte, vollkommen bestätigt wird. Indessen macht doch die besondre Scheide zwischen den Schenkeln, aus welcher der **Drouart** sogar einen monatlichen Fluß litte, so wie auch die halb weibliche Beschaffenheit des Körpers solcher männlichen Mißgeburten, den Gedanken wahrscheinlich, daß der Keim einer Frucht im Mutterleibe, durch vorzügliche Entwikkelung eines oder des andern Theils der Zeugungsorganen, erst zu dem einen oder andern Geschlecht, und vielleicht durch die gestörte Entwikkelung der einseitigen Geschlechtsanlage, zu einem solchen Mittelgeschöpf werden mag, nicht aber schon im ersten Keime zu diesem oder jenen Geschlecht, oder zum Hermaphroditen Bestimmung habe.

*) Novi Commentar. Petropol. Tom. XVI. p. 525. tab. 15.

So lange das hier beschriebene Pferd lebte, zeigte es, obgleich schon mehr als sechs jährig, nie den geringsten Trieb zu Stuten; vielmehr habe ich, wenn es in der Heerde zur Weide gieng, die Hengste dasselbe oft verfolgen gesehen; die es aber doch nie zuließ. Es waren vermuthlich Pferde von dieser Art, wovon sich der wollüstige Nero, um von sich selbst ein Sinnbild vor dem Wagen zu haben, nach dem Berichte des **Plinius** (Hist. nat. lib. II. c. 47.) einen Zug angeschafft hatte. Auch **Kardanus** gedenkt eines solchen Pferdes (de Rer. varietate Lib. 7. cap. 33.). Unter neuern Schriftstellern aber finde ich nirgend, als in *Martin's* history of the western Isles of Scotland, wo eines Pferdes mit hinterwärts hinausgestrekter Ruthe Erwähnung geschieht, einen dem unsrigen ähnlichen Fall. a) Dagegen hat **Aristoteles** dergleichen Verunstalltung an den Ziegenbökken b), **Wepfer, Stark** und **Verdrieß** c) an **Widdern, Hartmann** aber d) an einem **Kalbe** und **Ferken** bemerket, andrer Beyspiele zu geschweigen.

a) cf. des Abt Fortis Reise in Dalmatien. Bern 1776. I. Th. p. 23. von einem Zwitterfüllen. M..

b) De Generat. animal. lib. IV. cap. 4. D.

c) Miscellan. Natur. Curios. Decur. I. ann. III. obs 167.

d) Ibid. Dec. II. an. 7. obs. 17. 40.

XIV.

Vom Gürtel des Regenwurms.

von
D. Joh. Ernst Wichmann
zu Hannover.

Quantum est quod antè pedes iacet!
Senec.

Der gemeine Regenwurm, welcher schon seit undenklichen Zeiten mit dem jetzigen Namen Lumbricus belegt, und nicht leicht einem Sehenden unbekannt ist, also meine Beschreibung entbehrlich macht, ist ein vortrefliches Mittel, den Stolz derjenigen zu erniedrigen, welche das ganze Naturreich erschöpft zu haben glauben. — Er gehört zugleich mit zu den, für alle Naturforscher demüthigenden Beweisen, daß gewöhnlich dasjenige unsere Aufmerksamkeit am wenigsten reizet, und wir also mit den Geschöpfen am wenigsten bekannt sind, die wir in der Nähe haben, und daß wir das am wenigsten sehen, was wir alle Tage sehen. Er verdienet jedoch diese Aufmerksamkeit so sehr, als manches Geschöpf, aus Otahiti oder einem andern entfernten Land uns zugebracht. Denn die Erzeugung, die Fortpflanzung der Würmer, ist nicht nur überhaupt noch so äusserst dunkel, sondern es kann auch eine genauere Kenntniß dieses Wurms besonders dazu dienen, den Unterschied zwischen diesem und dem im menschlichen Körper befindlichen, so sehr ähnlichen Wurm, immer mehr vest zu setzen, überhaupt die Wurmpathologie aufzuklären, wenn sie auch nicht von so grossem Einfluß auf die praktische Arzeneykunst *) wäre.

Ich hoffe daher, durch Mittheilung meiner Beobachtungen über diese Merkwürdigkeit des Wurms, zum Vergnügen unserer Gesellschaft etwas beyzutragen. Bey sorgfältiger Untersuchung, nur mit dem ungewaffneten Auge, kann man bey einigen Regenwürmern, ausser den vielen Ringen, welche quer um den ganzen Leib gehen, nicht leicht einen merklich erhabenen breiten Band, oder Gürtel verkennen, der sich besonders durch die Farbe und Erhaben-

*) Bey einer langwierigen schmerzhaften Krankheit eines Kindes, wo man lange schon nach dem Abgange von Würmern geseufzet hatte, wurde der Aufwärterin eine Belohnung versprochen, wenn sie den Unrath genau untersuchte, und einen Wurm entdekken würde. Das Versprechen übertraf alle bisher angewandte Mittel an anthelmintischer Wirkung; allein weil sie gar zu geschwinde wär, so wurde sie auch deswegen verdächtig, und eine schärfere Untersuchung entdekte mir bald die Betrügerey, welche die schlaue Aufwärterin mit einem Regenwurme gespielet hatte.

habenheit von dem übrigen Körper des Wurmes auszeichnet. Er nimmt gewöhnlich 6 Ringe ein, von dem 25sten bis zum 30sten, von vorn an gerechnet, a) und ist nicht mit den kleinen **Häkchen**, oder **Borsten** (Setae) versehen, die sonst so sehr am ganzen übrigen Körper des Wurms in die Augen fallen. Der untere Theil des **Gürtels** wird ein wenig platt, und hat auf beyden Seiten drey merkliche kleine Oeffnungen. Da man den Wurm sonst reizen kann, ohne daß er an der Stelle die Haut verändert oder zusammenzieht; so ist dagegen am Gürtel, zumal an dem untern platten Theile desselben, eine lokale Reizbarkeit sehr merklich, und der ganze Gürtel verändert sich bey dem geringsten angebrachten Reize so sehr, daß das übrige leblos dagegen scheinet. Diesen beschriebenen **Gürtel** haben grosse Naturkundige für den wesentlichen Karakter angegeben, wodurch sich der Regenwurm von seinem Verwandten, der sich die menschlichen Gedärme zur Wohnung erwählt hat, unterscheide. b) Andere eben so scharfsichtige Beobachter verwerfen dieses Zeichen, weil sie den Gürtel nicht bey allen Regenwürmern finden. c) Bey andern läßt sich aus ihrem Stillschweigen über dieses Band, da sie übrigens die Struktur des Wurms mit vieler Scharfsich-

P 5 tigkeit

a) Annulus carnosus, Cingulum, *Linn.* Fascia *Klein.* Bardella *Redi.*

b) *Linné* Syst. nat. ed. 12. p. 1077. **Brünnich** und unzählige Nachfolger.

c) J. E. **Müller** in vermium terrestr. etc. Hist. Vol. I. P. 2, p. 35. **Hannov. Magazin** 1773. St. 27.

tigkeit beschreiben, und selbst Zergliederungen beyfügen, fast schlüssen, daß sie ihn entweder nicht gefunden, oder wenigstens nicht für eine Merkwürdigkeit gehalten. d) Endlich machen einige noch aus denen, welche einen Gürtel haben, und andern, die ihn nicht haben, eine eigene Art. e) Einige, übrigens eben so zuverläßige Beobachter, behaupten bey dieser Uneinigkeit der übrigen, und dem schwankenden Begriffe von diesem Gürtel, sehr behutsam: die Spuhlwürmer hätten keinen so deutlichen Ring. f)

Ich habe aus dem grossen Haufen der zur Helminthologie gehörigen Schriftsteller blos einige wenige klaßische herausgehoben, weil deren Autorität anerkannt, von Gewicht, und also ihre Anzal zureichend ist, die Widersprüche oder vielmehr Uneinigkeit über diesen Gürtel zu beweisen. Wie sind nun diese so sehr verschiedene Meynungen zu vereinigen? und die zum Theil offenbaren Widersprüche zu erklären? Ich getraue mir beydes zu thun, wenn ich vorher den Begriff von diesem Gürtel entwikkelt habe; denn alles beruhet darauf, **nicht zu wissen, wo ist der Gürtel? sondern was ist er? und wozu dienet er?** Die einzige Antwort: **es sind die Zeugungstheile,** wird hoffentlich die Sache deutlicher machen. Ich bin

d) S. *Pallas* Elench. Zoophytor. p. 412. imgleichen diss. de insect. p. 15. *Willis* de an. brut. p. 31. *Redi* Osservaz. p. 89.

e) Klein Herpetol. p. 70. der sich nicht nur auf die Erfahrung verließ, sondern schon Redi zum Vorgänger hatte. Osservazioni intorno agli animali etc. pag. 89.

f) Rosenstein Kinderkrankheiten. S. 213.

bin zu bescheiden dies für meine Entdekkung auszugeben. Eine mittelmäßige Belesenheit muß einem jeden das Gegentheil sagen. Aber die dies schon vor mir gewußt haben, reden mit so grosser Zurükhaltung und Furchtsamkeit davon, daß sie doch noch immer ungewiß gewesen zu seyn scheinen. Die Autopsie, die Gelegenheit, sich von der Wirklichkeit meines Satzes zu überzeugen, ist nur so selten, oder wird vielmehr so selten gesucht, daß ohne Zweifel daraus jene Schüchternheit entstanden, und der Begrif von dem Nutzen des Gürtels noch immer schwankend geblieben ist.

Schon vor 14 Jahren hatte ich das Glük, an einem hellen Morgen, um 6 Uhr im März, den Nutzen des Gürtels zu bemerken. Aus zwey verschiedenen nahen Löchern waren zween verschiedene Erdwürmer herausgekrochen, mit $\frac{2}{3}$ ihres ganzen Körpers. Sie klebten nach der ganzen Länge des Gürtels mit dem platten Theile desselben, vermöge eines weißlichen Schleims, (wie die **schwarze Gartenschnekke**, Limax ater) so vest zusammen, daß sie beyde auch am Rükken etwas platter und hingegen an dem untern Theile, wo sie sich berührten, ganz offen zu seyn schienen. Der ganze Gürtel war bey beyden ungewöhnlich roth und erhaben. Bey der Berührung mit meiner Hand zogen sie sich sogleich beyde wieder in ihre Löcher zurük. Einem jeden, der diese Begattung noch nicht gesehen, hätten vielleicht schon der Mangel der kleinen Borsten, die grosse lokal Reizbarkeit, und die kleinen Seitenöffnungen einen Wink

geben

geben können, daß dieser Theil des Wurms zu einer besondern Absicht bestimmet sey. Die Alten, welche man über diesen Theil der Zoologie zu Rathe ziehen könnte, intereßirten gewöhnlich die Heilkräfte dieser Würmer mehr, als ihre Organisation. Sie unterhalten uns mehr mit einem langen Verzeichnisse von Krankheiten, dagegen sie angepriesen werden, als mit der Zergliederung selbst.

Im 17ten Jahrhunderte, wo doch übrigens die Naturhistorie sich schon anfieng etwas aufzuklären, die Zoologie vorzüglich mit einem gewissen Enthusiasmus und Wetteifer getrieben wurde, und dikke Folianten mit Holzschnitten erschienen, aus denen man einige Belehrung hätte erwarten sollen, selbst da noch schrieben sich Jonston, **Ruysch** 2c. von Wort zu Wort aus und die alltägliche Bemerkung ab, daß **Spuhlwürmer** und **Regenwürmer** sich ähnlich sähen. Inzwischen muß man aus eben demselben Zeitalter dem **Aldrovand** und **Mouffet** noch die Gerechtigkeit wiederfahren lassen, daß sie schon die oben beschriebene Begattung nach der Natur angegeben, und ich kann mir dahero das Vergnügen nicht versagen, ihre eigene Worte hieher zu setzen: Nos quandoque lumbricos è terrâ prodeuntes coire offendimus. Coeunt autem, non veluti serpentes complexu mutuo, sed tangunt se tantummodò, plus quam dimidiâ fortè corporis parte, atque ita avidè sibi invicem adhaerent, ut

non

non nisi pedum duriusculo calcatu et frictione absistant; videtur autem uterque, cum coeunt, unus lumbricus, in medio corporis paullo crassior caeteris. *Aldrovand.* de Animal. insectis. Bonon. 1602. lib. VI. p. 694. Maximam partem omnes annulo circà collum, vel potiùs torque crassiusculo ornati; in quo sanguis paucus continetur. — Nocte praesertìm pluviosâ, libenter coeunt et ad auroram usque cohaerent. In venere non complicantur, ut serpentes, sed lateribus antè coniunctis mutuo adhaerescunt, spumosam quandam salivam intèr coeundum emittentes. Mediam corporis partem, posteriorem scilicet, (etiam in venere) intrà cavernas retinent, neque unquam sic glutinantur, quin laevissimo terrae motu divisi sese subducant. — Dum coeunt praecipuè rubent. — *Lumbrici intestinorum* nec torquem, nec cingulum ullum gestant. *Mouffeti* theatr. insect. Lond. 1634. p. 278 - 296. So sehr treffend diese Beschreibung auch ist, so wenig sind ihre Verfasser auf den Gedanken gerathen, daß die Würmer blos mit dem Gürtel sich zusammenhiengen, oder der Gürtel die Zeugungstheile selbst ausmache. Eben so wenig hat sich Klein bestimmt genug darüber erkläret, ob er gleich der Wahrheit sehr nahe ist. Circà cingulum s. fasciam modus congrediendi in terrestribus haud difficultèr omni tempore observatur. Herpet. pag. 70.

Die

Die eben angezogene Stelle aus dem Aldrovand und Mouffet haben zwar nachher viele ausgeschrieben, aber nichts Neues oder Eignes aus ihrer Erfahrung hinzugesetzet. Blos der Upsalische grosse Naturforscher hat in seinem System S. 1077, obgleich lakonisch, doch ausdrüklich gesagt, daß die Seitenöffnungen des Gürtels unter der Begattung sich einander näherten. Wenn ich also als gewiß annehme, daß dieser Gürtel die Zeugungsglieder des Wurmes ausmacht, so erkläre ich mir leicht den Einwurf, warum nicht alle Regenwürmer denselben haben. (Denn dieses kann nicht nur ein jeder alle Tage leicht finden, sondern es ist auch schon so lange bekannt gewesen, daß man daher, selbst unter den Regenwürmern, zwo verschiedene Arten daraus machen wollen). g)

Man trifft nämlich, nach meiner Erfahrung, blos die sehr grossen damit gezeichnet an, und die kleinen (lestissime, e vivissime, des Redi) haben ihn nicht. Ohne Zweifel ist er aber bey diesen nicht sichtbar, weil sie, wenn ich so sagen darf, noch nicht zur Pubertät gelanget sind. Vielleicht ist der Gürtel auch bey grössern bloß zu gewisser Zeit des Tages, Jahrs, oder Wetters, und unter gewissen Umständen sichtbar, welche die Begattung begünstigen, und den Gürtel, (wie bey der schwarzen Schnekke) vorzüglich aufschwellen.

Nach

g) Wie Redi, Klein u. a. m.

Nach dieser Erklärung würde daher auch der Gürtel nicht zum Kennzeichen dienen können, so wenig die Regenwürmer unter einander, als die Spuhlwürmer (Ascaris lumbricoides) von jenen zu unterscheiden, und wenn man das von **Valisnieri**, dem Etatsrath **Müller** angegebne, nebst dem von **Willis** und Prof. **Murray** beschriebene Kennzeichen nicht hätte, könnte man immer noch einen Regenwurm ohne Gürtel mit einem Spuhlwurme verwechseln. Denn daß sie Hermaphroditen sind, wie zuverlässige Beobachter, besonders **Pallas**, **Müller** und a. m. uns versichern, wird man vielleicht eben so selten Gelegenheit haben, ihnen anzusehen, als die Beobachtung von **Zamponi** zu berichtigen, daß die Spuhlwürmer lebendige gebähren oder mit **Swammerdam**, die Eyer von Regenwürmern zu finden.

Ob es nun aber, nach dieser Idee vom Gürtel des Regenwurms, nicht auch möglich sey, daß der Spuhlwurm dergleichen zuweilen haben, und zu gewisser Zeit sichtbar machen könne? Freylich mögt ichs noch nicht gern wagen, darüber etwas zu entscheiden; allein ich finde wenigstens keinen grossen Widerspruch darinn; doch dürfte die Gelegenheit, ihn zu entdekken, auch deswegen äusserst selten seyn, weil dem Spuhlwurme, wenn man ihn siehet, gewöhnlich durch Arzneyen das Vermögen und die Lust geraubt worden, seinen tien etwanigen Gürtel sichtbar zu machen; und wenn es auf Autorität ankömmt, sollte wohl jemand es für unwahrscheinlicher halten, daß **von Phelsum** und **van der Bosch** in ihren Wurmepidemien den Gürtel am Spuhlwurme bemerket, als **Linné** und **Unzer** den Bandwurm im Wasser?

Hannover im Oktober 1776.

XV.

XV.
Beschreibung und Abbildung einer zweifelhaften Pflanze,
welche man gemeiniglich
zu den Haraftermoßen
(Byssus Botanicorum) rechnet.

von
Hacquet,
Prof. zu Laybach.

Tab. V. f. 2.

Das Haraftermoos, welches auch Vegetabilischer Staub, Staubaftermoos, Harschwamm genannt wird, besteht aus Fasern, und aus Staube, welcher sich an allerhand trokkene und flüßige Körper, in bestimmter oder unbestimmter Lage, anhänget. Der

Ritter von **Linné** und Herr Prof. **Gleditsch** nehmen zu den Haarstermoosen bloß Fadengewächse. Herr Oeder nimmt das pulverichte Wesen dazu, und der Freyherr von **Haller** vereinigt damit auch das Grasleder. **Hill** und **Dillen** verstehen aber darunter nur solche Arten, welche an faulenden Körpern wachsen. Unter den 14 Arten, die **Linné** in seinem *Systema Naturæ* edit. 12. hat, wie auch **Haller** in Historia Stirpium edit. 2. und **Oeder** in *Florâ Danicâ*, ist sowohl unter den Harastermoßen, als Schorfgewächsen folgende zusammengesetzte Art nicht befindlich. Tab. V. Fig 2 A. ist ein Harastermos von ganz feinen Zasern, die aneinander hängen, wie das Gewebe der Kellerspinnen. Die Farbe ist Pommeranzengelb; und also **Hallers** *Bysso rupestri aurantiæ* etwas ähnlich. Aus den Fasern dieses Harastermoßes entstehet ein anderes Gewächse, Fig. 2. B, welches einem Fadengewächse (Conferva) gleich kömmt. Seine innerliche Beschaffenheit ist auf dem Pflanzort (Matrix seu loco natali) weich, wird aber nach dem Abnehmen vest, wie ein gebrannter Körper, läßt sich leicht zu einem feinen Pulver zerreiben, welches wie gemeiner Tusch gebraucht werden kann. Seine äußerliche Gestallt ist Gabelartig, gegittert, (Dichotoma conjugata) jedoch auch zu Zeiten unordentlich aus einzelnen und zusammengesetzten Fäden gewebt, welche bald dikker, bald dünner gestalltet sind. Die Oberfläche ist glatt und schwarz. Dieses Gewächs ist ganz verschieden

von

von Herrn Gleditschens *Byssus capillaceâ exiguâ, fructificationibus spuriis, filamentis ramosissimis*, welches bey MICHELI *Byssus minima saxatilis ramorissima, viticulis nigris*; bey RAY aber *Byssus petrea nigerrima*, und HALLERS 4te Art ist. Merkwürdig ist der Nahrungsort dieses Gewächses. Als ich es das erstemal in einem gemauerten Gewölbe fand, glaubte ich, es hätte seine Nahrung, wie das Gewächs A, nämlich von der Mauer, und sey nur unter das erste Gewächse gemischet; allein die Erfahrung zeigte mir, daß ich falsch geurtheilt hatte. Als ich alles zertheilte, und von einander sondern wollte, so wurde ich gewahr, daß das Gewächse B. als eine Schmarotzerpflanze (Planta parasitica) von dem Gewächs A betrachtet werden könnte. Für eine Befruchtung kann man das letztere nicht halten, weil kein Verhälltniß zwischen der Frucht und der Pflanze wär, auch nicht als eine Krankheit, indem die Gestallt der tragenden Fäden bey ihrem Entstehungsorte so gebildet blieb, wie die übrigen, aber es war wohl daran zu merken, daß eine Menge Fäden des Körpers A. vereinigt waren, und ein häutiges Wesen vorstellten und das letztere bildeten. Sollte wohl dieses Gewächse zum Pflanzenreich gehören?*) Ich

 glaube

*) Ich habe dieses Gewächse nicht allein als ein Muster anführen wollen, sondern auch mit abgebildet, weil es ganz verschieden von den übrigen bekannten ist. Es könnte wohl auch möglich seyn, daß der Körper B von ungefähr von einem andern Orte dahin sich versetzt habe, ohne ihm eigen

glaube eben so wenig, als viele andere dergleichen Arten, die man, ohne weitere Betrachtung, dazu genommen hat. Es wäre zu wünschen, daß man dergleichen Körper aus dem Pflanzenreich ausmärzen mögte; besonders die Schimmelarten, einige *Byssos*, *Fungos* und *Lichenes*, mit welchem Zeuge zuweilen halbe *Florae* angefüllet sind. Wie viele Schimmelarten könnte man nicht noch machen, wenn man allerhand Mischungen von verschiedenen flüßigen und vesten Körpern anstellte, und faulen lies? Allerley Farben und Gestallten würden erscheinen, die man unter die faserichte, schmierichte, kolbichte, und knopfichte Schimmelarten eintheilen könnte. Ich habe damit viele Versuche angestellt, welche sehr einfach waren, und einem jeden einfallen können, der sie nachahmen wollte; und habe zu Zeiten gestalltete und gefärbte Körper bekommen, die weder bey Gleditsch und Haller, noch bey andern zu finden waren. Diese Versuche haben mir gezeigt, daß die meisten dieser Körper keine Pflanzen sind. Herr Gleditsch in den *Memoires de l'Academie des Scienc. de Berlin* 1751. und andere, haben die Schimmel für wahre Pflanzen gehalten. Nichts schien natürlicher und beweislicher zu seyn, als dieses, so lange man nur die

eigen zu seyn; und vielleicht zu dem Geschlechte der Tremella gehöret? — Allein ich bin durch Erfahrungen geneigt zu sagen, daß diejenige, welche diese Arten von Gewächse für wahre Pflanzen künftig noch halten wollen, ein Paar neue Arten mehr haben, und wer Belieben daran findet, kann sich dergleichen Zeug selber machen.

die Gestallt mit unsern schwachen Augen betrachtet; und nimmt man auch die besten Vergrößerungsgläser, so siehet man doch nichts mehr, als wenn man die Fixsterne mit, oder ohne Fernglas betrachtet. Unsere Augen, welche öfters mit einem lebhaften Neuerungsgeist um sich her blikken, werden gar oft getäuscht, aus Körpern das zu machen, was sie nicht sind, und der Natur ganz entgegen steht. Der berühmte Mineraloge, Herr **Wallerius**, in seiner *Chymia physica* part. I macht von dem Schimmel folgende Bestimmung. „Der Schimmel, sagt er, scheint „aus einer flüchtigen Materie, und gewissen Feuer„beständigen, oder schweren Theilen, die sich mit Hülfe „eines kleberichten Wesens untereinander verbinden, „zu entstehen. Denn indem unter der anhaltenden „Ausdünstung die flüchtigen Theile fortgetrieben wer„den, so erheben sich auch zugleich zum Theil, die mit „denselben verbundenen, beständigeren. — **Gme**„**lin** sagt in seiner Dissert. de virt. plantarum: das „Oel vereinigt sich mit dem Wasser durch Beyhülfe „eines alkalischen Salzes. Da eine gleiche Mischung „sich in den stehenden Seen und Meer häufig findet; „so ist auch nicht zu verwundern, daß dorten die Byssi, „Tremellæ &c. zu Hause gehören. Diese Bestand„theile sind aber die Ursache, daß diese Pflanzen zer„theilen und erweichen. — An einem andern Orte „sagte er: Woher kömmt dann das balsamische Harz „der Schorfmoße? Ganz wahrscheinlich von den „Bäumen, worauf sie sitzen. — Sollte das nicht ein

 wenig

wenig Wahrscheinlichkeit geben, daß die Schorfgewächse eben so entstehen können, wie die Schimmel und andre Körper? Warum entstehen sie mehr auf alten Bäumen, als auf jungen? Sollte nicht eine Gährung oder anfangende Fäulung daran Schuld seyn? Doch von allen mag das vielleicht nicht gelten. Daß Gewächsartige Körper auch von steinichten Theilen, durch Beymischung flüßiger Theile, entstehen, ist jedem bekannt. *Beccarii* hat solches in *Comment. Bon.* tom. 3. angeführet. Daß die Schimmel in geschlossenen Gefäßen, ohne Beyhülfe eines Baumes, entstehen, giebt die tägliche Erfahrung.

Herr **Mangold** in den Anmerkungen zu **Wall. Physischer Chymie** sucht uns zu überzeugen, daß man nicht füglich die Schimmel zu den Pflanzen rechnen könne, oder man müste ebenfalls alles mineralische Wachsen, als des Dianabaumes ꝛc. mit zu dem Pflanzenreiche nehmen. Nichts ist wahrscheinlicher, als was **Wallerius** und andre sagen; aber auch mit dem angeführten Beweise sind noch nicht alle Schwierigkeiten gehoben. Ich habe öfters der Sache nachgedacht, und vor einigen Jahren Versuche darüber angestellt, ob auch Schimmel und schwammichte Gewächse (an erstern zweifelte ich nicht) ohne Luft wachsen? Dieses schien mir wahrscheinlich, da ich in den verlaßenen Bergwerksgruben, wo keine wechselnde Luft war, und wohin man nur mit **Wetterleitungen** kommen konnte;

konnte, öfters allerley Gewächse an dem vermoderten Holze fand. Dergleichen unterirrdische Gewächse hat der unermüdete Herr Bergrath **Skopoli** *in Anno IV. hist. naturalis* abgebildet und beschrieben.

Mit dem faulen Grubenholz stellte ich folgende Versuche an. **Erstlich** nahm ich Stükke benannten Holzes, worauf dergleichen unterirrdische Gewächse saßen. Ich that sie in Gefäße, wodurch sie aller Luft beraubt waren. Dieses hinderte aber doch einige Monate hindurch nicht das geringste an ihrem Wachsthum; so lange sich nur noch einige Feuchtigkeit darinn befand. Aus diesem Versuche sah ich, daß, wenn man eine beständige Feuchtigkeit verschaffen könnte, das Wachsen seinen Fortgang haben würde. Der zweete Versuch, den ich anstellte, wurde auf folgende Art gemacht. Ich nahm von erwähnten Holzstükken, mit aufsitzenden schwammichten Gewächsen, und ohne selbige. Ich that sie in ein geräumiges, gläsernes Gefäße, worinn der Boden mit reinem, geleitertem Wasser bedekt war. Die Stükke Hölzer wurden mit einer Fläche aufs Wasser gelegt, so, daß die Oberfläche trokken blieb. Die Mündung des Gefäßes wurde wohl vermacht, um allen Luftwechsel zu hindern. In diesem Zustande blieb das Gefäß ein ganzes Jahr in einem feuchten Keller stehen, und das Wachsen gieng sehr wohl von Statten, welches schon vor dem Versuche bestand; und es erzeugten sich auch neue Gewächsarten, die dem *Byssus evanida floccosa nivea*

Dillenii ähnlich waren, welches die Bergleute bey uns Schneeballen, und **Wetterzotten** nennen. Um nun zu sehen, ob ich eben dergleichen Gewächse färben könnte, ohne Zuthun der Luft, machte ich endlich die **dritten Versuche**. Ich that allerley gefärbte Wasser und Säfte, als von der *Gentiana verna*, aus deren Blüte man eine schöne blaue Farbe erhielt, den Saft von den Beren der Atropa Belladonna et Ligustrum vulgare — in verschlossene Gefäße mit ebenfalls gefaultem Holze, worauf **Korallartige** Gewächse saßen. Nach einiger Zeit wurde ich gewahr, daß die Gewächse die Farbe des gefärbten, flüßigen Wesens annahmen, wenn die färbende Materie dem Durchmesser der einsaugenden Gefäße gemäs war. Aus diesen letztern Versuchen ist zu schlüßen, daß die gefärbten Schwämme nicht allezeit in Ansehung der Farbe besondere Arten machen. Aus den zween ersten aber ist zu ersehen, daß es keine wahre Gewächse sind; indem kein Landgewächs ohne Luft bestehen kann *). Da nun die **Dianabäume** und dergleichen ebenfalls ohne denjenigen Luftwechsel wachsen, und eben so wenig einen Samen brauchen, als erwähnte Gewächse; so wär es ganz thunlich, daß man einen Unterschied zwischen den Gewächsen der Natur

machte

*) Ich habe das mehreste mal mit mittelmäßigen, gläsernen Zylinders, die mit einem Halse versehen waren, meine Versuche gemacht. Nachdem ich meine Körper und Feuchtigkeiten hineingebracht hatte, schafte ich die Luft durch Hülfe der Wärme so viel heraus, als ich konnte, und vermachte die Oefnung hermetisch.

machte. Ich glaube, man könnte ganz schiklich alle dergleichen Gewächse natürlich todte Gewächse; die Chymische Pflanzenerscheinungen aber, künstliche Todtengewächse nennen, um sie von den wahrhaften oder lebenden Gewächsen zu unterscheiden, welche einen physischen Reiz oder Empfindung (*Senſation*), wie Herr von Büffon saget, haben.

Um in Ansehung des verschiedenen Wachsthums mich näher zu erklären, hab ich noch folgendes zu erinnern: das erste Wachsen, welches mir mit einer bloßen physischen Maschine zu vergleichen ist, wovon schon die gröbere Theile, entweder mehr mechanische, oder physikalische Körper sind, könnte man schlechtweg das physische Wachsen oder physische Pflanzen heißen, wenn man die ersten Benennungen nicht schiklich achtete. Da hingegen das Wachsen der wahren oder lebenden Gewächse sich von dem ersten, durch sein zusammengesetztes Wesen unterscheidet, wovon die letzten Theile wieder aus ganz gebildeten Körpern bestehen müssen, die durch ihre bloße Entwikkelung eben solche Gestallten hervorbringen, als die Mutter war; so kann man es mit Recht das organische Wachsen, oder dessen Erzeugungen, organische Gewächse nennen. Wie nun aus diesem erhellet, so ist das letzte Wachsen ganz der Gegensatz des ersteren, und geschieht nie bey dem blos physischen oder todten Wachsen, da auf einem Pflanzorte die Schimmel und schwammichte Gewächse immer verschieden sind, welches

ches doch nie geschehen sollte, wenn die zwo, oder mehrere benachbarte Pflanzen von dem Samen der ersten entstanden wären. Dieses ist zu Zeiten ganz unmöglich an den Schimmelarten wahrzunehmen: aber desto deutlicher an den Schwammartigen Gewächsen in den unterirrdischen Gängen. Da siehet man öfters auf einem Stükke Holz zwo, drey und mehr Arten, die der äußerlichen Figur nach einander gar nicht ähnlich sind. Freylich kann man sagen: alle diese Arten wären aus eben so vielen besondern Samenarten entstanden. Aber nun fragt sich: wie gehet es zu, daß zu Zeiten eine unterirrdische Strekke von funfzig und mehreren Lachtern, lauter ungleiche Gewächse hat? Warum erzeugt dann der Same der nämlichen Gewächse nicht wieder seines Gleichen? Ich habe solche schwammichte Körper auf faulem Holze durch eine lange Zeit beobachtet, bis sie verweset sind. Es entstanden entweder neue, oder gar keine, und jene, die entstanden, waren selten den vorigen ähnlich. Ist vielleicht die Struktur des Pflanzortes Schuld daran? Wahrscheinlich ist es; da ich in der nämlichen unterirrdischen Strekke, welche mit verschiedenen Holzsorten gezimmert war, immer verschieden gebildete Körper angetroffen, die doch in ihren einzelnen Theilen (*Partes similares*,) das Nämliche, waren. Aus allem diesem erhellet erstlich: daß es fasch sey, daß die Schimmel und ihre Verwandten, wie auch die unterirrdischen Schwammarten aus Samen entstanden sind; auch nicht zweytens aus

Fort-

Fortpflanzungen einiger Wurzeln. Drittens entstehen diese Gewächse ohne Luftwechsel, also sind diese Stükke entbehrlich, dergleichen Todtengewächse hervor zu bringen, und sind nur als blos physische, und nicht als organische Gewächse anzusehen, folglich gehören sie eher zum **Mineral**, als zum **Pflanzenreiche**. Denn wie entstehet wohl das **Bergpapier** oder Asbestus papyraceus in dem Pyrenäischen Gebirge, der oft allerhand gestalltete Figuren macht? Ich glaube beynahe so, wie die erwähnte physische Gewächse. Vor einigen Jahren habe ich eben eins dergleichen in der berühmten Quecksilbergrube zu Hydria im Herzogthume Krain entdekket. *) Es ist in vielen Stükken dem Ansehen nach dem *Byssus lactea Linnei* gleich, und liegt in einem bloßen Kalksteine, welcher seine Mutter nicht zu seyn scheint, ob ich wohl geneigt bin, durch Erfahrungen zu glauben, daß Kalkletten und Kiesel die einzige Grundmaterie

*) Die Entdekkung wurde vor 4 Jahren, als ich noch bey selbiger im Dienste stand, gemacht. Man machte auf einer Ringelweide oder Füllort eines Schachts 106 Lachter tief in der Erde einen Querschlag in das Hängende unsrer Grube, welches aus etwas unreinem Kalk bestehet. Man hatte kaum in diesem ziemlich vesten Gestein 4 Lachter eingebrochen, als man einen kleinen, weißen Streif gewahr wurde, worinn sich dieser Asbest fand. Der gemeine Mann sowohl, als die übrigen, wunderten sich sehr, wie in einem so vesten Stein ein Schorfmoos statt haben könnte? Nachdem man den Ausbruch in ein verlaßenes Gesenke gestürzt hatte; zeigte man mir ein Stükke des vorgeblichen Mooses. Aber leider schon zu spät! daß ich nicht genugsam mehr bekommen konnte, um andrer Freunde Kabinette damit zu versehen. Denn dieser Asbest ist so fein und weiß, daß man sogleich darauf schreiben kann.

materie besitzen, und durch Länge der Zeit bald diese, bald jene Erscheinung geben. Welcher Steinart aber der erste Rang gebühre, wird noch immer in Zweifel gezogen. *)

Ich hoffe, man wird meine angeführte Beweise von der Richtigkeit einiger Pflanzenähnlichen Gewächse nicht als Irrsätze ansehen, oder mich gar für einen botanischen Ketzer halten? Indessen denke man von mir, wie man wolle! Die Erfahrung muß in der Naturkunde der wahre Glaube seyn. Wie weit diejenige entfernt sind, welche die Schwämme in die Zoologie versetzen wollen, das wird vielleicht mit der Zeit erörtert werden. Wer weis, ob sie einmal wahrhafte Pflanzen sind? Aus obigen Versuchen scheint es nicht. Warum lieben dergleichen Gewächse nur faule Körper? Warum sollte ihr Same nicht auf frischen Materien eben so gut fortkommen? Fehlet vielleicht die innerliche Bewegung (motus intestinus) an den frischen Müttern oder Körpern, worauf sie wachsen? Sollte ich jemals wieder Gelegenheit haben, wie ich vor einigen Jahren hatte; so werde nicht ermangeln, mit den unterirrdischen Gewächsen weitere Versuche anzustellen. Indessen wünsche ich, daß auch andre sich damit beschäftigen mögen, die mehr Gelegenheit haben, als ich damals hatte. —

*) So viel mir die Natur, und zum Theil auch die Chymie gezeigt haben, so ist der Letten, Argilla, immer das Mitteldeing von Kalk und Kiesel. Ich habe noch immer erfahren, daß der verwitterte Kalkstein, in der Werkstatt der Natur, mit der Zeit zu Letten, und letzter zu Feuervestem Steine wird, so wie auch in der Chymie, welches letztere die tägliche Erfahrung zeiget.

XVI.

XVI.

Johann Samuel Schröters
Diakoni zu Weimar

Abhandlung
von den

Koburger versteinerten Seesternen.

§. 1.

Wir dürfen uns über die große Anzal von Schriften wohl noch nicht beschweren, die von den Seesternen gehandelt haben, ob wir gleich auch nicht sagen können, daß wir einen wahren Mangel daran leiden. Wenn ich von solchen Gelehrten rede, die ausführlich und mit Vorsatz von den Seesternen handelten; so sind mir derselben nur drey bekannt. Herr Linke, der einen schönen und seltenen Traktat zu Leipzig 1733. in Fol. von den natürlichen Seesternen lieferte; Herr Hofrath Walch, der in seiner Naturgeschichte der Versteinerungen, Th. II. Abschnitt II. Kap. XI., Seite 69. diese Körper so, wie sie im Steinreiche vorhanden

vorhanden sind, betrachtet, und mit ihren Originalen verglichen hat; und Herr Doktorand Schulze, dessen Betrachtung der versteinerten Seesterne und ihrer Theile. Warschau 1760. ein überaus brauchbares und mit vieler Genauigkeit und Einsicht abgefaßtes Buch ist. Gelegentlich haben der Seesterne mehrere Gelehrte gedacht; es würde aber für mich zu weitläuftig seyn, wenn ich diese anführen wollte. Von den Koburger Seesternen haben wir noch immer die wenigste Nachrichten, ob sie gleich in den Kabinetten gerade nicht die gröste Seltenheit ausmachen. Eine Abhandlung über diese Seesterne ist daher keine überflüßige Arbeit.

§. 2.

Der Name Seestern, und der Lateinische, *Stella marina*, ist von je her einer großen Zweydeutigkeit unterworfen gewesen, besonders bey solchen Schriftstellern, welche von dem Steinreiche handelten. Rosinus schrieb einen Traktat de Stellis marinis, und handelte darinn von den Enkriniten und ihren Theilen, ohne der eigentlichen Seesterne nur mit einer Sylbe zu gedenken. Nach dieser angenommenen Bedeutung müßte man die Seesterne in Stellas marinas arborescentes und non arborescentes eintheilen, und zu den leztern die eigentliche Seesterne, zu den erstern aber die Enkriniten und die Pentakriniten zählen. Diesen allgemeinen Gebrauch des Wortes Seestern, haben sogar noch verschiedene neuere Schriftsteller beybehalten,

halten, unter denen ich auch hier nur Herrn Schulz a), Herrn Bertrand b), und Herrn Vogel c) nennen will. Andere sind, und, wie mich dünkt, mit völligem Grunde, von dieser Eintheilung abgegangen, welche die Enkriniten und die Pentakriniten von den Seesternen getrennt haben, und also das Wort Seestern in einer engern Bedeutung nehmen. Das hat vorzüglich Herr Hofrath Walch, in seiner Naturgeschichte der Versteinerungen gethan; und das ist die Bedeutung, die ich hier angenommen habe, indem ich von den Koburger Seesternen rede.

§. 3.

Alle versteinerte Seesterne sind in dem Steinreich eine wahre, obgleich nicht die gröste Seltenheit. Man entdekt sie an verschiedenen Orten, aber an den mehresten einzeln und zerstreuet. Sie können also unmöglich zureichen, alle die Kabinette damit zu versehen, welche heut zu Tage angelegt und unterhalten werden. Mir sind nur drey Gegenden bekannt, wo man sie häufiger findet, und aus diesen Gegenden pflegt man in mehrern Sammlungen sie zugleich anzutreffen. Die Gegend Solenhofen, und der dortige Steinbruch liefert sie grösten theils in Steinkernen und Abdrük-

a) In seiner angeführten Abhandlung von den Seesternen.

b) Im Dictionnaire des Fossils, Tom. I. pag. 208. seq.

c) Praktisches Mineralsystem, Seite 232. f.

Abdrükken, selten wirklich versteinert d). In der Gegend von Mastricht, und zwar in dem, den Liebhabern so bekannten St. Petersberg, kommen kleine ganz artige Seesterne vor e): und nun kann ich auch noch die Koburgische Gegend hinzu thun.

§. 4.

Durch die Gnade des Herrn Erbprinzen zu Sachsen-Koburg, Hochfürstl. Durchlaucht bin ich im Stand, unsern Lesern eine ziemlich vollständige Nachricht von den Seesternen zu geben, die sich bey Koburg finden, und einen wahren Sandstein zu ihrer Mutter haben. Es finden sich bis ietzo nur sehr wenige Nachrichten von denselben. Das, was Herr Hofrath Walch in seiner Naturgeschichte der Versteinerungen Th. II. Abschn. II. Seite 295. 301. davon sagt, bestehet in folgendem. Indem er die ungeritzten Seesterne, oder die Stellas integras beschreibet, die man in vermiformes und crinitas eintheilet; so beschreibet er von den vermiformibus einen Seestern folgendergestallt: „Stella lumbricalis, corpore pentagono, lateribus lunatis. Das

d) Diese Solenhofer Seesterne sind abgezeichnet vom Knorr in der Sammlung von den Merkwürdigkeiten der Natur, Th. I. Tab XI. Conf. Rösels Insektenbelustigungen Th. III. Tab. XC. *Baieri* Monumenta rerum petrificatarum, Tab. VII.

e) Diese Mastrichter Seesterne sind in den angeführten Knorrischen Sammlungen, Supplem. Tab. VI.* fig. 8 bis 16. abgezeichnet.

Das Original befindet sich unter den Linkischen Stellis tab. XXII, 35. Das Petrefakt ist im zweeten Theil dieses Werks tab. L. Num. 1. 2. 3. mitgetheilt, auch vom Davila im Catalogue Syst. Tom. III. S. 191. beschrieben worden. Diese Art findet sich, wie wohl nicht gar häufig, im Koburgischen, in einem nicht sehr vesten, gelblichen, glimmerichten Sandstein, wo sich die Einschnitte der Stralen gar nicht sonderlich ausnehmen.

§. 5.

Man erlaube mir, vor der besondern Beschreibung der Koburgischen Seesterne, noch einige allgemeine Bemerkungen von der Art, wozu sie gehören! Alle Seesterne, zu welchen die Lumbricales gehören, haben einen solchen Bau ihrer Stralen, daß auf dem Rükken derselben keine Ritze oder Lakune hinunter gehet, und darum heißen sie ungeritzte, Stellae marinae integrae. Einige derselben haben ganz runde Stralen, und diese heißen eben vermiformes, weil sie einige Aehnlichkeit mit einem Wurme haben, und insonderheit Lumbricales, wenn ihre Stralen mit Quereinschnitten versehen sind, so wie etwan ein Regenwurm mit seinen Gelenken in die Augen fällt. Ist nun der Körper, an welchem diese Stralen, oder die Arme bevestiget sind, nicht so wohl rund, als vielmehr fünfekkicht; so wird es deutlich, warum diejenigen Seesterne, worunter unsre Versteinerungen gehören, Stellae lumbricales, corpore pentagono, lateribus lunatis genennet werden. Obgleich Herr Link in seinem Buche de Stellis marinis Tab. XXII. n. 35. nur, eine einzige Gattung von diesen Seesternen abgezeichnet hat; so muß es doch verschiedene Untergattungen davon geben, wie sich in der Folge meiner Abhandlung zeigen wird.

§. 6.

Ich muß es gestehen, der fünfekkichte Körper und die Einkerbung der Stralen sind an den mehresten unserer Seesterne so undeutlich, daß man im Anfange vermuthen sollte, sie hätten einen runden Leib, und glatte Stralen. Inzwischen hab ich doch unter meinen Seesternen solche gefunden, wo man an einzelnen Stralen, besonders nach der Endspitze zu, die Einkerbungen auf das deutlichste, und so gar ohne ein Vergrösserungsglas bemerken kann, und eben das erblikt man auch an einigen Körpern, daß sie, in ihrem natürlichen Zustand, eine fünfekkichte Gestallt müßen gehabt haben. Man kann freylich auf einem gröbern Sandstein, dergleichen die Mutter unsrer Seesterne ist, keine deutliche Abbildung eines Steinkerns erwarten, man muß vielmehr sich wundern, daß noch so viele Körper von einer weichern, mit so vielen Artikulationen versehenen, und aus so vielen einzelnen Theilen zusammen gesetzten Substanz, sich im Sande so lange erhalten konnten, bis ein Steinkern, denn das sind im Grunde alle unsre Seesterne, gebildet wurde.

§. 7.

Das haben unsere Seesterne sämmtlich untereinander gemein:

I. Daß sie alle Steinkerne sind, woran die Schale, oder vielmehr die Kruste des Thieres gänzlich verlohren gegangen. Man findet auf allen Sandsteinen weiter nichts, als einen erhöheten Abdruk eines ehemaligen Thieres. Im Grunde kann man also unsere Seesterne nicht im eigentlichen, sondern bloß im allgemeinen Verstande Versteinerungen nennen. Erstere, oder die wahre Versteinerungen, sind unter den Seesternen eine große Seltenheit. Selbst unter den Solenhofer Seesternen kommen sie nur selten vor. Man findet auch daselbst mehrentheils Abdrükke oder Steinkerne. Der Körper ist oft Quarzartig geworden, die Stralen sind ein Spath, und doch ist ihre Mutter ein Kalkstein, auf dem sich dergleichen Körper leichter, als auf Sandstein, erhalten konnten. Nur die Mastrichter Seesterne machen hier eine Ausnahme, die uns den ganzen, obgleich überaus kleinen Körper, so gelaßen haben, wie er in seinem natürlichen Zustand aussahe. Wer diese Mastrichter Seesterne kennt, wird in ihrem Bau selbst schon die Ursache finden, warum sie viel leichter, als die übrigen Gattungen von Seesternen, konnten erhalten werden.

II. daß der Steinkern eben sowohl, als die Mutter, Sandstein, auch im Grunde nicht feiner, als der Sandstein der Mutter, aber doch, wie man leicht begreift, kompakter ist. Denn, da diese Seesterne keine Abdrükke, welche vertieft erscheinen, sondern erhöhete Steinkerne vorstellen; so mußte sich ein feinerer Sand mit dem Körper vereinigen, besonders, da er in Fäulniß übergieng, und auf diese Art wurde wenigstens das Bild eines Körpers erhalten, da der Körper selbst verlohren gieng. Nun kann man auch begreifen, warum man weder den fünfekkichten Körper, noch die Einschnitte der Stralen gewahr wird. Die Beschaffenheit des Sandes war daran Schuld, der doch nie so fein ist, als andere Erden, der folglich allemal einen gröbern Körper bildet, und es durfte nur der geringste Druk hinzu kommen, ehe der Körper gänzlich erhärtete, so war das schon vermögend, dem Körper eine ganz andere Gestallt zu geben, als er in seinem natürlichen Zustand hatte. Vielen dieser Seesterne siehet man die äußere Gewallt an, die sie erlitten haben. Uebrigens sind den Liebhabern des Steinreichs die Beyspiele gar nicht unbekannt, wo der Steinkern die Steinart der Mutter hat, ob es gleich richtig ist, daß es Beyspiele genug vom Gegentheil giebet.

III. Daß sie alle Seesterne eines Geschlechtes sind, ob sich wohl in der Folge zeigen wird, daß man unter ihnen verschiedene Gattungen annehmen muß. Unter den Solenhofer Seesternen giebt es in der That verschiedene Arten: f) *Stella* decactis: *Stella* lumbrica-

f) Walch Naturgeschichte, Th. II. Abschnitt II. S. 295. n. 5. 6. S. 296. n. 9. 10.

bricalis lacertosa, corpore sphærico: *Stella* crinita decacnemos rosacea, und barbata. Alle diese liegen auf den Solenhofer und Pappenheimer Schiefern. Von unsern Sandsteinen von Koburg können wir das nicht sagen. Nur höchst selten pflegt sich eine fremde Gattung von Seesternen einzumischen. Größtentheils kommen sie darinn überein:

1) daß sie in ihrer Größe gar wenig unterschieden sind, alle aber eigentlich nur eine mittlere Größe,

2) Alle nicht mehr, und nicht weniger, als fünf Stralen haben.

3) Daß ihr fünfekkichter Körper überaus klein ist, und bey den größten nicht leicht die Größe einer Zukkererbse übersteiget.

4) Daß, wenigstens an einzelnen Stralen, die ehemaligen Glieder derselben sich auf das deutlichste sehen laßen, davon ich wohl zehn Beyspiele, indem ich dieses schreibe, vor mir liegen habe.

Alles dieses, mit dem Linkischen Original de Stellis marinis, Tab. XXII. n. 35. verglichen, thut, wie mich dünket, auf das deutlichste dar, daß unser Körper eine Stella lumbricalis, corpore pentagono, lateribus lunatis sey. Und eben dadurch beuge ich dem Gedanken vor, den mir neulich ein Freund entdekte, der Sammler und Kenner ist, daß die Seesterne nichts weniger, als dieses, sondern ein bloßes Spiel der Natur wären.

§. 8.

Ferner scheinen unsere Koburger Seesterne noch einige zufällige Umstände mit einander gemein zu haben, die meines Erachtens zur vollständigen Geschichte derselben gehören: als

1) Daß man diese Seesterne auf ihren Müttern allemal bloß auf der einen Fläche derselben findet.

Ich habe doch eine gute Anzal von solchen Müttern vor mir, und habe noch mehrere gesehen, die Seesterne aber immer nur auf der einen Seite bemerket. Ueber die Ursache dieser besondern Erscheinung kann ich mich nicht näher erklären, bis ich von der eigentlichen Lage dieser Sandsteine mehr Erläuterung erhalten.

2) Daß auf einer Mutter mehrentheils mehrere Seesterne bey einander, selten aber also liegen, daß der eine dem andern im Wege sey.

Wenn wir uns Sandsteinplatten von der Länge von 6 Zoll, und der Breite von 3 bis 4 Zoll gedenken; so werden wir nicht leicht nur einen einzigen, aber auch nicht leicht mehr, als fünf Seesterne darauf antreffen. Sie liegen also, wie auf den Solenhofer- und Pappenheimer Schiefern, gesellschaftlich beysammen. Das Steinreich bestätiget also die Erfahrung, daß die Seesterne gern bey einander in der See sich aufhalten müssen, und weil man hier bey Koburg mehrentheils Sterne von einer Art neben einander liegen siehet; so muß

dieses

dieses auch von den Sternen in der See wahr seyn. Sie liegen aber auf den Sandsteinen so, daß nicht oft der eine dem andern in den Weg kömmt, immer in einiger Entfernung von einander, und das beweiset, daß sie nicht durch Fluthen an den Ort kamen, wo man sie ietzo findet.

§. 9.

Bey genauer Untersuchung der Koburger Sandsteine, habe ich auf denselben drey besondre Gattungen von Seesternen wahrgenommen. Die zween ersten gehörten zu den Stellis marinis integris, die dritte zu den Stellis marinis fissis. Hier ist die Beschreibung von allen dreyen!

I. *Stella marina lumbricalis, corpore pentagono, lateribus lunatis.*

Das ist die gewöhnlichste Gattung, und eben diejenige, von welcher ich schon vorher §. 5. 6. geredet, und sie ausführlich und deutlich beschrieben habe. Sie kömmt inzwischen in verschiedenen Abänderungen vor, unter welchen aber die wenigsten einen wesentlichen Unterschied ausmachen, sondern gröstentheils zufällig sind. Ich rechne hieher zuförderst ihre verschiedene Größe. Die größten unter ihnen sind, wenn wir um die fünf Enden ihrer Stralen einen Zirkel ziehen, von der Größe eines Guldens; man findet sie aber auch kleiner; doch haben die kleinsten wenigstens den Umfang eines Silbergroschens. Vielmals liegen ihre

Stralen in der Regelmäßigsten Ordnung, gehen ganz gerade aus, und sind höchstens am Ende nur etwas gekrümmet. Bey andern liegen die Stralen schon unregelmäßiger, sind bey einem und eben dem Sterne bald gerade, bald gekrümmet, und dabey kömmt es vermuthlich auf die Beschaffenheit des Todes des Thieres und seiner Lage an, die es in der weichen Masse hatte, bevor es das Leben einbüßte. Manche haben an der Endspitze gespaltene Stralen, welche die Form einer Gabel bilden. Dieser seltene Fall trift hier bey einem Seesterne selten mehr, als einen Stral. Ich kann mir bey dieser merkwürdigen Erscheinung nur zween Fälle gedenken. Entweder es ist hier ein einzelner abgerissener Stral, oder vielmehr nur ein Stükchen davon, zufälliger Weise also neben einander so zu liegen gekommen, daß es scheinet, als wenn beyde zusammen gehörten; oder es hat ein Stral, da das Thier noch lebte, Schaden gelitten, und durch eine fehlgeschlagene Reproduktion eine Gabel gebildet. Der erste Fall hat viel Wahrscheinliches vor sich, zumal da man auf diesen Sandsteinen bisweilen einzelne Stralen findet. Allein, da man doch bey genauer Besichtigung, wenigstens bey einigen Fällen, nicht beobachten kann, daß zwey Stükke zufälliger Weise aneinander gerathen wären; so kann auch ein solcher Fall durch die Reproduktionskraft der Seesterne g) gar wohl erkläret werden,

g) Ueber die Reproduktionskraft der Seesterne hat Hr. Hofrath Walch eine eigne Abhandlung im IV. Stük des Naturforschers S. 57. mitgetheilet, womit man meine Ab-

werden, ob er gleich allemal etwas Zufälliges bleibet. Ich habe gar gedoppelte Stralen neben einander liegen gesehen, die einen Stern von zehn Stralen bilden; allein ich mögte doch daraus keine eigne Gattung machen, sondern glaube vielmehr aus Ueberzeugung, daß in dem Falle zween Seesterne übereinander liegen. Von dem Körper habe ich bereits angemerket, daß man seine fünfekkichte Gestallt nicht allemal, und in der That sehr selten, deutlich erkennen kann. Jetzo füge ich hinzu, daß bisweilen der Körper dieser Seesterne, bey einerley Größe der Stralen, doch von unterschiedener Größe sey. Da man aber eben dieses an den natürlichen Seesternen findet, die bald bey einerley Größe des Körpers ungleich lange Stralen, bald bey einer gleichen Länge der Stralen ungleich große Körper haben; so gehöret auch dieser Umstand unter das Zufällige bey diesen Versteinerungen.

II. *Stella lumbricalis lacertosa*, *corpore sphaerico*. Walch Naturgesch. Th. II. Abschn. II. S. 295. Nro. 6. *Bourguet* traité des petrifications, tab. LIX fig. 438. *Linck* de stellis marinis, tab. II. fig 4.

Es giebt hiervon unterschiedene Gattungen, und eine derselben will ich hier beschreiben. Der Kör-

Abhandlung über verschiedene Gegenstände der Naturgeschichte, I. Theil, Halle 1776. Seit 119. 130. vergleichen kann. Herr Prof. Müller behauptet gar, daß ein abgerissener Stral eines Seesterns wieder ein ganzer Stern werde. In seinem übersetzten Linné VI. Theils I. Band, Seite 130.

per ist völlig rund und fast an allen Beyspielen, die ich vor mir habe, von einer Größe. Die fünf Stralen, die bey der vorigen Gattung Kegelförmig waren, und folglich am Körper viel stärker, als an der Endspitze, wo deswegen der Stral immer schwächer wurde, und sich so Regelmäßig in eine Spitze endigte; gleichen hier einem gerade liegenden und gerade fortgehenden Bindfaden, haben auch die Stärke des gewöhnlichsten Bindfadens, und endigen sich unvermerkt in eine Spitze. Ich habe Beyspiele von verschiedener Größe vor mir; der größte hat den Umfang eines Guldens. Ich habe an ihnen keine Spur von Einschnitten wahrnehmen können, wohl aber auch hier einen Seestern mit einem getheilten Gabelförmigen Stral gefunden, und das bestärkt mich in meiner obigen Muthmaßung, daß man diese Erscheinung von einer Reproduktion herleiten müße.

III. *Stella coriacea.*

Unter allen fünfstraligen geritzten Seesternen, unter welchen bekanntermaßen der Pentagonaster, der Pentaceros, der Astropecten, der Palmipes, die Stellæ coriaceæ, die Seesonne, und der Pentadactylus aster gehören h), passet keiner auf unsern Körper, als die *Stellae coriaceae*. Doch machet unser Petrefakt gewissermaßen eine eigene Geschlechtsgattung. Die Stellæ coriaceæ sind flach, und haben lange mittelmä-

ßig

h) Walch Naturgeschichte der Versteinerungen, Th. II. Abschnitt II. S. 292.

ßig breite Stralen, durch welche eine tiefe Furche gehet. Alles dieses verhällt sich eben so an unserm Körper. Der Leib ist bey dem einzigen, in dem Kabinette des Herrn Erbprinzen von Koburg befindlichen Exemplar sehr undeutlich, doch scheinet der Mund ausgehöhlt gewesen zu seyn, wie es den Stellis coriaceis zukömmt. Denn dieser ganze Mund ist mit einer gelben Eisenhaltigen Ochererde gefüllet. Die Stralen scheinen hier getheilt zu seyn, als wenn zweene neben einander lägen, zwischen welchen sich eine Rinne oder eine Furche befindet; aber man siehet es an dem einen dieser fünf Stralen besonders deutlich, daß beyde Theile zusammen gehören, und daß in ihrem Mittelpunkte sich eine tiefe Furche zeiget. Die beyden Seitenflächen eines jeden Strales sind gerundet wie ein Wulst, und das ist es, was ich an meinen naturlichen Stellis coriaceis nicht beobachtet, deren Seitenflächen breit gerundet erscheinen. Um dieses Umstandes willen glaube ich hier eine besondere Gattung dieser Seesterne entdekt zu haben. Dieses Petrefakt hat ohngefähr die Größe eines Guldens, und ist so, wie die ganze Sandsteinplatte, auf welcher es liegt, mit gelbbraunem Eisenocher überleget.

§. 10.

Eh ich ihren Zustand im Steinreich, und ihre Mutter, worauf sie liegen, beschreibe, muß ich noch etwas von den Körpern sagen, die sich mit diesen Seesternen in Gesellschaft befinden. Auf den mehresten Steinen, die ich vor mir habe, finde ich, außer einigen

gen ganz undeutlichen Körpern, sonst nichts, als Seesterne. Ueber diese undeutlichen Körper will ich nichts sagen; denn Muthmaßungen können in der Naturgeschichte nichts entscheiden, und dem einen Vielleicht kann man immer ein anderes entgegen setzen. Aber hin und wieder kommen einige Körper vor, über welche sich doch etwas sagen läßt. Ich habe eine Sandsteinplatte vor mir, auf welcher zween Körper neben einander liegen, die unsern Erdnabelschnekken gleichen, die aber vermuthlich aus der See abstammen, und ehedem mit den Seesternen in Gesellschaft gelebet haben. Da es aber, sowohl wie unsre Seesterne, bloße Steinkerne sind, so läßt sich von ihrer Geschlechtsgattung nichts Bestimmtes behaupten. Ein anderer Körper aber, den ich auf einer andern Platte gefunden, ist desto deutlicher. Ich meyne hier einen kleinen Gabelförmigen Ast von einem Pentakriniten, dessen Glieder zwar alle deutlich, aber bloße Steinkerne sind. Sie erscheinen zwar nicht sowohl fünfekkicht, als rund; allein darüber dürfen wir uns um so viel weniger wundern, weil man ietzo bey Prag Fragmente von Pentakriniten findet, deren Stielglieder ebenfalls rund sind. Dieser Körper hat nicht ganz die Länge von einem Zoll, und die Gabel ist eines guten Viertheil Zolles lang. Außer diesen Körpern, welche man aber sparsam genug antrift, liegen auch innwendig in diesen Steinen fremde vegetabilische Körper, doch nur in Fragmenten. Sie gehören unter die Schilfarten, haben ihre Blätter noch, welche, vermuthlich von Eisenocher, eine braune Farbe ange-

angenommen haben. Ob sich davon in dieser Mutter größere Stükke finden, das kann ich nicht sagen; denn die wenigen Exemplare, die mein eigen sind, mußte ich mit vieler Behutsamkeit zerschlagen, und ich war zufrieden, gefunden zu haben, daß in diesen Sandsteinen sich fremde Vegetabilien befinden, die zum Theil zu den breitblätterichten, zum Theil aber zu den schmalblätterichten Schilfen gehören.

§. 11.

Der Zustand, in welchem sich diese Koburgischen Seesterne im Steinreiche befinden, ist freylich nicht der beste. Ich habe schon oben gesagt, daß alle diese Seesterne, als bloße sandige Steinkerne, auf einem ziemlich groben Sandsteine liegen, und also freylich nicht auf das deutlichste ausgedrukt seyn können. Die Einkerbungen, welche die Stralen haben sollten, sind nur selten deutlich zu sehen, und wo man sie erblikket, geschiehet es doch nur an einzelnen Stralen. Der Körper, an dem die Stralen bevestiget sind, ist selten deutlich ausgedrukt. Manchmal fehlen halbe, manchmal ganze Stralen, und ich habe einige gefunden, welchen mehr nicht, als zwo Stralen übrig geblieben waren. Doch man trift auch zuweilen so deutliche Beyspiele an, als man es nur immer von einem Steinkern auf Sandstein verlangen kann.

§. 12.

Die Mutter, auf welcher diese Seesterne angetroffen werden, ist ein gelber, ziemlich grober Sandstein, mit vielem gelben Glimmer vermischt, und, wie der Augenschein lehret, mit vielen Eisentheilchen geschwängert. Manchmal ist die Sandplatte ganz mit einem braunen Ocher überzogen, wo das aber nicht ist, da hat sich derselbe doch allenthalben eingenistet. Man darf nur eine nicht allzuschwache Platte zerschlagen, und es wird sich finden, daß der Stein braun und gelb marmorirt erscheinet. Das letzte ist die natürliche Farbe des Sandsteins, das erste, der Ocher. Ich habe sogar verschiedene kleine Höhlen gefunden, die mit Eisenocher ganz ausgefüllt waren, und in diesen Höhlen lag vermuthlich Schilf, welches der Ocher verzehret hatte. Wenn man nun diesen gedoppelten Umstand zusammen nimmt, daß die Mutter der Seesterne, und selbst ihr Steinkern Sandstein ist, daß dieser Sandstein Eisentheilchen bey sich führet; so wird man leicht zugestehen, daß der natürliche Körper unter solchen Umständen sich nicht wohl erhalten konnte. Wer mehrere natürliche Seesterne bey einander gesehen hat, der wird ihnen wohl sämmtlich eine Kruste beylegen, die bey den mehresten Gattungen weicher, als bey den Seeigeln ist. Aus diesem Grunde zählt sie der Ritter von Linne unter die Mollusca, welcher Name ihnen auch eigentlicher, als den Seeigeln, zukömmt, und Herr Prof. Müller hat in seinem vollständigen Natursystem VI. Theils I. Band, S. 129. bemerket, daß einige Seesterne

Gallert-

Gallertartig sind, ob man gleich andere Leder- und noch andere Knorpelartig nennen muß. Solche Körper, welche überhaupt nicht die vesteste Konsistenz haben, und die außerdem noch, wie ihr innerer Bau zeiget, aus vielen Artikulationen bestehen sind freylich leicht der Gefahr unterworfen, zu verfaulen, oder sonst auf eine andre Weise zerstöhrt zu werden, und höchstens nur einen Steinkern, oder einen Abdruk hinter sich zu laßen. Da der erste Fall für unsre Seesterne von Koburg gehöret, so darf ich auch sagen, wie ich mir ihre Entstehungsart vorstelle. Weil der Seestern in ein ruhiges Sandlager zu liegen kam, so war eine gänzliche Zerstöhrung nicht wohl möglich, aber wohl dieses, daß der Seestern auf diesem feuchten Lager in Fäulniß übergieng. Dieser faulende Körper wurde mit feinem Sandstaub erfüllt, und da nun die ganze Masse abtroknete; so blieb ein bloßer Steinkern übrig, der, nach allen angegebenen Umständen, nicht eben der deutlichste seyn konnte. Und wenn auch einige Theile des natürlichen Seesterns der Fäulniß lange genug hätten widerstehen, folglich eine Impragnation hätte statt haben, und eine wahre Versteinerung erfolgen können; so war doch der Sand nicht fein genug, dieses zu bewerkstelligen, und der Ocher verzehrte alles, ehe die Natur ihr ganzes Geschäfte vollenden konnte.

§. 13.

Dürfte ich die Lage der Koburgischen Seesterne bloß nach denjenigen Exemplaren beurtheilen, welche

ich

ich in meinen Händen gehabt; so würde ich diese Steine unter die Hand- oder Lesesteine zählen, die man auf den Aeckern zerstreuet findet. Unterdessen ist es gewiß, daß diese Seesterne in dem ganzen Herzogthum Koburg nirgends, als bey Wazendorf, unweit Koburg, angetroffen werden i).

Weimar, den 31sten Jänner 1777.

i) Einige sehr gute Zeichnungen von deutlichen Exemplaren Koburgischer Seesterne findet man in des Herrn Knorr Sammlung von den Merkwürdigkeiten des Erdbodens, Th. II. Tab. L. figg. 1. 2. 3 und im Kleinern, in des Herrn Hofrath Walch systematischen Steinreich Tab. II no. 1., der mittelste in der ersten Reihe. Wer das Original in dem Herrn Link de stellis marinis Tab. XXII. fig. 35 nicht selbst nachschlagen kann, der findet auch eine gute Abbildung davon in Rumphs Amboinischer Raritätenkammer, Holländische Ausgabe, Tab XV. fig. C. und Seite 40, wo es Stella marina quinta & Scolopendroides, in Amboina aber Sanna Waru manuhulu genennet wird. Halma ad Rumph. nennet diese Gattung Stella marina lævis, und Herr Link S. 48. Stella lumbricalis, corpore pentagono, lateribus lunatis. Beym Ritter von Linné Gen. 298. Sp. 11. der 12ten Ausgabe, und in der 10ten Ausgabe Gen. 264. Sp. 9. pag. 662., heißt sie Asteria Ophiura, welches Hr. Prof. Müller in seiner Deutschen Ausgabe des Linné VI. Th. I. Band S. 139. durch den Schlangenschwanz übersetzt, ein Name, welcher weder den Körper, noch die Linnäische Benennung gehörig ausdrükt! In meinem Versuch, die Linkische Eintheilung der Seesterne mit der Linnäischen zu vereinigen, welcher im zweeten Theil meiner Abhandlungen über verschiedne Gegenstände aus der Naturgeschichte künftig erscheinet, werde ich diese Gattung zum Unterschied von seinen Geschwistern, Asteria Ophiura lunata nennen.

XVII.

XVII.

Zwoschalichte Konchylien mit gekerbtem Schloß überhaupt, und einige dahin gehörige neu entdekte Schalen.

beschrieben

von

D. Friedr. Heinr. Wilh. Martini.

Tab. VI. und VII. fig. 1 — 20.

Wer schon einen Versuch gemacht hat, eine gewisse Klasse natürlicher Produkte in Ordnungen, Abschnitte, Geschlechter und Gattungen abzutheilen, der wird aus Erfahrungen für bestätigt annehmen können, daß es in diesem Fall keine leichte Beschäftigung sey, durch unermüdete Vergleichungen einer großen Menge solcher Körper untereinander, gewisse allgemeine und übereinstimmende Merkmale zu finden, wonach man sich berechtiget hal-

halten dürfe, gewisse Ober- und Unterabtheilungen vest zu setzen. Daß in der Wahl dieser Eintheilungsgründe viel Willkührliches herrschet, beweisen die vielerley Systeme von einerley Klasse natürlicher Körper. Sie beweisen aber zugleich, daß wir noch lange nicht so tief in die Geheimnisse der Natur eingedrungen und in ihrer unerschöpflichen Schatzkammer noch lange nicht so viel gesehen, als wir kennen müßten, um im Stande zu seyn, allenthalben den unmerklichen Uebergang der Natur von einem Geschlecht, oder auch von einer Gattung zur andern, oder die nächsten Grade der Verwandschaft unter den mannigfaltigen Produkten der Natur, zu bestimmen. Sollen wir uns aber durch die Verschiedenheit der Systeme, oder durch diese, allerdings noch enge Grenzen unserer natürlichen Einsichten abschrekken laßen, der Natur immer mehr abzulernen und uns der bequemsten Hülfsmittel zu bedienen, wodurch wir immer näher zu ihrer geheimen Werkstätte geführt werden? Und muß man die systematische Anordnungen, so unvollkommen sie auch immer noch seyn mögen, wohl nicht einmüthig für das bequemste Hülfsmittel erklären, die Verwandschaften unter den Produkten der Natur leichter und immer näher einsehen zu lernen?

Wir leben jetzt nicht mehr in dem Zeitpunkte, wo es nöthig wäre, die Unentbehrlichkeit guter Systeme, durch eine Menge weit oder nahe herbey gesuchter Gründe zu erweisen, und es würde fürwahr

um

um die Erweiterung natürlicher Kenntnisse noch sehr kläglich stehen, wenn man aus dem Grunde dies Erleichterungsmittel gänzlich entbehren sollte, weil man bis jetzo, und vielleicht noch Jahrhunderte hindurch, nicht hoffen darf, es zu einer gänzlichen Vollkommenheit zu bringen.

In keinem Theile der Naturgeschichte herrscht eine größere Verschiedenheit, in Ansehung der systematischen Anordnungen, als in der Konchyliologie. Es würde leicht seyn, die *Classes Conchyliorum* des verstorbenen Hrn. **Prof. von Bergen** jetzt mit einem neuen Bande zu vermehren. So sehr haben sich die neuern Systeme gehäufet! Die wesentlichste Verschiedenheit herrscht ohnstreitig unter den beyden Klassen von systematischen Schriftstellern, welche auf der einen Seite von den Bewohnern selbst, auf der andern, von den Schalengehäusen allein, den Hauptgrund ihrer Eintheilungen genommen. Zu den erstern gehören Herr **Adanson**, Herr **Geoffroy**, und Herr **Etatsrath Müller**, zur andern Klasse hingegen, alle übrige Konchyliologen, welche sich mit Anordnung der Konchylien beschäftiget haben. Die erste Methode würde die sicherste seyn, wenn sie nicht so viel unüberwindlichen Hindernissen ausgesetzt und für die Sammler guter Konchylienkabinette nicht ganz unbrauchbar wäre. Sie führet uns allerdings auf die nützlichste Betrachtungen. Ich habe sie daher in meiner **Uebersetzung** des Geoffroy a) eine Methode für den Verstand, die andere hingegen eine Methode für die Sinnen genennet, und von der letztern, meines Erachtens aus hinlänglichen Gründen, erwiesen, daß es, zu Anordnung der Konchylienkabinette, die einzige brauchbare wäre.

Damit ich mich aber nicht allzu weit von der Hauptabsicht entferne, will ich hier nur noch erinnern, daß ich bey den **mehrschalichten Konchylien** in meiner systematischen **Eintheilung** denjenigen Schriftstellern gefolget bin, welche den Ort, wo beyde Schalen mit einander verbunden sind, oder das **Schloß**, und die Beschaffenheit desselben, zum Hauptgrund ihrer Eintheilung gemacht, aus der Form und Figur der Muschelschalen aber die Unterabtheilungsmerkmale genommen haben. Bey genauer Untersuchung der unterschiedenen Bevestigungsarten beyder Muschelschalen an einander fand ich unter der Menge derer, welche mir in meinem eignen und fremden Kabinetten vorgekommen waren, daß man in der Klasse der zwoschalichten Muscheln füglich zwo **Hauptordnungen** vestsetzen, und alle Muscheln entweder in solche, die anstatt eines **Scharniers** bloß eine

a) Von den um Paris befindlichen Erd- und Flußkonchylien. Nürnberg 1767 gr. 8. Eine Uebersetzung, welche durch unzählige Drukfehler, wegen meiner Entfernung vom Drukorte, dermaßen entstellet worden, daß ich sie kaum für einen Abdruk meiner Handschrift zu erkennen vermogte!

eine häutige und knorplichte Bevestigung haben, oder in solche theilen könnte, die mit einem gezahnten Scharnier, das ist: mit starken, vesten Zähnen und gegenüberstehenden Vertiefungen, worein diese passen, versehen sind. Wenn bey den Muscheln der ersten Ordnung, die auch einige *Non-Cardines* nennen, bloß eine Verbindung durch knorplichte Häute, ohne sonderliche Vertiefung in der Schale selbst, bemerket wird; so machen sie den ersten Abschnitt in dieser Ordnung aus. Die Unterscheidungsmerkmale der unter diesen Abschnitt gehörigen Geschlechter habe ich sodann von der Figur der Schalen genommen. Diese sind bald lang, und entweder oben spitzig, unten breit, wie die Mießmuscheln (Mytuli) und sogenannte Pistolenholstern oder Schinken (Pinnæ, Pernæ;) oder sie sind an beyden Seiten schmal und im Ganzen beynahe Walzenförmig, wie die zwoschalige Pholaden oder Entenschnäbel (Pholades, Rostra anatum.) Bald sind sie von rundlicher Figur und gestralter Oberfläche, mit Ohren oder Spuren derselben versehen, wie die Jakobsmuscheln und bunte Mäntel (Conchæ St. Jacobi et Pallia.) An diesem Geschlecht ist schon eine mit knorplichter Substanz ausgefüllte Vertiefung in der Mitte des Randes wahrzunehmen, an welchem beyde Schalen mit einander zusammen hängen. Es grenzet also schon an die Muscheln des zweeten Abschnittes mit unvollkommnem Schloße, (Semi-Cardines,) deren Schalen zwar durch knorpliche und häutige Bänder, zugleich aber durch unregelmäßige Vertiefungen und

Erhöhungen, woran diese vestsitzen, zusammen gehalten und beweget werden. Dieser Abschnitt bestehet bloß aus dem Geschlechte der Austern, die so wohl in Absicht ihrer Form, als der Verbindung ihrer Schalen, viel Abänderung und Unregelmäßigkeit äußern.

Viel näher kommen den **Muscheln der zwoten Ordnung mit vollkommnem oder gezahntem Schlosse die Muscheln des dritten Abschnittes der ersten Ordnung**, die am langen, schmalen Rand ihrer Zusammenfügung auf beyden Seiten merklich eingekerbt, aber doch nicht mit ordentlichen Zähnen versehen sind (Bivalvia cardine lineari s. longo, crenato). Sie scheinen mir einen schiklichen Uebergang von den unvollkommnen zu den vollkommnen Schlössern der Muschelschalen auszumachen. In so fern unter den Geschlechtern dieses Abschnitts unterschiedene Merkwürdigkeiten vorkommen, die mir noch ganz neu zu seyn scheinen, habe ich mir das Vergnügen machen wollen, bey Gelegenheit einer kurzen Beschreibung aller bekannten **Muscheln mit gekerbtem Schloße**, zugleich diejenigen Stükke mit einem Theil ihrer Geschichte vorzulegen, die man jezt noch unter die neuesten Entdekkungen zählet.

Der ganze Abschnitt der **Muscheln mit gekerbtem Schlosse** schränkt sich auf 3 **Geschlechter** ein, welche durch die Figur der Schalen bestimmt werden.

Haben

Haben die Muscheln dieser Art eine runde Figur und einen gezahnten Rand; so werden sie

I. **Kuchen- oder Posserdupletten**, b) und, weil sie gemeiniglich in ihrem natürlichen Zu-

 stande

b) **Posserdupletten.** Poffers. Bignets.

a) abgeriebne oder glatte.

Lister. H. Conch. Tab. 240. f. 77. Pectunculus maximus subfuscus, leviter sulcatus et Tab. 247. f. 82. Pectunculus ingens, variegatus ex rufo. Ex Insulâ Garnsey.

Bellonii aquatilia 408. et *Rondel.* aquat. p. 31. allegante Linneo.

Aldrov. Testac. L. III. Edit. Franc. p. 159. fig. 2. Chama glycimeris Bellon.

Grew Rarit. p. 144. T. 12. in medio. The mult articulated oyster.

Rumph. Tab. 47. f. 1. Ongemeene Mossel.

Bonanni Recreat. f. 60. 61.

— Mus. Kircher f. 58 und 60. p. 444.

Gualt. Ind. Tab. 72. f. G. et T. 82. fig. C. D. E.

Adans. Coquill. p. 253. le Vovan. Pl. 18. f. 10.

Petiv. Mus. 84. n. 816. Glycimeris Cornubiensis crassa, marmorata.

Klein. Methodus Ostracolog. p. 143. n. 17.

Knorrs Konchyl. I. Tab. 21. f. 4. Die bandirte doppelte Narrenkappe. it. II. T. 23. f. 6. fälschlich unter die Quakers gerechnet. Tab. 30. f. 3. das geflekte dito. Bignet tacheté. VI. T. 12. f. 4. das glatte Kuchenduplet. Bignet poli. it. Tab. 14. f. 3. das blasse Kuchenduplet. Bignet pali. und f. 4. das gelbe geflammte Kuchenduplet. Bignet. à flammes jaunes. aus Westindien.

Regens. T. II. f. 22. das braunroth gestreifte und geflekte Kuchenduplet.

Lesser §. 68. p. 392. i.

Mus. *Leers.* p. 115. n. 1120. 1122.

Davila Cat. Syst. I. p. 331. n. 758. Cames nommées *Furies*, de la mediterranée.

Favart d'Herbigny Dict. de Conchyliol. II. p. 51. Furie. Came flamboyante.

Linn.

stande mit einer Sammtartigen Haut überzogen sind, Sammtmuscheln (Nuces pilosæ Bonanni.) c) genennet. (Tab. VI. f. 1.) Es ist hier wohl nicht überflüßig anzumerken, daß es von diesen Muscheln, so verschieden sie auch nach dem äussern Ansehen zu seyn scheinen, mehr nicht als zwo bekannte Gattungen giebt, wovon die eine glatt oder fein gestreift, die andere hingegen, nach Art der Kammmuscheln, stark geribbt und in die Quere gestreifet ist. Bey der ersten Gattung darf man sich durch die Verschiedenheit ihrer äußern Fläche nicht verleiten

Linn. S. Nat. XII. p. 1142. Arca pallens n. 178. oder das blasse Kuchenduplet. — undata n. 179. und glycimeris. n. 181.

Müllers Linn. Naturs. VI. p. 298. n. 179. das Törtlein aus Westindien, n. 181. das Gogelhöpflein aus Amerika und von der Französ. Küste.

c) Die harige Nuß oder Sammtmuschel. *Bonanni* Recr. ment. f. 8. *Ejusd. Mus. Kirch.* p. 445. f. 79. Nux pilosa. *Museo Moscard.* p 203. fig. p. 202. n. 3. pessima. *Musculo hirsuto*, essendo coperta d'un pelo, come musco.

Petiv. Gazoph. T. 95. f. 7. Kendal fossil-cockle, with hairy Streaks. Cat. 72.

Lesser §. 68. l. p. 392.

Davila Cat. Syst. I. 333. *Drap marin*, imitant le velours.

Mus. *Leers*, p. 114. n. 1119. Bignet jaune superbe et rare

Linn. S. N XII. 1143. n. 182. Arca pilosa.

Klein. §. 363. 4 a p. 139. Isocardia *Nux pilosa* Tarentinorum, ex rufo nigricans

Gualtieri Ind. T. 73. A

D'Argenv. p 281. 3. Came de forme ronde ou *Noix de mer* Holl. *Zee-Noot.*

Müllers Linn Naturs. VI. p. 299.

Favart d'Herbigny Dict. l. c. p 52.

Furie ou *grande Came flamboyante.*

verleiten laßen, sie für unterschiedene Muscheln zu halten. Im natürlichen Zustand ist sie mit einem graubräunlichen **Plüsch**, wie Fig. 1., überzogen und führet alsdann mit allem Rechte den Namen der **Harigen Nuß** oder **Sammtmuschel**, anstatt jener weit herbey gehohlten Benennung eines **Schmalzküchleins**, welche der verstorbene Herr **Prof. Müller** ihr beyleget. Jemehr aber von diesem wollichten Ueberzug durch äußere Gewallt, oder durchs Abreiben verlohren gehet, desto häufiger kommen auf einem glatten, weißen, oder gelblichen Grunde die roth- oder gelbbraune Striche und Flekken zum Vorschein, welche bey den meisten Exemplaren die Oberfläche dieser Schalen zu zieren pflegen. (Fig. 2.) Sie lagen vorher unter dem angezeigten harigen Ueberzug verborgen, welcher sich wie ein feiner Plüsch anfühlen, aber leicht abreiben läßt und im bewegten Sande der Meeresufer gemeiniglich verlohren gehet. Von eben dieser Art finden sich auch aus dem Braunen ins Blauliche spielende, dunkle, fein gestreifte, imgleichen mit Querbanden versehene oder zart punktirte Schalen, wie *Lift.* H. C. Tab. 239. f. 81.

Die zwote Gattung (Tab. VI. f. 3. 4) welche **Lesser die gestreifte Dikmuschel mit dunkelbraunen Flekken**, **Davila** Petoncle sans oreilles &c. nennet, ist seltener, als die erste. Sie unterscheidet sich von derselben sehr deutlich:

1) Durch die stark gestreifte senkrechte Ribben und Furchen,

2) Durch die flache Form beyder zusammenliegenden Schalen. d)

Man würde daher, um beyde Gattungen auch am Namen sogleich unterscheiden zu können, sehr wohl thun, wenn man die erste Gattung, in so fern sie noch mit ihrem rauhen Ueberzug versehen ist, die **Sammtmuschel**, oder von ihrer gewölbtern runden Figur, die **harige Meernuß**; die zwote hingegen, die **Kuchenmuschel** oder **Posserduplette**, von der Aehnlichkeit nennete, welche sie mit einer Art von Kuchen haben soll, die man in Holland unter dem Namen *Poffers*, im Nürnbergischen, unter der Benennung der **Gogelhöpfleins**, kennet.

Am

d) **Die flache, stark gestralte Kuchenmuschel.** *Lister.* H. C. T. 239. f. 73. Pectunc. polyleptoginglymus rotundus, maculatus, striis rotundis rarioribus et crassis donatus. Spotted Ark. *Huddesf.*

Gualt. Tab. 72. H.

Bon. Mus. Kirch. p. 448. f. 129. Concha Indica.

Lesser §. 68. lit. h. p. 391. und q. p. 393. Not. die gestreifte Dikmuschel.

Argenv. Pl. 24. B?

Knorr. V. T. XII f. 4. das schwarzgeflekte Gogelhöpflein. Bignet tacheté de noir.

Davila Cat. Syst. I. p. 327. n. 746. Petoncle sans oreilles.

Mus. Oud. 87. n. 990. *Fausse-Arche* à côtes et à taches brunes.

— *Leers.* 115. n. 1121. *Bignet* canelé à taches brunes. geribde en bruin geplekte *Poffer-doublet.*

Linn. S. N. XII. p. 1142. n. 180. Arca Pectunculus ex Oc. Americ.

— Mus. Reg. Ulric. p. 520. n. 96.

Müllers Linn. Natursf. VI. 298. n. 180. das Pastetlein.

Am Schloße dieser Muscheln ist noch dieser Umstand Bemerkenswürdig, daß nicht allein der obere Bogenförmige Rand (Tab. VI. f. 3. a a a.) an der innern Seite der Schale mit einer **langen Reihe starker Einkerbungen**, die sich am vordern Rande besonders merklich machen, bezeichnet, sondern auch über demselben und unter dem überliegenden Schnabel, noch ein **flaches Dreyck** (Ibid. b b) befindlich ist, auf dessen Fläche man lauter **übereinanderstehende Winkelzüge** bemerket, wodurch sie dem folgenden Geschlechte der **Archen** sich mehr zu nähern scheinen.

Die Muscheln mit gekerbtem Schlosse werden II) **Archen oder Schiffchen** genennet, wenn sie eine rhomboidalische Figur, zwischen ihren beyden Schnäbeln aber (F. 5. a a) einen **flachen Zwischenraum** (b b) haben, auf welchem Regelmäßige **Winkelzüge** so gegen einander treffen, daß sie lauter geschobene **Vierekke** bilden (F. 5. c c.) Der obere, lange Rand, oder die **Schloßlinie** jeder Schale, ist überall, wie bey (F. 6. d d.) dichte gekerbt, und man sieht ohne Mühe, wie stark und Regelmäßig die Einkerbungen beyder Schalen in einander eingreifen. Die Breite des **Eyförmigen Raumes** zwischen den Schnäbeln beyder Schalen. (F. 5. c. e.) die **gestrekte, rhomboidalische Form** der Schalen, und die **Oefnung**, welche die vordern eingebognen Ränder, zur Bequemlichkeit des Bewohners übrig lassen, machen den Karakter der **wahren Archen** aus, (Tab. VI, fig. 5.) welche man

1) in lange schmale e) und

2) in

e) Die ächte Noachsarche.

Mussalo Venet. *Calagnone*. Græcor.
Rondel. Aquat. p. 27. Concha rhomboides.
Gesner. Nomencl. p. 227.
Aldrov. Test. L. III. Ed. Franc. p. 170. Tab. XV. inter Mytulos *Mathiali* in Oper. Basil. 1674. fol. p. 244.
Mus. Moscard. p. 203. 204. Mitulo o Musculo rhomboide o striato.
Grew Rarities p. 146. The square muscle.
Wormii Mus. p. 254. Concha rhomboides.
Lister. H. Conch. T. 368. f. 208. et 369. f. 209. varietas undata.
Rumph. T. XLIV. P. De rechte Noachs-Ark.
Bonanni Mus. Kirch. p. 443. n. 31.
— Recreat f. 32.
Gualt. T. 87. H. H. I.
Hebenstr. Mus. Richt. p. 286.
Petiv. aquat. Amb. T. 17. f. 10. Mytulus Amboinicus maximus nobis. Noahs-Lighter. *Ejusd* Pterigr. americ n. 433. Musc. Iamaic. quadratus, vulgaris.
Ejusd. Mem. Cur. 1708. p. 247. n. 62. Mytulus Barb. vulg. striatus, striis fuscis.
Gersaint Cat. 1736. p. 86. n. 78. Coeur de boeuf.
Sloan. Jam. Vol. II. 257. n. VIII. IX.
Argenv. Pl. 23. G. L'Arche de Noë.
Regens. T. XII. f. 73.
Knorr. I. T. 16. f. 1. 2.
Klein §. 415. n. 1.
Lesser §. 104 b. p. 474. T. 21. f. 138. das Schiffchen.
Ginanni Adr. II. T. 23. f. 159. p. 33. Musculo.
Davila Cat. I. 359. Arche de Noè.
Langii meth. p. 71. Concha rhomboidalis.
Adans. Pl. 18. f. 9. le Mussole.
Mus. Oud. 86. n. 985.
Linn. S. N. XII. 1140. n. 169. Arca Noae.
Mus. Reg. Ulr. p. 517. n. 90.
Müller l. c. p. 294. n. 169. Noachsarche.
Favart d'Herbigny Dict. I. p. 44. *Veritable Arche de Noè*.

2) in kurze und breite, oder **bartige Archen** f) zu theilen pfleget. Beyde haben auf einem weißlichten, etwas Gitterförmigen Grunde rothbraune Zeichnungen. Die **Bartigen** (Tab. VI. fig. 8.) sind wegen der an ihrem vordern und Seitenrand hängenden **Bast**-artigen **Flokken** gemeiniglich mit einem dikken Seekalk überzogen.

Die

f) Die **bartige Noachsarche.**
Rondel. Testac p. 14. Chama aspera.
Gesn. Nomencl. p. 231. Chama trachaea *Bellonii.*
Lister. H Conch. T 231. f. 65. Pectunculus ex fusco rufescens admodùm densè striatus.
Bon. Mus. Kirch. p. 445. f. 78. *Recreat.* f. 79.
Gualt. Tab. 91. fig. F. F
Ginanni Adr. II. T. 23. f. 159. 160. Musculo p. 34.
Argenv. Pl. 22. M. Tellina pilosa.
Mus. Tessin. p. 116. T. VI. f. 1. opt.
Sebae Mus. Tom. III. T. 88. f. 13.
Klein. p. 143. §. 367. I. 14. Anomalocardia effusa &c.
Petiv. Pterigr. amer. n. 435. Musculus Barbad. ovalis, fuscus.
Sloan. Natural. History of Jam. II. 258.
Knorr. II. T. II. f. 7. bartige Noachsarche.
Davila Cat. I. p. 345. n. 791. *Amande* à *cils.*
Mus. Oud. p. 86. n. 984. Arche sillonée rare, blanche et brune.
Murray Testaceoth. T. II. f. 22. p. 43.
Lesser §. 90. e. p. 459.
Linn. S. N. XII. 1140. n. 170. Arca barbata.
— Mus. Reg. Ulr. p. 518. n. 91.
Müller l. c. p. 294. die Bartarche.
Favart d'Herbigny l. c. I. p. 18. Amande à cils.
Nota. Hieher gehört die gegitterte **Bastartarche.**
Lister. H. C. T. 233. f. 67. muta.
Klein. §. 397. 6. b. p. 159. Tellina striata &c.
Bonan. Mus. Kirch. Biv. n. 78. *Cozze* Italorum.
Gualt. T. 90. B.
Adans. Coqu. p. 227. le Lunot.
Mus. Oud. 86. n. 984. Arke-Noachs Soort.
Favart d'Herbigny l. c. II. p. 292. le Lunot.

Die nächste Verwandschaft mit diesen Archen haben die sogenannte weiße, oder auch blaulichte, zuweilen hellbraun schattirte Bastartarchen, welche beym Argenville Rörbchen heißen. Sie haben mit den Archen, außer der etwas rundlichern Figur,

1) den gekerbten Rand, und

2) die länglichte Vierekke der glatten Fläche, zwischen den übergebogenen Schnäbeln der Schalen gemein. Sie laßen aber am vordern Rand, welcher innwendig mit breiten Zähnen in paßliche Furchen eingreift, keine solche Oefnung übrig, wie die Schalen der wahren Archen; und sind alle, nach Art der Pektunkeln, von oben herab mit starken Ribben und Furchen versehen. Es ist bey dieser Art von Archen ein doppelter Unterschied wohl zu bemerken. Denn

1) sind an einigen, wie F. 6. 7., die Ribben glatt und nur fein in die quere gestreift g). An andern,

g) Die Westindische vielfach gefurchte Bastartarchen.

Fab. Columm. de Purp. p. 20, 21. Concha polyleptoginglymos.

Lister. H. C. Tab. 230. f. 64. a. muta. it. T. 236. f. 70 Pectunculus albus crassus, profundè sulcatus, edulis concha. it. Tab. 237. f. 71. Pectunc. ovalis, densè, profundè et dentatim striatus. et T. 244. f. 75. Pectunculus rostro s. Collo tenuiore, striis admodùm dentatis.

Rumph. Tab. 44. I. Pecten Virgineus. Magde Bloom.

Bon. Mus. Kirch. p. 445. f. 73.

Langii

dern, welche noch runder in ihrer Form ausfallen, sind, wie (Tab. VI. f. 10,) alle Ribben mit breiten, stum-

Langii Meth. Testaceorum. p. 71.
Gualt. Index Testar. T. 87. A-C.
Petiv. Amb. T. XVII. f. 8. Virgin Cockle.
— Pterigr. amer. n. 431. Mytulus Iam. albus, crassus.
Adans. Coqu. Pl. 18. f. 17. l'Anadara p. 248.
Klein. §. 367. p. 141. und 143.
Lesser. §. 72. b. p. 416. Mägdeblume.
Hebenstr. Mus. Richt. p. 284.
Knorr I. Tab. XXIV. f. 3. 4. it. IV. T. XIV. f. 2. Jungfern Kammuscheln.
Argenv. App. Pl. III H.
Davila Cat. I. 358. n. 828. Coeur blanc d'Amerique &c.
Mus. Leers. p. 114. n. 1113. Fausse-Arche blanche cancelée.
— *Oud.* p. 87. n. 988.
Linn. l. c. p. 1141. n. 174. Arca antiquata.
— Mus. R. Ulr. 518. n. 91.
Sloane Iam. T. 241. f. 14. 15. 16.
Murray Fund. Test. T. II. f. 15. p. 42. Engl. Iamaica Ark or Cockle. *Huddesfoort.*
Favart d'Herbigny l. c. vol. I. p. 249. *Coeur en Arche de Noè à carene large.*
Müller l. c. p. 296. Bastartarche fällt in Ost- und Westindien, im Mittelländ. Meer und an den Afrikan. Küsten. Eine seltne und merkwürdige Abänderung dieser Art ist die achtfach gefurchte Bastartarche.
Lister. H. C. Tab. 238. f 72. Pectunculus gravis, rarò, vel minùs profundè sulcatus, ex fusco viridescens, articulationibus laminatis. Iamaic.
Gualtieri Ind. Tab. 87. D.
Klein. §. 367. n. 16. p. 143. T. X. f. 45.
Adans. Coquill. Pl 18. f. 5. le Fagan p. 246.
Petiv. Pterigr. Americ. n. 427. Glycimeris Iamaic. striatus, percrassus.
Davila Cat. Syst. p. 358. n. 826. Coeur de la Iamaique.
Linn. l. c. 1142. n. 175. Arca senilis.
— Mus. Reg. Ulr. p. 518. n. 92.
Müller l. c. p. 296. n. 175. Breitribbe aus Jamaika und Senegal.

stumpfen Knoten besetzet. Sie heißen knoticht geribbte Bastartarchen. Körbchen. h)

2) Herrscht, besonders unter den glattgeribbten, in Ansehung des Vaterlandes der merkwürdige Unterschied, daß an allen Westindischen Bastartarchen die Ränder beyder Schalen gehörig in einander passen und schlüßen, (S. Fig. 6. 7. und F. 10.) an den Ostindischen aber i) allemal die eine Schale mit

h) Die Körnichte oder knoticht geribbt und gefurchte Bastartarche. Das Körbchen.

Lister. H. Conch. T. 241. 242. f. 78. 79. Pectunculus striis planis et dentatis, vel magnis et muricatis insignitus e Campeche. Cf. *Ibid.* Tab. 234. f. 68. exemplar parvum.

Klein. §. 367. I. n. 5. 6. p. 142. Tab. X. Fig. 43. 44.

Petiv. Gazoph. T. 54. f. 5. Pectunculus Borneocus, striis altè incisis.

Gualtieri Index Testar. T. 87. fig. E.

D'Argenv. Pl. 23. C. *Corbula.* Corbeille blanche à cannelures pleines de tubercules.

Bon. Mus. Kirch. p. 445. n. 71. *Recr.* f. 72.

Lesser. §. 71. rr. p. 415.

Knorr. VI. T. 34. f. 2. Arche-bâtarde grainée.

Davila Cat. I. 358. la Corbeille.

Mus. Oud. p. 87. n. 989. Arche blanche à Ongles.

— *Leers.* 114. n. 1115.

Linn. l. c. p. 1142. n. 176. Arca granosa.

— Mus. Reg. Ulr. 519. n. 93.

Fav. d'Herbigny l. c. I. p. 336.

Corbeille-Coeur en Arche de Noë.

Müller l. c. p. 296. Der Korb.

i) Die Ostindische, ungleichschalige Bastartarche.

Lister. H. C. T. 229 f. 64. Pectunc. polyleptog. densè striatus, margine ferè inaequali et sinuoso. Iamaic.

Sloane. Iam. p. 258. T. 241. f. 17.

Klein. §. 367. I. n. 13. p. 143.

Petiv.

mit ihrem Rand ein Flek vor der andern hervorstehet (S. T. VI. f. 11 und 13.) Wem dieser Umstand noch so fremd ist, als er mir es noch vor kurzem war, bevor ich von meinem großmüthigen Chemnitz und Spengler mit solchen Ostindischen Bastartarchen beschenkt und wegen dieser Merkwürdigkeit näher unterrichtet wurde, der könnte leicht auf die Mutmassung verfallen, an solchen Schalen lauter unvollkommne Dupletten zu besitzen. Indessen wird man hier leicht aus dem Irrthum gerissen, wenn man sieht, wie genau die Kerben des langen Randes, welcher das Schloß ausmachet, in einander schlüßen. Vorzüglich unterrichtend sind in diesem Fall die Exemplare, deren beyde Schalen noch nicht geöfnet gewesen, aber dennoch an der einen Seite der Muschel mit einer Hälfte merklich über die andere hervorragen. Welches an der unten zu beschreibenden gedrehten Arche (Arca torta Linnéi) besonders in die Augen fällt. Indessen ist noch anzumerken, daß es von

Petiv. Pterigr. amer. n. 432. Mytulus Iamaic. albus, tenuior.

Die länglicht geschobne Art wird auch der Baktrog genennet.

S. *Rumph.* T. 44. L. Pecten saxatilis.

Bon. Mus. Kirch. p. 445. f. 74. Recreat. n. 74.

Petiv aquat. Amb. T. 17. f. 6. Batu Cockle.

Lister H. C. T. 347. f. 185. Pectunculus ex latere productior, subfuscus.

Klein. §. 422. 423. 1. 2. p. 171. T. XI. f. 73. Mactra Cf. §. 367. n. 35. p. 144. Anomalocardia effusa &c.

Lesser. §. 86. b. p. 445.

von den Ost- und Westindischen Bastartarchen, so-wohl kurze, stark gewölbte (Tab. VI. fig. 11.), als länglichte, gestrekte Arten (Fig. 13.) giebt, welche leztere von einigen Schriftstellern Baktröge genennet werden. Bey den ungleichschaligen Ostindischen Bastartarchen müssen einem nothwendig folgende Fragen einfallen: Wie geht aber dieses zu? Was hat es für eine Absicht? Warum ist es bey der Westindischen, die auch immer zugleich dikkere Schalen hat, nicht wahrzunehmen? Was ist auch das für ein sonderbares Moos (Fig. 13 a a), welches alle dergleichen Archen, und fast nie andere Ostindische Schnekken oder Muscheln, überziehet? Ich traue mir nicht, diese Fragen auch nur muthmaßlich zu beantworten und wünschte, daß es durch einen größern Kenner und Beobachter geschehen mögte.

Ausser den angezeigten Ost- und Westindischen Archen und Bastartarchen besitze ich noch eine kleine Art, welche mit den körnicht geribbten Körbchen die meiste Aehnlichkeit haben, in der Form aber, vom Schloße nach dem gekerbtem Rande zu schmäler, an den Seiten breiter, und im Ganzen fast Eyförmiger Figur sind. Mein Exemplar ist in allen 4 Linien hoch, 6 Linien breit, an der geraden Fläche des Schlosses überaus zart gekerbet, und von da nach dem ganzen Umfange des innern Randes stark gezähnelt, auf den äußern Ribben, besonders gegen den vordern Rand hin, sauber gekörnet, innwendig weiß, von außen ins Lichtbräunliche spielend. (Tab. VI. Fig. 12.)

Zu den kleinsten Arten der Bastartarchen gehört noch das kleine Milchbrod, welches ich vom Hrn. D. Allion erhalten, der mir versichert, es würde häufig in Sardinien gefunden k). Mein größtes vollständiges Exemplar ist 2 Linien hoch, 4 Linien breit, Milchweiß, in die Länge sehr zart, in die Quere stärker gestreift, am geradlinichten Schlosse fein gekerbt, am Rande glatt, am kurzen Vordertheil rund, am verlängerten Hintertheil etwas gedrükt, mit fast an einander stoßenden, gekrümmten Schnäbeln. Sie werden an den Ufern im Sande gesammlet.

Noch muß ich aus meiner Sammlung einer kleinen gestrikten und einer großen herzförmigen Bastartarche mit einer Scheidewand gedenken. Die kleine gestrikte Bastartarche (f. 9), von 3 bis 4 Linien in der Länge, hat eine weiße Farbe, beynahe völlig die rhomboidalische Gestallt ordentlicher No-

k) Das kleine Milchboot. Mytulus Garnseiae albus, parvus, tenuitèr cancellatus.

Petiv Gaz T. 73 f. 1. Pectunculus minimus laevis, intùs argenteus, cardine serratâ *Ibid.* T. 17 f 9. Ejusd. Mus. p. 87. n. 841. Little silber Cockle

Bonan Mus Kirch p 442. f. 33 Recr f. 34 *Conchula eburnea* in oris spissis denticulis crispa, ex Adriatici littoris arenâ.

Klein §. 364 c. p. 140. Isocardia laevis &c. *Bon.*

Linn l c. 1141. n. 173. Arca lactea.

Müller l. c. p. 295. Milchboot.

achsarchen, außer der Schloßlinie aber einen durchaus gekerbten innern Rand, wie (*Gualt.* Tab. 88. fig. R.) auf der äußern Fläche starke Querribben, welche durch erhabne, senkrechte Streifen so durchkreutzet werden, daß die ganze Fläche dadurch einer gestrikten Arbeit ähnlich siehet. Ihr übergebogner Schnabel ist auf dem Rükken ein wenig platt gedrükt und die verlängerte Seite bildet bey der Zusammenfügung beyder Schalen, die Figur eines länglichten Herzen. Ich entsinne mich nicht, irgendwo eine Abbildung davon gesehen zu haben, doch gleicht, ihr von innen die angezeigte Figur des Hrn. *Gualtieri* vollkommen. Ihr Vaterland kann ich nicht bestimmen. Verhärtet hab ich sie unter den Foßilien von Krignon deutlich und schön gefunden.

Die Herzförmige seltene Bastartarchen mit einer Scheidewand oder die Mönchskappe, (Coqueluchon de Moine), (Tab. VII. f. 15. 16.) aus **Mauritien** ist, meines Wissens, in ihrer Art eines der seltensten Kabinetsstükke, wovon ich bis jetzo nur die einzelne Schale besitze, durch die gütige Vorsorge meines Spengler aber hier eine der vollständigsten, richtigsten und schönsten Zeichnungen zu liefern in den Stand gesetzt worden l). Die Kopie hat einer der geschiktesten Kopenhagenschen Zeichenmeister, nach dem prächtigsten Original, aus der vortreflichen Speng-

l) *Arca concamerata.* L'Arche chambrée. *Zeldzaame Bastaart-Ark* met een Scheidsel.

M...

Spenglerischen Sammlung genommen. Der untere breitste Theil der Schale DD beträgt gerade $3\frac{1}{8}''$, die Höhe von der Umbiegung des Schnabels, bis an den Rand, $2\frac{5}{8}''$, die Linie des gezakten Schlosses (lit. CC) 2 Zolle m). Beyde zusammen gepaßte Schalen haben einen gewölbten, der Länge nach fein gestreiften Rükken mit einzelnen Querlinien von den Ansätzen, oder neuen Vergrößerungen der Schale. An der vordern, platt einwärts gedrükten Seitenfläche findet sich von B bis B ein schräg vom Rükken herablaufender stumpfer Rand, welcher an beyden vereinigten Schalen vorn eine vollkommne Herzförmige Fläche umgrenzet. Zwischen beyden, stark übergebogenen Schnäbeln ist an jeder von beyden Schalen ein plattes, gestrektes, mit einigen Linien durchzogenes Dreyek (S. C.C.C.), das in der Zusammensetzung einen Rhombus bildet, wahrzunehmen. Hierinn ist sie andern Bastartarchen ähnlich. Das Unterscheidende dieser seltnen Art besteht in der Scheidewand (AA); die an der gedrükten Seite der Schalen eine fast Eyförmige, oben schmalere, unten erweiterte Höhlung bildet und ohnstreitig einem Haupttheile des Bewohners zum Schutz und Bevestigung dienet.

m) Diese Archen haben, ausser der großen Anzal feiner Kerben, an beyden Enden auch noch ein scharf in einander eingreifendes Schloß mit langen, erhabnen Zähnen; über und zwischen denselben ein mit gewöhnlichen Vertiefungen versehenes Gelenke, welches bey keiner andern Art von Archen sich findet. Beym Spenglerischen Exemplar schlüßt eine Schale so über die andere kürzere, wie bey vielen Arten anderer Archen.

dienet. Alle von aussen sichtbare Streifen lassen sich auch innwendig bemerken, und bilden um den vordern Rand eine gleichsam gezähnte Fläche. Die Farbe der vollkommenen, unabgenutzten Exemplare ist bis auf den weißlichen Rand von aussen und innen hellbraun, auswärts überdies noch durch dunklere Flekken und einzelne Zikzaklinien verschönert.

Ueberhaupt haben diese seltne Herzförmige Archen viel Besonderes. Wenn beyde Schalen durch ihr Ligament noch verbunden sind, und nun der Bewohner dieselben öfnet; so reiben sich, wie mir mein Spengler meldet, beyde Wirbel auf einander und pflegen sich dadurch dermaßen abzunutzen, daß man die Spur davon an dem runden Ringe gar deutlich erkennen kann. Sind nun die Schalen dünne; so verursachet eben dieses Reiben an der einen oder der andern Schale bald ein Loch auf dem Wirbel.

Mir ist von dieser Arche noch nirgends eine Zeichnung oder Beschreibung vorgekommen, außer, daß in Cat. Syst. par Mr. *Davila* Vol. I. Pl. XVIII V. v. und p. 357. eine Spielart von der unsrigen vorgestellet und beschrieben wird, an deren Herzförmiger Vorderfläche man, statt unserer feinen Streifen starke gewellte Ribben herablaufen siehet, ohne den Rükken übrigens, wie bey uns, stark gestreift zu finden. Das Exemplar des Hrn. Davila war 4 Zoll breit und 3 Zolle hoch, von aussen Zimmtfarbig, und weißlich

weißlich an den Rändern, von innen ins Violette spielend. Er führt seine **Bastartarche** unter den **Herzmuscheln** auf, und hat sie die **Mönchkappe**, Coqueluchon de moine, genennet.

Zu den bekanntern, aber nicht minder seltenen und kostbaren Archen gehört noch das **Haspelduplett** oder die **gedrehte Arche** (Tab. VI. Fig. 14.) wovon in den Holländischen Steigerungen gute Duppletten von 30 bis zu 62 Holländischen Gulden bezahlet werden n). Man entdekt an diesen Schalen mehr als einerley Merkwürdigkeiten, so wohl in ihrer Figur, als im Zusammenschluß beyder Schalen. Die Figur ist lang gestrekt, und völlig nach Art einer **Haspel**

n) Die gedrehte Arche.

Rumph. T. 47. k Gedraayde Oester. Ostreum tortuosum. Gedrehte Auster, Haspel- oder **Weifenduplet.** Krumme Noachsarche.

Bon. Muf. Kirch. p. 448. n. 122. 123. Ostreum Papuanum.

Petiv. Aquat. Amb. T. XX. f. 9. Twisted Lighter Muscle.

Gualt. Ind. T. 95. B. Concha trisidos.

Hebenstr. Muf. Richt. p. 291.

Argenv. Pl. 19. I.

Klein. §. 312. 313. Parallelepipedum cinereum, striatum, rarissimum T. VIII. f. 16.

Lesser §. 98. b. p. 470. T. XX. et §. 110. h. p. 488.

Davila Cat. syst. I. p. 285. *Devidoir* ou *Bistournée.*

Knorr. I. T. 23. f. 3.

Muf. Oud. p. 86.

— *Leers.* p. 113. Arche torse. Haspeldoublet.

Linn. S. N. XII. p. 1140. n. 168. Arca tortuosa.

— *Muf. R. Ulr.* p. 517. n. 86.

Müller. l. c. p. 293. n. 168.

Favart d'Herbigny l. c. I. p. 75. *Bistournée.*

oder Handweise in ein Parallelepipedum gedrehet. Die vordere, vorn zugerundete Seite, (Lit. A), woran der kurze Schnabel (Lit. B) sitzet, ist etwas gewölbt, und sieht einem verschobnen Dreyek mit breiter Basis (Lit. A B); die hintere, flach gedrükte Seite hingegen (Lit A. C B), einem erhöhten schmalen Dreyek mit abgestumpfter Basis, ähnlich. Beyde werden durch eine schräg vom Schnabel nach unten laufende Wulst (Lit. A. B) von einander abgetheilet. Das Schloß besteht, wie bey andern Archen, aus einer langen gekerbten Fläche (Lit. C. A), die aber hier ganz schief, sich vom vordern zugerundeten (A), bis zum hintern, gleichsam senkrecht abgeschnittenen Rande (C. C) erstrekket. Auf der Oberfläche bildet sich, durch starke senkrechte und feine Querstreifen ein zierliches Gitter. Am ganzen scharfen Rand erscheinen aber, bey jungen Schalen, von der Verlängerung der ersten, die feinsten Zähnchen, die sich an ältern Schalen wieder verlieren. Innwendig habe ich die Fläche kleiner Schalen glatt und Schneeweiß, an größern ebenfalls gestreift, und an der Stelle, wo auswärts neben der Wulst eine Vertiefung ist, eine hervorstehende Wulst gefunden.

Die zwote Merkwürdigkeit jedes Haspeldupplets bestehet in der Ungleichheit ihrer Schalen. Der obere Dekkel ist an unverfälschten Exemplaren allemal kleiner, als die untere Schale. Nur die gekerbte Fläche des Schlosses der obern schlüsset völlig, und ist von gleicher Größe mit der untern. Man sieht es an an dem breiten, glättern Saum der innern Fläche der größern alten Schalen, wie weit sie von der kleinern bedekt gewesen. Meine größte Schalen vom Hrn. Pred. Chemnitz sind gerade 3″ lang, am vordern runden Theil 1 Zoll, am hintern abgestumpften $1\frac{1}{2}$″ breit, von grauweißer Farbe. An meiner kleinen, inn- und auswendig Schneeweißen Dupplette, welche ich von meinem Spengler bekam, hat die größte Schale $1\frac{1}{2}$″ in der Länge, vorn $\frac{5}{8}$, hinten $\frac{7}{8}$ Zoll in der Breite, die kleinere Schale ist nur $1\frac{3}{8}$″ lang, vorn $\frac{1}{2}$″, hinten etwas über $\frac{5}{8}$ eines Zolles breit, von innen glatt und Milchweiß, von aussen stärker, als die großen, gegittert. Große Haspeldoppletten fallen in Ostindien. Eine ganz kleine Art hat man, wie Hr. v. Linné versichert, an den Norrwegischen Küsten entdekket. Ich wünschte zu erfahren, ob man auch an diesen eine solche Ungleichheit beyder Schalen beobachtet hätte?

Den beschriebenen Kuchendoppletten, Archen und Bastartarchen habe ich auch eine bisher fast gänzlich unbekannte Koromandelische Flußarche beyzufügen, (Tab. VII F. 17. 18) die aus mancherley Gründen unsere Aufmerksamkeit verdienet. Der Hr. Etatsrath Müller nennt sie o) Mya corrugata. Sie findet sich in den Flüssen der Küste von Koromandel und ist mir von meinem Chemnitz überschikt worden. In ihrer zarten, vorne bey a a breiten, zugerundeten, vom

o) In seiner *Histor. Vermium* Vol. II. Testac. p. 214. n. 398.

vom Schloß b an, bis c c, in schräger Abnahme schmaler und fast spitzig zulaufenden Figur hat sie viel Aehnliches mit den sogenannten Banketschinken oder Pincette der Franzosen. Auf dem Rükken beyder zusammengepaßten Schalen findet sich, vom Schloß bis gegen das schmalere Ende hin, eine gedrükte Fläche, die von einem scharfen Rand lit. b. d d umschrieben wird, und ein langes gedrüktes Oval vorstellet. Sehr merkwürdig sind an dieser Tellmuschelförmigen Flußarche die starken, Regelmäßigen und überaus zierlichen Einkerbungen, mit welchen beyde Schalen am ganzen obern Rand aufs genaueste zusammen schlüßen, und welche so wohl an der vordern kurzen, lit. e. e. e, als an der hintern verlängerten Seite Lit. f. f. f., vom spitzigen Wirbel gerechnet, sich wahrnehmen lassen, also zusammen die 2 Schenkel eines geschobnen Dreyeks e. f. f bilden. Innwendig sind diese Schalen weiß und glatt, auswendig hellgrün, mit einer dunkeln Olivenfarbe gemischet, und mit starken Querfalten beleget. Unter der Oberhaut haben sie eine matt schimmernde Perlenmutter. Meine Dupletten sind $\frac{1}{2}''$ hoch, vom Wirbel bis an den vordern Rand gerechnet, und gerade einen Zoll lang. Im Dänischen werden sie Rynke Migen genennt. Außer dem Hrn. Etatsrath Müller hat noch kein Konchyliolog ihrer erwähnet.

Nach diesen 2 Hauptgeschlechtern der Muscheln mit gekerbtem Schlosse, nämlich I. den Kuchendupletten und II. den Archen, folgen bey mir nun

III.

III. die **flache Flügelduppletten**, die sich nur auf eine geringe Zahl von Gattungen, auf die **Winkelhaken**, **Husarentaschen** und **Flügelduppletten**, einschränken.

Der seltene **Winkelhaken** (Tab. VII. f. 19.) welcher oft noch theurer, als der **Hammer** ist, und in Holländischen Steigerungen immer noch mit 25 bis 42 Gulden, seiner verschiedenen Größe nach, bezahlet wird, gehört in Ansehung des Bewohners und Aufenthaltes, zwar unter die **Baum**- und **Steinaustern**, in Ansehung der Zusammenfügung seiner Schalen aber, nothwendig zu den **Muscheln mit gekerbtem Schlosse** p). Eben diese Verschiedenheit in

p) Der Winkelhaken. Venusschachtduplet. *Winkelhaak*. *Rumph*. Tab. 47. I. Chemn. ad R. p. 119.
Valentyns Abh. von Kondylien. T. XIII. f. 3.
Langii meth. p. 78 gen. 2. Concha incurvata et brachiata
Gersaint Cat. de Mosson p. 195. n. 756.
Pet. aquat. Amb. T. XX. f. XI. Teynter-Hook.
— Gaz. Tab. 45. f. 3. A virginian Short of *Tree-or Rock Oyster*.
Gualt. Index Testar. Tab. 97. A.
Hebenstr. Mus. Richt. p. 291.
Klein §. 310 Isognomon. T. VIII. f. 15.
Sebae Tesaur. T. 91. f. 6. 7. 8.
Regens. II. Tab. VIII. f. 11.
Knorr. IV. T. X. f. 1. 2.
— VI. T. XIII. f. 1.
Lesser. §. 83. c. p. 441.
Davila Cat. System. I p. 285. n. 598. *l'Equerre des Hollandois*, la *Cuisse* des Francois.
Mus. Oud. p. 85. n. 981.

Mus.

in der Beschaffenheit ihres Schlosses bestimmt auch das wesentliche Unterscheidungsmerkmal zwischen den Pohlnischen Hammern und Winkelhaken; denn es ist gewiß, daß es auch Pohlnische Hämmer mit einfachem Flügel, wie bey den Winkelhaken, giebt. Ich selbst besitze, durch die Güte meines Chemnitz, einen Pohlnischen Hammer, dessen Schale völlig acht Zoll in der Länge, oben ohne Flügel $2\frac{1}{2}''$, unten mehr nicht als $1\frac{1}{4}''$ beträget. Ein Winkelhakenduplet von solcher Schönheit und Größe würde man in Holland gern mit 80 fl. bezahlen, da man für eine Duplette von 6″ in der Breite, und 4″ in der Länge, schon 77 fl. bezahlet hat. (S. *Leers* p. 112 n. 1095.) Der einfache Flügel des Meinigen hat in allem die Länge von $4\frac{3}{4}''$, die Breite von $1\frac{1}{2}''$. Ich würde, seines schmalen Körpers ohngeachtet, ihn von aussen gewiß für einen Winkelhaken angesehen, haben, wenn ich durch die nähere Betrachtung des Schlosses nicht eines andern überführet worden. Die eine Seite hat, wie bey den Winkelhaken, kaum die Spur eines gerade laufenden Fortsatzes, die andere hingegen einen desto längern und stärkern Flügel. Das Schloß aber bestehet, anstatt häufiger Einkerbungen, bloß aus einer breiten, tiefen, und einer schmalern, flachern senkrechten Grube, die beym Leben

Mus. Chais. p. 66. n. 840.
— *Leers.* p 112. n. 1096. 42 Gulden.
Linn. S. N. XII. p. 1149. n. 214. Ostrea Isogonum.
— Mus. Reg. Ulr. p. 533. n. 120.
Müller l. c. p. 315. n. 214.
Favart d'Herbigny l. c. II. p. 12. *l'Equerre.*

ben des Bewohners, mit bevestigenden Bändern und bindenden Knorpeln angefüllet werden. Ein zweytes Merkmal, wodurch man beyde Muschelarten beym ersten Anblik ziemlich sicher unterscheiden kann, besteht in der Beschaffenheit des Körpers, der bey den **Winkelhaken** breiter und flacher, als bey den **Pohlnischen Hämmern**, zu seyn pfleget.

Die Form der **Winkelhaken** rechtfertigt vollkommen ihre Benennung. Sie haben eine sehr flache, zugleich etwas gebogene Figur, am breiten Körper der Schale, oben einen geraden Rand, A. B. C., welcher sich an der einen Seite in eine kurze, stumpfe Spitze, an der andern in einen größern **Fortsatz** oder **Flügel** A. verlängert, und so die Figur eines **Winkelmaßes** bildet. Mein kompletes Exemplar, welches ich von einem würdigen Freunde, dem hiesigen Königlichen Kammermusikus, Hrn. **Riedt**, als ein Andenken für mein Kabinet erhalten, gleichet vollkommen der Figur des **Valentyn**. Es bestehet von außen aus lauter übereinander liegenden, zarten, schwärzlich violetten Lamellen, ist oben gegen die **Schloßfläche** bey B. C. weiß, mit einzelnen violetten Stralen, mit seinem Flügel $2\frac{1}{2}''$ in der Mitte $1\frac{5}{8}''$, unten $1\frac{3}{8}''$ breit; im Ganzen, von der vordern Spitze schräg, bis an den untersten Rand gemessen, 4 Zolle lang, inwendig, so weit es der Bewohner angefüllt, litt D. E. mit einer vortreflichen Perlenmutter gezieret, am vorderm Rand aber, und am untern schmalen

len Theil der Schale glatt, und schwärzlich violet gefärbet. An der Schloßlinie zähle ich auf jeder Schale 9 starke, senkrechte Einkerbungen, welche das Schloß ausmachen und mich bewogen haben, den **Winkelhaken** aus der Familie der Austern wegzunehmen, und von dem sonst verwandten Hammer zu trennen. Außerordentlich zart und häutig muß der Bewohner, und aus diesem Grunde wohl nicht eßbar seyn, weil die zusammenliegende Schalen in ihrer ganzen Dikke nicht über ein Achtelzoll betragen. Ihrer Seltenheit und ihrer zärten Schalen ohnerachtet, werden sie doch zuweilen durch die Kunst mit allerley Figuren bearbeitet. S. *Mus. Leers* p. 153. n. 1420. — Ihr Vaterland ist Ostindien. Sie gehören unter die seltenen und schönen Kabinetsstükke.

Noch seltner, als die vorher beschriebene, sind mir die sogenannte **buklichte Winkelhaken** (Tab. VII. Fig. 20. 21.) in den Kabinetten vorgekommen. Ich habe nirgends von diesen Duppletten einige bestimmte Nachricht, wohl aber im Lister eine deutliche und im *Seba* eine mittelmäßige Abbildung angetroffen. q) Sie

q) In *Listeri* Hist. Conchyl. Tab. 228. f. 63 heißt sie: *Pecten* tenuitèr cavus, laevis, ex rufo striatus, ternis, quaternisve articulationibus donatus, vertice acuto s. rostrato; beym *Seba* in Thes Tom. III. Tab. 90. in série penult ist bloß die Figur zu finden. Hr. Meuschen hat ihr im Holländischen und Französischen, die Namen: *L'Equerre bossuë* très-singuliere, *gebulde Winkelhaak*, ertheilet. S. *Mus. Leers* p. 112. n. 1097. 5 fl. Cf. *Davila* Cat. Syst. I. p. 285. n. 597.

Sie verdienen daher, als noch ziemlich unbekannte Schalen, eine nähere Beschreibung. Im Ganzen betrachtet gleichen diese Dupletten, besonders von aussen, gewissermaßen einem **Winkelhaken**, welcher den Beynamen eines **buklichten** erhalten, weil die obere Schale sowohl unter dem Schloß, als mitten auf dem Rükken merklich erhöhet oder gewölbt erscheinet. Beym ersten Anblik sollte man sie leicht für eine **geflügelte Schnabelauster** ansehen, weil die eine Seite Fig. 21. lit. a. dem Scheine nach wirklich einen **Schnabel** bildet, von dessen Wirbel oder Spitze, auf weißgelblichem Grunde doppelte, sauber violette **Stralen** sich anfangen, und auf dem Rükken immer weiter ausbreiten, auch schlängelnd bis an den untern und an die Seitenränder fortlaufen. Von diesem gestralten Wirbel Lit. a. breitet sich der obere Rand in einer geraden Linie Lit. a. b von $\frac{1}{2}$ bis zu $\frac{3}{4}''$ weit nach der Seite aus, und bildet innwendig einen flachen, dikken Rand, in welchem, nach dem Unterschiede der Größe, 3, 4 bis fünf starke, senkrechte **Einkerbungen**, wie an den **Archen**, und am vorigen **Winkelhaken**, zu sehen sind. S. Fig. 20. Lit. a. b. Unter dem benannten Wirbel findet sich erst eine starke **Auskrümmung** (Lit d), die sich in Flügelförmiger Gestallt bis an den untern, schmaler zu laufenden Rand verbreitet, und an der gegen über stehenden Seite (Fig. 20. 21. Lit. e. f. b.) bey manchen einen geraden, bey andern einen ausgeschweiften, unten rükwärts gekrümmten Rand bildet.

Die

Die untere Schale ist mit der obern von gleicher Form und Größe, doch nicht buklicht, wie die obere, sondern vielmehr flach und an den Stellen eingedrükt, wo die obere gewölbt erscheinet. Beyde Schalen sind ganz durchsichtig, dünn und nur aus wenigen Lamellen zusammen gesetzt. Innwendig zeigt sich, so weit als der Körper des Bewohners reichte, die schönste glänzende Perlenmutter, die man auch von aussen an abgeriebenen Schalen erblikket. Merkwürdig ist es, daß die junge, nach allen ihren Theilen schon vollkommne Schalen, deren ich eine von $\frac{3}{4}''$ in der Länge und $\frac{1}{2}''$ im größten Durchmesser besitze, die mit schönen violetten doppelten Flammen und innwendig mit einer prächtigen Perlenmutter gezieret ist, anfänglich bloß den Theil Fig. 21. a. b. g. c auszumachen, hernach aber auf einmal den großen Ansatz Ibid. lit. b. f. e. d. zu erhalten scheinen. Auch hier muß der Bewohner sehr zart und häutig seyn, weil, des Bukkels der obern Schalen ohnerachtet, wegen der Einbiegung der untern die ganze Dikke des Dupplettes nicht über $\frac{1}{8}''$ beträget.

Von diesem seltenem Winkelhaken besitze ich, außer angezeugtem jungen Exemplar.

A) Eine vollständige Dupplette, vorn mit stark geflügeltem, hinten mit ausgeschweiftem Rand, und mit einem getrokneten Bewohner, vom Wirbel bis an die neuen Ansätze violet gestralt, übrigens Hornfarbig, zart und ganz durchsichtig,

auf

auf der ganzen Oberfläche mit feinen Fadenröhren (Serpula intricata *Linn.*) und kleinen Posthornförmigen Röhrchen (Serp. Spirorbis *Linn.*) besetzet; an der Schloßlinie $\frac{5}{8}$″, im größten Durchmesser 1 Zoll breit, $1\frac{1}{4}$ Zoll hoch, mit 3 starken Schloßkerben r).

B) Die auf der Kupferplatte vorgestellte Schale, mit rothen korallinischen Ansätzen, vielleicht von der rothen Gliederkoralle (Isis ochracea Linn.) und einem dreyekkigen, auch einigen kleinen Posthornförmigen Wurmgehäusen (Serp. triquetra et spirorbis L.), einem schwach geflügelten Vorder- und geradem Hinterrande. Die vierfach eingekerbte Schloßlinie $\frac{3}{4}$ Zoll, der breiteste Durchmesser 1 Zoll, die Länge $1\frac{5}{4}$ Zolle.

C) Eine starke abgeschlifne, sowohl von innen, als von aussen Perlenmutterartige Schale, mit einer breiten, fünffach gekerbten Schloßlinie von $\frac{3}{4}$ Zoll, einem Durchmesser von $1\frac{1}{4}$″ und einer Länge von $1\frac{5}{8}$ Zollen.

Von dem Vaterlande dieser Schalen weis ich nichts Zuverläßiges zu sagen, als daß ich die ersten von einem Reisenden erhandelt, welcher sie an den Ufern

r) Nach der Zeit habe ich davon eine größere, in allen ihren Theilen vollkommne, schön gezeichnete Duplette gekaufet.

Ufern der Spanischen See gesammlet zu haben vorgab.

Unter den geflügelten Muscheln mit gekerbtem Schloße sind auch diejenigen selten und merkwürdig, die, um ihrer Form willen, gar wohl Husarentaschen Tab. VII. f. 22. heißen könnten s). Ich habe davon eine abgeschlifne kleine Duplette von meinem gütigen Spengler, und eine größere Schale von meinem Liebvollen Chemnitz, erhalten. Erster nennet sie eine Perlenmuttermuschel aus Amerika, besonders aus Mauritien, deren Seltenheit in dem gekerbten Schloße besteht, welches aber nicht, wie bey den Archen, völlig zusammenschlüßet. Im VI. Theile des Knorrischen Konchylienwerkes wird eine Duplette hiervon, mit ihrer natürlichen Farbe abgebildet und unter dem Namen eines Flügeldupletts (Vlerk duplet; Doublet en aile), beschrieben, zugleich aber behauptet, es wäre noch in keinem Schriftsteller anzutreffen. Ich müßte sehr irren, wenn Lister, Klein, Seba und Davila nicht, an den angezeigten Orten, eben diese Husarentasche beschrieben und abgebildet hätten. Indessen ist nicht

zu

s) S. *Lister*. Hist. Conch. Tab. 227. f. 62. Pecten planus polyginglymus, vertice lato.

Petiv. Pterigr. Americ. 426. *Berberi* americanus cardine serratâ.

Klein. §. 309. 3. p. 123. Tab. VIII. f. 18.

Sebae Thes Tab. 90. (figurae laterales in serie alterâ.)

Knorr. VI. Tab. XXI. f. 1. p. 30

Davila Cat. Syst. I. p. 285. n. 597. vers la fin de l'article.

zu läugnen, daß man sie bisher, besonders die großen Dupletten, selten genug in Kabinetten gefunden.

Die ähnliche Form einer Husarentasche wird jedem Konchyliologen bey der Figur selbst leicht in die Augen fallen. Die breite Schloßfläche A B besteht an meiner kleinen polirten, überall, weißen, Perlenmutterartigen Duplette, aus acht senkrechten Auskerbungen oder halbrunden Kanälen, auf deren vertieften Flächen man, vermittelst einer Lupe, feine Querstreifen wahrnimmt. Unter dieser sieben achtel Zoll breiten Fläche findet sich eine starke gefaltete Einbiegung C, deren Falten die Anzal der übereinander liegenden Lamellen zu bestimmen scheinen. Wo diese zu Ende gehen, da fängt sich der abgerundete Flügel D, oder der breite Theil der Tasche an, umschreibt von D bis E einen schwach gekrümmten Halbzirkel, von E bis F aber, eine fast gerade Linie. Beyde Schalen haben einen Durchmesser von 1¾″ und eine Höhe von 2 Zollen. Sie sind flach, schwer, stark und auswärts von den übereinander liegenden Lamellen in die Quere gefalten, innwendig aber glatt, Perlenmutterartig und mit einer Vertiefung zum Aufenthalte des Bewohners versehen.

Der Unterschied kleiner Exemplare, wie das Listerische und meine Duplette, gegen die größere, wie das Sebaische, gehalten, besteht in der stärkern Hervorragung des Flügels D, in einer stärkern Krümmung bey E. und in der Beschaffenheit ihrer Farben. An meinem großen Exemplar, dessen Schloßfläche 2 Zolle lang, ½ Zoll breit und mit 12 eben so langen, offenen Rinnen versehen, dessen gröster Durchmesser 4½ Zoll breit, und welches zugleich eben so hoch ist, findet man aus- und innwendig eine hell violette Farbe, die sich bloß da in weißen Perlenmutterglanz verlieret, wo das Thier seinen Aufenthalt gehabt, und wo starke, knorplichte Ligamente die beyde gekerbte, nicht ganz aneinander passende Schloßflächen zusammen bevestigen. An unversehrten Exemplaren erblikt man auswärts die artigsten Züge und Schattirungen von weißgrauer und violetter Farbe.

Bey meiner, aus Absichten polirten und abgeputzten Schale siehet man einen vierfachen Beweiß der **Chemnitzischen Theorie von Erzeugung der Perlen**, weil nach einer vierfachen Durchbohrung gewisser Seewürmer von außen, auf der innern Fläche sich vier starke, vom lebenden Bewohner aufgelegte **Perlenpflaster** wahrnehmen laßen. Diese **Perlenansätze** finden sich aber nicht allemal unmittelbar der äußern Oefnung gegen über, sondern oft in einer ziemlichen Entfernung, wenn der Wurm nämlich, wie es oft geschieht, in einer schiefen Richtung die Schalen durchbohret, und sich mit seinem bohrenden Rüssel nicht gerade durch alle Lamellenlagen durcharbeiten konnte. Beyläufig muß ich erinnern, daß ich bey allen bisherigen, sehr häufig angestellten Untersuchuntersuchungen, an eignen und von meinem theuren Chemnitz in dieser Absicht erhaltenen Konchylienschalen, kein einziges Beyspiel angetroffen, das der Chemnitzischen Theorie entgegen wäre.

Von eben dieser **Husarentasche** verwahret Herr **Spengler** in seinem überaus großen und schätzbaren Kabinet auch unter den Versteinerungen eine große, dikke und schwere Perlenmutterschale, die noch ziemlich in ihrem natürlichen Zustand ist, und ihm von den **Montsernatischen Gebirgen** in der **Lombardie**, unter dem Namen: Ostreum fossile polylepto-ginglymum, zugeschikket worden.

Das **Muschelförmige Flügeldupplet** t), oder mit einem Worte, der **bunte Fasanenflügel** (Tab. VII. Fig. 23. 24.) gehört ohnstreitig unter die seltenstem Muscheln mit gekerbtem oder **kerbicht gefaltenem Schlosse**. Meines wissens ist ihrer noch in keinem konchyliologischen Werke gedacht worden. Sie hat völlig die Form eines hängenden Flügels, dessen Anfang der **Wirbel** A. dessen vordern Rand aber B. B. B in einer halb Mondförmigen länglichten Krümmung, und dessen obern geradlinichten Theil A. C. vorstellet. Ich nenne dieses Duplet **Muschelförmig**, weil es, gleich den **Mießmuscheln**, einen spitzigen **Wirbel** A, unterwärts aber ausgebreitetere Schalen hat. Ihre

t) *Arca mytuloides spuria*, cardine laterali plicato-serrato, superficie violaceâ, undis cinereis virgatâ. *Arca Phasiani alam* repraesentans. *Arche* en forme de moule, representant *l'Aile de Phaisan.* Holl. *Faisant-vleugel.*

Figur ist auf der Kupfertafel deutlich und getreu vorgestellet. Sie hat ganz dünne, dunkel violette, sehr zart und Wellenförmig in die Quere gefaltete, vom Wirbel bis nach den Rändern herab mit seinen gelbgrauen Linien geschlängelte, am Wirbel und in der Mitte des Rükkens gewölbte, an beyden Rändern schräg abfallende Schalen, deren innere hohle Fläche glatt, hell violett, an der Seite von D. E. F. mit weißen Perlenmutterartigen Lamellen überzogen ist. Es scheint, als wenn beyde Schalen eine doppelte Bevestigung, so wohl am Wirbel, durch knorpliche Bänder, als an der Seite A. C. durch die faltichten Einkerbungen D bis E hätten und also der Bewohner seine Schalen gar nicht weit und nur am vordern scharfen Rand öfnen könne, um hier seine Zunge zur Bewegung auszustrekken. Freylich muß ich bekennen, daß die Bauart von den übrigen Flügelmuscheln, in Ansehung des gekerbten Schlosses an der Seite merklich, aber doch nicht so weit abweichet, um diese Schale füglicher unter den Muscheln, als unter den Flügeldupletten beschreiben zu können.

Von meinem freygebigen Spengler habe ich zwo dieser noch ganz unbekannten Dupletten erhalten, eine klein, vom Wirbel A bis an den Rand bey B $1\frac{3}{8}''$ lang, im breitsten Durchmesser eben so breit, hell violet, mit grauen Wellen unvergleichlich bezeichnet, und eine größere $2\frac{1}{4}''$ lang $1\frac{1}{4}''$ breit, viel dunkler auf dem Grund, in welchem sich daher auch ein Theil der schlängelnden Streifen fast gänzlich verliehren.

liehren. Mein gütiger Freund hat diese noch unbeschriebene Konchylien aus Ostindien erhalten und es gereicht mir zum Vergnügen, sie hier zuerst bekannt machen zu können.

Es ist wahr, daß ich aus vielerley Geschlechtern die Kinder dieser Familie zusammen suchen müssen; weil ich aber, außer der von den Bewohnern hergenommenen und für Sammler der Schalen ganz unbrauchbaren Methode, keine natürlichere kenne, als wobey man die Scharniere und ihre Beschaffenheit zum Grunde leget, so hoffe ich, daß man bey diesem Versuch meiner Methode weder Ordnung, noch Leichtigkeit vermissen oder ihn wenigstens dazu dienen lassen wird, mir mit jener schmeichelnden und wirklich belehrenden Glimpflichkeit, womit sich die Freunde der lächelnden Natur zurechte zu weisen pflegen, einen Weg zu zeigen, auf dem ich vestere Tritte thun, und sicherer schreiten kann. Es würde mir wehe thun, wenn ich bey einer so kostbaren und mühsamen Arbeit, als mein systematisches Konchylienkabinet erfordert, welche mir dennoch durch den Beystand so viel edler Freunde so großmüthig erleichtert und versüßet wird, nicht auch die Zufriedenheit noch erleben sollte, daß ich hoffen dürfte, unsere Deutsche Hrn. Konchyliologen würden sich über meine gewagte, aber mit redlichem, unermüdetem Eifer übernommene Bemühungen in Zukunft nicht mit Recht zu beklagen haben. Ohnstreitig sieht man es diesem Aufsatz schon an der Stirn an, daß er nichts, als einen Versuch vorstellen soll, den ich freylich in meiner Konchyliologie weiter auszuführen, auch dort von den bekannten Bewohnern das Nöthige zu sagen gedenke. Hier war es meine Pflicht und Absicht, mich so sehr, als möglich, einzuschränken, ohne doch in der allgemeinen Kenntniß von den Muscheln mit gekerbtem Schloß eine nachtheilige Finsterniß übrig zu lassen.

XVIII.
Beschreibung
einer
seltnen Tellmuschel,
von
Mart. Thr. Brünniche,
in einer Nachricht
an Herrn Spengler.
Tab. VII. fig. 25—28.

Sie haben in meinen Sammlungen diese seltene Muschel des Mittelländischen Meeres mit einem sichtbaren Vergnügen bemerket. Ich kann sie nicht besser anwenden, als wenn ich sie Ihnen, mein gelehrter Freund! überschikke. Sie ist auf den Küsten der Provinz Languedok in Frankreich aufgefischet worden. Ich finde beym Linné eine ungleichseitige Tellmuschel, die sehr mit der unsrigen übereintrift, und vielleicht eben dieselbe ist. Ich habe ihr deswegen den Linneischen Namen beygeleget. Sie werden finden, daß ihr Schloß oder Cardo etwas von dem Schlosse der Tellinen abweichet; indessen kömmt es doch keinem Geschlechte näher. An jeder Schale bemerkt man auch, wie bey allen Tellinen, zween Eindrükke der Muskeln, welche das Thier bevestigt hatten. Ich füge hier zugleich meine Lateinische Beschreibung bey, und bitte, selbige mit Ihren Gedanken und weitern Beobachtungen zu begleiten, und sie unsern gelehrten Freunden in Berlin mitzutheilen!

Tellina inaequivaluis, testâ oblongo-rostratâ, valvulâ alterâ planâ.

Testa longitudinem pollicis transversi superans, margaritacei coloris, semipellucida, lævis, nitida, ad marginem epidermide tenuissimâ tecta. *Valvula altera* plana, intrà valvulæ convexæ marginem exteriorem connivens, *labium* inflexum, labio alteriùs testæ longitudinalitèr incumbens, depressum. Utraque testa angulo minori à natibus excurrens, levitèr angustata, rostro truncato, vix hiante, terminata. Infrà marginem anticum infracta testa in parte convexâ angulo longitudinalitèr elatior. *Cardo* valvulæ convexæ fossulâ brevi excisus; utrinque dentis vestigium, anticum impressum, posticum margine anali parallelum, elevatum. *Valvulæ planæ dens validus* erectus, truncatus, fossulam valvulæ convexæ intrans. Huic ad latus denticuli divergentis vestìgium, ut in oppositâ testâ. Utrinque ad dentes extenditur lineola elevata, marginibus antico & postico parallelis. Vestigia Incolae in singulâ testâ duo, cauterii instar, distincta.

Kopenhagen, den 28. November 1776.

XIX.

XIX.

Fernere Beschreibung dieser seltenen Dünnmuschel aus dem Mittelländischen Meere.

von

Lorenz Spengler.

Ich kann nicht läugnen, daß die gegenwärtige Muschel, als ich, in der vortreflichen Naturaliensammlung des Herr Professor Brünniche, sie das erstemal sahe, mich in größte Verwunderung setzte, Sie war, wenigstens mir, ganz neu, und da ich fand, daß sie von allen bekannten Muscheln abwiche; so erwekte sie um so viel mehr bey mir eine besondere Aufmerksamkeit, nebst dem Wunsch, einmal so glüklich zu seyn, ein dergleichen Stük unter meiner Lieblingssammlung zählen zu können! Auf eine unerwartete Weise überraschte mich die Güte meines verehrungswürdigen Freundes, und er übersandte mir diese seltene Muschel, mit vorstehender Zuschrift und methodischer Beschreibung. Der Herr Professor ist der Meynung, daß eine

weit-

weitläufigere Umschreibung dieser Muschel, in unsern Gesellschaftlichen Beschäftigungen, den Liebhabern nicht unangenehm seyn mögte.

Um nun näher zu diesem Zwekke zu gelangen, habe ich solche, in etwas vergrößerter Gestallt, genau abmalen laßen, damit alle Theile desto kennbarer würden. Figur 25. zeigt die Muschel von der untern gewölbten Seite; zugleich siehet man vom Dekkel den Rand a a., welcher an diesem Theil über die Kante der untern Schale herüber tritt. Fig. 26 stellet die untere und vertiefte Schale von innwendig vor. Fig. 27. bildet des Dekkels innere Seite ab, da seine äußere der innern gleich ist. Fig. 28. ist ein bloßer Umriß von der natürlichen Größe der Muschel.

Sie ist beydes ungleichseitig und ungleichschalicht. Ihre Länge enthällt zweymal ihre Breite. Dem äußern Umrisse nach macht die untere und tiefe Schale dieser Muschel, von dem hintern Ende an bis zum Wirbel oder Bande (Ligamentum), welches den dritten Theil der Länge der Muschel beträgt, eine länglicht runde Figur; hingegen sind die übrigen 2 Drittel an dem obern Rande hohl ausgeschweift, Fig. 25. a. a, und an dem untern machen sie einen ungleichen Bogen. Wo sie vorne zusammenstoßen, bilden sie eine platte und schmale Rinne, wie gemeiniglich die Tellinen an ihren schmalen Enden zu haben pflegen.

Von außen ist diese Rinne durch zwo etwas erhobene Wulste, die zwischen sich eine Vertiefung laßen, kennbar. Sie fangen am Wirbel an, werden immer breiter, und endigen sich erst vorn am schmalen Ende der Schale.

Sie ist ungleichschalicht, weil die eine Hälfte von inwendig tief ausgehölt, und von außen stark gewölbt ist, wenn hingegen die andere Schale nichts anders, als einen platten, auf beyden Seiten geraden und ebenen Dekkel vorstellet, der den Dekkeln der einschalichten Konchylien, besonders von den Stachelschnekken, womit das Thier sein Haus zu verschlüßen pfleget, in allem gleichet. An der inwendigen Seite dieses Dekkels, von seinem Wirbel an bis an das äußerste schmale Ende, raget ein Winkelrechter Saum hervor, der mitten am breitesten ist, Fig. 27. a. a. Dieser Saum umschlüßt und tritt über einen dergleichen etwas schmalern Rand an gleichem Orte der untern Schale, Fig. 26. b b, und wenn beyde Schalen aufeinander sitzen; so bilden sie vorn eine schmale, geöffnete Schnauze Fig. 25. a. Sonsten tritt alles Uebrige des Dekkels etwan $1\frac{1}{2}$ Linie tief einwärts in die untere Schale, so wie man bey den Schwalbenmuscheln wahrnimmt.

Das Gelenk ist der sonderbareste Theil an der ganzen Muschel, und von allen bekannten Geschlechtern gänzlich unterschieden.

Zwi-

Zwischen beyden Schalen scheint der Wirbel derselben durchbohrt zu seyn, und diese Oefnung ist der eigentliche Anfang eines Kanals, der innwendig in beyden Schalen durch einen aufgeworfenen oder eingefaßten, und vorn zugerundeten Rand, in einer schiefen Richtung gegen das schmale Ende der Muschel, sich zierlich auszeichnet. Dieser Kanal nun schlüßet das Band in sich, welches beyde Schalen mit einander verbindet, wovon auch noch ein kleiner Ueberrest an beyden Schalen Fig. 26. 27. a. b. an seiner Schwärze sich bemerken läßet.

Gegen das hinterste runde Ende der untern Schale liegt, in einer kleinen Entfernung vom äußern Rand, ein, mit einem scharfen Rükken aufgehobener langer Zahn, der mit seinem vordern Ende bis an den Wirbel der Schale reicht, Fig 26. 27., und daselbst, gleich einem Fischangel, sich wieder in eine Winkelspitze schief zurükke bieget. Zwischen dieser lezteren Spitze, und zwischen dem oben angedeuteten Kanal, schlüßt, wenn beyde Schalen vereiniget sind, ein ganz hoher, schiefer Zahn vom Dekkel Fig. 27. d. Dieser hoch emporstehende Zahn ist in seiner Figur Keilförmig, und doppelt so breit an seiner Oberfläche, als an seiner Wurzel. So viele künstliche Anstallten finden sich in dem Gelenk einer von den meisten Menschen so gering geschätzten Muschel!

Die Stellen, wo die zween Muskeln in beyden Schalen gesessen haben, sind durch runde Flekken, die

eine

eine höhere Farbenspielung, als das übrige Perlenmutter haben, sichtbar. Beyde sitzen nahe am obern Rande der Muschel Fig. 26. 27. e e, die sehr zart und dünne, Perlenmutterartig und durchsichtig erscheinet. An dem äußern und untern Rande beyder Schalen, die Schnauze mit einbegriffen, gehet ein Saum herum, der gleichwol am Dekkel am breitesten ist, von einer Steinschalichten Materie, die das Perlenmutter einfasset, daß es wegen seiner Sprödigkeit und Dünnigkeit nicht ausbrökkeln kann, so wie alle Perlenmutterartige Schnekken und Muscheln mit einem solchen Ueberzuge versehen sind. Beyde Schalen sind auswendig vom Wirbel an mit ungleichförmigen Zirkelreisen, nach der Länge der Schalen, durchzogen. Der Dekkel aber hat von innwendig noch das Besondere, daß lauter zarte Stralen, die beym Wirbel ihren Anfang nehmen, seine glänzende Fläche überzwerch durchschneiden.

Nach dem großen Zahn des Dekkels, und nach der geöfneten Schnauze dieser Muschel zu urtheilen, müßte dieselbe nach den Linneischen Kennzeichen, zu den Solen oder Messescheiden geordnet worden seyn, worunter sie auch wirklich Linné in der zehnten Ausgabe seines Natursystems am Ende dieses Geschlechts No. 30. aufgeführet. Das Gelenke der untern Schale hat aber doch vieles mit einigen Gattungen der Anomien gemein; die äußere Gestallt indessen weiset sie zu den Dünnmuscheln, wobey auch der Herr Prof. Brünniche, nach dem Linné, sie stehen laßen.

Den

Den Geburtsort hat eben gedachter Herr Prof. Brünniche schon oben angezeigt. Unter einer Menge einzeler Muschelschalen von allerley Geschlechtern, die ich aus Lisabon erhalten, fand ich auch einige Stükke von der untern Schale dieser Muschelgattung, woran aber die Perlenmutter erstorben war. Dieses bestätiget, daß diese Muschel zur Zeit nur noch allein im Mittelländischen Meere gefunden worden.

XX.

Von
einer außerordentlich seltenen Art
Walzenförmiger Tuten
oder Kegelschnekken,
welche den Namen
Gloria maris
führet,
durch

J. H. Chemnitz.

Tab. VIII. f. A.

In dem Systematischen Konchylienkabinette unsers würdigsten Martini vermisset man sehr ungern unter den länglichten Walzenförmigen Tuten die Krone ihres Geschlechts, die kostbare und seltene *Gloriam maris*. Man wird zwar im zweeten Bande desselben bey der 602ten Figur mit einer in der großen Spenglerischen Sammlung sich aufhaltenden nahen Anverwandtin dieses Schalenhäuses bekannt

kannt gemacht, welche auch so glüklich ist, *Gloria maris* vom zweeten Range genannt zu werden; allein dadurch wird dem Mangel nicht abgeholfen, noch die Neubegierde eines lüsternen und eifrigen Konchylienliebhabers Schadlos gehalten und befriedigt, vielmehr nur desto stärker gereizt, jene vom ersten Range näher, genauer, und eigentlicher kennen zu lernen. Unser unverdroßner Martini, welcher bisher weder Mühe, noch Kosten gescheuet, um sein Konchylienwerk so vollständig, als möglich zu liefern, würde nimmermehr die Beschreibung und Abbildung dieser ungemein seltenen Schnekke den Konchylienfreunden als ein Geheimniß vorenthalten haben, wenn er sie nur irgendwo erfragen und auftreiben können. Allein, wie sollte er dazu kommen? da sie nirgends in seiner Gegend anzutreffen war, diejenige aber, welche ich mir zu beschreiben vorgenommen, dem Regenfußischen Werke vorbehalten wurde, folglich nicht wohl vor der Zeit bekannt gemacht und außerhalb Landes vesendet werden durfte. Nachdem aber nunmehro die Kupferplatten zum zweeten Theile des Regenfußischen Werkes alle schon gestochen, und diese Schnekke um deswillen davon ausgeschlossen worden, damit nicht ihre schwere und mühsame Farbenerleuchtung, an diesem Orte, wo es an Illuministen fehlet, und Herr Regenfuß, mit seiner geschikten Ehegattin und Gehülfin, das beste und meiste immer selber verfertigen muß, die geschwindere Vollendung des Werkes verzögern mögte; — so fallen alle vorige Bedenklichkeiten hinweg, und nun soll sie

auch

auch sogleich den Liebhabern bekannt gemacht, und in der deutlichsten Abbildung vorgeleget werden.

Bey allen bekannten klaßischen Schriftstellern der Konchyliologie herrscht, wenn man sich nach der *Gloria maris* umsieht, ein tiefes Stillschweigen, und in den Naturaliensammlungen, wenn ich einige Holländische ausnehme, sucht man sie gleichfalls vergeblich. Hier zu Lande befindet sie sich einzig und allein in der kostbaren Naturaliensammlung unsers verehrungswürdigsten, um Dännemark unsterblich verdienten Herrn Geheimen Raths, des Herrn Grafen Adam Gottlob von Moltke. Kaum hatte ich mich erkühnet, Se. Hochgräfliche Exzellenz zu ersuchen, daß mir dieses Stük auf eine Zeitlang aus der Sammlung verabfolget werden mögte, um eine genaue Beschreibung und Abbildung desselben, zum Besten der Berlinischen Gesellschaft Naturforschender Freunde, zu veranstallten, als mir auch schon meine Bitte mit der größten Bereitwilligkeit zugestanden wurde a).

a) Se. Exzellenz geruheten außerdem, zu erlauben, daß ich mich Ihres ganzen Konchylienkabinets nach Belieben, zum Vortheile der verehrten Gesellschaft, und insonderheit zum Nutzen des von Ihnen vorzuglich werth geachteten D Martini, bedienen mögte. Ja, Sie erklärten Sich, aus einem Ueberfluß der Güte, mit der Ihnen so eigenthümlichen Menschenfreundlichen Herablaßung und Holdseligkeit, wie sie nicht bloß willig wären, diese und jene Stükke zur Abzeichnung herzuleihen, sondern sich es auch nicht entgegen seyn ließen, einige, wenn es verlangt würde, gänzlich abzutreten. Gewiß, eine überaus großmüthige Anerbietung, die bey mir nothwendig Ehrerbietige Bewunderung veranlaßen mußte! Ch.

Die genaue, meisterhafte Abbildung dieser in ihrer natürlichen Größe vorgestellten, und wegen ihrer vielen Winkelzüge und sonderbaren Farbenmischungen schwer zu treffenden Schnekke haben wir unserm Königl. Hofkupferstecher, dem geschikten Herrn Regenfuß, zu verdanken. Die Welt kennet bereits seinen fast unnachahmlichen Pinsel aus jenem berühmten Konchylienwerke, dessen 2ter Theil nun nächstens mit desto größerer Sicherheit erwartet werden darf, nachdem die Arbeit an den dazu nöthigen Kupfertafeln schon geendiget worden, und man ietzo mit weiterer Farbenerleuchtung unablässig beschäftigt ist. Da ich einen so berühmten Gewährsmann habe; so wird man hoffentlich wegen der Aehnlichkeit und Gleichheit sich vollkommen versichert halten können, daß hiebey die Natur erreicht, und die getreueste Abbildung geliefert worden.

Soviel muß ich freylich mit vieler Offenherzigkeit gestehen: am Original, das wir diesmal immer vor Augen gehabt, erblikt man bey der Mündung ziemlich starke, doch recht gut wieder zugeheilte und verwachsene Risse und Narben, welche von einigen im jugendlichen Alter vorgefallenen Verwundungen und Beschädigungen herrühren müßen. Diese hat Herr Regenfuß mit Fleiß übersehen, und durchaus nicht andeuten wollen. Er sollt' uns auch nicht mit den blos zufälligen Fehlern und Krankheiten einer solchen Schnekke, sondern hauptsächlich mit ihren wesentlichen Schönheiten und Vollkommenheiten bekannt

kannt machen. Diese Pflicht hat auch Herr Regenfuß aufs beste bey gegenwärtigem Prachtstük erfüllet. Er hat hier weder geheuchelt, noch eine ihrer vorzüglichsten Schönheiten übersehen.

Ob sie nunmehro, da wir sie in ihrer ganzen Pracht vor Augen haben, ihres großen und ansehnlichen Namens vollkommen werth sey? oder ob ihr nur die ungemeine Seltenheit den hohen Namen und die sonderbare Achtung erworben? Ob sie es vorzüglich verdiene, Gloria maris zu heißen? Ob man ihr diesen vielbedeutenden Namen und Ehrentitel ohne Einrede laßen und gönnen müße? Ob es nicht ungleich herrlichere und vollkommnere Schalthiere gebe, die mit weit größerem Recht auf diese pralende Benennung Anspruch machen könnten? ob nicht jede schöne und reizende Schnekke, oder überhaupt die ganze vortrefliche Klasse der Konchylien, Gloria maris heißen könne? darinn kann und will ich alleine nicht Richter seyn — das alles mögen meine Leser beurtheilen und entscheiden, nachdem ich Ihnen das wohlgetroffenste Ebenbild, durch die Hand des berühmtesten Künstlers geliefert.

Wo übrigens das eigentliche Vaterland unserer Gloriae maris zu suchen sey? Wenn und zu welcher Zeit diese Seltenheit zuerst entdekt, und aus den entferntesten Weltgegenden nach Europa möge heräber ge-

 bracht

bracht worden seyn? Wer ihr anfänglich den vornehmen Namen beygelegt, und sie *Gloriam maris*, die Ehre und Pracht des Meeres, genennet? In welchen Holländischen großen Konchyliensammlungen sie ebenfalls befindlich sey? Wie alt an Jahren ohngefähr die hier abgebildete seyn möge? Ob man sie als eine völlig ausgewachsene anzusehen habe, welche längstens über die Jahre der Kindheit und Jugend hinaus sey, und schon die höchste Stuffe ihres Alters, Wachsthums und Vollkommenheit erreicht habe, oder ob es ungleich größere und vollständigere Stükke dieser Art gebe? Ob sie alle ihre Stokwerke und Windungen schon im Kleinen, von ihrer ersten Kindheit und Entstehung an, gehabt b), oder diese erst bey zunehmendem Alter und Jahren bekommen? Ob der Bewohner dieses Schalengehäuses eßbar oder giftig sey? und da er allerdings zur Familie der feinsten Netztuten gehöret, ob er auch dem Einwohner der Netztuten in allem gleiche, und ebenfalls, wie jener, einen schwärzlichen Mohrenkopf, ein Paar lange Fühlhörner, einen sehr langen Fuß, und dergleichen ähnliche Leibestheile habe? Wovon er sich nähre, und wem er zur Nahrung diene? Welches wohl der Zwek seines Daseyns sey? Welche Absichten der Schöpfer

in

b) Wie jenes vom Herrn Prof. Müller VI. Theil, I. Band des Linnäischen Natursystems tab 16. fig. 2. vorgestellte, von Surinam herstammende, noch im Ey liegende, und doch mit allen seinen Stokwerken und Windungen schon im Kleinen versehene Buccinum. Ch.

in jenen Meeren, wo er sich aufhält, zu erreichen suche? Warum die Natur seine Behausung so künstlich gebildet, so reizend, herrlich und unnachahmlich bemalet? Mit Beantwortung aller solcher Fragen wird man mich, weil ich keine einzige derselben hinlänglich und gründlich zu beantworten weis, gütigst verschonen.

Soviel getraue ich mir allemal zu erweisen, daß die *Gloria maris* den alten Naturforschern gar nicht, und den neuern erst seit kurzem bekannt gewesen seyn könne. Es würde uns ja sonst ein einziger die Abbildung derselben geliefert haben. Seba begehet in seinem thesauro locupletissimo die Thorheit, welche vor ihm noch Niemand begangen, und ihrer Kostbarkeit wegen, auch nach ihm so leicht nicht wieder begehen wird, daß er eine und eben dieselbe Schnekke, wenn gleich sonst nicht der geringste Unterschied dabey wahrzunehmen ist, eben so oft abbilden laßen, als er sie vorräthig hatte. Vom Teleskop, z. B. oder von der Seetonne haben sich 12 Stükke in seiner Sammlung befunden. Da nun jeder an einer einzigen sorgfältigen Abzeichnung genug gehabt, und daran sogleich den Bau aller übrigen erkennen können; so hat er dennoch tab. 50. seines Werks alle 12 Stükke nach der Reihe vorstellen laßen. So gehts bey den Pabstkronen und Bischofsmützen, vid. tab. 51. und bey vielen andern. Man muß nur froh seyn, daß er bey manchen Gattungen nicht noch mehrere Stükke von eben derselben Art besessen, sonst wären sie gewiß auch noch in Kupfer gestochen, und sein ohnedies unnöthig vertheuretes Buch noch in einen höhern Preis gesetzet worden. Um diese Thorheit noch vollständiger zu machen, haben einige seiner Kupferstecher c) alle diese gleichförmigen Stükke links vorgestellt, als wenn alle diese Pabstkronen, Bischofsmützen, Seetonnen u. s. w. ihre Oefnung an der linken Seite gehabt. Wirkliche Linksschnekken hingegen, welche im Text als Buccina perversa, sinistrorsùm gyrata beschrieben werden, als tab. 40. fig. 37. hat er rechts vorgestellet. Gewiß, eine Nachläßigkeit, dergleichen man von einem Holländischen Kupferstecher, der die Schulen der grösten Meister in dieser Kunst vor sich hat, am wenigsten vermuthen sollte! —

Hätte nun Seba vollends die ungemein rare und kostbare *Gloriam maris* einigemal besessen, gewiß würd' er uns mit mehreren Abbildungen derselben sogleich freygebigst beschenket haben. Allein sie fand sich gar nicht in seiner großen Sammlung, und im Lister, Bonanni, Rumpf, Lange, Gualtieri, Valentyn, Lesser, Dargenville, Hebenstreit, Klein, Adanson, Linné, Knorr rc. ist kein Wort von ihr zu finden. Nur im ersten Bande des 6ten Theils der Müllerischen Ausgabe vom vollständigen Linnéischen Natursystem finde ich Seite 382. folgende

c) Denn es haben mehrere an diesem Werke gearbeitet und ihre Arbeit vortreflich und untadelhaft geliefert. Ch...

gende hieher gehörige Anmerkung: „Die längste Art „der Brünetten Tuten wird am meisten geachtet, und „heißet, Gloria maris. Sie kömmt aus Ostindien.„ Gegen das erstere wäre gar vieles zu erinnern; denn sie gehört schlechterdings nicht zu den Brünetten; aber das andere ist höchst wahrscheinlich. Sie kömmt wohl ohnstreitig aus Ostindien, wiewohl schwerlich von solchen Küsten und Meerufern, die fleißig von Holländischen und Europäischen Schiffen besucht und befahren werden. Nimmermehr könnte sie sonst so ungemein rar geblieben seyn. Man würde sie längst öfter mitgebracht und dadurch ihren Werth verringert haben. So aber hat sie sich bisher, wegen ihrer Seltenheit, in größerm Ansehen und in einem recht hohen Preiß erhalten. Die gegenwärtige ist vor etwa 20 Jahren in Holland beym Verkauf des Schlüterischen Kabinetts mit 49 Gulden bezahlet worden. Und doch ist man mit dieser noch sehr wohlfeil davon gekommen. Da man bald nachher einen Kompagnon zu derselben gesucht und in einer Holländischen Auktion über 100 Gulden für eine solche Gloriam maris bieten laßen; so hat man sie doch nicht erhalten, sondern sie ist für 120 Gulden verkauft worden.

Dieses seltene Schalthier gehöret zur Familie der Walzenförmigen Tuten mit einem sehr merklich erhabenen Wirbel. Hier ist die kurze Beschreibung derselben.

Gloria maris — *Conus*, *testâ* candidâ elongatâ, turbinatâ, cylindricâ (cylindro triplo longiore, quam spira) venis reticulatis fasciisque longitudinalibus vermiculatâ, et maculis luteis fuscisve triangularibus elegantissimè distinctâ — *aperturâ* effusâ longitudinali, edentulâ; *columellâ* lævi, sed usque ad interiora cochleae penetralia nitidissimè, proût in superficie, pictâ et exornatâ:

An ihrem stark hervorragenden Wirbel laßen sich deutlich 10 Absätze zählen oder 10 Stokwerke und Windungen unterscheiden.

Die äußere und obere Schale ist bey ihr, wie bey allen Tuten und Walzen, sehr hart, vest und undurchsichtig, die innern Windungen dieses Geschlechts aber, (wie ich solches bey meinen vielen aufgeschliffenen Walzen und Tutenschnekken einem jeden augenscheinlich darlegen kann) sind so fein und durchsichtig, wie das feinste Frauenglas, und so zerbrechlich, daß eine erstaunliche Geduld und Behutsamkeit dazu erfordert wird, wenn man beym Abschleifen nicht alles zerbrechen und zerstören will.

Giebt es auch Varietäten und Abänderungen dieser seltenen Gattung? Allerdings! In einer gewissen Holländischen Sammlung verwahret man eine bandirte, welche mit dreyen etwas dunklern Bändern

dern wie umwunden und umzingelt ist. Unser mit der Konchyliologie so genau bekannter Herr Spengler hat ehemals die Zeichnung solcher bandirten aus Holland erhalten, welche ihm aber abgeliehen und entwendet worden.

Ich halte es für überflüßig, ein mehreres von der Gloria maris hinzuzuthun, da sie durch die vortreflichste Regenfußische Abbildung schon so vollkommen kenntlich gemacht worden, daß man aller meiner weitern Erklärungen und Beschreibungen füglich überhoben seyn kann.

Kopenhagen den 22. Januar 1777.

XXI.

Vom bunten Achatspitzhorn mit stark gezahntem Nabel,

durch

J. H. Chemnitz.

Tab. VIII. Fig. B.

Das bunte Achatspitzhorn mit stark gezahntem Nabel a), verdienet vor vielen andern Schnecken einmal näher betrachtet und einer genauen Aufmerksamkeit gewürdiget zu werden. Ich sah es vor etwa zehn Jahren zum erstenmal bey meinem Aufenthalte zu Wien in der schönen Naturaliensammlung meines vieljährigen Gönners des Herrn Bernhards von Moll, Herzogl. Braunschweigischen Geheimen Raths und Gesandten am Kayserl. Hofe. Ich stutzte und erstaunte sogleich beym ersten Anblik nicht

a) *Buccinum achatinum* nebulatum, *umbilico* profundissimo *insigniter dentato*.

nicht wenig über das Sonderbare, Ungewöhnliche und Eigenthümliche derselben, ich meyne über die vielen Zähne ihres tiefen, durch alle Stokwerke und Windungen bis zur äussersten Spitze hindurch laufenden Nabels. Zähne im Nabel? — und noch dazu so viele, (ich habe in manchen Stükken einige und zwanzig zählen können) so sonderbar geordnete, mit dem schönsten ins Blaue und Violette fallenden Email ausgeschmükte Zähne? — Nein! die hätte ich nimmermehr an einem so ungewöhnlichen Orte gesuchet. Seit meiner Zurükkunft nach Dännemark habe ich öfter das Glük gehabt, diese wunderbar genabelte und gezähnelte Schnekke aus Ostindien, und sonderlich von Tranquebar, zu bekommen; doch hällt es immer schwer, ganz unversehrte und unbeschädigte Stükke, die noch alle Zähne im Nabel haben, zu bekommen. Wär es vorjetzo meine Absicht, mich in eine ausführliche Beschreibung der Bauart und Beschaffenheit dieser sonst allerdings merkwürdigen Gattung einzulassen; so würde ich davon sagen: wie sie gemeiniglich sieben Windungen habe, an deren beyden äussersten letzten und kleinsten sich eine ganz dunkelblaue Farbe wahrnehmen lasse — wie bey frischen und gesunden Stükken die Oberfläche auch so glatt und glänzend sey, als wenn sie in Oel getränket worden; daher sie Linné mit Recht als eine testam quasi butyro seu oleo inunctam beschreibet; — wie sich bey allen und jeden Stükken dieser eigenen Art, in Absicht der gleichförmigen Zeichnung ihrer braungelben dunkel Okkerfarbigen Flekken auf der Oberfläche, eine bewunderns-

würdige

würdige Uebereinstimmung, und einerley, ja eben dieselbe Ordnung unabänderlich finde — wie es ferner diesem Schalengehäuse auch innerlich nicht an der angenehmsten, dem feinsten Schmelz und Email gleichenden Farbenmischung, dabey die braungelbe Farbe der Oberfläche ungleich feiner ins Licht gemalet worden, fehle — wie man beym Aufschleifen und bey der Entblößung ihrer innern Geheimnisse an der Dekke der innern Gewölbe eine unerwartete Wulst bemerke, welche im 2ten und 3ten Stokwerke noch merklicher und dikker wird, alsdann aber allmählig wieder abnimmt und sich in dem letztern gar verlieret; — wie man Stükke habe, die fast noch einmal so groß sind, als das, was bey dieser Abhandlung vorgestellet worden, dabey dann auch natürlich die Nabelzähne weit stärker hervorragen und jedem weit sichtbarer ins Auge fallen. Mein Zwek geht hauptsächlich dahin, den Liebhabern und Freunden der Konchyliologie ein wohlgetroffenes und besser mit Farben erleuchtetes Exemplar dieser Art (daran es meines Wissens bis hieher noch gänzlich gefehlet) darzulegen, darauf man sich, wegen des Eigenthümlichen und Ungewöhnlichen dieser Schnekke hernach desto sicherer berufen, und beziehen könne b). **Lister, Gualtieri, Klein, Linné, Martini,** — lauter unsterbliche Namen bey den Konchyliologen; — haben längst Abzeichnungen und Beschrei-

b) Ich habe diese Abzeichnung von einem geschikten Künstler entwerfen und vom Hrn. Regenfuß verbessern lassen; daher man sich wegen ihrer Zuverläßigkeit versichert halten kann.

Ch. . .

Beschreibungen dieses Schalthieres besorget c). Sollten etwa **Klein** und **Linné** hiebey eine andere nahe damit verwandte Zitrongelbe Schnekke, wie **Müller im vollständigen Natursystem** 470 des I Bandes vom 6ten Theil vorgeben will, im Sinne gehabt haben; so hätten sie sich beyde nicht auf **Listers** tab. 982. fig. 42, sondern auf tab. 974. fig. 29 berufen müssen. Jedoch bey allen vorhin genannten Schriftstellern lesen wir noch kein Wort von der Sache, welche gleichsam den unterscheidenden Karakter unserer Schnekke ausmacht, nämlich **von ihrem reichlich mit Zähnen bespikten Nabel.** Allein der Aufmerksamkeit unseres unermüdet arbeitenden **Martini** ist auch dieser Anmerkungswürdige Umstand nicht entgangen. Man lese nur seinen **ersten Theil der allgemeinen Geschichte der Natur** pag. 185 und betrachte daselbst tab. 10. fig. 2. Mögte man aber gern an eben angeführtem Orte weiter und umständlicher belehret seyn, warum wohl dies Buccinum von dem weisesten Herrn der Natur, welcher nichts ohne hinreichenden Grunde zu veranstallten pfleget, mit einem so tiefen Nabel und solcher Reihe von Zähnen, welche dazu mehr auswärts,

c) Es ist *Listeri* Buccinum breviroſtrum, claviculatum læve, ex croceo nebulatum, umbilicatum. *Hist. conchyl.* Tab. 982. fig. 42. — *Gualtieri* Buccinum majus canaliculatum, ex albido et fulvido variegatum et nebulatum Tab. 51. fig. B.
— *Kleinii* Dipsacus (Doppelsak) nebulatus simplex ex croceo *Tentam. ostracol.* §. 94. Spec. 4. — *Linnaei Buccinum glabratum*, testâ glaberrimâ, columellâ subperforatâ, anfractibus obsoletis, infimo basi subcanaliculato producto. §. 406. adit. Xma Langiana.

auswärts, als einwärts gebogen sind, versehen worden? so muß man sich gedulden, indem es dem scharfsinnigen Verfasser nicht gefallen, sich über diesen Punkt umständlicher zu erklären oder in eine nähere Untersuchung sich einzulassen. Er ist freylich, wie mir deucht, schon ganz nahe auf der Spur gewesen, eine von den Hauptabsichten und Vortheilen des gezahnten Schnekkennabels zu entdekken, weil er eine benachbarte, hiemit aufs nächste verschwisterte Art eine Fischreuse, um ihres Nabellochs willen, genennet, und vermuthlich damit soviel andeuten wollen, daß dies Nabelloch der Schnekke in ihren Verhältnissen und Umständen eben den Vortheil verschaffe, wie dem Fischer seine Fischreuse, kurz daß es ihr zum Fange ihres Raubes und zur Erwerbung ihres benöthigten Unterhalts brauchbar und dienlich sey. Allein er hat es ohnstreitig seinem **systematischen Konchylienkabinette** vorbehalten, sich hierüber weitläuftiger auszubreiten d).

Schlägt man erst andere Schriftsteller nach, welche lange nicht den nachdenkenden und zur Erforschung der Geheimnisse des Naturreichs gleichsam geschaffenen Geist eines **Martini** haben, um sich in ihrer

d) Auch hier mögt ich nicht gern meinen Karakter verleugnen, sondern lieber mit meiner gewöhnlichen Offenherzigkeit bekennen, daß ich es meinen Absichten gemäßer finde, da, wo ich nichts Zuverläßiges zu sagen weis, meine Muthmaßungen bloß zu eignen fernern Spekulazionen aufzubehalten. M...

rer Schul ein wenig besser belehren zu laßen, warum wohl dies oder jenes da sey? Warum oder wozu manche Schnekkenart ihre Zähne habe? Warum das seltene Magellanische *Buccinum*, welches den Namen des Einhorns führet a), mit einem großen, weit hervorstehenden Zahn an der unteren Seite ihrer Mündung versehen sey? Warum manche Nerite dem Ansehen nach fast blutige oder Blutroth gefärbte Zähne vorzeige? Wozu doch die Zahnspindel ihre Reihe Zähne an dem obersten Rande der Mündung brauchen möge? Warum in den Tritonshörnern, Sturmhauben, in manchen Arten der Straub- und Spindelschnekken der ganze Mund voller Zähne sitzen? so findet sich allenthalben das tiefste Stillschweigen. Ist es doch warlich, als wenn manche Leute einen geheimen Abscheu hätten, in die Absichten und Endursachen natürlicher Dinge tiefer, als gewöhnlich, einzudringen? oder als wenn sie es nicht einmal der Mühe werth hielten, sich mit ihren Lesern, wegen des eigentlichen Zwekkes solcher sonderbaren Naturerscheinungen zu berathen und auf eine vernünftige und lebhafte Weise zu unterhalten? oder als wenn sie es für gefährlich hielten, Muthmaßungen zu wagen, und die Hofnung schon gänzlich aufgegeben, daß man in solchen Fällen das Weitere werde entdekken und ergründen können. Man wird gar zu oft bey den Konchyliologen mit den trokkensten

a) S. Martini Naturlex. I. p. 599. Tab. XIX. f. 14.

sten Beschreibungen der Farbe, Größe, Bauart u. s. w. solcher Schnekken, welche durch treue Abbildungen und Farbenerleuchtungen schon weit kenntlicher gemacht werden, als es alle Beschreibungen zu thun im Stande sind, Seitenlang ermüdet und aufgehalten; dahingegen von dem Wesentlichen, Karakteristischen, und Eigenthümlichen eines Schalthieres und Gebäudes, das ein wißbegieriger Leser am liebsten wissen mögte, wenig oder gar nichts zu finden ist.

Wie sehr wünschte ich, daß einmal ein gründlicher Konchylienkenner sich aufmachen und von den gezahnten, mit vielen Zähnen besetzten Schnekkengehäusen c) eine eigene Abhandlung liefern mögte. Wie viel Lehrreiches würde sich dabey nicht anmerken und ausführen laßen! Nur müste man sich nicht allein bey den von aussen sichtbaren Zähnen aufhalten, sondern auch den innern begierigst nachspüren. Denn beym Aufschleifen der Schnekken, um ihren innern Wunderbau kennen zu lernen, habe ich bey vielen Gattungen der Konchylien in den obern höhern Gewölbern und Windungen diejenige Reihe von Zähnen aufs neue noch einigemal angetroffen, davon ich vorher geglaubt, daß sie nur allein bey der ersten Oefnung stehen, und der ersten Mündung eigenthümlich zugehören würden. In den Sturmhauben, Tri-

c) Denn mit den Zähnen des Bewohners und Fisches, und mit den Zähnen der Muscheln bey ihren Schlössern und Scharnieren, hat es eine ganz andere Bewandniß. — Die Zähne dieser Art erforderten eine besondere Betrachtung. Ch. . .

Tritonshörnern, Grimaßen, wie auch in der mit sieben Zähnen in der Mündung versehenen Straubschnekkenart, welche im ersten Theile des Naturforschers Tab. 3. Fig. 3. vorgestellet worden, und deren Original aus Westindien zu uns gebracht wird, habe ich an allen den Orten, wo äusserlich in den obern Windungen ein knotichter Absatz oder erhabene Wulst gesehen wird, auch innerlich aufs neue diejenige Reihe von Zähnen gefunden, welche bey der Mündung stehet f). Wozu dienen aber nun diese innersten Zähne g)?

Bey den Neriten ist es sehr wahrscheinlich, daß ihnen die Seitenzähne ihrer Mündung vornämlich zu dem Ende verliehen werden, um ihren Dekkel desto vester, wie in Thürangel und Fugen angeschlossen, halten zu können. Vielleicht gillt eben dieses von den Dekkeln und Zähnen anderer

f) Hiervon wird man in meinem Konchylienwerk auf den Vignetten des 3ten Bandes p. 191. 217. ꝛc. deutliche Vorstellungen und Erklärungen antreffen. M. . .

g) Vor Kurzem erhielt ich von einer im südlichsten Grönlande neuangelegten Kolonie, welcher man den Namen Julianens Hofnung gegeben, und von der man die Hofnung haben kann, daß es in Zukunft eine der einträglichsten und florisantesten Grönländischen Kolonien seyn werde, einen raren, Fuß langen, ungewöhnlichen Fisch, den ich sogleich, weil ich keine Fische kenne und sammle, dem Kabinette Naturforschender Freunde zu Berlin, verehret. Dieser Fisch hatte den ganzen Gaum und Schlund oben und unten gleichfalls voller Zähne. Wiewohl bey einem Fische können dergleichen auch sogar im Gaum und Schlunde, wie beym Fischerfrosch, sehr nöthig und nützlich seyn. Ch. .

Schnekken. Welch einen Gebrauch die sogenannte Hexe und Zauberschnekke (Helix Scarabæus Linnaei) von den Zähnen ihrer Mündung mache, davon hat uns der auf alles aufmerksame Adanson, die beste Nachricht gegeben h).

Allein wozu können die innern, verborgenen Zähne einer Schnekke in den obern Windungen dienen? i) und was soll man von unserm Achatkinkhorn und seinem so reichlich mit Zähnen besetzten Nabel denken? Wenn mein liebster Martini im 2ten Theil

h) Es heißt davon in seiner *Histoire naturelle du Senegal* p. 13. „On ne voit pas d'abord quel peut être l'usage de la „grande dent, qui est en bas de l'ouverture de la co„quille, et l'on ne s'imagineroit guèrres, qu'elle sert „à tenir ecartés les deux talons, dont je viens de par„ler. Cependant c'est un fait qui devient hors de „doute, lorsqu'on observe l'animal entrer et sortir plu„sieurs fois de sa coquille: alors on voit ses deux talons „se tourner de coté et passer, l'un à droite et l'autre „à gauche de la dent, qui étant prolongée jusques „dans l'interieur de la coquille, comme je m'en suis „assuré, en la coupant en deux, les tient toûjours „eloignés l'un de l'autre, à quelque profondeur qu'ils „la pénétrent." Ch...

i) Meines Erachtens haben die Zähne an den innern Windungen der Schale, die gemeiniglich bis in die untere Spitze fortlaufen, theils die Gleichförmigkeit im ganzen Baue der innern Schale zur Absicht, theils auch, weil der Anbau neuer Mündungen schwer zu läugnen ist, bereits die Absicht erfüllt, welche den Zähnen der äußern und neuesten Mündung zukömmt. Denn ohnstreitig hatten einige der nächsten Gewinde, in der Jugend des Bewohners, die Mündung vorgestellet, welche bey zunehmendem Alter und Größe durch neue überbauet wurde. M...

Theil der Beschäftigungen Naturforschender Freunde vom Arrosoir oder von der Gießkanne redet; so bekennet er mit gröster Offenherzigkeit seine Unwissenheit wegen vieler wunderbaren Theile derselben — und dies macht ihn mir weit Ehrwürdiger, als die vornehme stolze Miene der Allwissenheit, welche sich so viele bey wirklicher Handgreiflicher Unwissenheit zu geben bemühen. **Martini** gesteht es ehrlich p. 351 und 352: bey einigen Theilen der Gießkanne wisse er nicht einmal eine Muthmaßung, wegen ihrer Absicht und Bestimmung, anzubringen. Sollte nicht beym **gezahnten Nabel des Achatspitzhorns** der nämliche Fall da seyn? Hier läßt sich wohl ebenfalls weder Absicht, noch Endursache entdekken, noch eine wahrscheinliche Muthmaßung, wegen der eigentlichen Bestimmung und Nutzbarkeit solcher Nabelzähne anbringen? Das sollt ich doch nicht meynen.

Wollten sich meine Leser diesmal, in Ermangelung des Bessern, mit Muthmaßungen begnügen; so will ich es dreiste wagen, Ihnen einige der meinigen darzulegen. **Vielleicht dienet dieser mit Zähnen besetzte Nabel dem Bewohner des Schalengehäuses zu einer Fischreuse, zu einem Fangnetz, oder** zu einer bequemen Falle, um solche Thiere und Gewürme, die zu seiner Nahrung dienlich seyn mögten, darinnen desto eher zu fangen. Es ist allen Naturturforschern bekannt, daß der Ameisenlöwe im Sand einen Trichter und umgekehrten Kegel zu dem Ende baue, um die Ameisen desto leichter fangen zu können.

nen. Den gezahnten Nabel der Perspektivschnekke, welchen Linné mit Recht stupendum naturae artificium nennet, betrachte ich als ein solches Labyrinth, aus welchem sich kleine Seeinsekten und Würmer nicht leicht wieder heraus finden können. Wie, wenn der Nabel beym Achatkinkhorn eben ein solcher Trichter wäre? Ich sollte denken, was da hineinkroche, werde die gröste Mühe haben, wieder herauszukommen. — Folglich kann es bey solcher, durch die Mitte des ganzen Gebäudes hindurchgehenden Falle, hinter deren Wänden der Bewohner seinen Aufenthalt hat und folglich alles gleich bemerken muß, demselben, wenn er nur aus den Hauptkammern heraustreten will, an Speise und Beute nicht fehlen. Der gelehrte Herr Prof. Kratzenstein redet in der ersten Ausgabe des Regenfußischen Werks, welche nie bis ins Publikum gekommen, oder gemein gemacht worden, von solchen Konchylien, (p. 14. §. 25. der Einleitung), welche einen Strudel und Wirbel im Wasser machten, und die dadurch herbeygeführte Beute erhascheten. Ich kann es nicht wissen, welche Art er dabey im Gesicht und Gedanken gehabt. So viel weis und sehe ich aber: hier ist ein gewirbelter Nabel, der vielleicht zu ähnlichen Dienstleistungen bequem seyn mögte. Das Achatspitzhorn ist vorzüglich vielen Nachstellungen und Angriffen der See- und Bohrwürmer ausgesetzt. Selten bekommen wir es unbeschädigt und undurchfressen. Wäre man nun geneigter zu glauben, daß diese auswärtsgehende

Zähne

Zähne des Nabels demselben zu einem Gehege, und Verwahrungsmittel der innern edelsten Theile des Gehäuses verliehen worden, und darum mehr auswärts, als einwärts stünden, um die Stelle der Pallisaden zu vertreten, und wie ein Bollwerk die ersten feindseligen Angriffe abzuhalten; — so hätte ich nichts dagegen einzuwenden.

Ich erinnere meine Leser zum Beschluß an die nachdenklichen Worte Salomons, eines Königes, der gewiß im Reiche der Natur kein Fremdling gewesen, da er von allen Pflanzen und Bäumen, von der Zeder auf Libanon an, bis zum Isop, der an der Wand wächset — und von den Eigenschaften aller Thiere, Vögel, Gewürme und Fische aufs weiseste zu reden gewußt (1 Buch der Könige 4, 33.). Er bekennet es im hohen Alter, nahe beym Ende seiner Untersuchungen in seinem Predigerbuche Kap. 8, 17. „Ich sah alle Werke Gottes; denn ein Mensch kann „das Werk nicht finden, das unter der Sonnen ge„schieht (die Absichten, Zwekke, Endursachen der „mehresten Dinge sind und bleiben ihm verborgen) „und je mehr der Mensch arbeitet, zu suchen, je weni„ger er findet, und wenn er gleich spricht, ich bin „weise und weis es; so kann ers doch nicht finden. — „Wenn ers gleich glaubt entdekt zu haben; so hat ers „doch lange nicht erforscht und erfunden.“

Kopenhagen den 27. Januar. 1777.

XXII.

Von einem in der Orangerie an einem Lorbeerbaum gewachsenen Schwamme.

von
Otto Friedrich Müller
zu Kopenhagen.

Tab. IX. fig. I — VIII.

Als die Orangenbäume aus dem Glashause in dem Gräfl. Schulinschen Garten auf Friedrichsdahl den ersten May ins Freye gesetzt wurden, bemerkte man an einem Lorbeerbaume, daß dessen Stamm sechs gute Zoll in der Länge, und drey in der grösten Breite, zerborsten war, und daß aus dieser Oefnung eine Menge kleiner, länglichter und brauner Körper hervorragten. Die Arbeiter waren bereits im Begriffe, dieselben abzuputzen, als der Gärtner eben hinzutrat, und sich meiner ehemaligen Bitte erinnerte, alles dasjenige zu schonen und mir zu zeigen, was ihm an den Gewächsen fremd und sonderbar vorkommen

men dürfte. Man rief mich also zu diesem unbekannten Auswuchs, und es schien beym ersten Anblik, als wenn eine Anzal brauner Würmer aus diesem Risse hervorkämen. Bey genauerer Betrachtung aber, und durch das Anfühlen fand ich, daß diese Körper zum Pflanzenreich gehörten. Ich ließ selbige einige Zeit am Stamme sitzen, beschauete sie aber täglich, ob etwan einige Veränderung an ihnen wahrzunehmen sey? Bald darauf fieng dieses Gewächs an, an den äußersten Spitzen zu verwelken, vermuthlich von der rauhen und troknenden Luft, oder weil es bey der Herausschaffung des Baums von den Leuten verletzet worden. Ich schnitt alsbald ein Stük ab, um es zu untersuchen, und fand folgendes:

Wo der Schnitt geschehen, sahe man in dem innersten des Stammes viele kleine Augen oder Löcher, die noch saftig waren, als so viele Ueberreste der abgeschnittenen Pflänzchen. Das Stük war eine Sammlung von einzelnen Körpern, die am Grunde dicht an einander klebeten, doch also, daß ein jeder ohne Beschädigung von der andern abgelöset werden konnte, und alle oben an den Spitzen von einander abstanden. Ihre Gestallt war, gleich einer Pfrieme, etwas länger als einen Zoll, nach der Erde gerichtet, hell braun, und am Grund etwas rauh; an dem äußern Ende spitzig, und ein wenig dunkelbraun. Vermittelst einer Nadel zog ich die äußere bräunliche Haut ab, und sah innwendig eine weiße und dikkere Materie oder Mark, das als ein weisser Stiel in der Mitte durchgieng. Wenn sie welk werden, bekömmt die auswendige Haut kleine Furchen, zerreißt bey einigen am Ende, und zeiget das innwendige Mark, welches alsdann auch bräunlich aussiehet. Von dem Baum, woran sie wuchsen, hatten sie den Geruch in etwas angenommen. Der Geschmak war grasig, und ein wenig bitter. Einzeln betrachtet, glichen sie einer gewissen Art Käulenschwämme. Ich fragte den Gärtner um seine Meynung, was dieses sey, und woher es entstanden? Er antwortete kurz und gut: Es wäre der Saft, welcher, indem er zurük gehen wollen, hier wäre aufgehalten worden, sich daselbst gesetzt, und also eine solche Unreinigkeit hervorgebracht hätte. Diese Auflösung befremdete mich desto weniger, weil es mir beyfiel, wie der große Tournefort die edelsten Zeugungstheile der Pflanzen, und die man iezt so genau bey allen Vegetabilien finden will, auch als Auswürfe angesehen hat. Man wird leicht fertig, wenn man die Entstehung der Gewächse, deren Same nicht so leicht in die Augen fällt, einem Ohngefähr, einer Verfaulung, oder einem alles belebenden Geiste zuschreibet. Vormals war dieser in allen drey Naturreichen der allgemeine Hervorbringer. Ihm oder einer faulen Gährung überließ man die wunderbarsten Entstehungen, und zur Belohnung dieser Phantasie wurden den Menschen auch die nützlichsten Untersuchungen und ihre unausbleiblichen Einflüsse in die allgemeine Glükseligkeit versperret. Man darf nur die unendlichen Abänderungen natürli-

cher

cher Körper mit einem forschenden Auge betrachten; so wird man wahrnehmen, daß ein jeder organisirter Körper seinen Ursprung aus einem fruchtbaren Samen habe. Wären einige Klassen des Pflanzenreichs, als Schwämme, Moose &c. zufällige Auswüchse von andern, so würde die Naturgeschichte zwar leichter und kürzer werden, aber auch zugleich den grösten Theil ihrer Anmuth verlieren. Die Arten der Moose, Lichenen und der Schwämme müsten jederzeit ungewiß bleiben, und nie in einem Jahre, wie in dem andern zu finden seyn. Umsonst hätte man sie in ein System gebracht, und ihnen gewisse Jahreszeiten, Plätze und Dauer bestimmet. Vergebens würde man hoffen, sie allemal wieder zu finden, da man doch jetzt ihre Zeiten, Oerter, das Herkommen, und das Verschwinden eben so sicher und genau angeben kann, als bey den großen Weltkörpern. Ich wünsche vielen das reizende Vergnügen, welches ein jeder bey der Betrachtung der unveränderlichen Ordnung und abgemessenen Genauigkeit der Natur sich selbst geben kann. Man gehe des Abends zu einer gewissen Stunde hinaus; man merke sich einen aufgehenden Stern; man komme morgen um gleiche Stunde wieder, man suche den gestrigen Stern! Es ist umsonst. Man warte nur einen Augenblik, und siehe, es erscheint an selbiger Stelle der bemerkte Stern, mit eben der unveränderlichen Klarheit seinen Lauf zu vollführen.

Verwichenes Jahr im Julio fand ich einen ungemein schönen Schwamm a). Ich suchte

a) Merulius *tubæformis*, pileo umbilicato griseo fusco, stipite longo, aureo. *Fungus* minimus flavescens infundibu-

te heuer zur selbigen Zeit und an eben dem Orte diese liebliche Pflanze zweymal vergebens; ich begab mich zum drittenmale dahin, in der Zuversicht, daß ihre Nachkommenschaft sich daselbst müste finden laßen: und die vorgefundene Menge übertraf meine Erwartung. Wo ich im vorigen Jahre nur einen nachgelaßen hatte, keimeten ein halbes Hundert hervor, ja der Wind hatte ihren Samen an viele andere Plätze in der Nähe zerstreuet, wo in den vorigen Jahren keine gewachsen waren. Auch da sahe man junge Schwämme hervorkommen. So unwandelbar gehorchet ein jedes Geschöpf den einmal gegebenen Gesetzen. So wenig verändert ein Schwamm oder ein Stern seinen bestimmten Zeitraum!

Die neuen und mühsamen Untersuchungen haben gezeiget, daß diejenigen Anwüchse, die man für Beschädigung einer Pflanze, oder derselben ausfliessenden Saft angesehen, meistens wirklich organisirte Pflanzen sind, daß sie dem fremden Körper anwachsen, und aus demselben ihre Nahrung ziehen. Das beständige Verhältniß der Theile, ihre Verschiedenheit und Stellung gegen einander, besondere Samenbehältnisse, und selbst der Same, sind untrügliche Merkmale einer wahren Pflanze, und eines Geschöpfs des Aller-

höchsten,

dibuliformis. *Vaill. Paris.* t. XI. f. 9. 10. *Elvela decima* Schæff. fung. Ic. t. 157. indic. p. 104. nicht aber die Synonymen, die weder diesem, noch der *Clavata* p. 100, sondern zu dem *Phallo lubrico* Flor. dan. t. 719. gehören.

höchsten, nicht aber Auswürfe oder Geburten des Zufalles. Zwar giebt es auch Auswüchse, die ein Verhälltniß ihrer Theile haben, und so viel Pflanzenähnliches zeigen, daß sie nur von guten Kennern unterschieden werden können, als die Artischok- und andere Gallen. Solche werden aber von einem fleißigen Beobachter leicht unterschieden.

Die Schwämme, welche an den Bäumen wachsen, haben dies Unrecht vor andern Pflanzen, daß man sie für Auswürfe des überflüßigen Saftes der Bäume gehalten, dulden müssen. Wir wollen die an den Weiden- und Pflaumenbäumen und andern faulem Holz übersehen, und nur des berühmten Buchenschwammes (Boletus igniarius) erwähnen. Dieser muß, weil er die Härte des Baumes hat, nothwendig ein Geschöpf der ausfließenden Feuchtigkeiten seyn. Sein besonderer Geruch, innwendige Farbe, und seine verschiedenen Theile; die kleinen Löcher oder Röhrchen, die einen Samenstaub enthalten, sind selbst vom Herrn von Haller nicht bemerket worden b). Dieser Schwamm läßt seinen Samen zu Ende des Mayes, oder im Anfange des Junii, fallen. Im Jahr 1762. den ersten Junii, hatte ich das Glük, diese seltene Erscheinung einigen Freunden zu zeigen. Es war ein schöner und stiller Tag. Wir ritten bey einigen verdorrenden Buchenstämmen vorbey, die ganz von unten bis oben mit diesen Schwämmen bewachsen waren, und

b) In der ersten Ausgabe der Stirp. helv. heißt es p. 59. nihil porosum.

und sahen sehr deutlich den Samenstaub von ihrer Unterfläche häufig niederfallen, und sich in die Luft verbreiten. Dieser Same flieget weit umher, und wo er auf eine alte Buche fällt, da keimet er, und erzeugt einen neuen Buchschwamm. Solchergestallt mag auch ein in der Luft fliegender Same auf den Riß des Lorbeerstammes angestoßen seyn, und hat daselbst einen bequemen Ort zur Auswikkelung gefunden.

Daß dies Gewächs eine wahre Schwammart sey, und zwar von dem Geschlechte der Käulenförmigen, zeigen sowohl seine Substanz, seine unterschiedene Theile von Mark und die äußerliche Haut, als auch seine Gleichheit mit andern dieses Geschlechtes Zwar habe ich keine Spur des Samens bey diesen Lorbeerkäulen gefunden; allein, wer sollte deshalb dem Käulenschwamme den Pflanzennamen streitig machen c), weil der Same zur Zeit nicht genug sichtbar worden ist? An einigen Arten von Käulen habe ich etwas Samenähnliches beobachtet, nämlich an ihren Spitzen einen kleinen, weißen, grünlichen, blauen oder schwarzen, klebrichten Meelstaub, an andern gar keine Anzeige desselben; nur eine Aenderung läßt sich an ihrem äussersten

c) Dieser Aufsatz ist vor mehr, als 10 Jahren, geschrieben. Nach der Zeit haben meine neue Beobachtungen bey dem sogenannten Schwammsamen, und ihrem Wachsthum, die theils in meiner Pile-Larve, Kopenhagen 1772, theils in dem ersten Bande der Berlinischen Beschäftigungen S. 152. ꝛc. angezeiget worden, mich dazu gebracht, ihnen in meinem *Prodr. Zool. Dan.* einen Platz unter den Animalibus cellulariis neben der Spongia anzuweisen.

sersten Ende bemerken, nämlich, daß sie bräunlich werden, und das geschieht sowohl den weißen, als gelben Käulen, den einzeln und den ästigen. Unsere Käulen am Lorbeer wurden auch an der Spitze bräunlich, welches ich aber vielmehr für eine Verwelkung gehalten. Eine anderweitige glükliche Entdekkung derselben wird, daß sie Pflanzen sind, bewähren, und uns eröfnen, wie sie hieher gekommen seyn dürften?

Unter den Käulenschwämmen, die ich durch fleißiges Nachsuchen in hiesigen Gegenden gefunden, ist keine, die dieser Art vollkommen gleich wäre. Zwar findet man an den Buchenstößen, in den Ritzen der Planken und Wasserrinnen einige d), die eine Aehnlichkeit mit den unsrigen haben, im Wesentlichen aber mehr verschieden sind, als der Entstehungsort sollte veranlaßen können. Sie sind von gelber Farbe, von der Gestallt eines spitzigen Kegels. Ihre Substanz ist durch und durch Eis- oder Gallertartig und durchsichtig; sie wachsen theils einzeln, theils an einander, wie Finger zertheilet, und haben, nach der Verschiedenheit ihres Geburtsortes, bald keine, bald sehr lange Wurzeln. Die Lorbeerkäulen hingegen, haben einen stumpfen Wirbel, sind schwammig, innwendig mit einem gewissen Mark angefüllet, und allezeit einzeln, so daß, wenn sie auch auf einem Klumpen stehen, doch eine jede einzeln und abgesondert, und nicht

aus

d) *Clavaria* flava, gelatinosa, conica, apice acuto, sæpe medio coalita. Ich habe dazu keine Synonimen finden können.

aus dem Stamme der andern wächßt, deshalb sie sich auch ohne Beschädigung von einander scheiden laßen. Also können die Lorbeerkäulen von diesen nicht ihren Ursprung haben. Wollte man glauben, daß sie eine besondere Art wären, die allein an Orangenbäumen wüchse; so müßte man entweder die widerlegte zweydeutige Zeugung annehmen, oder vorgeben, daß der Same eine Reise aus den Abendländern gethan, um sich im kalten Norden an diesen Lorbeerbaum anzusetzen. Beydes aber thut den Naturforschern keine Genüge. Die Zeit, und eine unermüdete Beobachtung im Pflanzenreiche, wird ihren Ursprung entwikkeln.

Die Natur enthüllt sich nicht gleich ihren Liebhabern. Sie fordert Geduld und Aufmerksamkeit, wenn man von ihr die Erläuterung und Erklärung ihrer Werke wissen will.

Was ein halbjähriges Nachsinnen kaum durch Vermuthungen zu entwikkeln vermag, leget die Natur selbst in einem Augenblik an den Tag. In der Mitte des Oktobers fand ich in der Hölzung im Moos eine kleine gelbe Käule e). Ich hielt sie gleich für eine meiner

e) *Clavaria* flava gracilis, basin versùs tenuior.

Clavaria lutea minima, *Mich.* g. pl. 208. 209. t. 87. f. 5. *Hall.* H. Stirp. 2207.

Clavaria Brachyorrhiza *Scop.* ann. 4. t. 1. f. 10.

Fungi parvi lutei ad Ophioglossoides nigrum accedentes. *Raj.* h. pl. p. 104.

meiner Lorbeerkäulen. Ich suchte ämsig in der Nähe umher, ohne mehrere anzutreffen. Einige hundert Schritte davon traf ich wohl ein Dutzend. Sie sind einen bis 2 Zolle lang, am Grunde schmal, dünn, und haben den Geschmak des Grases. Sie bestehen aus einer äußerlichen dünnen gelben Membrane, und einem innwendigen offenen weißen Marke. Sie sind also in dem wesentlichen Theil völlig übereinstimmend mit unsern Lorbeerkäulen. Daß diese eine dunklere Farbe, auch einen etwas bittern Geschmak hatten, und nicht aufrecht standen, muß von dem verschiedenen Geburtsort, an welchem sie anwachsen, und dem Widerstande der Baumrinde herrühren. Jene blühen kaum vier Tage, ehe sie verwelken. Der Käulenschwamm, welchen Micheli auf der 87sten Tafel, in der 9ten Figur, hat stechen laßen, ist diesem, der Gestallt nach, gleich, doch nicht derselbe, indem er weiß aussehen soll, da unserer gelb erscheinet.

Wie sind nun die Käulen an dem Stamm des Lorbeerbaums gekommen? Solches ist nicht schwer zu sagen. Es ist bekannt, daß die Luft fast zu allen Zeiten sehr vielen Samen aus dem Pflanzen- und dem unsichtbaren Thierreiche mit sich führet, der umher getrieben wird, bis er irgendwo sich ansetzet, und entweder verdirbt, oder keimet, so wie er einen Nahrungsort vorgefunden.

Von vielen gehabten Erfahrungen will ich nur eine anführen. Anfangs Oktobers wurden einige Buchen gefället. Die zurük gebliebene Stökke zogen insbesondere meine Aufmerksamkeit an sich. Ich wollte wissen, welche Pflanze sich erst auf der zerschnittenen Fläche ansetzen würde. Kaum waren acht Tage verflossen, als ich an dem einen Sturzel mitten im Mark eine rothe Tremelle f) häufig hervorkommen sahe. Die übrigen blieben nakkend und blos, ohne das geringste Zeichen irrgend eines Ansatzes, auch noch lange hernach. Die Ursache war offenbar. An diesem Stok war das Holz frisch im Schnitte, an jenem hingegen war das Mark halb verfaulet, voll kleiner Höhlungen, und dadurch geschikt, die Feuchtigkeiten zu erhalten, und einen Nahrungsort gewisser Pflanzarten abzugeben. Ich durfte nicht lange suchen, woher der Same dieser Tremelle sobald dahin gekommen. Ich wuste, daß eine Menge derselben an einem alten zerschnittenen Stokke, wenige hundert Schritte weit davon, in vollem Wachsthum standen. Wie oft siehet man Erdschwämme an den Stämmen der Bäume wachsen? Der herumschwebende Same hat in den Ritzen derselben einige Erde angetroffen, und ist daselbst hervorgewachsen. Auf gleiche Weise mag der Same der gelben Mooskäulen, die im Herbst erscheinen, in den Ritzen des Lorbeerstammes, kurze Zeit vorher, als die Orangen in das Winterhaus gebracht worden, angeflogen seyn. Daß die Käulen am Lorbeerbaum schon

f) *Tremella rubra*, sublobata: externè glabra, sicca, internè liquore viscida. Auch diesen habe ich bey keinem Schriftsteller gefunden.

schon im May, und die im Moose erst in dem folgengenden Oktober sich, nach Verlauf eines ganzen Jahres, wahrnehmen laßen, muß man der Wärme des Winterhauses zuschreiben.

Erklärung
der Figuren der Tabelle.

I. Der gelbe Käulenschwamm.

II. Eine Abänderung desselben.

III. Eine kleinere Spielart.

IV. Der Lorbeerschwamm.

V. Der durchsichtige Käulenschwamm.

a. Der in den Ritzen der Baumstöße oder Planken verstekte Theil.

VI. Derselbe aufrechts.

a) einzelne.

b) gefingerte.

VII. Die rothe Tremelle im ersten Wachsthum.

VIII. Dieselbe vollkommen ausgewachsen.

XXIII.

Franz Karl Achards Versuche über das elastische Harz.

Das elastische Harz, mit dessen Untersuchung ich mich in gegenwärtiger Abhandlung beschäftigen werde, entstehet, wie die Reisenden uns berichten, aus dem milchichten Saft eines Amerikanischen Baums, welcher zu einer beträchtlichen Höhe und Stärke wächset. Die Indianer nennen diesen Baum Kaothove, die Bewohner der Provinz Quito kennen ihn unter dem Namen Hewé, und die Portugiesen haben ihm den Namen *Bois de Seringeau* gegeben, vermuthlich darum, weil die Bewohner eines gewissen Theils von Amerika, aus dem elastischen Harze kleine Flaschen bereiten, die sie mit Wasser füllen, welches sie, durch eine schnelle Zusammenpressung der Flaschen, mit Gewallt heraus treiben, das eine Nachahmung des Spritzens ist.

Um

Um aus dem elastischen Harze Gefässe oder andere Sachen zu verfertigen, macht man thönerne Formen, die man mit dem milchichten Saft überziehet, welcher aus den, in den Raothove gemachten Einschnitten hervorquillt, und hängt die Formen in den Rauch. Hierdurch bekömmt alsdann der Saft eine braune Farbe, und eine veste Konsistenz. Dieses Verfahren wiederhohlt man so oft, bis die Flasche, oder was man sonst aus dem elastischen Harze zu verfertigen willens ist, die gehörige Dikke hat. Besonders muß man hierbey darauf sehen, daß das schon auf der Form aufgetragene Harz recht trokken sey, ehe man eine neue Schicht darauf bringet.

Um zu sehen, wie sehr sich das elastische Harz ausdehnen kann, bevestigte ich den Hals einer daraus gemachten Flasche, die, wenn sie nicht ausgedehnt war, einen und einen halben Kubikzoll Wasser enthielt, an einem meßingenen Hahn, so, daß die äussere Luft gar nicht in die Flasche eindringen konnte. Den Hahn schraubte ich an einer Kompreßionsmaschine an, und brachte auf diese Art eine gute Portion Luft in die Flasche. Sie dehnte sich sehr stark aus, wurde so dünn, wie ein Blatt Papier, so durchsichtig, wie eine Blase, und zerplatzte endlich mit einem starken Knalle. Ich konnte aus diesem Versuch keine Schlüsse in Absicht der Ausdehnbarkeit des elastischen Harzes ziehen, weil die Flasche nicht an allen Orten von einer gleichen Dikke war, und folglich der Luft nicht an allen Stellen auf eine gleiche Art widerstand.

Das Harz hatte da, wo es am dünnesten gewesen, und am stärksten ausgedehnet worden, sehr viel von seiner Elastizität verloren. Um das Verhälltniß der Ausdehnung des elastischen Harzes, und der Kraft, mit welcher es ausgedehnet wird, genau zu bestimmen, bevestigte ich zwischen zween Feilkloben, die beyden Enden eines Streifes von elastischem Harze, welcher 12 Linien lang, $5\frac{1}{2}$ Linie breit, und $\frac{3}{4}$ Linien dik war. Den einen Kloben hieng ich in einer senkrechten Lage an einem eisernen Haken auf, und an dem andern, der nebst dem Streifen von Harz auch senkrecht hieng, bevestigte ich eine Meßingene Schale, in welche ich einiges Gewicht legen konnte.

Eine Kraft von einem Pfund, welches genau das Gewicht des untern Feilkloben und der Meßingenen Schale war, brachte eine Ausdehnung von 2 Linien; eine Kraft von zwey Pfunden, eine Ausdehnung von 4 Linien; eine Kraft von drey Pfunden, eine Ausdehnung von $7\frac{6}{10}$ Linien; eine Kraft von vier Pfunden, eine Ausdehnung von $16\frac{4}{10}$ Linien; eine Kraft von fünf Pfunden, eine Ausdehnung von $24\frac{9}{10}$ Linien; eine Kraft von sechs Pfunden, eine Ausdehnung von $32\frac{7}{10}$ Linien; eine Kraft von sieben Pfunden, eine Ausdehnung von $37\frac{8}{10}$ Linien hervor. Durch ein Gewicht von acht Pfunden zerriß das Harz, und ich konnte folglich den Versuch nicht weiter fortsetzen.

Die Ausdehnung des Harzes, und die dazu angewandte Kräfte, habe ich durch Linien ausgedrükt, und daraus ersehen, daß durch ihren Endpunkt eine Regelmäßige krumme Linie sich ziehen und konstriren läßt, so, daß man durch eine algebraische Formel, die das gegenseitige Verhälltniß der Abszissen und Ordinaten dieser Linie ausdrükte, im Stande seyn würde, zu bestimmen, wie viel eine jede gegebene Kraft das elastische Harz ausdehnen müsse.

Ich gehe zu den Versuchen über, welche ich in der Absicht anstellete, die Natur des elastischen Harzes, und sein Verhalten gegen verschiedene Auflösungsmittel näher kennen zu lernen.

Erster Versuch.

Ich that ein Quentchen in kleine Stükken zerschnittenen **elastischen Harzes**, in ein Glas, und sezte es in heissen Sand, welcher ohngefähr hundert Grad Hitze hatte, nach Reaumürischer Eintheilung. In einer Viertelstunde hatte sich das Harz sehr erweicht, und in Zeit von einer Stunde war es in eine braune schmierige Masse geflossen, welche, in die Kälte gesezt, ihre vorige Vestigkeit nicht wieder bekam, sondern immer schmierig blieb.

Zweeter Versuch.

Ich zerschnitt zwo Quentchen **elastischen Harzes** in kleine Stükken, that es in eine gläserne Retorte und destillirte selbiges, nach vorgelegtem Rezipienten, aus dem Sandbade bey sehr gelinder Hitze. Nach vollbrachter Destillation fand ich in dem Rezipienten ein braungelbes, ungemein flüßiges Oel, welches den Geruch des gebratenen Speks hatte. In der Retorte war nur ein halber Gran einer kohlichten Substanz zurük geblieben.

Wenn man diese Destillation mit starker Hitze treibt; so sind die Resultate eben dieselbe, nur mit dem Unterschiede, daß das in den Rezipienten übergehende Oel alsdann viel dikker ist, und einen sehr branstigen Geruch hat.

Dritter Versuch.

Einen Skrupel elastischen Harzes that ich in ein meßingenes Näpfchen, und erhitzte selbiges bis es zu kochen anfieng. Hierauf zündete ich es an. Es brannte mit einer viel Rauch gebenden, weißgelben Flamme, und blieb nur ein Viertel Gran einer kohlichten, Feuerbeständigen Materie zurükke.

Vierter Versuch.

Nun mischte ich sechs Tropfen des im zweeten Versuch enthaltenen Oels mit vier Tropfen Vitriolöl, und schüttelte dieses Gemenge wohl unter einander. Nach einigen Stunden war es ganz schwarz geworden, und hatte die Konsistenz des Terpentins angenommen. Diese Masse war im Wasser und im Weingeiste ganz auflösbar, die Auflösung im Wasser milchig, die

die im Weingeist aber, durchsichtig, und von brauner Farbe. Diese Auflösungen werden durch alle alkalische Salze zersetzet, weil sie sich an die Vitriolsäure hängen, und diese von dem Oel, mit welchem sie verbunden gewesen, scheiden. Das mit der Vitriolsäure verbunden gewesene, und auf diese Art davon getrennte Oel, ist sowohl in Absicht seiner Farbe, als seiner Konsistenz, dem empyreumatischen Hirschhornöl ähnlich.

Man siehet aus diesem Versuche, daß das Oel, welches man durch die Destillation des elastischen Harzes erhällt, sich mit der Vitriolsäure verbindet, und mit selbiger eine vollkommene Seife darstellet.

Fünfter Versuch.

Ein halb Quentchen des durch die Destillation des elastischen Harzes erhaltenen Oels übergoß ich mit einer Unze sehr gut rektifizirtem Weingeiste. Das Oel wurde nur zum Theil aufgelöset, und es blieben 12 Grane davon zurük, auf welche der Weingeist nicht die geringste auflösende Kraft äusserte.

Aus diesem Versuche folget, daß das Oel, in welches das elastische Harz durch die Destillation sich verwandelt, nicht von einerley Art, sondern aus zweyen Oelen zusammengesetzet ist, wovon das eine die Eigenschaften der wesentlichen, das andere aber, die Eigenschaften der fetten Oele hat.

Sechster Versuch.

Eine Unze gut konzentrirte und stark rauchende Salpetersäure auf zwey Quentchen des im zweeten Versuch erhaltenen Oels gegossen, machte, daß die Mischung gleich sehr stark schäumte, viele rothe Dämpfe von sich stieß, und endlich sich entzündete. Nach der Entzündung blieb eine sehr aufgeblähete, schwammige Masse zurükke.

Siebenter Versuch.

Um zu sehen, ob das im zweteen Versuch erhaltene Oel das elastische Harz auflöset, übergoß ich ein klein Stükchen davon mit etwas von diesem Oele. Nach einigen Stunden war das Harz weich und durchsichtig geworden, und mit Hülfe einer etwas anhaltenden Digestions Wärme lösete sichs gänzlich auf. Diese Auflösung war schmierig, und sehr zähe.

Achter Versuch.

Ich ließ eine Portion des im 2ten Versuch erhaltenen Oels, mit schwacher Salpetersäure kochen. Ein Theil davon wurde aufgelöset, und das Ubrige verwandelte sich in eine gelbe, sehr schmierige, harzige Masse, wie es allemal geschiehet, wenn man Salpetersäure mit einem wesentlichen Oele kochen läßt. Das erhaltene Harz schmolz in der Wärme des kochenden Wassers zu einer braunen, gar nicht elastischen Masse.

Neun-

Neunter Versuch.

Hierauf ließ ich das durch die Destillation des elastischen Harzes erhaltene Oel mit Salzsäure kochen. Diese nahm eine gelbe Farbe an, lösete aber nur sehr wenig von dem Oel auf, welches ganz schwarz geworden, und sich sehr verdikt hatte.

Nun will ich noch von denjenigen Versuchen reden, welche ich in der Absicht anstellete, die Wirkung verschiedener Substanzen auf das elastische Harz zu entdekken.

Zehnter Versuch.

Ich übergoß ein Stük elastisches Harz mit Vitriolöl. Nach 24 Stunden fand ich es ganz verändert. Hierauf setzte ich diese Mischung in Digestion, da sie sich dann in eine schwarze schmierige, nach flüchtiger Schwefelsäure riechende Masse verwandelte, welche die Konsistenz des Terpentins hatte. Durch Hinzugießung des Wassers verließ das Harz die Vitriolsäure. Es war schwarz, leicht zerbrechlich, und ohne alle Elastizität. Die mit Wasser verdünnte und filtrirte Vitriolsäure trübte sich mit dem aufgelösten Weinsteinsalze gar nicht. Das auf diese Art mit der Vitriolsäure behandelte elastische Harz war in dem Weingeist, in der Weinsteinsalzlauge, und in dem Salmiakgeist unauflösbar, in dem Terpentinöl aber ward es nur in sehr geringer Menge, und mit Hülfe einer sehr lange anhaltenden Digestion, aufgelöset.

Eilfter

Eilfter Versuch.

Ein ander Stükchen des elastischen Harzes ließ ich etliche Stunden lang mit Salzsäure kochen. Es veränderte sich aber hierdurch auf keine merkliche Art, und behielt alle seine Elastizität.

Zwölfter Versuch.

Ich ließ abermal ein ander Stük elastischen Harzes mit konzentrirter, aber nicht rauchender Salpetersäure kochen. Da alles erkaltet war, fand ich, daß es auf der Oberfläche wie zerfressen und in eine gelbe, leicht zerbrechliche Substanz verwandelt, inwendig aber unverändert geblieben war, und alle seine Schnellkraft behalten hatte.

Dreyzehnter Versuch.

Ich wiederholte den vorhergehenden Versuch mit sehr konzentrirter und stark rauchender Salpetersäure. Der Erfolg war sehr verschieden; denn das Harz lösete sich sehr geschwinde, mit Aufbrausen und Hitze auf, die Auflösung war durchsichtig und hatte eine dunkelbraune Farbe. Ich lösete nach und nach in zwo Unzen rauchender Salpetersäure zwey und ein halb Quentchen elastisches Harz auf. Durch Hinzuthuung des Wassers trübte sich diese Auflösung sogleich, und das aufgelösete Harz wurde in Gestalt gelber Flokken niedergeschlagen. Dieser edulkorirte und getroknete Niederschlag war im Weingeist auf-

lösbar,

lösbar, in den wesentlichen Oelen aber blieb er unverändert.

Vierzehnter Versuch.

Einige Grane des in rauchender Salpetersäure aufgelösten, und durch destillirtes Wasser niedergeschlagenen elastischen Harzes übergoß ich mit aufgelösetem Weinsteinsalz. Es lösete sich darinn sehr leicht und in Menge auf. Diese Auflösung hatte eine dunkelbraune Farbe. Da das Alkali mit so viel Harz beladen war, als es auflösen konnte, ließ ich es gelinde verdunsten, und erhielt hiedurch eine braune Masse, die an Konsistenz dem weichen Wachse gleich kam. Sie lösete sich im Wasser und im Weingeist auf, und hatte alle Haupteigenschaften einer vollkommnen Seife. Um diese Seife mit den Säuren zu versetzen, muß man sich sehr in Acht nehmen, nicht mehr hinzuzuthun, als zur Sättigung des alkalischen Salzes erfordert wird; denn so bald man den Sättigungspunkt überschreitet, wird das von dem Alkali getrennte Harz, sogleich von der überflüßigen, nicht mit dem Alkali verbundenen Säure, wieder aufgelöset.

Dieser Versuch hatte eben denselben Erfolg, da ich mich des mineralischen, und flüchtigen Alkali, an der Stelle des Weinsteinsalzes, bediente.

Funfzehnter Versuch.

Um zu sehen, ob das elastische, in der rauchenden Salpetersäure aufgelöste und durch Wasser niedergedergeschlagene Harz, nicht in der Wärme in einer Masse zusammenschmelzt, that ich einen Skrupel davon in ein Glas, und setzte das in heißen Sand, in welchem der Thermometer auf den Punkt des siedenden Wassers stieg. Kaum hatte sich das Harz etwas erwärmet, so entzündete sichs überaus schnell, und es blieb nur sehr wenig von einer ölichten Substanz zurükke. Diesen Versuch habe ich sehr oft mit eben demselben Erfolg wiederholet.

Die Veränderungen, die das elastische Harz durch die Auflösungen der rauchenden Salpetersäure leidet, sind in der That merkwürdig; denn es wird hierdurch in dem Weingeist, in allen Säuren und alkalischen Salzen auflösbar, und seine Entzündbarkeit wird dermaßen vermehrt, daß es nicht den Grad der Hitze des kochenden Wassers vertragen kann, ohne in Flamme aufzugehen.

Sechzehnter Versuch.

Ich übergoß eine Portion des, nach der im 3ten Versuch beschriebenen Art, geschmolzenen elastischen Harzes mit rauchender Salpetersäure. Im Augenblik, wo diese beyde Substanzen sich berührten, blähete sich das Harz stark auf, stieß viel rothe Dämpfe aus, und entzündete sich nach einigen Minuten.

Man siehet hieraus daß die Salpetersäure eine weit stärkere Wirkung auf das zuvor geschmolzene, als auf das veste elastische Harz habe.

Sieb-

Siebzehnter Versuch.

Nun ließ ich ein Stük elastisches Harz in einer Mischung von einem Theil Weingeist und zween Theilen Vitriolgeist kochen. Es veränderte sich aber auf keinerley Weise, verlohr auch seine Elastizität nicht. Die Flüßigkeit trübte sich etwas durch Hinzuthuung des Wassers; aber es erfolgte kein Niederschlag. Das Resultat war dasselbe, da ich das elastische Harz mit einer Mischung von einem Theil Vitriolöl, und zween Theilen Weingeist kochen ließ.

Achtzehnter Versuch.

Das in einer zu gleichen Theilen gemachten Mischung von Weingeist, und konzentrirter, aber nicht rauchender Salpetersäure gekochte, elastische Harz, wurde auf der Oberfläche etwas angefressen, und in eine gelbe, leicht zerreibliche Substanz verwandelt; inwendig aber war es unverändert, und hatte alle seine Schellkraft behalten.

Neunzehnter Versuch.

Das mit aufgelöstem Weinsteinsalz gekochte elastische Harz, war auf keinerley Art verändert, und seine Elastizität hatte vielmehr zu, als abgenommen. Der Erfolg war derselbe, da ich mich einer kaustischen alkalischen Lauge bediente.

Zwanzigster Versuch.

Der mit lebendigem Kalk befreyte und folglich kaustische Salmiakspiritus, veränderte nur sehr wenig

nig das damit gekochte elastische Harz; dieses wurde hierdurch etwas erweicht, und leichter auszudehnen; es verlohr aber auch etwas von seiner Schnellkraft.

Ein und zwanzigster Versuch.

Ich ließ etliche Tage lang das elastische Harz mit versüßter Salz- und Salpetersäure in Digestion stehen. Es wurde auf der Oberfläche weiß, veränderte sich aber sonst auf keine Weise, behielt auch alle seine Schellkraft unverändert. Herr Macquer hat schon bemerket, daß das elastische Harz sich in dem Aether Vitrioli auflöset. Ich stellte folgende Versuche an, um zu sehen, ob der mit den andern Säuren gemachte Aether, auch eine auflosende Kraft auf dieses Harz äussern würde?

Zwey und zwanzigster Versuch.

Ich übergoß etliche Stükke vom elastischen Harz in einem Glase mit Aether, der die Salzsäure zum Grunde hatte. Nach etlichen Stunden war es sehr aufgequollen und ganz weiß geworden. Durch Schütteln zergieng es ganz und gar, und lösete sich so vollkommen auf, wie in dem Aether Vitrioli. Wenn man diese Auflösung auf einer Form aufstrich, so verdünstete der Aether, und das zurükbleibende Harz war so elastisch, als vor der Auflösung.

Drey und zwanzigster Versuch.

Der Aether Nitri veränderte das elastische Harz, so lange die Mischung in der Kälte stand, kaum merklich,

merklich, mit Hülfe der Digestion aber lösete es etwas davon auf, doch weit weniger, als der mit der Vitriol= und Salzsäure gemachte Aether.

Vier und zwanzigster Versuch.

Der Aether des Eßigs wirkte, auch sogar mit Hülfe der Digestion, nur sehr wenig auf das elastische Harz. Es quoll nicht sonderlich davon auf, und und es war kaum zu bemerken, daß etwas davon sich aufgelöset hatte.

Es ist schon bekannt, daß das **Nußöl** das elastische Harz auflöset, und Herr **Macquer** scheint in der Meynung zu seyn, daß es das einzige Oel ist, welches diese Wirkung äussert; Folgende Versuche zeigen, daß viele andere Oele gleiche Kraft beweisen.

In der Kälte quoll das elastische Harz im **Wachsöle** sehr auf, und wurde, in der bis zum Kochen verstärkten Digestionswärme, vollkommen aufgelöset. Diese Auflösung hatte eine braune Farbe.

Das **wesentliche Oel aus den Kümmel** lösete das elastische Harz gänzlich auf. Die Auflösung war braun.

Das **Oel aus den Gewürznägelchen**, veränderte das elastische Harz in der Kälte gar nicht, in der Digestion ward es zwar etwas erweicht, es erfolgte aber nicht die geringste Auflösung.

Das wesentliche Rosmarinöl löset eine ziemliche Menge vom elastischen Harz auf. Die Auflösung ist gelb und sehr zähe.

Das Zimmtöl löset das elastische Harz nur in sehr geringer Menge auf, und mit Hülfe einer scharfen, lange fortgesetzten Digestion.

Das Anisöl hat keine merkliche Wirkung auf dasselbe, und löset nicht das geringste davon auf.

Das wesentliche Oel aus den Muskatennüssen löset das elastische Harz, mit Hülfe der Digestion, in beträchtlicher Menge auf. Diese Auflösung ist etwas gelber, als das reine Oel.

Das Oel aus der Angelike, liefert eine gelbe und sehr zähe, reichliche Auflösung.

Das Myrrhenöl löset, sogar in der Kälte, eine gute Portion vom elastischen Harz auf.

Das wesentliche Chamomillenöl, ist von allen Oelen dieser Art dasjenige, welches das elastische Harz am leichtesten, geschwindesten und in der grösten Menge auflöset. Diese wohl gesättigte Auflösung ist, wegen des vielen darinn enthaltenen Harzes, sehr dik und klebend.

Das wesentliche Oel der Orangenblüthe löset das elastische Harz nur in sehr geringer Menge, und mit Hülfe einer lange anhaltenden Digestion, auf.

Das

Das Melissenöl thut wenig, aber doch etwas mehr, als das **Oel der Orangenblüthe.**

Vom Terpenthinöl wird das elastische Harz leicht in ziemlicher Menge, und sogar ohne Digestion aufgelöset.

Das **Lavendelöl** hat fast gar keine Wirkung auf dasselbe.

Das rektifizirte Bernsteinöl thut seine auflösende Wirkung, mit Hülfe der Digestion, auf das elastische Harz ungemein hurtig, und pflegt es in ziemlicher Menge aufzulösen.

Das rektifizirte animalische, unter dem Namen seines Erfinders bekannte Dippelische Oel, hat auf das elastische Harz gar keine Wirkung, und löset selbiges nicht im geringsten auf.

Der, durch die Salpetersäure in Gestallt eines flüßigen Oels gebrachte **Kampher**, löset nur das elastische Harz mit Hülfe einer sehr lange anhaltenden Digestion, und in sehr geringer Menge, auf.

Alle jetzt benannte Auflösungen des elastischen Harzes in den wesentlichen Oelen werden durch den Weingeist zersetzet. Dieser verbindet sich mit den Oelen, und nöthiget sie, das Harz, welches sie in Auflösung erhielten, zu verlassen, und dieses erscheint alsdann, vom Oel abgesondert, in Gestallt eines mehr oder weniger zähen Schleimes, welcher, der freyen Luft ausgesetzt, nach und nach troknet, und alsdann die Konsistenz und Federkraft, des elastischen Harzes wieder annimmt.

Diese Methode, das elastische Harz so zuzubereiten, daß daraus chirurgische und andere Instrumente verfertiget werden können, ist weit weniger kostbar, als die, welche Hr. Macquer in dieser Absicht angegeben, und die darinn bestehet, das elastische Harz in dem Aether des Vitriols aufzulösen.

Den Beschluß mache ich mit den Versuchen, die ich in der Absicht anstellete, die Wirksamkeit der fetten Oele auf das elastische Harz zu erfahren.

Das süße Mandelöl löset, mit Hülfe der Hitze, eine ziemliche Menge elastisches Harz auf. Diese Auflösung ist gelb und sehr klebrig.

Das etlichemal über Weinsteinsalz destillirte Olivenöl thut eben diese Wirkung, leicht und geschwinde,

Das Nußöl nur sehr schwer, in sehr geringer Menge, und mit Hülfe einer lange anhaltenden Digestion.

Das Mohnöl erweicht nur das elastische Harz, kann es aber nicht auflösen.

Das elastische Harz quillt wohl in dem Leinöl etwas auf, wird aber nicht davon aufgelöset.

Das

Das Oel, welches man durch die Auspressung aus den Eyerdottern ziehet, löset im Kochen eine ziemliche Menge vom elastischen Harz auf. Diese Auflösung hat eine braune Farbe.

Das Oel aus dem Franzosen Holze, löset, mit Hülfe einer scharffen Digestion, eine ansehnliche Menge vom elastischen Harz auf. Wenn man das Oel von dieser Auflösung verdunsten läßt; so bleibt das elastische Harz zurük, welches, an die Luft gelegt, nach einiger Zeit seine Vestigkeit und Federkraft, wieder annimmt.

Das mit dem empyreumatischen Weinsteinöl gekochte elastische Harz, wurde nur in sehr geringer Menge aufgelöset.

Man siehet aus diesen, mit verschiedenen Oelen angestellten Versuchen:

1) Daß beynahe alle wesentliche Oele eine auflösende Kraft auf das elastische Harz äussern, daß aber ein großer Unterschied, so wohl zwischen der Leichtigkeit, mit welcher diese Auflösung geschiehet, als zwischen der Menge, in welcher das Harz von den verschiedenen Oelen aufgelöset wird, sich befindet. Das Chamomillen Terpenthin- und Bernsteinöl äußern diese Wirkung am geschwindesten und stärksten.

2) Daß die fetten Oele nur sehr wenig Wirkung auf das elastische Harz äussern. Von allen Oelen dieser Art, welche ich zu meinen Versuchen gebraucht, ist das süße Mandelöl dasjenige, welches das elastische Harz am meisten angreift.

3) Daß die empyreumatischen Oele, auf das elastische Harz besser wirken, und mehr davon auflösen, als die fetten, aber weniger, als die wesentlichen Oele.

XXIV.

XXIV.

Infusionsthierchen, die andre fressen.

Beschrieben
von
Johann August Ephraim Goeze
zu Quedlinburg.

Tab. VIII. f. 1 — 13.

Daß auch in der mikroskopischen Welt eins um des andern Willen da sey, eins das andere verzehre, hat mich folgende Beobachtung gelehret. Am 8ten November 1776. setzte ich zween Aufgüsse in die Stube: einen mit Heu und fliessendem Wasser, welches eine Zeitlang in einem kupfernen Kessel gestanden hatte, den andern mit Heu und Brunnenwasser, welches in der warmen Stube ganz laulicht geworden. Den 18ten war der letzte lebendig, der erste völlig leer. Sollte wohl das Wasser etwas Grünspan angenommen, und die Erzeugung der Infusionsthierchen gehindert haben? Es kömmt mir nicht unwahrscheinlich vor. Daher ich von dem ersten das alte Wasser abgoß, das mazerirte Heu aber beybehielt, und auf solches laulichtes Brunnenwasser schüttete, welches einige Zeit bedekt in der warmen Stube gestanden hatte. Nicht zween volle Tage vergiengen, so war alles lebendig.

Hierbey muß ich eine zweyfache Erfahrung anführen. Wenn ich kaltes Brunnenwasser aufgieße, so entstehet nichts in der Infusion; daher habe ich sonst geglaubt, es sey zu hart und zu salpetricht. Wenn ich aber eben dieses Brunnenwasser erst ein Paar Tage in der Stube stehen, recht laulicht werden laße, und dann aufgieße; so ist binnen einigen Tagen alles lebendig. Die Ursache davon kann ich mir noch nicht erklären.

In dem ersteren Aufgusse, den ich A nennen will, nämlich in dem alten mazerirten Heu, auf welches laulichtes Brunnenwasser gegossen war, hatten sich zweyerley Arten Infusionsthierchen erzeuget. Die ersten, die gewöhnlichen länglichten ovalen, mit etwas krumm gebogenem rundlichtem Kopf-Ende, in so ungeheurer Menge, daß die ganze weiße Schleimhaut der Oberfläche eine Masse dieser Thierchen war a). Auf beyge-

a) *Joblot* microsc. Tom. II. Pl 2. f. 2 7. und auf den meisten übrigen Platten nennet sie p. 14. *Cornemuses argentées.* Beym Ledermüller, in seinen Augen- und Gemüthsergötzungen, p. 88. t. 48. f. 1. heißen sie Würmer im Heuwasser, wo auch verschiedene mit Einschnitten abgebildet sind, welche den Anfang ihrer natürlichen Theilung anzei-

beygefügter VIIIten Kupfertafel F. 1. 2. 3. 4. 5. 6. In der sechsten Figur ist ein ziemlich erwachsenes mit seinen inneren Theilen, die ich mit unserem Müller für Brut halte, abgebildet, zugleich auch der Umkreis seiner Zirkelförmigen Bewegung, von der Linken zur Rechten herum, vorgestellet. Sind die grossen ausgewachsenen, nach des Herrn Statsraths Meynung, meine Infusionsthiermütter, und also ein Geschlecht; so ist bey ihnen die Art der Erzeugung, wie bey dem Volvox globator. Dessen ohnerachtet habe ich die von mittlerer Größe sich zertheilen gesehen. Doch ich verlaße diese ziemlichermaßen bekannten Thierchen!

Die zwote Gattung war wenigstens dreymal größer, aber nicht so zahlreich. Die Gestallt ist breit, vorn und hinten borstig, an beyden Enden etwas abgerundet, und die Bewegung zukkend, bald vor, bald rükwärts, Stoßweise. Sie können auch mit ihren Borsten gewaltig flimmern, und einen Wirbel im Wasser machen. Ehemals fand ich sie einzeln in Meerlinsen-

anzeigen, die bey den Paramäzien (Pantoffelthieren) auch der Länge nach geschiehet. *Wrisberg* Satur. p. 59. f. 4. D sq. f. 10. CD sq. f. 12. rechnet sie unter die Animalcula maiora infusoria. Spallanzani Abhandl. p. 128. 129. t. 1. f. 3. 4. fand sie in Kamillensameninfusionen, und beschreibt sie als Thierchen mit einer krummen Vorderspitze, beynahe wie ein Enten- oder Gänseschnabel. Bey unserem vortreflichen Müller Verm. hist. Vol. I. P. 2. p. 58. no. 48. gehören sie zu den *Kolpodis Cucullis*. Cf. Franz von Paula Schrank Beyträge zur Naturgesch. p. 17. t. 1. f. 21.

senwasser; allein in solcher Größe und Menge, als in gegenwärtiger Infusion, habe ich sie noch nie angetroffen b).

Alles, was der Herr Statsrath von diesem Thierchen anmerkt, habe ich aufs deutlichste gesehen. Das Maul, die inneren Theile, sein zukkendes Schwimmen, dadurch es allemal eine beträchtliche Strekke fortrükt, seinen Gang, wenn es die Borsten niederwärts stellt, und statt der Füße gebraucht. Alsdann wird der Körper, wie eine hohle Molle, an beyden Enden aber etwas aufgeworfen, und in dieser Gestallt läuft es an einem Schleimtheilchen sehr geschwind herum. Besonders merkwürdig ist es, wenn es die Vorderborsten wie Mastbäume in die Höhe richtet, und damit, wie mit Fühlhörnern, die Gegenstände betastet. Meine Leser finden die Abbildungen derselben in verschiedenen Gestallten bey Fig. 7. 8. 9. 10. 11. 12. Der Herr Statsrath hat keinen Schriftsteller angeführt. Ich glaube aber nicht zu irren, wenn ich Joblots Figuren Tom I. P. II. t. 2. f. 3. und t. 8 f. 9. 9. dafür ausgebe. Er nennt sie pag. 78. la *grosse Araignée aquatique*, und hat schon angemerkt, daß sie die Cornemuses zu fressen pflegten. Die Abbildungen aber sind, wie gemeiniglich die Joblotischen, etwas unnatürlich.

Wir

b) *Mülleri* Verm hist. Vol. I. P. 2. p. 84. No 85. *Trichoda Cimex* (Harwanze): suprà convexa, subtùs plana, crinita.

Wir können also den beyden Haupteigenschaften dieses Thierchens, welche ihm der Herr Statsrath beygelegt hat, 1. *Natans*, 2. *Ambulans*, noch die dritte 3) *Devorans* hinzu setzen. Und dies ist das Schauspiel, das ich hier vorzüglich beschreiben will.

Als ich den ersten Tropfen aufbrachte, und unter No. 3. Tub. A meines Kompositi beobachtete, sah ich mit Erstaunen, wie sich diese Harwanzen, Figur 7. 8. 9. unter den kleinen ovalen Thierchen herumtummelten. Einige hatten sie schon verschlukt, andere stekten ihnen noch im Halse, andere kamen wieder los, und hüteten sich, ihnen wieder zu nahe zu kommen. Kurz, es ereignete sich hier eine entsetzliche Jagd und Räuberey in der mikroskopischen Welt, dergleichen mir noch nie vorgekommen war. Anfänglich wuste ich nicht, ob ich meinen Augen trauen sollte. Die Worte unsres Müllers Histor. Verm. Vol. I. P. 2. p. 58: Nec ullus oculatior animalcula *reverá* ab animalculis devorari vidit — waren mir beständig im Wege. Ich brachte den zweeten, dritten, vierten Tropfen auf, und sah eben dieses Schauspiel. Ich betrachtete sie unter N. 1. Tub. A. in der Größe, wie Fig. 12. 13., und die Räuber verschlukten immer mehr. Ich setzte alles bey Seite bis den andern Tag, zeigte es meinen Freunden, ohne ihnen etwas zu sagen, und bey dem ersten Anblik war das einmüthige Geständniß: das sind ja entsetzliche Räuber, die verschlingen ja die andern Thiere bey halben

Dutzen.

Dutzenden. Um nun hierüber allem Zweifel zu begegnen, schikte ich das Glas, worinn die Räuber waren, bey einer achttägigen Winterreise, einem hiesigen Kaufmann, und großem Naturfreunde zu, ohne ihm etwas von den darinn befindlichen Räubern zu melden, sondern lies ihn blos bitten, das Wasser dieser Infusion durch sein Hoffmannisches Kompositum zu untersuchen, und das Glas bis zu meiner Wiederkunft zu erhalten. Als ich zurük kam, konnte er mir seine Bewunderung nicht genugsam zu erkennen geben, was er fur Räuber in der Infusion gefunden, welche die andern Thierchen Haufenweise verschlungen hätten. Dies alles führe ich blos darum an, meine Leser zu überzeugen, daß ich mich durch keinen Schein oder optisches Blendwerk habe hintergehen laßen.

Nun will ich die Szene näher beschreiben. Wenn dem Räuber ein ovales Thierchen aufstieß, so fuhr er plötzlich auf selbiges zu, und ergriff es mit den beyden Lippen seines unterwärts in der Länge herunter liegenden Maules, Fig. 8, a. Das gefangene Thierchen wehrte sich, so gut es konnte. Man sah es eine Weile in dem Rachen des Räubers zappeln, besonders, wenn er es quer gefaßt hatte. Dann gab es Arbeit, eh er es herum brachte, um es der Länge nach zu verschlingen. Auf eine andere Art konnte er es nicht in seinen Schlauch, der ganz Magen war, hineinbringen. Bey solchem Kampf glükte es dem Thierchen oft, wieder loszukommen. Gemeiniglich aber war es

schon

schon so entkräftet, daß es nach dem nächsten Rande hinschwamm, und seinen Geist aufgab.

Hat der Räuber, Fig. 7., das Thierchen a so gefaßt, daß es mit dem einen Ende im Halse stekt; so sollte man glauben: es würde glatt in seinen Magen hinunter schlüpfen; aber das geschieht nicht. Denn nun fängt er ordentlich an zu würgen, und so lange rükwärts zu zukken, bis es hinunter ist. Bey solchem Würgen hab ich die Räuber mancherley Gestallten, als Fig. 7. 8. 9. 10. annehmen gesehen. Mehrentheils bogen sie sich seitwärts, wie Fig. 7. 8. und so wurden die Thierchen verschlukt. Kaum war eins hinunter, so wurde schon wieder auf ein neues Jagd gemacht, und die Räuberey unaufhörlich fortgesetzet.

Fig. 12. 13. war ein erstaunlich gefräßiger Räuber. Vor meinen Augen schlukte er drey ovale Thierchen hinunter a, b, c, so daß das eine c, welches kaum noch Platz hatte, die Bauchhaut bey x etwas auswärts trieb, wie bey den Polypen, wenn sie zu viel gefressen haben. Die drey frisch verschlukten Thierchen behielten ihre ovale Gestallt nicht lange. Binnen fünf Minuten wurden sie rund, wie die übrigen neune, die bereits in der Verdauung waren. Er hatte demnach zwölf in sich, welche immer kleiner wurden, und zulezt wie Pünktchen erschienen, wenn ihre Säfte verdauet waren. Eben dieser Räuber zog bey dem Verschlingen die Hälfte des Vordertheils mit den Flimmerspitzen,

Fig.

Fig. 13, a b so ein, daß es schräg abgeschnitten zu seyn schien. Dadurch wurde das Thierchen c tiefer hineingewürgt, und als es ganz hinein war, trat dieser Theil wieder hervor, und machte mit dem andern stehen gebliebenen d e eine Fläche aus. Beyde Hälften sind also mit Flimmerspitzen besetzt, die der Räuber zu mehr, als einer Absicht gebrauchen kann. Wie unerschöpflich ist doch der Bau eines einzigen solchen Thierchens!

Oft fassen sie ein ovales Thierchen in den Rachen, und fahren damit eine ganze Weile im Tropfen herum, ehe sie es verschlingen. Es kömmt auch wohl ein anderes dazu, und nimmts ihnen weg, oder sie stoßen irgendwo an; da dann der Gefangene loßkömmt, und zuweilen noch das Leben behällt. Zähne, oder verletzende Organen scheinen sie nicht zu haben, sondern sie pflegen die Thierchen blos mit den Rändern der Lippen Fig. 8. a zu klemmen, und vestzuhalten.

Wenn sie recht voll gestopft waren, fraßen sie wenig mehr, sondern zukten auf ihre gewöhnliche Art im Tropfen herum. Bey diesem Anblik kann man sich leicht betrügen, und die im Leibe liegenden runden Kügelchen für Eyerbrut halten, welches aber nichts anders, als verschlukte und verdauete Thierchen sind.

Auch hab ich angemerkt, daß sie bey den ovalen Thierchen nicht gut ankommen, und Beute machen konn-

konnten, wenn sich diese, wie ihre Art beständig ist, in einem Klumpen zusammen hielten. Vielleicht sagt ihnen dies ihr Instinkt, sich solchergestallt vor ihren Räubern in Sicherheit zu setzen, fast wie die Tauben, von welchen der Stoßvogel keine erhaschen kann, so lange sie sich in einem Haufen zusammenhalten. Sobald ich den Klumpen der kleinen Thiere mit einer spitzigen Nadel wieder auseinander gemacht hatte, nahm das Rauben und Verschlukken gleich wieder seinen Anfang.

Eines Versuchs muß ich hiebey noch gedenken, zum Beweise, daß die Harwanzen wirklich die ovalen Thiere verschlungen hatten. Ich brachte einen Tropfen auf die unterste Platte des neuerfundnen vortreflichen Hoffmannischen Preßschiebers mit Schrauben und kleinen Uhrfedern, den ich bey einer andern Gelegenheit beschreiben werde, und legte die andere Platte ein, welche ich so weit niederschraubte, bis ich merkte, daß sie die Oberfläche des Tropfens in einem Punkte gefaßt hatte. Nun ließ ich die Räuber erst wirthschaften und verschlingen. Einer derselben verschlang fünf kleine hintereinander, die noch vollkommen sichtbar in seinem Leibe waren. Nun schraubte ich weiter, da dann die Räuber gefaßt wurden, daß sie stille lagen, und sich die verschlungenen Thiere noch im Leibe regten. Und nun gab ich ihm durch sanftes Schrauben den letzten Druk, da dann der Räuber zerplatzte, und die verschlukten Thierchen in Freyheit gesetzt wurden, welche auch gleich in der noch vorräthigen Feuchtigkeit wieder hinschwammen. Ich freuete mich, daß ich auch in der mikroskopischen Welt der Retter dieser schon verschlungenen Schlachtopfer geworden war. Ein einleuchtender Beweis, wie vortheilhaft dieses vortrefliche Instrument bey mikroskopischen Versuchen, die sonst unmöglich zu machen sind, z. E. zu Entbindung der Räder- und Kugelthiere, zum bequemeren Zerdrükken der Eßigaale, auch der Fadenwürmer u. s. w. zu gebrauchen sey!

XXV.

J. C. F. Meiers Versuche mit der von dem Herrn Prof. Pallas in Sibirien gefundenen Eisenstufe, nebst einigen allgemeinen Erfahrungen vom Eisen.

In dem dritten Theile der Reise durch verschiedene Provinzen des Rußischen Reichs hat Herr Prof. Pallas auf der 411 und folgenden Seite die Beschreibung der merkwürdigen Eisenmasse gegeben, die er für gediegen hällt, und die auch ich im zweeten Bande der Gesellschaftlichen Beschäftigungen, aus verschiedenen daselbst angeführten Gründen, dafür gehalten habe.

Sie war auf einem hohen Bergrükken eines Eisenführenden Gebirges blos liegend entdekt worden, aber schon geraume Zeit vorher, ehe der Herr Prof. Pallas sie sahe, von dort, ihrer anscheinenden Merkwürdigkeit wegen, von einem Einwohner weggeführet worden. Der Ort, wo sie gelegen, war nicht mehr auszufinden; da sie aber mit keiner Bergart mehr zusammen gehangen, hätte ihre Lagerstatt ohne Zweifel auch keine Muthmassung, ihre Entstehung zu entdekken, begünstiget.

Von dieser Seite konnte man also zu keinen sichern Schlüssen geleitet werden. Von der Untersuchung des Eisens, und der zwischen demselben befindlichen Steinart war noch etwas zu hoffen, und hiezu hatte mich die Güte des Herrn Prof. Pallas, durch die Uebersendung eines kleinen Vorraths der reinen, aus der Stufe geklopften Steinart a) in den Stand gesetzet.

Ich versuchte zuerst, wie sich das Eisen im Fluß verhielte, und stellte daher die folgenden Versuche in Tiegeln an, über die ich einen andern umgekehrten Tiegel mit feuervestem Thon vestgeklebt hatte, um den Zugang der äussern Luft abzuhalten.

1) Ein Stük dieses Eisens mit der darinn befindlichen Steinart sezte ich in den Ofen mit der Zugröhre. Nach zweystündigem Feuern war alles unverändert, nur sahe das Eisen an der Oberfläche wie frisch

a) Ich habe Hoffnung noch mehr von dieser Steinart und dem Eisen zu erhalten, und kann alsdann Versuche im Grösseren anstellen.

frisch geschmiedetes Eisen aus, und die Steinart war wie mit einem dünnen Rauch überzogen. Ich setzte dieses Stük aufs neue dem starken Feuer vor dem Gebläse eine Stunde aus. Es hatte fast noch seine ganze Gestallt. Nur wo es am Boden des Tiegels gelegen, schien etwas abgeschmolzen zu seyn; denn es war daselbst sehr weiß, auch abgerundet, und hatte einen weisseren Feilstrich, als das andere.

Eine ziemliche Menge einer gut geflossenen Glasartigen schwarzen Schlakke, die durchsichtig und in kleinen Stükken Kolophonienfarben war, bedekte den Boden des Tiegels, und das weisser aussehende Eisen. Diese Schlakke hatte den Tiegel ausserordentlich angegriffen, ihn durchbohret, war in den Boden des Tiegels gedrungen, und hatte die kleinen Höhlen desselben ausgefüllet. An den Seiten des Tiegels, wo ihn, durch das Niedersinken des Eisens, die Zakken desselben berührt hatten, war ebenfalls etwas Schlakke entstanden, die auch, ob sie gleich ablaufen können, demohnerachtet breite und tiefe Gruben im Tiegel ausgehöhlet hatte. Die Steinart ragte an einigen Stellen aus der Schlakke hervor, und die, welche oberhalb der Schlakke, zwischen dem Eisen gesessen hatte, war unverändert. Um zu wissen, ob nicht etwa die Steinart mit dem abgeschmolzenen Eisen zusammen die Schlakke verursachet hätte, brach ich

2) ein Stük von diesem Eisen ab, schlug es unter dem Hammer breit aus, um alle darinn befindliche Steinart abzusondern, und setzte es eine Stunde dem

Feuer vor dem Gebläse aus. Von dem durch den Boden des Tiegels Berührten, war wieder etwas abgeschmolzen, und dieses war ebenfalls eine Glasartige Schlakke geworden, die den Tiegel durchbohret, und grosse Höhlen darinn gefressen hatte.

3) Ich vermuthete nun, daß das Eisen etwas Fremdes in seiner Mischung hätte, und mischte zwo Drachmen rohen Fluß, eben so viel weissen Sand, Weinsteinsalz und Kohlenstaub, von jedem eine Drachme, legte zwischen diesem Pulver, in einer Tute eine Drachme dieses reinen Eisens, bedekte alles mit Salz, und sezte es eine Stunde vor dem Gebläse dem Feuer aus. Die Schlakke hieng nicht recht zusammen, das Eisen war gar nicht geschmolzen, ungemein weiß, und so spröde, daß es unter dem Hammer zu kleinen Stükken zersprang. Im Bruche zeigte es hervorstehende Ekken, deren Flächen wie polirter Stahl glänzten.

4) Diese Drachme, die am Gewicht nichts verlohren hatte, legte ich nun zwischen einem Gemische von drey Drachmen rohem Fluß, Glasgalle, kalzinirtem Borax, von jedem eine Drachme, weissem Sand eine und eine halbe Drachme, ungelöschtem Kalk und Kohlenstaub, von jedem ein Drachme, in eine Tute, bedekte es mit Salz und ließ es zwo Stunden bey starkem Zublasen im Feuer.

Die Schlakke war schwarz und gut geflossen. Zwischen dieser lag das Eisen, so wie es hineingeleget

get worden, doch schien die unterste Seite etwas rund. Es ließ unter dem Hammer sich fast zu Staube schlagen, war im Bruch, wie bey dem vorigen Versuche, nur waren die Flächen nicht so glänzend, sondern etwas matt.

5) Da es aber doch bey nicht so lange anhaltendem Feuer, ohne Zusatz zu fließen angefangen, glaubte ich, daß der Sand und Thon des Tiegels etwas zum Fluß beygetragen hätte, weil die Schlakke ihn so sehr angegriffen, und mischte dahero weißen Thon, und feingeriebenen Freyenwalder Sand, von jedem eine und eine halbe Drachme, überschüttete damit eine Drachme dieses Eisens, und setzte es in einem verklebten Tiegel dem starken zweystündigen Feuer des Gebläses aus. Ich glaubte nun das Eisen geflossen, und den Thon und Sand ganz verschlakket zu finden; ich betrog mich aber. Das Eisen war gar nicht geschmolzen, sahe sehr weiß aus, zeigte im Bruch polirte Flächen, ließ sich nachhämmern, aber auch leicht zerbrechen. Etwas Schlakke hatte sich erzeugt, und diese war in einen Theil der sehr weißen, hartgewordenen Mischung eingedrungen, und hatte sie braun gefärbet.

Dieses Verhalten eines so rein scheinenden Eisens befremdete mich ungemein. Ich vermuthete nun noch sicherer einen Zusatz von andern Metallen; ich fand es aber auch für nöthig, mit den verschiedenen Abänderungen des gewöhnlichen Eisens Versu-

 che

che anzustellen, da die von andern angeführte Versuche nicht in Tiegeln gemacht zu seyn scheinen.

6) Ein Stük Gußeisen von der Torgelowischen Eisenhütte (in Vorpommern, woselbst man es aus Sumpferzen schmelzt,) das ungemein spröde und leichtflüßig ist, sich nicht feilen läßt, und im Bruch große, unebene, etwas matte Flächen zeigt, eine Stunde im Feuer vors Gebläse gehalten, war niedergeschmolzen, zeigte keine Spur von Schlakken, und war eben so spröde, wie vorher.

7) Ein Stük Schwedisches Gußeisen, das ziemlich zähe war, den Schlägen des Hammers etwas nachgab, im Bruche, wie das schwarze, körnichte Schwedische Eisenerz aussahe, war auch in einer Stunde niedergeflossen. Auch hier sahe man keine Schlakken; über dem geflossenen Eisen lag aber ein lokkeres, schwarzes metallisch glänzendes Pulver. Das Eisen war nun so spröde, wie das vorige, und ihm auch im Bruche ähnlich.

8) Ein Stük sehr gutes, zähes, Schwedisches Stangeneisen, das eine Unze und zween Grane weg, ward 2 Stunden dem stärksten Feuer vor dem Gebläse ausgesetzt, sahe wie frisch geschmiedetes Eisen aus, hatte noch seine völlige Gestallt, nur unten war es abgerundet, als wenn etwas abgeschmolzen wäre. Dieses Abgeschmolzene war alles zu einer schwarzen Schlakke verwandelt, die den Tiegel zerfressen, theils

aus-

ausgelaufen, theils durch den Boden des Tiegels, bis in die Mitte des von Feuervestem Thon gemachten Fußgestelles gedrungen war, und alle Zwischenräume erfüllet hatte. Das Eisen erschien da, wo es abgeschmolzen war, weißer, ließ aber sich überhaupt noch gut kalt hämmern, und hatte eine Drachme und zehn Granen am Gewichte verlohren.

9) Ein Stük eines Schwedischen, etwas rothbrüchigen Stangeneisens, $1\frac{1}{2}$ Stunden vors Gebläse im Feuer auf die erwähnte Art gehalten, war nicht geflossen. Unten schien es etwas geflossen zu seyn, wo es einen Rand erhalten hatte, und dieser war noch ganz zähe. Die Oberfläche des ganzen Stüks war sehr uneben, und ein Theil des Eisens ragte in kleinen Spitzen hervor. Es schien also zweyerley Art Eisen in diesem Stük enthalten gewesen zu seyn, deren eine Art mehr zum Verschlakken geneigt war. Die niedrigen Stellen waren mit einer dünnen, dem Hammerschlag ähnlichen Haut bedekt, und zwischen diesen saßen hie und da kleine Glasartige, schwarze Körner. Die am Boden befindliche wenige Schlakken waren Kolophonienfarben, hatten den Tiegel ziemlich angegriffen, und floßen, so wie die kleinen schwarzen Körner, ziemlich leicht vor dem Luftröhrchen.

10) **Kaltbrüchiges Eisen**, das aus oben erwähntem Torgelowischen Gußeisen geschmiedet wird, im Bruche unter der Oberfläche gleichlaufende Fäden, in der Mitten aber kleine, glänzende Flächen, wie

Bleyglanz zeigte, war, auf die erwähnte Art drey viertel Stunden im Feuer gehalten, unverändert.

Unten, wo es den Tiegel berühret, sahe man schon ein Paar braune Flekken, wo es den Tiegel angefressen hatte, und es war nur nicht lange genug im Feuer gewesen, um stärkere Wirkungen zu äussern.

Der Meynung der Metallurgen zu Folge wird das Stangeneisen durch das Umschmelzen und Hämmern reiner, als das Gußeisen, und durch diese Bearbeitung von den Schlakken, mit welchen letzteres vermischt ist, gesäubert. Wie gehet es nun zu, daß das Stangeneisen nicht als ein Metall, sondern als Schlakke, das Gußeisen hingegen so leicht, und je spröder es ist, desto leichter, wie es scheinet, im Feuer fließet?

Daß es dem Stangeneisen am Brennbaren fehlen müsse, zeigt der vorige Versuch zur Gnüge, und der folgende beweiset es ebenfalls.

11) Ein Stük zähes Schwedisches Stangeneisen umschüttete ich mit Kohlenstaub, und erhielt es eine Stunde im Feuer vor dem Gebläse. Es war sehr gut geflossen, zeigte keine Spur von Schlakken, war nun aber spröde und zersprang nach ein Paar guten Schlägen unter dem Hammer. Im Bruche war es dunkelgrau, an einigen Orten zeigte es sehr kleine glänzende Flächen, es ließ sich aber sehr gut feilen.

12) Ein Stük Steyermärkischer feiner Stahl, eine halbe Stunde vors Gebläse gehalten, war nicht geschmolzen, aber zäher geworden, und zeigte im Bruch hervorstehende Ekken, auch da es aufs neue anderthalb Stunden eingesetzt worden, hatte es noch keine Spur des Schmelzens gezeiget.

13) Sechs Drachmen und ein Skrupel eben dieses Stahls mit Kohlenstaub umschüttet, war in drey viertel Stunden so lange ichs vors Gebläse gehalten, geflossen, und hatte zehn Gran am Gewichte zugenommen. b) Auf der Oberfläche waren kleine Flächen, wie Glimmer. Unter dem Hammer nahm es einige Eindrükke desselben an, zersprang aber doch leicht. Inwendig sahe es sehr dunkelgrau aus, ohne metallischen Glanz, der sich aber so bald es gerieben ward, zeigte. In der Mitte saß ein ziemlich weißes, glänzendes Korn, das im Bruche, dem schlechten Gußeisen nahe kam. Es ließ sich gut feilen, doch das in der Mitte befindliche Korn widerstand etwas mehr der Feile.

Ich glaubte nun, daß der Unterschied des Gußeisens vom Stabeisen blos in der größeren Menge des Brennbaren bestünde, und setzte

b) Es scheint also nicht, als wenn nach Herr Jars, (Siehe Bekmanns Oekonom. Bibl. t. 7. p. 59.) und anderer Meynung, der Stahl ein mit vielem Brennbaren versehenes Eisen sey.

14) einen Theil dieses mit Kohlenstaub einmal geschmolzenen Stahls nochmals mit Kohlenstaub eine halbe Stunde dem Feuer vor dem Gebläse aus. Es war geflossen, hatte sich aber nicht verändert, sondern war noch schwarzgrau im Bruche, spröde, ließ aber sich noch feilen.

15) So blieb es auch, als ich es nun ohne Zusatz des Brennbaren eine halbe Stunde fließen ließ. Nur war es im Bruche dem ganz feinen, körnichten Bleyglanz ähnlich, doch etwas dunkler.

16) Ein Stük von dem Eisen der Pallaßischen Eisenstuffe, das zween Skrupel, und neun Grane wog, mit Kohlenstaub drey viertel Stunden dem Feuer vor dem Gebläse ausgesetzt, war gut geflossen, auf der Oberfläche mit kleinen Blätterchen belegt, im Bruche körnicht, und schwarz, spröde unter dem Hammer, und der Feile nachgebend. Es wog zween Skrupel und eilf Grane.

Diese Versuche zeigen: daß

1) der Stahl sowohl, als das Stangeneisen durch die Bearbeitung, den größesten Theil des Brennbaren verlohren haben, da sie ohne Zusatz desselben nicht als Metall fließen.

2) Daß der Zusatz desselben das Eisen flüßiger, aber auch spröder mache; daß es aber, wenn es auch die größeste Menge davon angenommen, sich doch noch feilen laße.

3) Daß

3) Daß dem zuerst aus den Erzen geschmolzenen sogenannten Gußeisen noch etwas beygemischt seyn müße, welches dies leichte Schmelzen, die große Sprödigkeit desselben und den Widerstand der Feile verursache.

Um zu erfahren, ob sich dieses nicht durchs Schmelzen davon scheiden ließe, setzte ich

17) Ein Stük des Torgelowischen Gußeisens, das eine Unze und anderthalb Grane wog, in einem offenen Tiegel vors Gebläse. Es floß in drey Minuten, nachdem es im glühenden Tiegel eingetragen war, kochte wie Bley, und setzte am Rand eine Schlakke ab. Nachdem es eine Viertelstunde geflossen, ließ ich es erkalten. Es wog sieben Drachmen und zwey und dreyßig Grane. Auf der Oberfläche waren kleine krystallinische Nadeln zu sehen. Es zersprang auf den ersten Schlag mit dem Hammer in viele kleine Stükke, war im Bruche matt, weißgrau, gleichförmig, und widerstand der Feile. Die Schlakke sahe dunkelgrau aus, wie Hammerschlag, nicht Glasartig, und ward vom Magnete schwach angezogen.

18) Ein anderes, eine Unze und fünf Grane wiegendes Stük ließ ich im offenen Tiegel eine halbe Stunde fließen. Es wog nun noch sechs Drachmen, zwey Skrupel, und drey Grane. Es hatte also beynahe den sechsten Theil verlohren, zersprang gleich unter dem Hammer, widerstand der Feile, zeigte

große

große matte Flächen, und auf der Oberfläche sahe man mehrentheils recht winklicht sich durchkreutzende Nadeln, die ihm das Ansehen des gestrikten Kobolds gaben. Die Schlakke war, wie bey dem vorigen.

19) Ein Stük, sechs Drachmen zwey Skrupel und vierzehn Grane wiegendes Schwedisches Stangeneisen, und sechs Drachmen, zwey Skrupel und vierzehn Grane Torgelowisches Gußeisen, war im verdekten Tiegel ohne Zusatz in drey Viertelstunden gut zusammen geflossen. Im Bruche war es weißgrau, sehr spröde, widerstand der Feile ziemlich, und war auf der Oberfläche sauber gestrikt. Da das Eisen hiedurch noch keine große Veränderung erlitten, hofte ich, daß sich das dabey befindliche Fremdartige, vielleicht durch Beymischung anderer Erden verschlakken lassen würde. Es ward also

20) Ein Stük des Torgelowischen, sechs Drachmen und drey Grane wiegenden Eisens mit einer Drachme Kreide im verdekten Tiegel drey Viertelstunden vor dem Gebläse geschmolzen. Das mehreste der Kreide war noch unverändert, ein Theil derselben aber am Rande des Tiegels zu einer theils bräunlich, theils sehr blaß grünlichen Schlakke geflossen. Das Eisen war ungemein spröde, sehr weiß, zeigte große glänzende, spiegelnde Flächen, und wo es matt war, Nadeln, wie Antimonium, die von den durchbrochenen Blättern herzurühren schienen.

21) Ein

21) Ein Stük dieses Eisens von einer Unze und fünf Granen, ließ ich im unbedekten Tiegel eine halbe Stunde fließen, nachdem ich eine halbe Unze getrokneten Borax eingetragen. Es war nun neun Grane weniger, ungemein weiß, sehr spröde, hatte im Bruch große, nicht so stark, wie beym vorigen Versuche, spiegelde Flächen; das blätterichte Gewebe war an einigen Orten deutlich zu sehen, die Schlakke war ein durchsichtiges hell Kolophonienfarbnes Glas.

Da ich durch diese im Feuer gemachten Versuche nicht zu meinem Zwekke gelangen konnte, glaubte ich bey der Auflösung glüklicher zu seyn, und übergoß.

22) Ein Paar kleine Stükke von dem Eisen aus der Pallasischen Stuffe, das eine mit schwacher Salpeter-, das andre mit schwacher Salzsäure. Von beyden ward es, ohne Beyhülfe der Wärme, rein aufgelöset.

23) Eine Drachme dieses Eisens, das ich sorgfältig von der darinn befindlichen Steinart befreyet hatte, übergoß ich mit schwacher Vitriolsäure, goß diese, wenn sie gesättiget war, ab, und frische drauf. Die Auflösung geschah ohne Hülfe der Wärme. Da die zuletzt aufgegoßene Säure nichts mehr auflösen wollte, lag das Stük Eisen dem Ansehen nach fast in seiner völligen Form darinn; es war aber so leicht wie eine Kohle, und hatte auf der Oberfläche einen spiegelnden Glanz. Diesen behielt es zum Theil auch nach

nach dem Troknen. Innwendig war es schwarz, wie eine Kohle, blättericht, und wog noch keinen Gran. Auf der glühenden Kohle glimmte es, ohne nach Schwefel zu riechen, und ward dann vom Magnet schwach angezogen. Die Lauge rauchte ich ab, und erhielt kein ander Salz, als Eisenvitriol.

24) Ich versuchte es nun auch mit Stahl, davon ein Stük, das eine Drachme und acht und zwanzig Grane wog, auf die erwähnte Art aufgelöset, nur einige kleine, höchstwenige schwarze Flekken zurükließ, die ich nicht einmal vom Fließpapier losmachen konnte.

25) Ein Stük Schwedisches zähes Stangeneisen, das eine Drachme und sieben Grane wog, auf eben die Art aufgelöset, hinterließ ein Paar schwarze Flekken, die nicht zu rechnen waren.

26) Eine Drachme und fünf und zwanzig Grane Torgelowisches Gußeisen, übergoß ich mit geschwächter Vitriolsäure. Dieses Eisen ward ohne Beyhülfe der Wärme von der Vitriolsäure angegriffen. Die Auflösung hörete aber bald gänzlich auf, fieng bey angebrachter Wärme wieder an, und ließ beym Erkalten nach. Da ich bemerkte, daß die Stükken Eisen noch ihre vorige Größe zu haben, und doch viel leichter zu seyn scheinen, spühlte ich sie ab, und troknete sie. Sie wogen nur zehn Grane, ließen sich leicht zerbrechen, und bestanden aus, zwischen beyden Oberflächen in verschiedenen Richtungen schief

liegenden

liegenden Blättern, die hellbraun aussahen, ohne einen metallischen Glanz zu zeigen, und deren Zwischenräume leer waren.

Ich warf diese Stükke in eine Retorte, übergoß sie nachmals mit geschwächter Vitriolsäure, legte die Retorte in die Sandkapelle ein, und erhitzte sie, bis zulezt zum gelinden Kochen. Ich fand nun die Stükke ganz zertheilt, ließ das leichte, in der Feuchtigkeit schwimmende Pulver sich setzen, seihete es durch, süßte dieses aus, und ließ es troknen. Es hatte ein fahlschwarzes Ansehen, wog nur zween Grane, war sehr leicht, und einige Stükchen zeigten noch ein blätterichtes Gewebe c).

Die Laugen rauchte ich zusammen ab, süßte das zurükgebliebene saure Salz mit höchst rektifizirtem Weingeist aus, lösete es wieder auf, und ließ es anschießen. Den ersten Anschuß der Vitriolkrystallen reinigte ich durchs Auflösen und Krystallisiren, troknete sie, ließ sie zuerst in einer gläsernen Retorte, nachher im Schmelztiegel ein Paar Stunden glühen, um sie von aller Säure zu befreyen.

27) Diese braunrothe Eisenerde mischte ich mit Kohlenstaub, und brachte sie im verdekten Tiegel eine Stunde

c) Diese Blätter sieht man im Durchschnitt in einigen von diesem Eisen gegossenen, und sich durch öftern Gebrauch abgeschliffenen Gefäßen, da sie als kleine dünne kurze Nadeln erscheinen.

Stunde vors Gebläse. Das Eisen hatte sich in kleinen Körnern, die wegen der Menge des Kohlenstaubes nicht zusammen geflossen waren, reduziret. Sie waren spröde, sahen aber wie gutes, mit Kohlenstaub geflossenes Stabeisen aus, schienen sich auch gut feilen zu laßen.

28) Die letztern Krystallisationen, in deren Lauge ich, da noch etwas überflüßige Säure dabey war, Eisendrath auflösen ließ, und daraus ich kein anderes Salz, als Eisenvitriol erhielt, trokfnete ich, und verfuhr mit ihnen, wie beym vorigen Versuche. Auch hier war das Eisen in kleine, doch etwas größere Körner verwandelt, die aber sehr weiß im Bruch, wie schlechtes Gußeisen aussahen, und der Feile widerstanden.

29) Die zween Grane des leichten, bey der Auflösung zurük gebliebenen Pulvers vom sechs und zwanzigsten Versuche, mischte ich mit Kohlenstaub, legte eine Drachme feinen Stahl dazwischen, und setzte es in einem verklebten Tiegel eine Stunde vors Gebläse. Es war gut geflossen, aber zu keinem schlechten Gußeisen geworden, wie ich vermuthete.

Ob mich diese Versuche gleich das noch nicht lehrten, was ich durch sie zu lernen hoffte; so glaube ich doch noch auf diesem Wege, bey wiederholten Arbeiten, mit einer größeren Menge Eisen zu meinem Zwekke zu gelangen.

Aus den Stükken von der Kieselartig scheinenden Steinart, (denn sie waren fast alle zersprungen), suchte ich, durch Hülfe eines Suchglases, die völlig reinen, weißen oder gelblichen aus, daran keine dunkeln Flékken zu sehen waren. Mein ganzer Vorrath bestand aus einer und einer halben Drachme, die ich im Tiegel glühen ließ, in einem Glas mit kaltem Wasser ablöschte, und in einem gläsernen Mörsel zerrieb. Von diesem weißlichten Pulver übergoß ich

30) Fünf Grane mit einer halben Drachme Vitriolgeist, und erwärmete es. Da die Feuchtigkeit halb verraucht war, merkte ich, daß über dem Pulver etwas Gallertartiges saß. Ich ließ es daher erkalten, und alle Feuchtigkeit war eine ziemlich veste Gallerte, unter der noch unaufgelösetes Pulver lag.

31) Fünf Grane übergoß ich mit einer halben Drachme Salpetersäure, und etwas destillirtem Wasser, und erwärmete es. Ich fand ebenfalls eine Gallert über dem braun gewordenen Pulver, die undurchsichtig, gelblich, und an der Seite, wo das Pulver lag, braun gefärbet war.

32) Fünf Grane mit einer halben Drachme Salzsäure und etwas destillirtem Wasser übergossen und digeriret, gab auch eine Gallerte, die gelb und durchsichtig war, darunter auch noch unauflösliches Pulver lag.

Ich wählte, da mein Vorrath so klein war, die Vitriolsäure, mit der ich am sichersten gehen konnte, und übergoß

33) Eine Drachme dieser fein zerriebenen Steinart mit sechs Drachmen Vitriolgeist, auch etwas destillirtem Wasser, und ließ es digeriren. Ich fand diese Mischung nach Verlauf zweener Tage ganz in eine durchsichtige Gallerte verwandelt, die ich auf dem nicht aufgelöseten Pulver langsam eintroknen ließ. Diese salzigte Masse laugte ich mit destillirtem Wasser aus, und digerirte das Unaufgelösete aufs neue mit zwo Drachmen derselben Säure. Das Unaufgelösete süßte ich aus, und erhielt sieben und zwanzig Grane von einer, wie grauer Sand aussehenden Erde, die mit der Hälfte Weinsteinsalz vor dem Loth Röhrchen zu einer weißen, durchsichtigen Kugel floß, und also Kieselerde war. Die Laugen goß ich zusammen, und ließ sie trokken abrauchen, warf das graue Salz in einen glühenden Schmelztiegel, und ließ es gehörig glühen.

Es war nicht geflossen, sahe gelbroth, wie Armenischer Bolus aus, und ward heiß, da ichs mit destillirtem Wasser übergoß, womit ich es hinlänglich aussüßte. Es blieb ein Skrupel einer gelbrothen Erde zurükke.

Die Lauge gab nach dem Abrauchen spießichte, wie Bittersalz schmekkende, leicht auflösliche Krystallen, die getroknet eine Drachme betrugen.

Die

Die Hälfte dieser Krystallen lösete ich in destillirtem Wasser auf, und schlug sie mit Weinsteinsalze nieder.

Die Erde hatte sich in kleinen Kugeln zusammen geformet, die aus Nadelförmigen, im Mittelpunkte zusammenlaufenden Stralen bestanden, und wog nur fünf Grane. Hier muste nicht alles heraus geschlagen seyn, oder die Erde war auch aufgelöset worden, und mit dem zum Aussüßen gebrauchten Wasser verlohren gegangen. Ich schlug dahero die zwote Hälfte mit der größten Behutsamkeit nieder, und ließ das Wasser eine Nacht darüber stehen, eh ich es abgoß. An den Seiten des Glases hatten sich wieder viele kleine konische Krystallen d) in Büscheln, deren immer zweene mit den Spitzen zusammen saßen, angelegt. Diese ausgesüßte Erde wog dreyzehn Grane, und ein Paar Grane hiengen so vest noch am Glase, daß man sie nicht losmachen konnte.

Soviel, nämlich die Hälfte der Erde, erhielt ich auch von getrokn̄etem Bittersalze.

Die Erhitzung des kalzinirten Salzes, die Auflöslichkeit desselben, die Krystallisirung der Magnesia zeigen

d) Nach der Abhandlung des Herrn Prof. Bergemann, dessen Rezension ich bis lezt nur gelesen, ist dieses nun bekannt. Nicht allein aber die mit Hülfe der Luftsäure im Wasser aufgelöset gewesene Magnesia krystallisiret sich; sondern auch die ausgesüßte Magnesia, die ich im zusammengeschlagenen Fliespapiere selbst trokken werden ließ, war zu solchen, aber mehr unordentlich liegenden, Krystallen angeschossen.

zeigen hinlänglich, daß es nichts, als Bittersalz, seyn konnte.

Nun war noch der Skrupel der, nach der Kalzination des Salzes, bey der Auflösung desselben, zurükgebliebenen rothen Erde zu untersuchen.

Ich übergoß die Hälfte davon mit Vitriolsäure; sie lösete sich darinn gänzlich auf, wollte nicht gut zu Krystallen anschießen, und troknete zu einer weißen Salzmasse ein. Ich lösete diese Masse mit höchst wenigem Wasser wieder auf, und rauchte sie mit Behutsamkeit ab. Da sie schon anfieng weniger flüßig zu werden, war doch nichts angeschossen; da ich es aber schüttelte, schoß alles ganz trokken zu kleinen, spitzigen Krystallen an.

Ich vermuthete Alaun in dieser Lauge, und tröpfelte Weinsteinsalzlauge zu; ich konnte aber keinen Alaun daraus scheiden, muste auch, da mir ein Theil der Lauge verlohren gieng, den ganzen Versuch aufgeben. Die andere Hälfte übergoß ich daher mit schwacher Salpetersäure, womit sie schäumte, und fünf Granen Eisenerde zurük ließ, die geglühet vier Grane wog. Das in der Säure Aufgelösete schlug ich mit dem Weinsteinsalze nieder. Es legte sich auch in Krystallen an, und gab, in der Vitriolsäure aufgelöset, Bittersalz e).

In

e) Wie es zugieng, daß hier sich ein Theil der Bittersalzerde, bey der nicht sehr heftigen Kalzination des Salzes, von der Vi-

In einer Drachme dieses Minerals sind also acht Grane Eisenerde, sieben und zwanzig Grane Kieselerde, und fünf und zwanzig Grane Bittersalzerde, im kalzinirten Zustande. Man kann ihm also, unter den, die Bittersalzerde enthaltenden Körpern wohl nicht einen Platz versagen, und er ist meines Wissens der erste bekannte dieser Ordnung, der eine solche Härte hat, daß er gegen den Stahl Feuer schläget.

34) Um auch das Verhalten dieses Körpers im Feuer zu wissen, ließ ich einen Skrupel der recht reinen Körner, die ich aus meiner Stuffe geschlagen, im verdekten Tiegel, im Ofen mit der Zugröhre zwo Stunden stehen. Sie waren unverändert auf der Oberfläche, wie mit einem sehr dünnen Rauch, überzogen, und etwas dunkler. Ich sezte sie nun eine Stunde im verdekten Tiegel der stärksten Hitze vor dem Gebläse aus; aber auch hier hatten sie keine Veränderung erlitten.

35) Zehn Grane dieser zerriebenen Körner, mit eben so viel Weinsteinsalz gemischt, waren in zwo Stunden im verdekten Tiegel im Zugofen nicht geschmolzen. Ich fand im Tiegel ein schmuzig weißes, Geschmakloses Pulver.

36) Zehn Grane mit zwanzig Granen getroknetem *Borax* waren in eben der Zeit zu einem durchsich-

 tigen

Vitriolsäure schied, weis ich nicht, da das Bittersalz durch ein stark anhaltendes Glühefeuer sich nicht scheidet. Der Mangel des Gegenstandes erlaubte mir nicht, mehrere Versuche deshalb zu machen.

tigen Kolophonienfarbnen Glase geflossen. Ich suchte nun aus den noch übrigen Körnern diejenigen aus, die zwar braune oder dergleichen Flekken hatten, daran aber doch keine Spur von anklebendem Eisen zu sehen war, glühete sie aus, und zerrieb sie. Von diesem blaßbraunen Pulver beschikte ich

37) Eine halbe Drachme mit dem beym vierten Versuch erwähnten Eisenflusse, und schmolz es eine Stunde vor dem Gebläse. Die schwarze Schlakke war gut geflossen, unter derselben aber kein Eisenkorn, sondern oben auf ein Paar kleine Körner.

38) Eine halbe Drachme mit dreymal so viel getroknetem Borax, und einer halben Drachme Kohlenstaub, nur eine halbe Stunde vor dem Gebläse geschmolzen, war zu einem schwarzen Glase geflossen, in dem sich keine Spur von Eisen zeigte. Hier hörten mit meinem Vorrath auch meine Versuche auf.

Das Verhalten des Eisens in dieser Stuffe, und die Bestandtheile der Steinart zeigen die angeführten Versuche. Kann man nun wohl wahrscheinlich schlüßen, wie diese Masse entstanden sey?

Mit der Gebirgsart, worinn sie entstand, hat sie wahrscheinlich zusammen gehangen. Daß dieser Zusammenhang durch Menschenhände getrennt, und dieser ungeheure Klumpen von den ehemaligen Bewohnern Siberiens aus der Erde aufgefödert seyn sollte, ist noch weniger, als wahrscheinlich.

Am

Am wahrscheinlichsten ist wohl des Herrn Professor Pallas Meynung; daß die sie umgebende Erdart zur Verwitterung geneigt gewesen. Diese ward nach und nach, da das Gebirge mit der Zeit zerfiel, vom Regen, oder den Fluthen weggeschwemmt, und die entblößte Masse blieb an dem Orte ihrer Entstehung liegen, oder ward auch durch Veränderungen des Erdbodens an einen andern Ort versetzet; sie selbst aber durch die sie umgebende Eisensteinartige Kruste vor der Zerstöhrung gesichert.

Ohne iezt auf die Beschaffenheit des Eisens zu sehen, fallen mir nur vier mögliche Arten ihrer Entstehung ein. Es muß entweder

1) Durch menschliche Kunst, oder

2) Durch das Feuer eines brennenden Waldes, oder

3) Durch einen Vulkan ausgeschmolzenes, oder

4) Durch eine gelindere Wärme, oder den nassen Weg, entweder durch einen Niederschlag, oder durch die Zusammensetzung aus seinen ersten Bestandtheilen gebildetes, kurz ein gediegenes Eisen seyn.

Hohe Oefen kann man bey den ehemaligen Einwohnern Siberiens nicht vermuthen, und eine solche Masse war für ihre Handöfen viel zu groß. Die Steinart ist, ihrer Reinigkeit und Unflüßigkeit wegen, keine Schlakke eines Eisenofens; sie ist auch mit dem Eisen gar zu sehr untereinander gemischt, welches von einem fließenden Metall und fließender Schlakke nicht zu erwarten ist.

Die menschliche Kunst, hat also aus diesen Gründen, keinen Antheil daran.

Ein brennender Wald wird wohl eben so unschuldig an der Entstehung dieser Masse seyn.

Wollte man annehmen; es könne ein zu Tage ausgegangener Eisengang durch einen brennenden Wald geschmolzen seyn; so ist auch in diesem Falle die Steinart keine Schlakke. Will man diese aber für einen natürlichen Körper gelten laßen; so würde doch das über sie fließende Eisen einige Gewallt darauf geäußert, und sie von ihrer Stelle gerükt haben. Sie lieget aber noch so, wie sie entstanden ist, eine Fläche der Kugel, gegen die Fläche der andern, welche ihr zur Annehmung der völligen Kugelgestallt im Wege gestanden. Oder die Kugeln müßten in einer so engen Höhle eingeschlossen gewesen seyn, daß sie nicht um ein Haar von ihrer Stelle hätten verrükt werden können. Auch dieses läßt sich nicht gedenken.

Also vielleicht die Wirkungen eines unterirrdischen Feuers? und dann wäre die Steinart Lave? Daß sie dieses deshalb nicht seyn kann, weil sie zu rein, und zu hart, wie ich im 2ten Bande auf der 545sten sten Seite gesagt habe, widerlegen der Isländische so

genannte

genannte Agath, und die auf den Feldern in Ungarn als Geschiebe liegende schwarze Glasachtige Lave.

Beyde, die sich einander völlig ähnlich sehen, sind in dünnen Stükken durchsichtig, und etwas Rauchfarben, und schlagen gegen den Stahl Feuer.

Wider die wenige Neigung zum Schmelzen, die diese Steinart zeiget, würde man einwenden können: daß das Feuer der Vulkane verschiedene Mischungen schmelzen könne, die uns in unsern kleinen chymischen Vulkanen unschmelzbar wären. Indeß schwillet doch die schwarze oben erwähnte Lave aus Ungarn schon vor dem Lothröhrchen zu einem weißen Glasartigen Schaume.

Die Egerische schwammichte Lave schmelzt vor dem Gebläse ziemlich leicht zu einer schwarzen Glasartigen, nicht durchaus gleichförmigen Masse, und die blasichte rothe Lave des Vesuvs, zu einem durchaus gleichförmigen schwarzen Glase, so, daß das Feuer der Vulkane die wenigste Zeit so heftige Wirkungen zu äußern scheint, als das Feuer vor dem Gebläse in verschlossenen Tiegeln. Einen auf die Bestandtheile der Steinart gegründeten Beweis wird man auch nicht für gültig erkennen.

Denn, wird man einwenden, gesetzt: es kämen auch die mehresten Laven in ihren Bestandtheilen überein; so kann doch das heftige Feuer der Vulkane alles zusammen schmelzen, was ihm im Wege stehet, und nachdem es verschiedene Erdarten antrift, muß auch die Schlakke wieder bey der Untersuchung verschiedene Erden geben.

Daß diese Steinart, ihrer Kugelförmigen Gestallt wegen, keine Lave seyn könne, dagegen, wird man sagen, zeugen die krystallinische, weiße Schörlgranaten, (Siehe Ferbers Briefe über Welschland) und die gefärbte, noch nicht untersuchte, durchsichtige Körper in den Laven des Vesuves. Wenn diese sich wahrscheinlich bey dem Erkalten der Lave gebildet, bey der Krystallisirung die Eisenerde (die weißen Granaten, die ich untersucht, hielten wenigstens keine Eisenerde) in der sie umgebenden Lave zurük gelaßen; so können diese Kugelförmigen Körper sich aus einer großen Menge Lave auf eine ähnliche Art in einem kleinen gedrängten Raume krystallisiret haben.

Will man nun dem schmelzenden Eisen einen Weg dahin bahnen, es eine leichtflüßige, zwischen den Kugeln sitzende Lave schmelzen, verdrängen, und ihren Platz einnehmen laßen; so habe ich freylich nichts weiter dawider zu erinnern, als daß ich mir auf diese Art alles zu erklären getraue, was noch so schwer zu erklären ist.

Der scharfsichtige Herr Prof. Pallas hat auf seiner Reise durch Siberien keine Spur eines ausgebrannten Vulkans entdekket. Aber auch dawider

kann

kann man sagen: daß man nur erst in den neuesten Zeiten aufmerksam hierauf geworden; daß Herr Prof. Pallas bey weitem nicht ganz Siberien bereiset; daß dies Land also noch viele in dieser Absicht unbekannte Gegenden haben könne; und daß es auch, wenn man keine Spuren von Vulkanen daselbst fände, durch Fluthen aus andern Gegenden dahin geführet seyn könne.

Wie wird es aber mit der Beschaffenheit des Eisens selbst? Ein Beweis wider die Entstehung dieser Masse durchs Feuer, der, wie mich deucht, der wichtige ist!

So viel ich weis, nimmt das Eisen erst seine Zähigkeit durch die Bearbeitung unter dem Hammer an. Im geschmolzenen Zustand ist es nur spröde, und den Schlägen des Hammers wenig nachgebend.

Nach dem 2, 8, und 9ten Versuche fließet das zähe geschmiedete Eisen, und das Eisen aus der Pallaßischen Stuffe, für sich zu einer Glasartigen Schlakke, nach dem 10, 12, und 15ten Versuch aber, mit dem Brennbaren versetzt, zu einem spröden Eisen, welches weder kalt, noch roth glühend, sich hämmern läßt. Also kann das Eisen in dieser Stuffe ja nicht geschmolzenes Eisen seyn, da sichs keinesweges als ein solches verhällt. Durch menschliche Kunst ausgeschmolzen müste es also höchstens ein gutes, der Feile nicht widerstehendes Gußeisen seyn; denn ich kenne kein Gußeisen,

das

das sich hämmern ließe. Durch einen Waldbrandt kann doch auch keine so starke Glut hervorgebracht werden, daß das Eisen, ohne Berührung der Kohlen, zumal aus seinem Erze schmelzen sollte. Durch die Berührung mit Kohlen wär es ebenfalls wieder sprödes Eisen, und bey dem Feuer der Vulkane würde dieses auch statt finden. Das wenige, das vom Stabeisen im verschlossenen Tiegel abgeflossen war, verglasete ja gleich mit andern Erden. Wollte man auch hierwider erinnern, daß es etwa beym langsamen Erkalten, und weil es von dem Feuer noch lange im glühenden Zustand erhalten worden, einen Theil des Brennbaren verlohren, und dadurch die große Zähigkeit angenommen; so erwarte ich dieses erst durch Versuche bewiesen. Ich habe mit dem Brennbaren geschmolzenes, zähes Stabeisen, das nun ganz spröde war, zwo Stunden in einem Tiegel roth glühen lassen, und es noch so spröde, wie vorher gefunden.

Man wird es mir also nicht als einen Eigensinn auslegen, wenn ich das Eisen in dieser Stuffe für gediegen, und auch die Steinart für keine Lave halte. Daß es gediegen Eisen geben könne, wird wohl Niemand läugnen. Ob man gleich wider einige dafür ausgegebene Stufen gegründete Zweifel aufgeworfen; so ist doch gegen die Stuffe, die der Herr Direktor Marggraf selbst gefunden, und gegen die, welche in dem 7ten Bande der Berlinischen Sammlungen in der Abhandlung vom gediegenen Eisen angeführet worden, da sie Kenner mit

Grün=

Gründen dafür gehalten, wohl nichts einzuwenden, da sie noch die Gebirgsart zeigen.

Merkwürdig ist es doch, daß auch die Marggrafische Stuffe und noch eine, die der Herr D. Bloch aus Sachsen besitzt, ihren Geburtsort aber nicht weis, beyde ein gelbes, durchsichtiges Mineral enthalten. Das in der Marggrafischen Stuffe scheint nicht so hart, als die Steinart in der Pallaßischen Stuffe, und von blätterichtem Gewebe zu seyn. Doch ist mir ein klein Stükchen, das ich vors Lothröhrchen brachte, nicht zersprungen.

Die nahe Verwandschaft des Eisens mit dem von der Natur so häufig erzeugten Schwefel, der leichte Zusammenhang der Erde desselben, mit dem Brennbaren und die leichte Zerstörung desselben durch alle Säuren, sind wohl die hauptsächlichsten Ursachen, warum das gediegene Eisen so selten ist. Im lezten Falle kann es durch einen, der Feuchtigkeit undurchdringlichen Ueberzug vor der Zerstörung bewahret werden, und das ist auch wohl der Fall mit der Pallaßischen Stuffe.

Vielleicht hätte man aber öfter gediegen Eisen entdekt, wenn man nicht zu viel zu einem solchen Eisen erforderte. Man will nämlich: daß es sich hämmern, in Säuren auflösen lasse, und vom Magnet angezogen werde. Die erste Eigenschaft könnte wohl wegfallen, da wir ja das geschmolzene Eisen für ein völliges, obgleich nicht so reines Eisen,

als

als das geschmiedete, halten. Das metallische Ansehen, die Auflöslichkeit in den mineralischen Säuren, wenn sie es gleich nicht so leicht auflösen (und dieses geschieht ja auch bey dem schlechten Gußeisen nicht) würde ich aber, nebst dem Anziehen des Magnets, als unumgänglich nöthig fordern. Das bloße Anziehen des Magnets ist nicht hinlänglich; denn wir haben Kiese, die von Magneten angezogen werden, darinn das Eisen mit dem Schwefel vermengt, und also wirklich vererzet ist. c)

c) Diesen Versuchen hatte der Herr Verfasser noch eine Beantwortung der freundschaftlichen Einwürfe des Herrn D. Brumbey im II B. unsrer Beschäftigungen S. 546. beygefüget; weil es aber billig ist, beyde Freunde vorher ihre Einwendungen lesen, prüfen und beantworten zu laßen, ehe sie einzeln dem Druk übergeben werden, hierdurch aber bey diesem Band eine große Zögerung der Ausgabe desselben entstehen würde; so behällt sich unsre Gesellschaft vor, das Resultat der gelehrten Unterhaltungen beyder Mitglieder über diesen Artikel, im IVten Bande zu liefern. M. . .

XXVI.

D. M. E. Blochs Nachricht von einem ästigen Punktkorall mit Pfriemenförmigen Oefnungen oder Punkten.

Millepora lineata, subulata.

Tab. X. f. 1.

Die Geschichte der Korallen hat, in so viele Dunkelheiten sie auch noch eingehüllet zu seyn scheinet, in diesem Jahrhunderte dennoch viel Aufklärungen erhalten. Das wird man bey Vergleichung der Schriften eines Ellis, Pallas, Boddaert und Walch, mit den Schriftstellern der vorigen Jahrhunderte, gern eingestehen. Dennoch liefern uns die Versteinerungen jetzo noch manche Arten, wozu die Originale zu fehlen

len oder nicht bekannt genug zu seyn scheinen, und welche daher den Lithologen, in Anordnung derselben, viele bedenkliche Schwierigkeiten machen. Der Nutzen ist also augenscheinlich, der aus Aufsuchung und Bekanntmachung seltner Korallenarten entstehet.

Von gegenwärtigem, treu abgebildeten Korallengewächs, das ich vor kurzem vom Rudolstädischen Hoffaktor, Herrn Danz erhalten, suchte ich im Herrn v. Linné und Pallas vergeblich eine paßliche Beschreibung. Ich entschloß mich daher, selbiges, nebst andern Seltenheiten, von welchen ich bey andrer Gelegenheit reden werde, unserm berühmten Freunde, dem Herrn Hofrath Walch, zur Beurtheilung nach Jena zu schikken. Er glaubte darinn das Original zu derjenigen Versteinerung zu entdekken, deren er im 10ten Kapitel seiner vortreflichen Versteinerungsgeschichte S. 14, als der vierzehnten Gattung, gedenket.

Es gehört unter die Baumförmigen und ästigen Punktkorallen, ist mit vielen Zweigen dichte besetzet, welche von unten bis oben, in einem beynahe rechten Winkel, aus dem Stamme hervorwachsen, und sich mehrentheils in zween bis drey Nebenäste, von der Dikke einer Schreibfeder, vertheilen.

Da sowohl der Stamm, als auch die Zweige, allenthalben mit Ausschößlingen besetzt, auch diese mit viel kleinen hervorstehenden Oeffnungen versehen sind; so erblikt man daran eine ganz rauhe Fläche.

Die Farbe desselben ist weiß, wegen der vielen Oeffnungen und rauhen Aeste aber, von welchen der Seeschlamm sich nicht leicht absondern läst, von etwas schmutzigem Ansehen. Die Substanz ist dichte und nicht so brüchig, als beym Zukkerkorall. (Mill. Damicornis).

Die Oeffnungen dieses Punktkoralls unterscheiden sich von den übrigen Arten dieses Geschlechts gar merklich; denn jene haben lauter kleine Oeffnungen, wie Punkte oder Nadelstiche, diese hingegen sind länglicht oder beynahe dreyekkicht. Ueberdies gehen bey andern Punktkorallen die Pori von der Peripherie gegen den Mittelpunkt oder nach der Axe; diese hingegen laufen zwischen der Oberfläche und dem Mittelpunkte von vorne nach hinten zu.

Die Pori finden sich dergestallt geordnet, daß sie hinter einander liegen, eine Schlitzförmige Oeffnung haben, die Lamellen aber auf beyden Seiten hervorstehen. Durch die dichte hinter einander stehende Oeffnungen erhalten diese Korallen ihre rauhe Fläche. Zwischen den Poris ist eine dünne Scheidewand befindlich. Diese, und die hervorragende Lamellen an den Oeffnungen, geben dem Korall, beym ersten Anblik, das Ansehen eines Zellengewebes; daher man geneigt ist, ihn für einen Zellen- oder Netzkorall zu halten.

Auch in der Absicht scheint mir diese Korallart merkwürdig, weil sie uns ein neues Glied in der Kette zeigt, wodurch die Punktkorallen mit den Zellenartigen verknüpst werden. Ich habe sie in ihrer natürlichen Größe abzeichnen laßen, ob sie aber zu einer ansehnlichern Größe heranwachsen möge, wie die mehresten Baumförmigen Seegewächse, läßt sich vor der Zeit nicht sicher, bis mehrere davon bekannt werden, bestimmen. Mein Freund, Herr Dokt. Martini, besitzet eben diese Koralle, aber noch etwas kleiner, als die meinige.

Aus den bisher bekannt gewordenen Versteinerungen von dieser Korallart läßt sich ebenfalls kein sicherer Schluß auf ihre natürliche Größe machen; weil die Zeichnungen bloß kleine Bruchstükke liefern.

In welchem Meere sich diese Urstükke finden, kann ich nicht mit Gewißheit sagen: weil Herr Danz von diesem Umstande selbst nichts weiter zu melden wuste, als daß er sie in Holland erhalten. Von seinem Bewohner läßt sich bloß vermuthen, daß der Körper desselben, wie die Wohnung selbst, eine Pfriemenförmige Figur haben müße.

Unter den Versteinerungen sind mir folgende Zeichnungen von dieser Korallenart bekannt geworden:

1) In dem Knorrischen Petrefaktenwerk kömmt auf der Supplementtafel VI. B. fig. 2. eine ansehnliche, aber in Ansehung der Poren etwas undeutliche Versteinerung aus Gothland vor.

2) In

2) In *Linn.* Amœnitat. Academ. Tom. I. tab. IV. f. XII. oder in Fougths Abhandlung de Corallis balthicis.

3) In *Bourguet* Traité des Pétrifications tab. XII. fig. 51. Von diesem Schriftsteller wird sie Reteporit genennt, vermuthlich wegen des Zellenartigen Baues, den sie zu haben scheinet. Cf.

4) *Guettard* in seinen Mémoires des Pétrif. tab. XXX. fig. 7. 11.

XXVII.

Etwas von Fadenwürmern, besonders in den Lungen eines Frischlinges.

von

J. Ch. E.

Vor einigen Tagen kam mir von einem jungen wilden Schweine (Sommerfrischling) das Geschlinge, oder das in der Jägersprache sogenannte Geräusch, vor Augen, davon die Leber und das Herz ein gewöhnliches gesundes Ansehen hatten, die Lunge aber schlapp, lappig, und ganz unansehnlich aussah.

Ich hatte vormals gelesen, daß die Schäfferischen Egelschnekken aus den Lebern der Schafe, sich auch bey gewissen Jahreszeiten in Schweinen antreffen ließen, und jetzo brachte mich die kranke Gestallt dieser Lunge auf den Gedanken, solche hier ebenfalls zu suchen. Ich ließ darum verschiedene Einschnitte machen, und da war, in der Substanz der Lunge selbst,

vor

vor meinen, in dieser Art von Untersuchung ungeübten Augen, nichts Besonderes zu bemerken; aber aus den mehresten der zugleich durchgeschnittenen Blutadern, sah ich statt des dikken, schwarzen Blutes, eine Masse, in Gestallt eines Stöpsels hervordringen, welche eine graubraune Farbe hatte, und sich beym Angreiffen in Faden zu zertheilen schien.

Von diesem fremden Körper legte ich etwas in laulichtes Wasser, und sahe nun, da sich das daran hängende wenige Blutwasser hurtig verdünnete und absonderte, einen Klumpen Fadenwürmer von unterschiedener Größe vor mir, davon die größten einen Rheinländischen Zoll in der Länge, und die Dikke von einem feinen Zwirnsfaden hatten, an beyden Enden aber spitzig, und, dem Ansehen nach, von eben der Gestallt waren, als diejenigen Fadenwürmer, welche in den Bäuchen unserer Heringe, vornämlich der Milcher, selten zu fehlen pflegen; blos mit dem Unterschiede, daß diese Fadenwürmer aus dem wilden Schweine weich, und zwischen den Fingern leichte zu zerreiben sind, da hingegen jene eine zähe, Sehnenartige Substanz haben. Auch waren eben die wenigen Lebensbewegungen, welche der Heringsfadenwurm (Gordius marinus Linn) gemeiniglich spüren läßet, anfänglich in dem laulichten Wasser an einigen zu bemerken. Sie können aber gar wohl in ihrer gewohnten warmen Wohnung, bey lebendigen Thieren, weit lebhafter, und jetzo, da der Frischling schon vor dreyen Tagen geschossen gewesen, theils bis zum Tod erstarret, theils gänzlich gestorben seyn.

Nur gleichsam ein Blik, den ich durchs Mikroskop auf diese Würmer thun konnte, zeigte mir, daß es darunter, wo nicht in der Gestallt, doch in der Farbe, Verschiedenheiten giebet. An einigen war die ganze Oberfläche mit runden Eindrükken auf das zierlichste gezeichnet, und sahen gleichsam wie gepanzert aus; andere waren glänzend, weiß, durchsichtig; und noch andre hatten in der Mitte des Leibes von einem Ende bis zum andern, entweder einen geraden oder Schlangenförmigen, dunkelbraunen Streifen, den ich für ihre genossene Nahrung halten würde, wenn ich nicht wieder andere gesehen hätte, bey denen mir diese Streifen auf beyden Seiten auswendig erschienen wären.

Dringende Amtsgeschäfte erlaubten es schlechterdings nicht, eine nähere mikroskopische Untersuchung vorzunehmen, und da ich nachher an diesem Tage vom Hause abwesend seyn mußte, dabey aber, wegen der bemerkten weichen Konsitzenz dieser Würmer, ihre gänzliche Auflösung besorgte; so war mir nichts weiter damit übrig, als solche in Weingeist aufzubehalten.

Ob diese Würmer bereits von andern in vierfüßigen Thieren mögen seyn bemerket worden, ist mir unbewust. Herr von Linné hat sie nicht, eben so wenig,

wenig, als einen andern Erdfadenwurm, den ich im vorigen Sommer in meinen Garten unter einem Steine fand. Dieser war sehr lebhaft und mir beynahe unter der Erde entwischt, von Strohgelber Farbe, vier Rheinländische Zolle lang, so dik, als ein mittelmäßiger Zwirnsfaden, und wird jetzo bey mir ebenfalls in Weingeist aufbewahret. Berlin, den 21sten Januar 1777.

XXVIII.

Einige Nachrichten aus Briefen unserer Herren Korrespondenten und Gelehrten Mitglieder.

1.

Von einer Bereitung des Phosphorus aus Käse, aus einem Schreiben des Herrn D. Kapp aus Leipzig.

In einer 1771. zu Duisburg, unter dem Herrn Prof. Leidenfrost gehaltenen Dissertation *de Salibus essentialibus corporis humani*, wird angeführt, daß, wenn man einen sehr alten Käse einem recht heftigen Feuer aussetzte, man zuletzt ein leuchtendes Oel erhalten könnte. Der im Jahr 1773 verstorbene Rathsapotheker zu Bremen, Herr Henschen, ein würdiger Schüler des Herrn Direktor Marggrafs, hat im Jahr 1772 diesen Versuch nachgemacht, und wirklichen derben Phosphorus erhalten. Ohn-

Ohnerachtet die Retorte bey dem ersten Versuche sprang, bekam er doch aus $4\frac{1}{4}$ Pfund Käse, die nach der Abdestillirung $\frac{3}{4}$ Pfund Kohlen zurükließen, zween Skrupel guten Phosphorus, der dem aus dem Urin bereiteten vollkommen gleichet. Er destillirte ihn aber mit dem Zusatze des Hornbleyes, Plumbi cornei.

Ich habe meinem würdigen Freunde, dem Herrn Hofapotheker Andreä zu Hannover, diesen Versuch mitgetheilet, welcher ihn wiederhohlet, und folgende Nachricht mir davon überschrieben, die ich Ihnen zu Dero beliebigem Gebrauch mittheile. Ich merke dabey an, daß nach Herrn Henschens Versuchen die grössere oder geringere Menge des zu erhaltenden Phosphorus von der stärkern oder schwächern Fäulniß des Käses abhängt; daher aus recht faulem Käse der Phosphorus auch vielleicht mit Vortheil bereitet werden könnte, zumal da man der unangenehmen Einkochung des Urins dadurch überhoben wäre.

D. Rapp.

„Der schon verstorbene Rathsapotheker in Bre„men, Herr Henschen, hatte, bey einer chymischen „Bearbeitung des Käse, denselben der Destillation „ausgesetzt, und zuletzt, bey angewandtem sehr starken „Feuersgrad, leuchtende Tropfen übergehen gesehen. „Es war natürlich, durch eine solche Erscheinung zu „dem Versuch veranlaßet zu werden, aus Käse Phos„phorus zu erlangen, und dieser Versuch, den hierauf „Herr Henschen anstellete, war nicht Fruchtlos. Nach „seiner Art zu verfahren, habe ich den Versuch wie-

derho-

„derholet. Hier ist eine kurze Beschreibung desselben: „Zwölftehalb Pfund gemeinen Käse, dergleichen von „Bremen häufig hieher gebracht, und bey uns Süß„milchskäse genennet wird, welcher schon etwas alt „und faulend war, habe ich, um die Fäulung zu ver„mehren, mit Bier angefeuchtet, in einen Keller ge„setzt. In einem Kessel über Feuer gelinde eingetrok„net, sonderten sich zwo verschiedene Substanzen von „einander ab: die eine war ein sehr dikkes Oel, die an„dere ein Harzähnliches Wesen a); jenes wog 40, die„ses 52 Unzen. Diese 52 Unzen des Harzähnlichen „Wesens, in einer gläsernen Retorte getrieben, haben „$3\frac{1}{2}$ Unzen urinösen Geist, $2\frac{1}{2}$ Unzen branstiges Oel, „und $3\frac{1}{2}$ Unzen urinöses Salz gegeben. Das in der „Retorte Zurükgebliebene, das auf dem Bruch wie ein „Asphalt aussah, wog 42 Unzen. Vermischt mit „eben so viel, aus einem Theil Salmiak und drey Thei„len Mennig, verfertigtem Hornbley, wurd ihm, in „drey irrdenen Retorten vertheilt, offenes Feuer bey„gebracht. Man sah sich aber genöthigt, das Feuer „zu mäßigen, indem aufs neue branstiges Oel und uri„nöser Geist übergiengen. Des Oels kamen acht, „und des Geistes vierzehn Unzen. Das Ueberbleibsel „in zwo andere Retorten gethan, ward nun mit der „heftigsten Glut getrieben, und so erfolgte dann end„lich der Phosphorus. Mit ihm zugleich waren in „die Vorlagen kleine Krystallen übergestiegen, die aus

„Horn-

a) Bey einer neu-angestellten Arbeit mit dergleichen, aber vermuthlich nicht so fettem Käse, ist diese Trennung nicht erfolget.

„Hornbley bestanden, auch, mit Phlogiston und Laugensalz geschmolzen, ihr Bley herausgaben. An Gewicht betrugen diese $7\frac{2}{3}$ Quentchen; der Phosphorus selbst, nur 30 Grane. Für die Zufälligkeiten, welche hier, ein Mehreres vom Phosphorus zu erlangen, vielleicht hinderlich gewesen, etwas hinzugerechnet; so scheinet mir nun freylich die Bereitung desselben aus Käse nicht eben vortheilhaft zu seyn; aber, physisch betrachtet hat sie, wie ich glaube, Merkwürdiges genug, um sich zur Bekanntmachung zu empfehlen, und dem für die Chymie zu früh verstorbenen Herrn Henschen in seiner Geschiklichkeit und Arbeitsamkeit ein sehr vortheilhaftes Andenken zu stiften.

Hannover den 18ten April 1776.

Andreä.

2.

Auszug aus einem Schreiben des Herrn D. Johann Gerhard König, aus Tranquebar vom 8ten Februar. 1776. an Herrn Spengler zu Kopenhagen.

Ungemein gern will ich mich auch in andere Fächer der Naturhistorie nun einlaßen, da ich in meiner jetzigen Lage dazu die vortheilhafteste Gelegenheit haben kann. Ich besitze jetzt ächte Wendeltreppen von

von allerley Größe. Da ich aber ganz zuverläßig hoffe, den Geburtsort dieser Konchylien zu besuchen, wo ich sie mit ihrem Bewohner und ihrem Dekkel zu sammlen gedenke; so habe ich bisher darauf nicht sehr geachtet. Einer der Mährischen Brüder sendet stets einen Schwarzen nach dem Orte, wo sie zu haben sind, welcher sie am Strand aufsuchet; allein die mehresten sind beschädigt. Denn ganz frisch haben sie eine lebhafte, glänzende, braunröthliche Farbe. Die Krabben machen einigen von ihnen viele Mühe, sie wohl aufzubewahren; denn im Troknen gehet bey ihnen die gröste Schönheit verlohren. Es ist nichts gewissers, als daß die Gegend von Nagapatnam so viele Krebsarten reichet, als irgend eine in der Welt. Viele von ihnen trotzen, ihrer Zärtlichkeit wegen, aller Kunst, und können bloß in Weingeist aufbehalten werden.

Ich habe im vorigen Jahr eine kleine Reise an den Zeylonischen Sund gemacht, um dadurch zu einer größeren Reise mich besser anzuschikken. Hier fand ich das Meer mit Wundervollen Thieren angefüllt. Der Boden des Meeres gleicht einem Garten von Meerpflanzen, worinn 1000 Thiere und Pflanzenthiere ihren Aufenthalt und Vergnügen finden. So wenig, als ich mich dazu bereitet hatte, so verdrüßlich es war, daß die Regenzeit auf Zeylon angefangen und dieser Gegend etwas davon mittheilte; so rettete ich dennoch von dem Verderben auf der

Rük-

Rükkehr, eine neue *Laplysia*, die ich *purpuream* nenne; denn wenn man sie in die Hand nimmt, hat sie keinen Schleim, wie die andere, sondern einen großen Theil einer Purpurfarbenen, hohen Feuchtigkeit, von welcher der Brantwein eben dieselbe Farbe anninunt. Zweytens fand ich ein *Alcyonium*, das, der Ordnung nach, dem in Island gefundenen am nächsten kömmt; aber die Wurzel ist stumpf Kegelförmig, glatt, glänzend, einzeln gestreift, gelblich Fleischfarben, eines guten Fingers dik; der obere Theil zugespitzt keglicht, über der Wurzel etwas dikker und läuft in der Höhe spitzig zu. Die Oberfläche bestehet aus lauter feinen, runden Löchern, rauh anzufühlen, über $1\frac{1}{2}$ Hände breit hoch. Die Farbe ist mehr Fleischröthlich, wenn es zerschnitten wird, und in der Mitte des 3 Linien dikken Fleisches trift man eine fast kalkichte Schicht, welche dem Messer widerstehet. Innwendig ist es etwas hohl, und dessen Wände sind fasericht; der Geruch ist widrig und betäubend. Ich habe davon einige in Weingeist für das Königliche Kabinet in England aufbehalten. Eine *Vorticella* mit Blüthen, eine Sabella mit Goldgelber Schale, in den kleinen Pflanzen eine große Menge von einer ganz kleinen flachen Art Austern. Ihre große dikke Schnekke fällt hier auch *). Sie gehöret zu den Konchylien, welche in Gesellschaft leben, in deren Mitte die Königinn ihre Windung verkehrt hat.

*) Vermuthlich wird hierdurch das große schwere Opferhorn gemeynet, dessen verkehrt gewundne Gattung man die Königinn zu nennen pfleget. M. . .

hat. Letzteres erzähle ich nur auf Authorität des Herrn D. Bulmanns, der, weil er als Medikus auf Rahmanad einige Jahre zugebracht hat, ein Augenzeuge davon will gewesen seyn.

Wollen Sie einige Sachen in Weingeist haben; so senden Sie mir einige Gläser, hauptsächlich Korkholz; denn dieses ist hier nicht zu haben. Dabey müst es bey der Kompagnie abgemacht werden, daß sie es von hier mitnehmen. Ehedem hat man mir damit hier viel Schikanen gemacht. Ich habe sehr viele und recht seltne Insekten verlohren, die mir während meiner Krankheit verdorben. An Herrn Kappel sende jetzt einige, sie sind aber nicht meinen Wünschen gemäß. Ich werde, wenn ich lebe, mich besser vorsehen und zum künftigen Jahre zubereiten. Meine Gedanken sind, wenn es Lord Pikkot und der Nabab erlauben, diesen Sommer nach Zeylon zu gehen. Daselbst habe einen großen Gelehrten, Herrn Christ. Rose *), der mich lange schon zu sich eingeladen, und welcher eine sehr vortrefliche Sammlung von Indianischen Naturalien haben soll, zu besuchen mir vorgenommen. Er ist ungemein reich, und so weit gehet nur die historische Kenntniß, welche ich bis jetzo von ihm habe rc.

*) Kommandeur zu Jaffanapatnam auf Zeylon, unser würdiges Mitglied.

3.

Auszug aus einem Privatschreiben des Ritters und Freyherrn von Meidinger an den D. Martini Tab. X. f. 2 — 6.

Meinem Versprechen getreulich nachzukommen, schikke ich Ihnen hiemit einige nach der Natur gemachte Abbildungen.

Die eine Figur (S. Tab. X. f. 2.) stellt eine besondere Gattung von Quarze vor, welche ich, ihrer Aehnlichkeit wegen mit dem Mooße, Quarzum muscoideum nenne, wie man solches bey a sehen kann. Das Merkwürdigste davon ist der bey b befindliche Körper, welcher hohl, leicht und einer Blase ganz ähnlich ist. Er besteht ebenfalls aus Quarz, ist aber nicht mit dem Moosförmigen zusammengewachsen, sondern liegt ganz frey in der Höhlung. Dieses Stük ist in der Hodritz, nicht weit von Schemnitz gefunden worden, und das einzige dieser Art, welches ich besitze. Dieser Quarz mag wohl zuverläßig durch eine Gährung entstanden seyn. Was hat aber eine solche Gährung verursacht? Ich halt' es für sehr Merkwürdig, daß alle in der Hodritz befindliche Quarze eine solche lokkere Gestallt haben, ob schon wenige so artig, als der gegenwärtige, gebildet sind. Wie hat sich eine allgemeine Gährung in einem gan-

ganzen Bergreviere zutragen können? Hier ist das Feld der Mineralogie noch mit einem dikken Vorhang umhüllet. —

Die dritte bis sechste Figur der Xten Platte zeigen eine wunderbare Mißgeburt von einer Zitrone, welche ich von ohngefähr erhielt, ohne etwas besonderes daran zu vermuthen. Als ich sie von einander schnitt, fiel eine andere kleine Zitrone heraus, die vollkommen die Gestallt der Großen hatte, welches mich in große Verwunderung setzte. Das Sonderbarste dabey ist, daß die kleine Zitrone nirgends mit der großen zusammen hieng, sondern darinne ganz frey verborgen lag. Fig. 3 und 4. zeigen an, wie ich sie beyde anfänglich auf einmal durchschnitte. Fig. 5. c. ist die kleine Zitrone, die ich wieder zusammensetzte, und Fig. 3. d, die Höhlung, in der sie stekte. Uebrigens hat die kleine Zitrone ihre eigene Rinde, ihren eigenen Saft, ihre eigene Fächer und Kerne, die mit der äußern, sie umgebenden Zitrone in keiner Verbindung stehen. Nun erkläre mir Jemand die Enstehung dieser seltenen Mißgeburt des Pflanzenreichs! *) Andere Mißgeburten, an denen nämlich zwey und drey Früchte zusammen gewachsen sind,

*) Diese Erscheinung kömmt mir im Pflanzenreich eben so vor, als im Thierreich das ovum in ovo, wovon in den Berl. Sammlungen III Band p. 259 — 266. merkwürdige Beyspiele vorkommen. Cf. Meine Uebers. der Büffonischen Nat. Gesch. der Vögel 4. Band Berl. 1776. p. 99 und 178. M...

sind, oder wo zwo Früchte durch die Proliferirung der Blumen an einem Stiel über einander erzeuget worden, sind weniger selten. Mir scheint es, daß an diesem Gewächs gleich anfänglich der Fruchtknoten (germen) doppelt gewachsen seyn müsse, der dann auch einen doppelten Griffel, Stylum, und eine doppelte Narbe, Stigma, besessen hat, welche zugleich durch den Blumenstaub befruchtet worden. Denn sollte wohl sonst — dies bey Seite gesagt — eine Ueberschwängerung im Pflanzenreiche statt haben?

4.

Auszug aus einem Schreiben von Ebendemselben über den Ursprung der Baumsteine oder Dendriten.

Vor einigen Tagen bin ich von einer kleinen physikalischen Reise nach Ungarn zurükgekommen. Unter den Bemerkungen, welche ich daselbst gemacht habe, kann ich Ihnen folgende nicht verschweigen. Sie betrift die Entstehung der Baumsteine oder Dendriten, die ich einigermaßen in ein helleres Licht gesetzt zu haben vermeyne. Es ist bekannt, daß die meisten Schriftsteller dafür halten, als hätten diese Dendriten ihre Zeichnungen von Bäumen, Kräutern und dergl. den Körpern des Pflanzenreichs zu verdanken, wenn sich diese in den noch weichen Stein eindrükten, und folglich bey ihrer Verwesung, die Spuren ihrer vorigen Gestallt zurükließen. Ich bin in dieser Sache (denn ich nehme die wahren Versteinerungen und Abdrükke des Pflanzenreiches aus, wo man die Spuren findet,) einer ganz andern Meynung, und halte dafür, daß die Pflanzenkörper gar keinen Antheil an diesen figurirten oder besser zu sagen, gemalten Steinen haben. Meiner Meynung nach dürften diese Dendriten folgendermaßen ihren Ursprung erhalten haben: Wenn sich z. B. in einem Kalkflötzgebirge zwischen die zarten glatten Klüfte und Lagen der Kalksteine eine metallische Auflösung, besonders einer Eisenerde, vest setzet, und diese Lagen sich, so lange die gedachte Auflösung noch flüßig ist, durch ihren eigenen Druk der Schwere oder durch andere Erdbewegungen von einander ablösen; so entstehen auf der Oberfläche dieser Steine eben solche verschiedene Gestallten von Bäumen, Sträuchern, Mooßen und dergl., als auf einem Reibestein, worauf man Farbe reibet, sich zeigen, wenn die Reibekäule gähling und mit Gewallt in die Höhe gezogen wird. Hat nun die gewalltsame Ablösung des Gesteins auf der Oberfläche (meistens auf beyden gegen einander gesetzten Oberflächen) solchergestallt die Zeichnungen hervorgebracht; so werden sie endlich trokken, und gleichen genau einer gemalten Landschaft oder einem Walde. Ich weis nicht, ob diese meine Meynung gegründet ist, und Ihren Beyfall

verdie-

verdienet? Ich habe sie nur so entworfen, und sie läßt sich noch weiter ausführen; wenigstens scheint das, was **Henkel** in seiner Flora saturnizante, und **Walch** in seinem Steinreiche davon sagen, einigermaßen damit übereinzukommen. Vielleicht laßen sich meine Gedanken durch folgende gemachte Beobachtung in etwas bestätigen.

In **Ungarn**, in der sogenannten Herrschaft **Bornstein**, findet sich ein ansehnlicher Kalksteinbruch, wo ein grauer vester Kalkstein bricht, der nicht im mindesten schiefericht, oder blätterricht, sondern ganz derb und hart ist. Auf diesem Kalksteine wird man hin und wieder Abzeichnungen von Bäumen und Kräutern gewahr, die so Regelmäßig, so genau ausgefallen sind, als wenn sie mit Fleiß darauf gemalet wären. Bey dem genauesten Nachsuchen, fand ich nicht das geringste Ueberbleibsel eines Pflanzenkörpers, woraus ich hätte schlüßen können, daß ein solcher zur Entstehung dieser Dendriten beygetragen hätte. So sind auch diese Zeichnungen gar nicht im geringsten eingedrükt, oder vertieft, welches doch nothwendiger Weise seyn müßte, wenn sie durch Pflanzenkörper verursacht worden, sondern so glatt und eben, als wenn sie abgeschliffen wären. Diese Zeichnungen sind alle schwarz, und gar nicht in den Stein eingedrungen, wie man wohl an andern Dendriten gewahr wird; welches daher zu kommen scheint, wenn die metallische Auf-

 lösung

lösung etwas scharf ist, so, daß sie sich gleichsam ins Gestein hinein frißt, oder einätzet, welches doch hier nicht statt findet. Endlich ward ich in meiner Meynung noch mehr dadurch überzeuget, weil ich sogar, zwischen einigen Klüften des Kalksteins, noch die schwarze, metallische Auflösung wahrnahm, und daraus schlüßen konnte, daß solche ebenfalls mit der Zeit dergleichen Zeichnungen hervorbringen würde. Ich habe einige Zentner schwere Stükke von diesen dendritischen Kalksteinen (denn kleinere ließen sich, ohne das Gemälde zu verderben, nicht gewältigen) mit nach Hause gebracht, und werde sie nun, da sie sich nicht spalten, von einander schneiden laßen, um die Vorstellungen auf dünneren Stükken zu haben. Ich werde gewiß nicht ermangeln, so wohl von diesen, als andern Mineralien der Gesellschaft zu überschikken. — Künftiges Frühjahr, geliebts Gott! gedenke ich eine Reise nach **Kroatien**, in ein Land zu thun, das wegen der Naturgeschichte noch so wenig bereiset ist. Die Entdekkungen welche ich daselbst zu machen hoffe, sind schon zum voraus für unsere Gesellschaft bestimmet.

5.

Auszüge aus einigen Briefen des Herrn Prof. Pallas zu St. Petersburg.

Vor kurzem erhielt ich von einem Liebhaber und der Pharmazie Beflißenen, Herrn Melchior Nitschmann, von der Brüdergemeine in Sarepta, einen Brief, worinn er mir folgende, zwar nicht wichtige, aber doch, wie ich glaube, neue Bemerkung meldete. Er sammelte eine Menge von den obern männlichen Samenkolben der *Typha* oder Wasserpumpe, ehe sich selbige zur Befruchtung eröfnet hatten. Doch da sie schon diesem Zeitpunkte nahe schienen, legte er sie in ein Zimmer auf Papier, und fand, nach einigen Tagen, eine große Menge von dem ausgefallenen Samenstaub, polline, welcher in allen Eigenschaften und Wirkungen sich dem sogenannten Semini Lycopodii vollkommen ähnlich bezeigte, auch im Licht eben so flammte, und also, weil es viel weichlicher, leichter, und wohlfeiler zu sammeln ist, vielleicht Aufmerksamkeit verdienet.

Ebend. an Herrn Hofapotheker Meier.

Die Rußischen Fuhrleute, welche im Sommer Wein und Englisches Bier von Petersburg nach Moskau, und in das Innere des Landes verführen,

ren, schlagen die Weinfässer in Stroh und vielfältige Matten ein, durchnetzen diese ganze Emballage mit kaltem Wasser, so sehr sie können, und begießen sie bey jedem Bach oder Brunnen von neuem. Durch die beständige Ausdünstung des Wassers wird, wie bekannt, beym heißesten Sommer ein Grad von Kälte verursachet, welcher den Wein so kühl hält, als im Keller. Ich zweifle, ob dieses ganz einfältige Mittel in Deutschland genugsam bekannt sey?

Ein Krug Wasser, den man mit einem feuchten Lappen umhüllet, und in der freyen Luft im Schatten hinsetzt, ist bey heißem Sommer so kühl, als ob er aus dem Eiskeller käme.

Ferner an Herrn Prof. Kölpin zu Stettin.

Es wäre zu versuchen, ob der Ulmenbaum im Frühjahre nicht einen Saft gäbe, der sich, wie der, welchen man aus der gereitzten Rinde des Aeschenbaumes, Fraxinus Ornus, ziehet, zu einer Manna verdikken ließe. Im Herbstmonat 1773. da sich der Herr K. an der Wolga befand, lehrte ihn ein Zufall, daß Laub und Zweige vom gemeinen Ulmenbaum dem Wasser eine abführende Kraft mittheilte. Er schöpfte Wasser in Gefäße, und verstopfte solches, um es zu Pferde, ohne es zu verschütten, mit sich führen zu können, mit Zweigen und Blättern des Ulmenbaums. Der klebrichte Saft, der in den südlichen Gegenden auf den Blättern,

tern dieses Baumes häufig angetroffen wird, hatte dem Wasser eine eben so stark laxirende Kraft mitgetheilet, als wenn wahre Manna in demselben wäre aufgelöset worden.

Unter den Siberischen Hausmitteln sind folgende merkwürdig: Die Blumen der Ulmaria werden, wie die Baldrianwurzel, bey Kindern als Wurmtreibende Mittel gebraucht. Mit einer scharfen alkalischen Lauge von Birkenschwammasche vertreiben die Ostiaken äußerlich die hartnäkkigsten, so gar aussätzige Krankheiten, die unter diesen, von lauter Fischen lebenden Völkern sehr gewöhnlich sind. Das Wolfskirschenartige Bilsenkraut oder *Hyosciamus physalotes*, der sich leicht anbauen, und vermuthlich in Deuschland einheimisch machen ließe, verdiente auch noch medizinische Versuche.

6.

Aus einem Schreiben des Herrn von Charpentier zu Freyberg, an Herrn Achard, über mineralogische Gegenstände.

Wie viele Steinarten sind nicht, von denen wir immer noch wenig wissen! Der Basalt, welcher izt einen vorzüglich merkwürdigen Gegenstand der Naturforscher ausmachet, findet sich häufig in unsern Erzgebirgen, theils in isolirten Bergen, theils in Lagen, womit die Oberflächen einiger unserer höchsten Gebirge bedekt sind; und doch habe ich nirgends bey diesen Basalten einige andere Spuren von Feuerprodukten gefunden. Verdiente nicht der Basalt eine eigene Untersuchung? Es giebt einige gewisse dunkelgrüne, Glasartige Stükken, die mit dem Stahle Feuer schlagen, und auch zugleich mit dem Scheidewasser braußen. In einem andern fand ich 2 — 3 Zoll lange Prismen, von ziemlich weisser Farbe, 1 — 2 Linien im Durchmesser, die alle aus einem gemeinschaftlichen Mittelpunkt eine Kugel von 6 — 8 Zoll im Durchmesser machten, und durchgängig mit dem Scheidewasser braußten. Uebrigens war der Basalt häufig mit sogenannten schwarzen Schörlprismen angefüllet. Schörl und Wolfram, der so häufig dem Granit beygemischt ist, sollten auch genauer zergliedert seyn u. s. w. Nur allein von Chymischen Untersuchungen haben wir noch die Beweise von der Verwandlung, dem Uebergang einer Stein- und Erzart in die andre, oder der Entstehung einer aus der andern zu erwarten, die wir izt nur noch hier und da muthmaßen müssen. So verzeihe ichs dem Herrn von Büffon nie, daß er die Entstehung des Kalks einzig und allein vermittelst der organisirten Körper erkläret. Er hätte doch wahrhaftig vorher mehrere Kalkgebirge und auch andere Gebirge untersuchen sollen! Herr Beaumé folgt ihm getreulich nach, und nun werden Versuche gemacht, und Folgerungen mit Gewallt aus

einem

einem Satze gezogen, der weder erwiesen, noch allgemein ist. Könnten Sie Freyberg nur auf ein Paar Tage besuchen, so wollte ich Ihnen gleich hier in der Nahe selbst sehen laßen, was ich in dem Brief an unsern geliebten Martini geschrieben, und seit der Zeit wieder durch mehrere Untersuchungen in unsern Obergebirgen geprüfet, und bestätigt gefunden habe. Den schönsten Kalkstein, den feinsten Marmor wollte ich Ihnen aus unsern Gebirgen zeigen, der 20 und mehrere Lachter tief, in Lagern unter dem Kneuße, der gewöhnlichen Steinart unserer Erzgebirge, lieget. Wie kömmt der Kalkstein, wie kommen die schönsten krystallinischen Kalkdrusen in unsere Gänge? und zwar in eine Tiefe von 100 und mehrern Lachtern? Wie will man dieses durch die Mitwirkung organisirter Körper erklären —? Ich meines Theils finde mehr Wahrscheinliches, wenn ich die Entstehung einer Steinart aus der andern, durch neu hinzugekommene, oder damit verbundene Säuren, Brennbares, oder wer weis, was für andere Theilchen, annehme, wie z. E. der Gips aus Kalk entsteht —, und dazu von der Natur geleitet werde, als in künstlich ersonnenen Hypothesen.

Ich muß Ihnen hier noch eine hierzu einschlagende Beobachtung überschreiben, die zugleich eine Stelle des vorgedachten Briefes berichtiget, mit dem man mir durch die Einrükkung in den 2ten Band der Beschäftigungen Naturforschender Freunde eine unverdiente Ehre erzeiget hat. Ich habe daselbst auf der Seite 580 gesagt „daß ich niemals eine unor„dentliche Vermischung des Granits und Kneusses „untereinander gefunden u. s. w.„ Ich war damals auch noch zu sehr von der angenommenen Meynung eingenommen, als müsse der Kneuß auf den Granit aufgesetzt, oder aufgeschwemmet seyn. Verschiedene Beobachtungen machten mich wohl nachher gegen diese Meynung mißtrauisch, und ich wurde behutsamer; doch waren sie mir immer noch nicht entscheidend genug, bis ich endlich bey meiner, im vergangenen Herbste gethanen Reise in unser Obergebirge, gewiß entscheidende Beobachtungen zu machen Gelegenheit hatte. Hier fand ich, bey der Befahrung einer dasigen Grube, in einer Tiefe von etlichen und 60 Lachtern, den Granit dem dasigen schiefrigen Kneuß in grossen, unregelmäßigen Stükken beygemischt; und daß dieses nicht loßgerissene Stükken oder Geschiebe waren, zeigte sich aus folgendem: Die Grenzen des Kneußes und Granits verliesen sich unmerklich in einander, so, daß man an vielen Orten nicht genau bestimmen konnte, wo der Granit aufhörte, und der Kneuß anfieng; auch lagen die feinen parallelen Blätter des Kneußes um den Granit in einer unveränderten Lage mit dem Ganzen. Unter diesem Orte, wo ich diese Beobachtung machte, war wieder lauter reiner Kneuß. In einer andern Grube des dasigen Gebirges fand ich, daß der Granit größtentheils das Hangende eines Schachts ausmachte, öfters aber auch im Liegenden zu finden war, zuweilen war im Hangenden und Liegenden sonst nichts als Kneuß, und so wechselten diese beyde Gesteinarten, bis in eine Tiefe von 100 und etlichen Lachtern, wo man damals im Tiefsten des Schachts in lauter Granit arbeitete, und zugleich fand ich in diesem Tiefsten das Umgekehrte voriger Beobachtung: Stükken von Kneuß lagen hier dem Granit eingemischt, und wo sie zwischen ihren Blättern zerspaltet zu seyn schienen, waren alle diese Spaltungen mit Granit ausgefüllet.

Noch muß ich hinzufügen, daß der Gang, der auf dieser Grube bearbeitet wurde, sowohl in seinem Streichen und Fallen, als auch in Ansehung seiner Erze, keine Veränderung erlitten hatte, ohngeachtet er bald im Kneuße, bald im Granite, gefunden ward. Durch diese und mehrere damals gemachte Beobachtungen bin ich überzeuget worden, daß Kneuß und Granit sich unter einander vermischt finden können, und beyde zu gleicher Zeit entstanden seyn müssen, oder wohl gar der erste aus dem Granit entstanden ist. Nicht nur vorher erzählte Beobachtung läßt mich dieses muthmaßen, sondern auch die Bestandtheile dieser beyden Steinarten, die in beyden einerley sind, und sich im Kneuße nur durch die Regelmäßige, blättrichte und flasrige Lage unterscheiden, bestärken mich in dieser Meynung noch mehr. Diese Beobachtung ist mir außerdem so wichtig, daß ich sie der Naturforschenden Gesellschaft mitzutheilen gehorsamst bitte. Ich glaube hierdurch die besondern

Erschei-

Erscheinungen erklären zu können, die sich bey der immer vorkommenden Vermischung des Granits und Kneußes in unsern Erzgebirgen zeigen, auch Verschiedenes andres zu erweisen, was ich in die Grenzen eines schon ohnehin zu langen Briefes nicht zu bringen vermag.

7.

Aus einem Schreiben des Herrn Oelhofen von Schöllenbach zu Nürnberg.

Im Jahr 1765. erhielt ich aus Tyrol Zirbelzapfen von der *Pinus Cembra*, foliis quinis lævibus. Die Nüsse wurden sogleich gestekt, und giengen gut auf, setzten aber jährlich so wenig auf, daß das größte Bäumchen von selbigen etwa 3 Nürnberger Schuhe hoch ist. Herr Doktor du Roi giebt in seiner Harbkeschen wilden Baumzucht, unter dem Worte Pinus, das dortige jährliche Wachsen über einen Schuh hoch an, und folglich nicht langsam, da das von meinem höchsten Bäumchen auf das Jahr keine vier Zolle beträgt, den Schuh zu 12 Zollen gerechnet, und solche sowohl in der Tiefe, als in der Höhe, nicht mehr an jährlichem Wuchse zeigen. Ein hiesiger Kaufmann verschafte mir, auf mein Bitten, eine Scheibe von einer Zirbel aus Tyrol, welche neun Zoll im Durchmesser hat, aber nicht weniger, als 102 Ringe

zeigt.

zeigt. Es wird also die Zirbel zur Holzvermehrung im Großen nicht sonderlich zu empfehlen seyn.

Die Alten haben vielfältig erzählt und geschrieben, wie zwischen der gemeinen Kröte (Rana Bufo) und der Weinraute eine starke Antipathie sey, und deswegen haben auch die Gärtner im Gebrauch gehabt, die Raute neben die Salbey zu setzen, um die Kröte, welche solche liebte, davon abzuhalten. Daß dieses aber nicht so sey, hat mich die Erfahrung gelehret. Zu Grävenberg hatte ich einen großen Garten, wo allerhand Ungeziefer, besonders aber viele Kröten von der gemeinen Art, sich häufig aufhielten, und in dem angebauten Lande, durch ihre unterirrdischen Gänge, großen Schaden verursachten. Abends machen sich dieselben, wie bekannt, aus ihren Löchern; da ich dann einstmals eine der grösten in einem Schnörkel vom Laubwerk antraf, das mit der Weinraute besetzt war, und andere zugegen gewesene Personen herbey rief, denenselben das unrichtige Vorgeben der Alten zu zeigen. Die Kröte war so groß, daß sie den Schnörkel völlig ausfüllte, und allenthalben an die Weinraute mit ihrem Körper anstieß.

Noch etwas von der gemeinen Kröte (Rana Bufo)! Im Vorbeygehen an einem niedrigen Haselnußstrauch, der unten verwachsen war, bemerkte ich, daß in demselben sich etwas bewegte, und als ich das Gesträuch von einander brachte, zeigte sich eine der grösten Kröten, welche auf einer im Kringel liegenden

Otter

Otter (Coluber Natrix. Ringelnatter) herum trampelte, und sich durch meine Gegenwart nicht hindern ließ, bis ich endlich mit dem Degen hinhieb, die Kröte aber nicht, sondern nur die Otter traf; da sich dann die erste davon machte. Bey dem Herausziehen der Otter blutete solche etwas an dem Hieb, zeigte aber nicht mehr das geringste Leben, da doch, wie bekannt, die von einander getrennte Stükke der Ottern, sich wenigstens noch etliche Stunden bewegen. Euer ꝛc. überlaße ich es, ob Sie es der Mühe werth achten, diese Erfahrungen gemein zu machen.

8.

Aus einem Schreiben des Herrn Bergmeister Lommer, oder Nachtrag zu seiner Abhandlung vom Hornerze.

Nachdem ich in meiner Abhandlung §. 5. damals nur Sachsen und Böhmen mit Gewißheit nennen konnte, wo Hornerz bishero vorgekommen, von Peru aber und Siberien eben diese Neuigkeit gehöret zu haben bemerkte; so bin ich nun auch im Stande, solches, wie ich es nun gesehen, und selbst besitze, zu beschreiben. Mit einer Hornerzstuffe aus Peru stillte mein guter Freund, Herr Peter Woulf zu London, meine Neugierde.

Es bestehet solche aus derbem Leberfarbigem, auch an einigen Orten weißem Hornerz, mit zugleich vermengtem, ganz derbem, gediegenem Silber, welches auf dem Bruch ein besonderes körniges, mattes Gewebe enthällt, nebst untermengter Silberschwärze, weisgrauem schwerem Spath, und eingemischter grüner Kupferocher. Das Hornerz ist theils mit dem derben gediegenen Silber sehr genau und innig vermischet, theils liegt aber auch, besonders auf den äußern Flächen der Stuffe, das Leberfarbne Hornerz sehr rein und derb auf, so, daß man solches in dünne Scheiben schneiden kann, die sodann durchscheinend sind, und gemischt ins Weiße fallen.

Es fragt sich hiebey, ob der bekannte Amerikanische Mineraloge Barba in seinem Bergbüchlein Seite 138. unter dem *Tacana* genannten reichen Silbererze nicht unser Hornerz gemeynet? So wie seine angeführte *Nigrillos* auch nichts anders, als diejenige Silberschwärze zu seyn scheinet, welche ich als einen beständigen Begleiter des Hornerzes beschrieben habe. Barba führet dieses Takana-Erz stets als ein reiches Silbererz bey den Nigrillos auf, und Seite 138. sagt er: „das „Takana-Erz kann durch Quecksilber fein gemacht wer„den; weil es aber ein so reiches Erz ist, daß es nicht „ganz ausgezogen werden kann, sondern ein Theil da„von in Schlakken (übrig) bleibet, so ist es besser, daß „es mit Bley eingeschmelzet werde“.

Wenn

Wenn der Autor das zur Ursach angiebet, warum dieses Erz sich nicht amalgamiren laße, weil es an Silber zu reich ist; so wird in Deutschland Niemand solches glauben. Wäre nun dieses Erz von der Beschaffenheit meiner vorbeschriebenen Peruvianischen Stuffe; so wäre der Grund dieser, daß bey der Amalgamation blos der reine Silbertheil eingienge, der Hornerztheil aber zurük bliebe. Es wird wahrscheinlicher, wenn Barba im fernern Verfolg als höchst nöthig angiebt, die Takana-Erze vor der Amalgamation zu rösten, damit sich solche ganz auflösen sollen. — Was wär aber der Grund hiervon? nichts anders, als daß durchs Rösten der Hornerztheil verflüchtiget würde, worauf das überbleibende Erz, das ist nun das reine gediegene Silber, sich freylich ganz auflöset. Und vielleicht ist der Amerikaner ruhig, wenn sein Erz nach der Röstung nur ganz ins Quecksilber eingehet, ohne zu wissen, wie viel er im Rösten Silber verjagt haben kann. Und ich finde diesen auch noch eine zehende Gattung nachzusetzen.

Es ist solches eine buntfarbige Sorte des Hornerzes, von lebhaften, grünen, gelben und rothen Farben, ganz dem sogenannten Pfauenschwänzigen Kupferkies ähnlich. Auf der Oberfläche bemerkt man mit einem guten Mikroskop ein Schuppen- oder Flokkenförmiges Gewebe, und dieses dürfte die Ursache der Regenbogenartigen Farberscheinung seyn, die nur der äußerlichen Fläche eigen ist. Es erfordert diese Gattung Erzkenner, um nicht als blos buntfarbiger Kies verworfen zu werden;

und

und es haben auch nur wenige Schalen davon im vorigen Jahr auf dem Gabegottesberggebäude allhier eingebrochen.

Doch endlich auch des aus Siberien erhaltenen Hornerzes zu gedenken, so ist dasselbe vollkommen rein, weiß und weich, als Wachs, und ganz der Sorte gleich, die ich Seite 21. als die fünfte Gattung aufgeführet. Es bricht in weißem, schwerem Spath. In einem Stükchen, das ich besitze, findet sich zugleich eine Ziegelrothe Eisenocher beygesellschaftet. Ich habe aber auch eine Stuffe gesehen, wo in weißem, schwerem Spath reines derbes, weißes Hornerz, nebst gediegenem Gold inne stehet. Es bricht zu Golivan am Schlangenberg, welche kleine Gegend eine eigene mineralogische Welt in sich fasset, wovon Herr Prof. Pallas etwas beschrieben hat.

9.

Aus einem Schreiben des Reichsritters und Freyherrn von Meidinger.

Tab. XI. fig. 1 — 4.

Ich habe schon verschiedene Aufsätze und Entdekkungen fertig liegen, welche dem Endzwekke der Gesellschaft angemessen zu seyn scheinen, und bey Gelegenheit sollen übersendet werden *). Für diesmal kann ich nicht unterlaßen, Ihnen, meine theuresten Herrn Kollegen, von einigen in Sklavonien gefundenen Merkwürdigkeiten, welche mein Freund, der Herr Hauptmann von Oesterreicher daselbst entdekket hat, einige Nachricht und Abbildungen zu ertheilen.

Fig. 1. der XIten Tafel zeigt einen Echinit, welcher dadurch höchst selten wird, weil er nicht, wie andere, aus bloßem Kalk- oder Hornstein, sondern aus dem feinsten röthlichten Spathe bestehet, welcher sich, wie bey a zu sehen ist, in lauter glänzende, Rautenförmige Blätter durchaus angeleget hat. Er ist 4 Zolle hoch, und unten 6 Zolle breit. Dieses seltene Stük wurde in Sklavonien in dem, an dem Sau gelegenen Loosmischen Gebirge Motaikza, gefunden. Man trift auch daselbst verschiedene andere Versteinerungen, als Pektiniten, Chamiten, Terebratuliten, Strombiten und Heliziten an, die aber nichts Besonderes an sich haben, und nur Zeugen von vielen daselbst gewesenen Ueberschwemmungen abgeben. —

Bey Fig. 2. und 3. auf der nämlichen Tafel erscheinen Würfel von eben dem obgedachten Gebirge Motaikza, die aus einem gelblichten und ganz reinen Spathe bestehen, auch eine vollkommen kubische Gestallt haben. Der Würfel Fig. 3. wird noch dadurch

um

*) Dahin gehören die Aufsätze dieses Bandes von Verbesserung des Flachses No. III. und vom Leuchten des faulen Holzes No. VII.

um so merkwürdiger, weil er auf zwoen Seiten andere kleinere, vest aufsitzende Würfel von dem gleichen Spathe besitzet, welches gewiß eine artige Krystallisation ist. Ich habe dergleichen braune, aber viel kleinere Spathwürfel auf einigen Quarzkrystallen in den Niederungarischen Bergstädten angetroffen; sie sind aber meist alle hohl. Vielleicht entstehen beyde auf einerley Art, nämlich durch eine gewisse mit dem Spath innigst verbundene Kochsalzsäure, wobey zugleich einige Gährung vorzugehen scheinet.

Fig. 4. der XIten Tafel stellt endlich eine Versteinerung vor, die mir gänzlich unbekannt ist. Sie kömmt auch aus Sklavonien, und wurde in einem, im sogenannten Brooderregiment, 4 Stunden von Petrovozello gelegenen uralten, Türkischen Steinbruche, und zwar wo der Kalkstein am mürbesten ist, gefunden. Der Stoff daran ist eben der röthlichte Spat, woraus der oben beschriebene Echinit bestehet; nur sind hieran die Rautenförmige Würfel viel größer und deutlicher, wie die Buchstaben c. c. c. c. andeuten. Das ganze Stük ist innwendig hohl, wie eine Rinne a. a. in welcher an einer Seite 8 kleine runde Löcher b. b. die aber nicht durchgehen, befindlich sind. Es ist wahrscheinlich ein Stük eines Helmintholitus; denn die Höhlung läßt solches vermuthen. Doch scheint das ganze Stük durch die Länge der Zeit und durch häufige Ueberschwemmungen seine vorige Gestallt sehr geändert zu haben. Ich habe es hier in seiner natürlichen

Größe und Form genau abgezeichnet. Vielleicht findet sich mit der Zeit das Original dazu. —

Es giebt in diesem Sklavonien auch noch viel andere Merkwürdigkeiten der Natur, von denen ich diesmal nur noch eines besondern Erdöles gedenken will, das aus einem, im obgedachten Brooderregiment gelegenen, und an einem hohen Gebirg anstoßenden Hügel von gelbem glimmerigem Sand und Eisenschüßiger Erde fließet. Die Ader, wo dieses Oel quillt, ist in der Mitte des Berges, etwa 4 Klaftern lang und 3 Schuhe breit. Es ist an sich braungelb, und ertheilt der Erde, durch die es dringt, eine schwarze Farbe. Daß es viele Erdtheile bey sich führen müße, schlüße ich daraus, weil es durch starkes Rieben zu einem sehr zarten Pulver wird, und durch die Destillation sehr viele bituminöse Erde hergiebt. Die Bauern in dortiger Gegend bedienen sich dessen zum Wagenschmieren; es wird aber gar bald durch die heftige Bewegung und Reibung der Räder in Sand verwandelt, und pflegt alsdann abzufallen. Wie sehr wäre zu wünschen, daß dieses an verborgenen Naturschätzen reiche Land mehr untersucht werden mögte! Allein — Sie wissen schon, meine Theuersten, daß ein solch Unternehmen, ohne Unterstützung, die Kräfte des Privatmannes weit übersteiget. Und so muß dann der fruchtbarste Akker noch lange Zeit brach liegen.

10. Aus-

10.

Auszug aus einem Schreiben des Herrn D. Otto zu Greifswalde.

Mein Bruder und ich besitzen eine Zahlreiche Sammlung von ausgestopften Vögeln, welche in Pommern seit 15 Jahren von uns beobachtet, geschossen und von mir beschrieben sind. Des Bruders seine ist wohl eine der stärksten und natürlichsten von Deutschen Vögeln, und über 300 stark. Man kennet sie als eine solche schon in unterschiednen Ländern. Ich will desfals jetzt nicht die Methode des Ausstopfens a) beschreiben, sondern nur, wie sie entstanden? und wodurch sie sich besonders von andern unterscheidet? anführen, dann aber das Verzeichniß beylegen b).

Schon vor zwanzig Jahren sammlete mein Bruder (ein Theologe) und ich die Eyer, und bemüheten uns, die Vögel dazu kennen zu lernen. Zorn war unser einziger Führer. Vor ohngefähr 15 Jahren fieng ein M. Wilken an, hier die Naturgeschichte zu lehren, Vögel aufzublasen, ihre Haut mit Tabak anzufüllen

Ff 3 und

a) Vielleicht ist es gröstentheils dieselbe, die Hr. Prof. Weigel im 5ten Stükke des Magazins für Aerzte p. 389 &c. beschrieben hat. M...

b) Das Verzeichniß ist in den Neuen Mannigfaltigkeiten, im IVten Jahrg. p. 443 &c. 466 &c. befindlich. M..

und sie an einem Faden, der durch den Schnabel gezogen war, in der Stube aufzuhängen. Wir besoßen von der Art über hundert, die im Staube bald von den Würmern angefressen, und nach einiger Zeit, gänzlich verzehret wurden. In Sachsen sammlete mein Bruder welche, die auf Drath durch die Füße in ihrer natürlichen Stellung standen, und hier vermehret wurden. Die mehrsten wurden auch vom Dermestes Lardarius u. a. weil sie nicht in Schränken standen, verzehret. Unermüdet giengen wir zur dritten Sammlung, die wir durch Salmiak, Alaun, Tabaksasche und Myrrhen in Schränken bis jetzt bewahret haben. (Der Salmiak und Salz fließen zu leicht.)

Die seltene **Seevögel** sind gemeiniglich mit Lebensgefahr beobachtet und geschossen, weil man oft über unsicheres Eis auf Schlittschuhen zu ihnen reisete. An den Strömen in der See hatte man Eis geleget, wohinter man sich verstekte. Treibeis führte im Frühjahr bisweilen den Jäger mit fort. Größere Fertigkeit und allmählig verbesserte Methode, hat sie der Natur so ähnlich gemacht, als ich keine kenne; so daß Fremde oft einem ausgestopften im Käfig vorgepfiffen, und eiligst die Thüre zugerissen haben, damit ein anderer nicht herausflöge. **Am schweresten hat es gehalten, ehe wir den Augen das natürliche Ansehen verschaften. Ihre Farbe macht oft ein Kennzeichen aus, wie bey den Eulen u. a. bekannt ist. Die Augen von Porzellain,** die ich in einigen Fürstlichen Kabinetten gesehen, sind eben so wenig, als die von **Glas, Lak** u. a. natürlich gewesen. **Doch bedürfen die mit dunklen**

dunklen Augen nur schwarze Glasperlen oder polirten Gagat. Zu den mit gefärbten Regenbogen, nehmen wir hellen, durchsichtigen Bernstein, feilen oder drechseln davon einen Abschnitt einer Kugel. An der ebenen Fläche wird in der Mitte eine Grube von der Größe des Sterns (Pupilla) gemacht, das ganze Stük polirt, die Grube mit schwarzer Farbe gefüllt, und die ebene Fläche mit gelber, brauner, rother u. a. Farben überstrichen, welche durch den Bernstein, von der gewölbten Seite zu, als der wahre Regenbogen aussehen. Dieses giebt dem ganzen Vogel das Ansehen des Lebens. Ich schikke hiebey eine Probe solcher künstlichen Augen c). Von den besten und grösten habe ich eben keine fertig. Hr. Spengler schreibt uns, daß zwo weiße, nach unsrer, ihm gezeigten Methode, ausgestopfte Eulen mit großen gelben bernsteinernen Augen, jetzt unter die Zierrathe des Kopenhagener Kabinets gehöreten. (In demselben Winter 1773 bis 74 sind zwo dieser seltenen nördlichen weißen Eulen, Strix Nyctea Linn., hier in Pommern geschossen, wovon sich eine in hiesiger Sammlung befindet.) Kenner werden die Sammlung aus dem Verzeichnisse beurtheilen können. Es ist solches gewiß nicht leicht zu machen gewesen, obgleich es nur aus Namen bestehet, weil die Schriftsteller oft nicht deutlich genug beschrieben haben, daß man ihre Namen mit Gewißheit brauchen konnte. Wenn ich desfalls bisweilen zweifelhaft gewesen bin, so habe ich ein (?) Fragezeichen

c) Diese Probe hatte sich billig den Beyfall der ganzen Gesellschaft erworben, und wird in unserm Kabinette zum Andenken aufbewahret. M..

chen dabey gesetzet, und Arten, die Linné gewiß nicht hat mit einem Sternchen bezeichnet. Ob ich durch Beschreibungen einiger Geschlechter von Vögeln der Ostsee, einiger unbekannten Gattungen, und ihrer Zergliederung, es wagen darf, der Gesellschaft meine Hochachtung und Theilnehmenden Eifer zubeweisen, dazu will ich von Ihnen einen Wink erwarten. *)

Ich habe die Vögel meines Verzeichnisses kurz, wie Linné in seiner Faun. suec., beschrieben, und nur ihre Eyer u. d. gl. angeführet, welches ich zu übersetzen, und dem Druk zu übergeben gedenke. Es wird bloß aus eigenen Beobachtungen bestehen, und ohngefähr 1½ Alphabet enthalten. Ich werde darinn unterschiedne neue Arten, besonders von Wasservögeln, beschreiben, zugleich aber zeigen, daß viele Arten der Schriftsteller nur Abarten, und einige von diesen, unterschiedne Arten sind. Vögel sind schwerer, als Pflanzen und unbewegliche Mineralien, zu bekommen, aber noch schwerer ists, einen Vorrath von Eyern, wie der unsrige, zu sammlen, weil sie verstekt sind, und nur in wenigen Wochen des Jahres gefunden werden. Die Einleitung zur Fauna Pomeranica werde ich, nebst den Kunstwörtern, bey den schon beschriebenen Säugthieren ausgeben. Einige Arten von den Säugthieren hat Linné auch nicht.

Als ich 1770 dem mir sehr werthen Hrn. Prof. Bekmann das Weibchen von einem Säger (Mergi Serratoris) ohne die Abarten dieser Art zu beschreiben, gab,

*) Der Herr Doktor würde hierdurch unsre Gesellschaft so sehr, als das Pubikum verpflichten. M...

gab, glaubte ich nicht, daß diese Unterlassung die beyden guten Abhandlungen über das Geschlecht der Sägeschnäbel *) hervorbringen würde. Der Herr Prof. Bekmann hat ein altes Männchen von der Taugergans (Mergus Merganser L.) (nicht von der Art, wovon ich ihm das Weibchen gegeben), beschrieben. Er hielt es für einen Serrator, weil die Schriftsteller diese beyden Arten nicht genug unterschieden haben, und diese konnten leicht irren, weil beyde Arten in gleichem Alter einander sehr ähnlich sind.

Ich habe entdekt, daß die Luftröhre hier ein gewisses Kennzeichen, wie bey mehreren Vögeln, ist. Die Strohgelbe Brust haben auch nur die M. Merganseres, doch nur in gewissem Alter. Ich habe seit vielen Jahren eine Menge dieser Vögel untersucht, und will die Beschreibung der Arten und Abarten dieses Geschlechts nebst einigen Eyern davon besonders, (vielleicht als einen dritten Beytrag) liefern. Ich freue mich, durch den Hrn. Prof. Pallas meine längst gemachten Erfahrungen so richtig bestätiget zu finden. Es ist in unserer Sammlung zu sehen, wie einige junge Tauchergänse (M. Merganser und M. Castor L.) den ausgewachsenen (M. Merganser. L. M. Serrator Beckmanni) ähnlich werden. So auch bey dem Langschnabel, (M. Serrator L.). Auch haben wir junge Rheintaucher, die, den Farben nach, nicht mehr den jüngeren, oder den Weibchen (M. minutus L.) auch noch nicht den ausgewachsenen Männchen, (M. Al-

*) S. Unsre Beschäftig. I. Band pag. 170. und II. Band pag. 551.

M...

(M. Albellus L.) gleich sind. Des Ritters von Linné Geschlecht der Sägeschnäbel (Mergus) soll also nur vier, statt sechs Arten enthalten.

So wird es auch wohl mit den Eulen gehen. Von diesen besitzen wir 7 Arten; aber viele merkliche Abarten, die man vielleicht zu Arten gemacht hat. Selbst von der gemeinen großen grauen Eule ist das Weibchen oft Rostfarbig. Die Kircheule ist bisweilen statt des Gelben, weiß. — Eine von den unsrigen Eulenarten nistet nicht in Holz, sondern auf Hökkern in sumpfichten Gegenden, in Morästen, hat kurze Ohren, gelbe Regenbogen und scheinet von den Schriftstellern nicht beobachtet zu seyn. Vielleicht sind Strix Scandiaca, flammea und Vlula Linn. Abarten von den andern Eulen; dann behielt er nur so viel Europäer, als wir besitzen, unter welchen sein S. Scops nicht mit begriffen ist. Von Anas Clangula, den Meven u. a. sind auch zu viel Arten gemacht, welches man vielleicht schon etwas aus unserm Verzeichnisse siehet.

Ich habe durch einen Zufall die Luft aus den Lungen der Vögel in die Brusthöhle, und von da in die holen Knochen, dringen gesehen. Ich hatte vor langer Zeit eine Kircheule, der ich das Leben durch das Zusammendrükken der Brust nahm, die Haut ablösete, und den obersten Knochen in einem Flügel abbrach. In dem hohlen Knochen war Blut, und floß aus demselben, indem es aus der Brusthöhle in eine Oeffnung an dem obersten Ende des Knochens kam. Am andern Flügel war der Knochen nicht voll Blut, und wie ich ihn zerbrach und hinein bließ, ward

die

die Brust und der Unterleib aufgeblasen, und aus der Luftröhre kam der Ton, den die jungen Eulen geben. Ich suchte den Gang der Luft, und fand eine Oefnung, einer Linse groß, an der Erhabenheit, mit welcher der Flügelknochen sich an dem Schulterknochen beweget. Diese Oefnung lag frey zwischen dem großen und kleinen Brustmuskel, kam in die häutigen großen Zellen, die in der Brusthöhle unter den Lungen liegen, und die Luft konnte in die kleinen Oefnungen, die aus den Lungen in diese Zellen gehen, wie auch in die Oefnungen des Unterleibes dringen. Aus den Lungen, die am Rükken in den Vögeln vestsitzen, konnte die Luft auch aus ihren durchlöcherten Häuten in die anliegenden durchlöcherten Rükkenwirbel und Ribben, die auch hohle Zellen hatten, gehen. Die Schlüssel-, Schulterbeine und äussersten Knochen im Flügel, wie auch alle Knochen des Fußes waren voll Mark, und ohne Eingang zur Luft. Aehnliche Knochen fand ich bey Tisch in den gekochten oder gebratenen Vögeln, aber der erste, den ich damals zergliederte, war ein Taucher, (Aalscholrer. Colymbus stellatus Brun. Mannigf. S. 450. c. 2) in dem die Luft nicht in die Knochen gehen konnte. Nachhero habe ich viele Untersuchungen darüber angestellet. Da ich aber in Zeitungen gelesen, daß angesehene Zergliederer sich über die Erfindung streiten, (doch ohne daß ich weis, ob sie die Gänge bestimmt haben;) so werden bey der Gelegenheit, durch anderer Beobachtungen, die meinigen vielleicht entbehrlich gemacht.

II.

Auszug aus einem Schreiben des Herrn Garnisonpred. Chemnitz zu Kopenhagen, an den D. Martini.

Sagen Sie mir doch aufrichtig, was denken Sie bey folgender Stelle in Olassens Reisebeschreibung von Island? Ich habe eben die Dänische Originalausgabe vor mir liegen, daraus ich nur folgende Stelle — darinnen wir im zuversichtlichsten Tone belehret werden, daß ein Schwanengesang in Island gar nichts Seltenes und Ungewöhnliches sey — aus Tom. I. p. 63 übersetzen will: „Von den Schwänen „(Anas Cygnus) will ich nur dies erinnert haben, daß „ihr Gesang in den langen und finstern Winternächten (doch eben nicht gerade in der mitternächtlichen „Stunde) wenn sie Haufenweise durch die Lüfte dahin „fliegen, der allerangenemste sey, und der Violinstimme sehr nahe komme—. Nur gehet er aus einem „etwas höhern Tone. Ein einziger Schwan pfleget „jedesmal unter dem ganzen Haufen allein, und in einer ganz langsamen Melodie zu singen. Zwischen „jedem Ton und Laute halten die Schwäne kurze Pausen, als wenn sie sich unter einander dabey antworteten. Der nächtliche Schwanengesang bedeutet „gemeiniglich Thauwetter, welches schon am folgenden Morgen oder ein Paar Tage hernach einzufallen „pfleget. Daher dann auch die kleine Nachtunruhe,

„die

„die durch den Schwanengesang verursacht wird, in „hartem Frost und Schneewetter den Isländern desto „erwünschter zu seyn pfleget„. Ich gesteh' es Ihnen offenherzig, wenn mir es Jemand anders erzählte, daß der Schwan, welcher in wärmern und lieblichern Ländern doch niemals ordentlich singen will, in den kältern und kältesten Gegenden die lieblichsten Töne hören laße, — und noch dazu in den kältesten, dunkelsten und längsten Winternächten, bey hartem Frost und Schneewetter, wo doch sonst kein Vogel zu singen pflegt, die angenehmste Melodien anstimme; und weiter auch dies noch behauptete, daß der ganze übrige Hause der Schwäne allemal horchend stille schwiege, bis der Vorsänger sein langsames, mit lauter Pausen und Absätzen versehenes Lied, ihnen Ton für Ton, in einer etwas höhern, als die Violinstimme, gleichsam zugezählet; so würde ich unwillig und ungeduldig in der Vermuthung werden, daß man mir etwas Unerhörtes aufheften wolle. Allein der für die Naturkunde zu frühzeitig verstorbene Hr. Olassen hat sich bey andern Nachrichten zuviel Glaubwürdigkeit erworben, als daß man durch diese sogleich den Querstrich des Unglaubens ziehen dürfte a).

Helsen

a) Cf. Neueste Mannigfaltigkeiten I Jahr p. 171. Die Sache selbst kann, wenn man das Uebertriebene davon abzieht, nicht geleugnet und aus dem seltsamen Bau der Luftröhre und Organen der Stimme gar wohl erkläret werden. Man lese hierbey, was im Stralsundischen Magazin I B. p. 159 vom berühmten Gesang der Schwäne gesagt wird. M. . .

Helfen Sie mir doch auch folgende Frage beantworten, bey der ich alleine wenig oder gar nichts zu antworten weis: Woher kommen doch wohl in unsern vielen Torfmooßen und Gruben, daraus jährlich auf dieser Insul Seeland viele tausendmal tausend Fuder Torf gestochen und abgehohlet werden, die großen Stükke Wurzeln und Stämme des allerfettesten Kiehnholzes? Wie lange muß es nicht daselbst schon gelegen haben? und doch hat es in den tiefen Sümpfen und Wassern solcher Torfgruben seine Vestigkeit so wenig verlohren, daß es vielmehr ungleich vester und brennbarer, als alles frische Kiehnholz befunden wird. Ich will Ihnen, wenn sie es erlauben, ein kleines Brett oder vierekkichtes Stükke Holz von einem solchen, aus den Torfmooßen heraus gegrabenen Kiehnholze durch einen Tischler geschikt zurichten lassen, und bin es zum voraus versichert, Sie werden Sich über die ungemeine Vestigkeit desselben sehr verwundern. Nur lassen Sie uns wieder zu unserer Hauptfrage zurük kehren! Woher kömmt dergleichen Kienholz in unsere vielen Torfmooße? Wir haben ja hier zu Lande ganz und gar keine Tannenwälder.— Eine Ueberschwemmung, — das versteht sich, muß dergleichen aus andern Ländern, die reich an Tannenhölzern sind, zu uns herüber gebracht haben. — Allein warum finden wir denn fast nur allein Kienholz? Warum nicht auch eben so wohl ja noch weit mehr anderes Holz? Sollten sich etwan andere Holzarten in der Näße eher verzehren und das Tannenholz in der Nässe der Torfsümpfe eben durch

seine

seine Fettigkeit sich eher vor Fäulniß und Verwesung erhalten haben? Und wenn dies ist, warum liegt denn dergleichen nur allein in den Torfgruben unserer Insel und sonst nirgends? Warum nicht auch in den Thon- Stein- und Sandgruben und an andern Orten, wo man tief bey mancher Gelegenheit die Erde zu umgraben pfleget? und wo sonst so viele Ueberbleibsel von ehemaligen Ueberschwemmungen, z. Ex. versteinerte Sachen, gefunden worden b)?

Noch eins muß ich Ihnen melden — Ich bin bange, daß **wir wieder aus der Familie der Patellen einige werden ausmustern und vielmehr den zwoschalichten Muscheln beygesellen müssen.** Schon lange habe ich Ihnen meine Zweifel wegen Fig. 111. 112 und 113 ihres systematischen Konchylienkabinettes vorlegen wollen, aber es immer aufs neue unterlassen. Es sind gewiß keine Patellen, sondern kleine Austern, welche ihren Dekkel haben, der aber nicht sowohl am Gehäuse sein Scharnier hat, sondern am Thier und Fuße desselben angewachsen ist. Daher wir denselben nur alsdann zu sehen bekommen können, wenn wir diese Muscheln frisch, mit samt dem Thiere, zu erhalten das Glük hätten. Es ist wahr, **Lister, Klein, Davila** und andere haben diese Arten für Patellen angesehen: allein dies kann uns nicht berechtigen,

b) Die Entscheidung dieser Fragen müssen wir großen Kennern der Veränderungen und alten Geschichte des Erdbodens und einzelner Länder desselben überlassen.

M..

gen, ihnen blindlings zu folgen. Concha gryphoides des Gualtieri tab. 101. fig. i und des Freyherrn von Hübsch Pantoffelstein müste dann auch zum Patellengeschlechte gehören. Und doch haben beyde Arten ihre Dekkel.

12.

Aus einem Schreiben des Hrn. von Charpentier, an den D. Martini. Cf. Nro. 6.

In Hrn. Achards Briefe werden Sie gefunden haben, daß ich den Granit und Kneus unter und mit einander vermischt angetroffen habe. Es wirft dieses demohngeachtet den Satz nicht um, daß der Granit nicht immer noch die unterste, uns bis jetzt bekannte Steinart ausmache. Denn im Sächs. Erzgebirge sowohl, als in den übrigen Theilen Sachsens getraue ich mir dieses gewiß zu beweisen. Nur fällt hierbey die Meynung derer gänzlich über den Haufen, die den Kneus als ein auf den Granit aufgesetztes, besonderes Gestein angenommen. Eine Meynung die mir nie hat gefallen wollen! Denn wäre dieses; so könnte man gewiß nicht Kneus wieder unter dem Granite finden. Aber Sie können mich fragen: Was ist denn der Kneus? und wie ist der Granit zwischen selbigen gekommen, wenn es nicht eingemischte Geschiebe seyn sollen? Hier getraue ich mir eine ganz zuververläßige und auf vielfältig wiederhohlte Beobachtungen gegründete Antwort zu geben: daß **Kneus nichts anders, als eine in der Lage und Farbe seiner Bestandtheile veränderter Granit ist.** Beyde Gesteinarten bestehen, wie Sie selbst wissen, aus Quarz, Glimmer und Feldspath. Letzterer ist öfters mehr Thonartig, oder geht ganz und gar in einen Thon über. Dieses kömmt im Kneus öfter, zumal in der Nachbarschaft der Gänge, als im Granite vor, doch weis ich auch ganze Theile von Granitgebirgen, wo man den schönsten weißen Thon, anstatt des Feldspathes, findet. Die Bestandtheile sind also in beyden einerley, nur in der blättrigen Lage, und der gemeiniglich grauen und gräulichen Farbe, ist der Kneus vom Granit unterschieden. Und könnte nicht diese Veränderung vielleicht bey Erzeugung der Erze entstanden seyn, da wir, im ganzen betrachtet, die allergröste Anzal unserer Erzführenden Gänge im Kneus, und nur wenige in Granitgebirgen haben? Ich äußere diese Meynung mit vieler Furcht; denn es ist mir wenigstens unbeschreiblich schwer, etwas über die Entstehung dieser Dinge zu sagen, aber die Betrachtung der Natur zwinget mich fast, es zu glauben, und nur alsdann, wenn ich dieses annehme, ist mir es auch möglich die überschriebene Vermischung beyder dem Ansehen nach heterogenen Gesteinarten zu erklären. Auch lassen sich daraus noch mehrere richtige Erscheinungen, die ich in unsern Gebirgen gefunden, begreiflich machen, die ausserdem nicht wohl anders, als durch herbeygeholte Hypothesen zu verstehen sind. Es würde die Grenzen eines Briefes weit überschreiten, wenn ich Ihnen noch mehr hiervon sagen wollte, da ich es ohnehin in meiner Mineral. Beschreibung unserer Gebirge auszuführen, und mit den dazu gehörigen Beyspielen zu erweisen gedenke, so wie wir von dem Uebergang einer Erzart in die andere versichert sind.

13.

Aus einem Schreiben des Hrn. Leibmedikus Brinkmann zu Hannover an den D. Martini.

Erlauben Sie mir eine Beobachtung Ihnen vortragen zu dürfen, die aber doch noch durch mehrere bestätigt werden muß! Ich kaufte im verflossenen Frühjahr, einige Tage vor meiner Krankheit, eine elektrische Maschine, die nach der neuen Art, mittels einer sehr großen und dikken Scheibe, erstaunliche Wirkungen machte. Diese Maschine verursachte mir das nämliche Vergnügen, als einem Kind seine Puppe, und ich that in dreyen Tagen fast nichts anders, als elektrisiren, so, daß ein großes Zimmer, in welchem ich die Maschine stehen hatte, ganz mit der elektrischen Luft angefüllet war, und sich verschiedene, die mich besuchten, darüber beschwerten. Damals em-

pfand

pfand ich noch nichts Ungemächliches, ausser wenn mir der elektrische Dunst, da ich selber die Scheibe drehete, in großer Menge mit der in die Lungen eindringenden Luft in dieselbe einschlich, als welches mir eine, jedoch fast unmerkliche Angst verursachte. Den dritten Tag hierauf wurde ich aber mit einem stumpfen Seitenstechen in der linken Seite, in der Gegend des großen Brustmuskels, überfallen. Hierzu geselleten sich in wenig Stunden ein äusserst beschwerliches Athemhohlen, fast gänzlicher Verlust meiner Kräfte, heftiger faulichter Durchfall, anhaltendes Fieber &c. Kurz ich bekam eine sehr heftige, bößartige Peripnevmonie mit einem sogenannten faulenden Fieber.

Am unausstehlichsten war mir dabey die Empfindung einer wahren Angst, mit einem Ekel begleitet, so oft mir der Geruch der vorhin so häufig eingesogenen elektrischen Materie in den Sinn kam. Dies gieng so weit, daß mir alsdann öfters das Athemhohlen beschwerlicher wurde, und meine Einbildungskraft wurde sehr oft, ganz gegen ihrer Willen, gezwungen, sich öfters diese Empfindung vorzustellen.

Als ich nun von dieser Krankheit wieder hergestellet war, dachte ich gar nicht mehr an diese gehabte Empfindung, und wollte, auf Ersuchen einiger Freunde, wieder einige elektrische Erfahrungen machen; aber wie sehr gerieth ich in Verwunderung, als ich sogleich nach der mit der Luft eingeathmeten elektrischen Materie, Herzschlagen und eben die Empfindung des gehemmten Athemhohlens, und zwar am nämlichen Ort, als in der verflossenen Krankheit, empfand! Ich suchte es zu überwinden, und glaubte daß es wieder vorbeygehen würde; allein ich wurde gar bald gezwungen, die freye Luft zu suchen und erhielt erst nach einigen Stunden meinen vorigen Athem wieder. Ich schrieb dieses der noch zurükke gebliebenen Schwäche der Lungen zu, und setzte meine Maschine auf die Seite. Da ich aber lange Zeit nachher wieder elektrische Versuche anstellen wollte, erfuhr ich platterdings das nämliche wieder und war sehr froh, eine andere, als mit elektrischen Theilen beschwängerte Luft zu finden, Diese Erfahrungen sind mir um so merkwürdiger vorgekommen, da nicht allein ich, sondern viele andere, bey der schwühlen Gewitterluft ähnliche Empfindungen haben, auch zu der Zeit alle, mit faulichten Krankheiten behaftete, mehrentheils gefährlichere und ungemächlichere Zufälle bekommen; und man folglich sollte zu schlüßen anfangen, als wenn die elektrische Materie eine, unserer Säfte zertheilende und gewissermaßen faul machende Kraft habe. Dies scheint mir um so wahrscheinlicher zu werden, menn man bedenket, daß ein Ey, durch welches man einen heftigen elektrischen Stral gezogen hat, eine solche faul machende Kraft in unserm Körper bezeiget und bey dessen Genuß ein überaus heftiger faulichter Durchfall erfolget. Ich gestehe aber ganz gern, daß diese Erfahrungen noch lange nicht hinreichen, mit Sicherheit etwas daraus zu schlüßen.

14.

Aus einem Schreiben des Hrn. Kammersekretär Chr. Fr. Habel aus Wisbaden, Mitgl. der Königl. Großbritt. Landwirthschaftsgesellschaft zu Zelle, an den D. Martini.

Meine Reise hat länger gedauert, als ich mir im Jänner, da ich das Vergnügen hatte Sie zu sprechen, Zeit und Ziel bestimmte. Ich sahe mehr auf Ort, Gegend und Gelegenheit, etwas Neues zu bemerken, als auf den schriftlichen Plan meiner Reise, den ich mir vorhero ganz strenge zu befolgen, vorgenommen hatte.

Das **Erzgebirge**, wohin ich von Berlin aus meinen Weg nahm, war für mich sehr lehrreich, und würde dieses noch mehr gewesen seyn, wenn ich es im Sommer hätte sehen können.

Der **Kneus**, oder dasjenige Gestein, woraus das ganze Erzgebirge, so fern Erze darinn brechen, bestehet, welches mir vorher, bevor ich es selbst sahe, nach allen Beschreibungen immer noch undeutlich blieb, ist grobschiefrig, und **besteht aus Talk oder Glimmer, Quarz** und **Feldspath**. Er wird schon drey Stunden vor Dresden sichtbar, und erhebt sich bald zu einem mittlern Gebirge, welches ausser den

Rothtannen (Pinus picea Linn.) und Kiefer (Pinus sylv. Linn.) näher nach Dresden zu mit Weinstökken bepflanzet ist. In dem Thal bey Dresden, oder in der Pläne zu beyden Seiten der Elbe, ist der Kneuß von Erden verschiedener Gattungen bedekket. Wo sich das Gebirge von Dresden nach Freyberg zu wieder erhebet, ruht ein Flözgebirge von Kalkstein und Mergel, besser zur Linken, ein Steinkohlen- und Sandsteinflöz, auf ihm. In der Mitte zwischen Dresden und Freyberg trift man erst einen rothen, Eisenschüßigen Thon, und bald hernach eine Art von Pseudo-Porphyr an, der aller Wahrscheinlichkeit nach sein Daseyn einem unterirrdischen Feuer zu verdanken hat. Bald hierauf zeigt sich der Kneuß wieder deutlich, der aus den nämlichen Theilen, wie der Granit, bestehet. Die besondere Proportion von diesen Theilen, und der Bruch, bestimmen den Hauptunterschied dieser beyden Steinarten. Der Granit hat einen körnichten, irregulären Bruch, und in seiner körnichten Mischung meistentheils Feldspath, weniger Quarz, und am wenigsten Glimmer. Dieser Glimmer nahet sich auch nicht so sehr dem Talk, als derjenige, der sich im Kneuß befindet. Letzter hat in seinen Lagen am wenigsten Feldspath, der sich selten ganz nahe an den Erzgängen zeiget, und nahe zu Tage gewöhnlich zerwittert ist, weswegen auch derjenige Kneuß, worinn sich die Glimmertheile sehr anhäufen, und in wirklichen Talk übergehen, die Gestallt der gemeinen Schiefer annimmt, völlig unsichtbar wird, und sich nach

und

und nach ganz verlieret. Dieses war in der Nähe bey Marienberg für mich sehr auffallend. Der Quarz ist schon in größerer Menge in dem Kneus vorhanden, und bleibt länger, als der Feldspath sichtbar. Die Farbe des Kneußes wird gröstentheils durch den Glimmer oder Talk bestimmt, und findet sich mehrentheils schwärzlich oder weißgrau. In Ansehung seines Gewebes habe ich eine besondere Abänderung an dem grobfaßrichten in der Mitte zwischen Freyberg und Marienberg bemerket.

Bricht der Feldspath rein, ohne sonderliche Beymischung von andern Theilen, wie ohnweit Meißen, und zu Freyberg, nahe bey der Halsbrükke, geschiehet; so erhällt er bey den Porzellainfabriken, sonderlich zu Meißen, den Chinesischen Namen Pe-tun-se, und wird zum Meißner Porzellain, statt des Deutschen Frauenglases (Selenit) oder Gypsspaths, dessen man sich vor diesem bediente, zugesetzet. Es läßt sich leicht einsehen, daß hierdurch das Porzellain, in Ansehung seiner Dauer, viel gewonnen hat. Welchem Gelehrten, der sich mit dem Fabrik- und Manufakturwesen etwas abgegeben, wird wohl unbekannt seyn, was Pater du Halde vom Porzellainmachen geschrieben? Es ist daraus auch bekannt, daß die Sachsen diese Benennung verwechselt, und dasjenige Pe-tun-se nennen, welchem die Chineser den Namen Ka-o-lin geben, und so umgekehret. Durch Ka-o-lin wird in Sachsen die reine Porzellainerde angezeigt, welche nichts anders, als ein reiner weißer Thon ist, der in seiner Grundmischung etwas reine

Glasachtige Erde oder Sand enthällt, die zwar macht, daß der Thon, der keine metallische Erden oder Salze enthalten darf, zu fließen anfängt, doch zu keinem wirklichen Glasfluß kömmt, sondern sich in ein Halbglas, wie das ächte Porzellain ist, stellet.

Es ist sehr wahrscheinlich, daß diese reine Porzellainerde aus ganz reinem Quarz, durch die Zerwitterung, entstanden sey. Die große und kleine Stükke Quarz, die sich darinn finden, geben mir hierzu Anlaß, und auch noch insbesondere, daß man durch öftere Erglühung und Ablöschung, denselben weich machen, und, durch geringe Beymischung von reinem Thon, in Porzellain verwandlen kann. Doch ich komme zu weit in das Manufakturwesen, das Ihnen vielleicht minder angenehm ist. Ich gehe also wieder auf das Erzgebirge zurük und zwar nach Marienberg. Etliche Stunden von dieser Stadt liegt der Altenberg, der aus einem Ganggebirge bestehet. Hierin findet sich ein Steinlager von weißem körnichtem oder salinischem Kalkstein, der seiner Härte nach vermuthlich eine gute Politur annehmen würde, gegenwärtig aber blos aus einer beträchtlichen Teufe, durchs Schießen gewonnen, und zum Kalkbrennen gefördert wird. Dieses Kalklager bricht etliche Lachter mächtig und hat einen Kneuß zu seinem scheinbaren Hangenden und Liegenden. Man findet, wie es überhaupt bey allem körnichten Marmor gewöhnlich ist, auch hierinnen keine Versteinerungen. Neben und in ihm bricht, auch in der grösten Teufe, Pechblende und magnetischer Eisenstein. Ich habe in dem tiefen Gesenk oder

Schacht,

Schacht, vor einem frischen Ort selbst Stükke losgestuft, die so, wie die andern, die schon lange gelegen hatten, ihre beyde Pole sehr deutlich zeigten. Das Magnetische muß hier blos der besondern Natur dieses Eisensteins beygeschrieben werden, und man darf nicht erst den freyen Zugang der Luft, und die lange Aussetzung an dieselbe zu Hülfe nehmen, wie sonst gemeiniglich zu geschehen pfleget. Hr. Inspektor **Werner**, mein verehrungswürdiger Freund, der diese Grube zugleich mit befahren, wird vermuthlich in seiner neuen **Uebersetzung des Kronstedts**, worzu er zugleich vieles von den äußerlichen Kennzeichen der Mineralien beyzufügen gedenket, die er künftigen Herbst der Presse übergeben will, die **Klasse der magnetischen Eisensteine** in ein **größeres Licht** setzen, als sie bisher gestanden. Wenn es Denenselben angenehm; so werde ich wenigstens noch einen Bogen von dem **Ursprunge der Kalk**: und Gipsteingebirge, — von **Bergen**, die unterirrdischen Feuern ihren Ursprung zu danken haben, dergleichen ich bey Quedlimburg entdekt, überschikken a).

a) Die Erfüllung dieses gütigen Versprechens würde unsrer Gesellschaft und mir ungemein viel Vergnügen machen.

M...

15.

Auszug aus einem Schreiben des Pagen-Hofmeisters, Hrn. Fuchs zu Potsdam an den D. Martini vom 28. Febr. 1774. Von einem gegrabnen Elephantenzahn.

Sie können leicht erachten, daß meine Freude nicht geringe gewesen seyn müsse, da ich am 21. Februar 1774. denjenigen großen Zahn fand, welcher *in Leibnizii Protogaea*, auf der 12ten Kupfertafel unter dem Namen: *Dens animalis marini*, Tidae propè Stederburgum e colle limoso effossi, abgebildet ist. Nur Schade, daß theils die Verwahrlosung der Kahnführer, die beym Ausgraben des Sandes, zum Bau in Potsdam, an einem hohen Ufer der Havel, diesen Zahn zu Tage gebracht, und in zwey Stükke, der Höhe nach, zerspalten hatten, der erste Grund seiner Zerstörung geworden, theils auch die Nässe des vorhergegangenen Schnees, und der darauf erfolgte Frost, welche beyde in die Lamellösen und halbkalzinirten Schichten dieses großen Zahns eingedrungen waren, einen Theil desselben aus einander gesprenget hatten. Hierzu kam noch, daß von diesen unachtsamen Leuten, der von ihnen ausgegrabene und gespaltene Zahn an das Ufer der Havel, in den Fußsteig war geworfen worden, wo er, ohne Zweifel, schon öfters mochte mit Füßen getreten,

treten, und auch dadurch beschädigt seyn. In dem Abriß der oben angeführten Kupfertafel zähle ich auf der dem Auge vorgelegten Seite dieses dentis animalis &c. 13 erhöhte Ribben, welche eben so viele Merkmale blättriger, neben einander stehender Schichten sind, woraus dieser Knochen bestehet. Acht Stükke von diesen blättrigen Ribben, wenn man von der rechten, oder schmalesten Seite dieses Zahns zu zählen anfängt, fand ich noch ganz und unbeschädigt, in ihrer natürlichen Verbindung. Die übrigen waren alle von einander getrennet, und lagen in der Nähe zerstreuet umher. Ich sammlete dieselben sorgfältig, und brachte aus ihrer, durch viele Versuche gefundenen Zusammenpassung den ganzen Zahn gröstentheils wieder zusammen; bis auf einige leere Zwischenräume, wo die Theile des gefundenen Zahns zu sehr verkalkt, und also herausgefallen waren, mit welchen ich eine ziemliche Schachtel anfüllen konnte.

Durch Vergleichung dieses gegrabnen Zahnes mit einem natürlichen Elephantenbakkenzahn habe ich befunden, daß derselbe, ohne Zweifel, wegen der vollkommensten Aehnlichkeit, einem solchen Thier eigen gewesen, eh er in die unterirrdische Werkstätte der Natur übergangen und daselbst theils versteinert, theils kalziniret worden. Es fällt freylich alsdann schwer, zu begreifen und zu erklären, wie er in die Nachbarschaft der Stadt Potsdam gekommen? Hier ist es aber weder meine Absicht, noch die schiklichste Gelegenheit in dergleichen historische Untersuchungen mich einzulaßen.

16.

Ferner aus einem Schreiben von Ebendems. Potsdam den 18ten May 1774.

Am 11ten May dieses Jahres habe ich abermals das Glük gehabt, einen, oder vielleicht mehr, Elephantenzähne, sowohl versteinert, als kalzinirt, bey Potsdam an der Havel, hinter Glienike, beynahe Sakrow gegen über, zu finden. Es war mir überaus angenehm, daß ich, nach einem in unsern Gegenden gefundenen Elephantenbakkenzahn, auch nun von den langen Zähnen, oder, sogenannten Hauern des Elephanten, im Potsdammischen Steinreiche die Entdekkung machte. Meine Freude wurde zwar dadurch sehr gemäßiget, daß ich, statt des anfänglich gehoffeten Ganzen, bey völligem Ausscharren aus dem Sande, nur Trümmern antraf. Ich war aber dennoch zufrieden, so bald ich ein halbes Dutzend solcher Trümmern entdekt hatte, die nicht nur 4, 5 und 6 Zolle lang, theils von der Dikke eines starken Armes waren, und noch genau an einander passeten; sondern auch alle Merkmale des Elfen-

was

beins klar und deutlich sehen ließen. Ich wuste nun, was ich gefunden hatte, so sehr es auch zertrümmert war, und so fremd es mir anfänglich vorkam. Dieß bewegte mich, alles mit Fleiß zusammen zu lesen, und nach Hause tragen zu laßen, nachdem ich den ganzen halb versteinerten, halb kalzinirten Vorrath dieser Zahntrümmern, die auf einem lettichten Lager am Ufer der Havel, dem Wasser gleich, mit etwas Sande bedekt, ziemlich naß an der Wurzel eines Berges, aufbehalten waren, eine Zeit lang den troknenden Sonnenstralen ausgesetzt hatte. Eine von den gewöhnlichen Tragekiepen wurde davon beynahe halb angefüllet, ohne das zu rechnen, was in der nämlichen Menge zu sehr zertrümmert war, uud also verlohren gieng. Deswegen habe ich eben vermuthet, daß vielleicht mehr, wenigstenszween lange Zähne eines Elephanten an dieser Stelle vor vielen Jahrhunderten auf irgend eine Art, ihr Grab gefunden haben müsten. Ich wurde in dieser Muthmaßung noch nicht wankend gemacht, als ich, bey genauerer Untersuchung, einige kenntliche Reste von dem hohlen Wurzelende eines Zahns fand, aus deren übrig gebliebenen Bogenstükken man auf den weiten Umfang des ganzen Körpers schlüßen konnte, von dessen dikkesten Ende sie Theile gewesen waren; weil sich nicht begreifen läßt, wie eine solche Menge von Trümmern, aus einem einzigen, auch noch so großen Elephantenzahn, hätten entstehen können. Es mag also wohl seyn, daß die beyden langen Zähne von Einem Elephantenkadaver,

als

als die härtesten Theile desselben, da sie an diesem Ort ein bequemes Lager fanden, hier der Verwesung entgiengen. Ohne Zweifel würden auch diese Zähne der Zertrümmerung entgangen seyn, wenn die erwähnte Kahnführer, mit ihren Grabscheiden, wovon die Nässe und Eindrükke auf den größern Trümmern noch deutlich zu sehen sind, diese Verwüstung nicht angefangen hätten, welche hernach, bey der von ihnen gemachten, flachen Entblößung dieser ihnen verborgenen Seltenheiten, vermittelst der abwechselnd zudringenden Nässe, Luft und Sonnenhitze, vielleicht in vielen Jahren, immer weiter gieng. Wenigstens war ich schon unzählige mal, seit mehr als 10 Jahren, vor diesem uralten Grabhügel vorüber gegangen, und hatte auf dessen Oberfläche stets dergleichen weiße Spuren wahrgenommen, wie die verwitterte und zertrümmerte sogenannte Osteokolla, welche in unsern Gegenden gar nichts Seltenes ist, zurük zu lassen pfleget. Durch diese Blendung war ich bisshieher von einer tiefern Untersuchung und nähern Prüfung dieser kalzinirten und verwitterten Knochentheile abgehalten worden.

An Einwürfen der Zweifler und Unerfahrnen in der Naturgeschichte wider diese Entdekkung in unserer Nachbarschaft hat es nicht gefehlet. Bald sollten diese Trümmern versteinertes und kalzinirtes Holz, bald sollten sie etwas anders seyn, ohngeachtet das erste nicht existirt, und das leztere nicht zu bestimmen war. Nur sollten sie nicht Elfenbein heißen,

heißen, weil es unbegreiflich wäre, wie solches in unsere Gegend sollte gekommen seyn. Ein Drechsler, der von allen diesen Dingen nichts wuste, und kein Naturkundiger war, aber fleißig Elfenbein verarbeitet hatte, entschied alle diese Zweifel und Ungewißheiten durch gesunden Menschenverstand und sichere Erfahrung, und erklärte diese kalzinirte und versteinerte Knochentrümmern, da ich ihm solche zeigte, nach genauer Betrachtung, für wahres Elfenbein, weil er alle Merkmale desselben daran fände. Er bewunderte es zwar sehr, wie solches bey Potsdam in die Erde gekommen seyn mögte. Inzwischen wäre dies eine Frage, welche mit jener, was es sey? nichts zu schaffen habe, und von ihm nicht entschieden werden könne.

17.

Aus einem Schreiben des Herrn Pastor Meineke zu Oberwiederstädt, gleichen Innhaltes.

Da ich weis, wie aufmerksam die gelehrten und Verehrungswürdigen Glieder unsrer Naturforschenden Gesellschaft auf alle merkwürdige Erscheinungen in der Natur zu seyn pflegen: so habe ich es für Pflicht gehalten, Denenselben von einem vor kurzen ausgegrabnen Elephantenzahne, hiedurch eine

eine nähere Nachricht zu geben. Obgleich dergleichen grosse Zähne, sowohl die spitzigen, als auch die breiten Bakkenzähne in Siberien häufig, auch hin und wieder in Deutschland in der Erde angetroffen worden; so kann doch diese neue Entdekkung eines dergleichen Stüks vielleicht nicht als ein ganz überflüßiger Beytrag angesehen werden. Man hat aber diesen Zahn an dem Ufer der Elbe, bey Bürow, nicht weit von Dessau, 17 Ellen tief unter der Erde gefunden Die Elbe hatte am 5. Februar. des 1775sten Jahres eine tiefe Höhlung in die Erde gerissen und dadurch denselben losgewaschen. Sein Lager ist ein feiner Triebsand gewesen, davon die Spuren hin und wieder noch an dem Zahne sitzen. Er sieht schwarzgrau aus, ist mehr kalzinirt, als versteinert, und sehr broklicht, wenigstens an verschiednen Theilen, sonderlich oben. Er ist von der einen Seite, nämlich von der Oberfläche bis an die Wurzel, am höchsten Ende 5 Paris. Zoll und an dem niedrigern Ende 4 Zoll 2 Lin. hoch. In der Mitte 3 Zoll 2 Lin. breit 2 Zoll 8 Lin. dik. Man sieht das Email oder den Schmelz des Zahns auf der Oberfläche noch deutlich. Es ist weißer, als das Uebrige, ob es gleich seine Glätte ziemlich verlohren, und hat am hintern Ende kaum 4 Lin. aus dem Fleisch oder aus der Kinnlade hervorgeraget. Ich hallte ihn daher für den hintersten Bakkenzahn, weil er daselbst an keinen andern Zahn angestoßen zu haben scheinet. Am andern Ende, wo er vermuthlich einen andern Zahn zur Seite gehabt,

ist

ist das Email höher, nämlich 1 Zoll und 1 Lin. Er hat also 4 Zoll 8 Lin. hinten und vorn 3 Zoll und 1 Lin. im Fleisch oder in der Kinnlade gestekket. Er besteht aus vertikalen Schichten oder Scheiben, die an einander sitzen, und äusserlich auf beyden Seiten des Zahns gewisse Rinnen oder Furchen bilden, die sowohl auf der obern Fläche des Zahns, als auch unten an der Wurzel, quer durch die Dikke desselben, sichtbar sind. Ich kann eilf dergleichen Scheiben deutlich zählen. Es scheinen aber an beyden Seiten noch einige verlohren zu seyn. Die Krone ist abgewittert und ziemlich zerfallen, sonst würde man daran wohl noch deutlichere karakteristische Merkmale gewahr werden können, daß er einem Elephanten zugehöret. Er wiegt volle 2 Pfund. Was in Buffons Hist. nat. (Paris 1754. 4to.) T. XI. p. 128. seq. auch p. 163. Nro. MXXII. und MXXIII. von den Elephantenbakkenzähnen gesagt wird, kömmt mit diesem ziemlich überein.

18.

Aus einem Schreiben des Hrn. D. Bloch an den Herrn geh. Finanzr. Müller; von Märkischen Schielerspathen.

Als einen kleinen Anhang zu der Abhandlung vom Schielerquarz oder Spath aus Labrador (S. oben S. 173.) will ich Ihnen, Dero Wunsche ge-

 mäß,

mäß, hier noch eine kurze Nachricht von einer hiesigen Sorte ganz artiger Spathe mittheilen.

Unsre Pflastersteine bestehen mehrentheils aus Quarz, Spath und Glimmer. Aller Spath hat bekanntermaßen ein blättriges Gewebe, und seine Blättchen haben meistentheils, in Ansehung der Figur, eine Rautenförmige Bildung. Die Farben desselben werden verschieden, bald weiß oder gelb, bald roth oder schwarz u. s. w. angetroffen. Fügt sichs nun, daß unter einem weißen Lager ein dunkles Blättchen zu liegen kömmt; so pflegt es, wegen der Klarheit des erstern, durchzuscheinen. Wenn man ein solches Stükchen in unterschiedenen Richtungen gegen das Licht beweget, erblikt man bald diese, bald jene Farbe des Steines. Dieses Farbenspiel nennt man das Schielen bey solchen Steinen. Hat nun ein Körper viel dergleichen zarte Lagen von lebhafter Farbe; so entstehet aus dieser Zusammensetzung desselben ein sehr lebhaftes Schielen oder Farbenspiel, dergleichen man bey Perlenmutterartigen Konchylien, im Steinreich aber beym Labradorstein, bey den Katzenaugen, Opalen und einigen hiesigen Spathen bemerket.

Die Lebhaftigkeit eines dergleichen Farbenspiels wird ungemein dadurch erhöhet, wenn ein solcher Stein nach der Richtung der Lagen geschnitten, und konvex oder muglich, wie es die Steinschneider nennen, geschliffen und gut poliret wird.

Vom

Vom Pagenhofmeister, **Herrn Fuchs** aus Potsdam, haben die hiesigen Liebhaber einen Spath aus der Potsdammer Gegend erhalten, der aus rothen und weißen Blättchen bestehet, und, wenn er keine Risse oder fremde Körper in seiner Mischung hat, recht angenehm, wie ein **Katzenauge**, zu spielen pfleget.

Noch besser scheint sich eine andre hiesige Spathart auszunehmen, die aus schwarzen und weißen Blättchen bestehet. Der Silberfarbige Glanz der weißen Lamellen wird aufs angenehmste durch die darunter liegende schwarze Blättchen erhöhet. Von eben dieser Mischung des Lichtes und Schattens mag es ohnstreitig herrühren, daß es das Ansehen hat, als ob zwischen zwo schwarzen Lagen sich ein heller, leerer Raum befände, oder die weiße Lamelle sehr tief läge. Daher sich dieser Stein so gut ausnimmt, daß man ihn allenfalls zu Ringsteinen brauchen könnte. Da er an manchen Stellen, wie der **Schielerspath von Labrador**, Feuer giebt, auch nicht mit Scheidewasser braußet; so ist er wohl zuverläßig eine Abänderung von der neunten Gattung des Feldspaths des **Herrn Wallerius**. a)

Man findet hier diese Steinart im Sande. Vermuthlich mag sie von zerschmetterten Feldsteinen oder solchen Wakken abstammen, in welchen von solcher Spathart starke Brokken zusammen gefüget gewesen.

a) S. Dessen **Mineralogie** p. 87. n 9. Spatum durum, lateribus nitidis, ad chalybem scintillans. Die obige **röthliche Art** könnte daher füglich: Spatum durum, lateribus nitidis, ex dilutè rubro et albido varium; der schwärzliche hingegen: — lamellis ex nigro et albo versicoloribus, heißen.

19.

D. Bloch, über einige Arten des Weltauges, oder Lapidis mutabilis, an den D. Martini.

Bey gemeinschaftlicher Vorlesung der ganz neuen Abhandlung des Herrn D. Brükmann vom Weltauge, die zu Braunschweig vor kurzem auf zween Quartbogen herausgekommen, und von dem würdigen Herrn Verfasser unserer Gesellschaft gütigst mitgetheilet worden, schienen Sie zu wünschen, daß ich einige, dem rechtschafnen Herrn Spengler überschriebne Nachrichten von unterschiedenen Arten des Weltauges noch in unsern Beschäftigungen deutlicher bekannt machen mögte. So wenig mir hiezu, bey dem beynahe vollendeten Abdruk dieses 3ten Bandes Zeit übrig bleibet, kann ich mich doch nicht entschlüßen, Ihr Verlangen unerfüllt zu laßen, um so mehr, da die gründliche Abhandlung unsers Einsichtsvollen Herrn Kollegen noch einige Zusätze zu verstatten scheinet. Den gelben *Lapis mutabilis* hat er so vollständig beschrieben, als es nur immer von einem so großen Steinkenner zu erwarten war. Den grünen hat er unberührt gelassen. Von diesem will ich, Ihrem Verlangen gemäß, hier vorläufig so viel sagen, als die Kürze der Zeit erlaubet.

Di

Die Steinart, wovon das grüne Weltauge gemacht wird, ist jedem bekannt, und bedarf daher keiner weitläuftigen Beschreibung. Der Rudolstädische Hof-Faktor, Herr Danz, brachte seit etlichen Jahren einige dünne, dunkelgrüne Steinchen, unter andern Seltenheiten der Natur, hieher zum Verkaufe. Die Liebhaber kauften sie unter dem Namen der grünen Weltaugen. Sie verdienen auch, meines Erachtens, mit Rechte diese Benennung, weil ein solcher Stein, gegen das Licht gehalten, bis auf den dünnen Rand ganz undurchsichtig erscheinet; so bald er aber etliche Stunden in Wasser gelegen, im Schein eines brennenden Lichts, oder auch der Sonne, seine dunkelgrüne in eine Goldgelbe, mit etwas Grün vermischte Farbe verwandelt.

Die Zeit seiner Durchsichtigkeit pflegt sich nicht allemal gleich zu seyn. Heißes Wasser, besonders wenn es öfters erneuert wird, macht ihn in Zeit einer viertel oder halben Stunde durchsichtig. Das geschieht in kaltem Wasser zwar am dünnen Rand in eben der kurzen Periode, in der Mitte hingegen erst innerhalb 3 bis 4 Stunden. Wiederhohlt man den Versuch kurz hintereinander; so habe ich wahrgenommen, daß er das zweyte mal geschwinder, als das erste mal, durchsichtig wird, ohnerachtet er vor dem zweeten Versuch eben so dunkel war, als vor dem ersten.

Da dieser Stein an sich dunkel ist; so kann man ihn so dünn, als ein Schreibpapier schneiden, ohne daß er deswegen für sich durchscheinend werde. Je dünner er ist, um so viel eher pflegt er, natürlicher Weise, die verlangte Durchsichtigkeit zu erhalten. Verschiedene Naturforscher waren auf diesen Stein sehr aufmerksam geworden. Ich war so glüklich zu entdekken, daß er nichts anders, als der allgemein bekannte Nieren- oder Griesstein sey a). Es ist merkwürdig, daß an einem, unter den alten Aerzten so berühmten und angesehenen Stein diese Eigenschaft nicht eher entdekket worden.

Daß er vormals ungemein selten gewesen, erhellet aus des Boetius van Boodt Erzählung b) wo er versichert, der Kayser Rudolphus habe für einen kleinen Abschnitt eines Nierensteines an 1600 Gulden bezahlet. Die Vermuthung des Herrn D. Brükmann, in der angeführten Abhandlung, daß vielleicht ein Steinschneider durch das Anfeuchten des gelben Weltauges, bey dessen Bearbeitung diese besondre Eigenschaft seiner abwechselnden Durchsichtigkeit entdekket habe, macht es wahrscheinlich, daß das grüne vielleicht auf gleiche Art entdekket worden.

Es

a) *Lapis nephriticus* offic. *Gypsum viride* semipellucidum, fissile. *Waller*. *Smectites* subdiaphanus subtilis, duriusculus, viridis, fragmentis subfissilibus. *Carth.*

b) in Gemmarum & Lapidum historiâ. Hanoviae 1609. p. 132. Cf. *Onom. H. Nat.* IV. p. 718.

Es ist wohl zu merken, daß bloß die reinste Nierensteine die grüne Weltaugen liefern. An unreinen, mit schwarzen, vermuthlich Schörlartigen Flekken vermischten, bleiben gewisse dunkle Stellen ganz undurchsichtig, und ihr Schatten hindert noch überdies die Klarheit oder lebhafte Farbe des übrigen Steines.

Herr D. Brükmann hält den gelben veränderlichen Stein für Thonartig. Der unsrige ist es unstreitig. Das brachte mich auf den Gedanken: ob nicht vielleicht noch andre reine, für sich schon halb durchsichtige Steine dieses Geschlechtes, eben diese Erscheinung geben mögten? Beym Nachsuchen in meinem Kabinette fand ich ein Stük Spekstein, an welchem sich einige rothe Stellen befanden. Ich schlug etwas davon ab, legte dies Stükchen ins Wasser, und sah es binnen einer Stunde gröstentheis durchsichtig werden. Diesen Versuch will ich mit mehrern Stükken wiederhohlen, und wenn er sich bestätiget, so haben wir uns auch eines rothen Weltauges zu erfreuen.

Wie es zugehe, daß diese Steinarten in Feuchtigkeiten durchsichtig werden, das läßt sich leicht erklären. Sie gehören zu den lamellösen Sedimentsteinen. Am Nierenstein siehet man augenscheinlich das blättrige Geschiebe. Wallerius, Woltersdorf, Kartheuser u. a. m. haben es daher mit in den Karakter dieser Steinart genommen. Liegen diese Lamellen also nicht ganz dicht aufeinander; so können die

Lichtstralen auch nicht gerade durchgehen, weil sie in dem mit Luft, als einem dünnern Körper, angefüllten Raum gebrochen werden. Setzt man aber den Stein in den Zustand, daß eine Feuchtigkeit ihn durchdringen kann; so gehen die Lichtstralen gerade durch, und können ihm die Durchsichtigkeit ertheilen. Der Versuch, daß eine Reihe über einander gelegter Glasscheiben undurchsichtig bleibt, aber so gleich durchsichtig wird, als das Wasser zwischen sie eindringet, ist bekannt. Eben diese Bewandniß scheint es mit dem Lapis mutabilis zu haben.

Daß aber diese Steine wirklich Wasser in sich saugen, hat unser Braunschweigischer Freund am gelben Weltauge, durch ein genaues Abwiegen dargethan. Am grünen siehet man es deutlich, weil er allmählig, vom Umfange nach dem Mittelpunkt, in der Maase immer heller wird, als das Wasser tiefer in ihn eindringet. Diese Veränderung durchs Wasser ist blos an einigen blättrigen Sedimentsteinen, keinesweges aber an solchen Steinen wahrzunehmen, die durch Anschüßung, (per congelationem) entstehen. Letztere bleiben im Wasser unveränderlich, ob sie gleich, wie z. B. die Spatharten, eine blättrige Textur haben.

Dieser Versuch, ob er gleich vielen ein bloßes Spielwerk zu seyn scheinen mögte, könnte doch wohl in der Mineralogie ein wichtiges Entscheidungsmerkmal werden, ob eine Steinart, wenn sie anders rein

und

und nicht schwarz ist, durch Niederschlag oder Krystallisation entstanden sey? Der Opal und das Katzenauge können vielleicht hier zum Beyspiel dienen. Die mehresten Lithologen bringen beyde unter einem Geschlechte zusammen. Man nehme nun einen undurchsichtigen Orientalischen Opal — (von der Art sind eigentlich die Milchfarbigen —) und lege ihn ins Wasser; so wird er, gegen die Sonne oder ein Licht gehalten, ein so lebhaftes Feuer von sich geben, als eine glühende Kohle, weil seine dazwischen liegende Lamellen, von unterschiedener lebhafter Farbe, alle zugleich auf einmal sichtbar werden. Ein auf gleiche Art in Wasser gelegtes dunkles Katzenauge, wird sich darinn auf keine Weise verändern. Vielleicht, weil dieses eine Kongelation, jener einen Sedimentstein vorstellet?

Ich könnte Ihnen hier noch manches vom Schneiden, Poliren, und andern Behandlungen des grünen Weltauges sagen; weil aber diesmal Zeit und Raum gleich stark eingeschränket sind, will ich diese Nachricht blos mit der Anmerkung beschlüßen, daß, wenn man ein Weltauge von guter Wirkung haben will, man selbiges, wegen seiner natürlichen Fettigkeit, vorher mit Lauge, nachher aber mit Eßig kochen müße.

20.

Auszug aus einem Schreiben des Herrn Past. Goeze, an den Herrn Rendant Ebel.

Immer ist Ihr scharfes Auge, und Ihr bemerkender Beobachtungsgeist geschäftig, der Natur manches schöne Geheimniß abzusehen. In den Eingeweiden und in dem Magen eines Aales Band- und Fadenwürmer, Taeniæ und Gordii zugleich? das ist doch in der That höchst merkwürdig. Warnen Sie doch ja nun alle Ihre Freunde, wie ich die meinigen, vor diesen, mit so gefährlichen Feinden erfüllten Eingeweiden eines Fisches, der so häufig genossen wird! Die Schleyen sind auch besonders damit geplagt, und es ist erstaunlich, daß der Bandwurm so gar in den gekochten, rauchend heißen Eingeweiden dieses Fisches leben kann und leben soll, wie Boerhav und van Swieten bemerkten. Ich habe davon zwar noch keine Erfahrung; sollten Ihnen aber wieder lebendige Tæniæ im Aal vorkommen; so machen Sie doch den Versuch, und laßen sie mit dem Eingeweide besonders kochen. Die letzt von Ihnen erhaltene Bandwürme sind kurzgliedrichte, und waren mehrentheils in dem Gläschen in Stükken gegangen. So spitzig daran die Enden zuzulaufen scheinen; so gewiß ist es, daß daran keine Köpfe befindlich, sondern diese, in der wollichten Haut der Eingeweide, woran sie sich vest angesogen haben, stekken geblie-

geblieben sind, wie fast allemal geschiehet, wenn nicht das Stükchen, woran sie mit den Köpfen hängen, selbst ausgeschnitten, und mit in den Spiritus gethan wird. Es klärt sich wirklich immer mehr auf, daß die meisten Menschen die Bandwürme von den Fischen bekommen, und bey deren Genuß nicht die gehörige Vorsicht gebrauchen. Erkundigen Sie Sich doch einmal bey einigen dortigen Aerzten, ob nicht in Ihrer Stadt mehr Menschen, als an andern, nicht so Fischreichen Orten, mit Bandwürmen geplaget sind? Noch ist die Natur bey der Generation dieser Geschöpfe sehr zurükhaltend. Alle unsere bisherige Eintheilungen und systematische Beschreibungen sowohl, als unsere Erfahrungen, sind noch sehr schwankend und mangelhaft. Ob ich wohl einen ziemlichen Vorrath von Bandwürmen besitze, und durch die Erfahrungen unseres Wagler, die unstreitig iezt in der Welt die einzigen bewährten, so wohl an der Zahl, als Richtigkeit sind, sehr belehrt und unterstüzet worden; so getraue ich mir doch noch lange nicht, eine Geschichte dieser wunderbaren Geschöpfe zu schreiben. Heute glaubt man auf der Spur zu seyn, und morgen reißt uns eine Erfahrung alle Gewißheit aus den Händen. Den Unterschied zwischen kurz- und langgliedrichten hab' ich selbst bisher als wesentlich betrachtet. Allein vor einiger Zeit schikte mir unser Wagler zween Bandwürme von ungeheurer Dikke und Größe, die er einem durchreisenden Freunde mit seinem Mittel abgetrieben hatte, und dergleichen ihm selbst in solcher gemästeten Qualität noch nicht vorgekommen waren. Wir hielten sie für kurzgliedrichte, und

und als ich sie genauer untersuchte, war der eine ein kurz- und langgliedrichter zugleich: das Obertheil kurz- und das Hintertheil, fast von der Mitte an, so langgliedricht, daß jedes Glied beynahe die Länge von $\frac{3}{4}$ Zollen hatte. Da sitzen wir nun! Was ist also unser System? Die Canina des Herrn von Linné und Pallas ist ganz anders beschrieben, als meine crenata von einem Hunde in der Pyrmonter Allee, die wie Manschetten, oder wie Savoyerkohl gekräuselt ist. Ich bin bey dem vorigen seltsamen und paradoxen Exemplar gar auf die Gedanken gekommen: daß ein kurz- und langgliedrichter in einem Individuo sich zusammengepfropfet haben. Die Gegend, wo die langen Glieder anfangen, ist der Strekke der vorigen Glieder, die sehr kurz sind, gar nicht proportioniret, und der Sprung in der Proportion der Kürze und Länge der Glieder gar zu auffallend. Aber weiter kann ichs nicht beweisen. Es kann doch anders seyn. So ist es, liebster Ebel, und so tappen wir noch immer im Dunkeln herum!

Die letzten mir überschikten Bandwürmer von Ihrem Pudel sind alle langgliedrichte. Auch ihnen allen fehlen die Köpfe. Sie sind ebenfalls stekken geblieben, da sie der Hund entweder Stükweise durch den After von sich gegeben, oder ausgebrochen hat. Es ist doch besonders, daß die Pudel damit so geplaget sind. Waglers halbjähriger war auch ein Pudel, und hatte 26 langgliedrichte bey sich, die ich alle sehr komplet mit den Köpfen, womit sie noch in der wollichten

Darm-

Darmhaut oder Tunica villosa intestinorum stekken, besitze, weil er sie durch die Sektion des Thiers, das durch heftige Konvulsionen seinem Ende nahe war, alle lebendig herausgenommen, und ihre Lage vortreflich beobachtet hat. Was ist nun unsere Idee vom *Solitaire*? Alles vereitelt!

Vermuthlich hat ihr Pudel die Eingeweide von Fischen gefressen. Sollt er nicht eine Sektion verdienen? Bey der Gelegenheit rathe ich, die lebendigen Bandwürmer ja in laulicht warmem Wasser zu behandeln, sonst sterben sie augenbliklich. Die kurzen, aber lang gewesenen Gelenke in dem einen Gläschen gehören ebenfalls diesen Gästen zu. Sie sind durch den gewöhnlichen Weg abgegangen. Eben so geschah es bey Waglers Pudel. Wenn der Wurm zu lang, oder ihrer zu viel werden, so setzen sie sich hinten gemeiniglich Stükweise, oder in einzelnen Gliedern ab, ohne daß solches ihrem Leben und ihrer Oekonomie schadet.

Aber die Fadenwürmer in dem Magen des Aales? Nicht unbedeutend, mein Theurester, sondern von der äußersten Wichtigkeit, wie Sie Sich selbst kaum vorstellen werden! Den Freytag Abend erhielt ich sie. Gleich des andern Morgens früh nahm ich alles näher vor. Die Bandwürmer waren todt; aber an den Fadenwürmern zeigten sich Spuren des Lebens. Ich besann mich, daß ihre alte Herberge der Magen eines Fisches gewesen war, und gab ihnen also

lau-

laulicht warmes Wasser. Da hätten sie sehen sollen, wie munter sie wurden! Nun muste einer unter das Kompositum sub Tub. A. N. 4. Dieser Blik übertraf alles Erstaunen, welches ich über seltsame Phänomene in der Natur empfunden habe. Der Wurm selbst in natürlicher Größe war etwa 6¾ Linien lang, vorn mit einem ordentlichen Hornartigen Raupenkopfe, und einem zugespitzten Kopf unter der Linse. Ein schwarzes dunkles Gefäß gieng längs dem ganzen Körper. Am Kopf-Ende war es mit dem Magen und Schlund oder der Kehle, die zum Magen führt, deutlich verbunden: das unterste Magen-Ende diesem sichtbar eingemündet; also der Darmkanal oder Mastdarm bis zum Schwanz-Ende voll gestopft. Ohngefähr in der Länge von 4 Linien vom After an durchsichtig, und kurz vor dem After mit einem Sphinkter verschlossen. Fast in der Mitte saß eine ordentliche Mammilla, mit einer Warze, sonst ohne alle Gelenke; also ein *Gordius* oder Fadenwurm!

Nun aber kömmt das Wunderbarste. In dem Zwischenraum auf beyden Seiten dieses Gefäßes, vom Magen an bis zum Sphinkter des Afters, war alles so voller lebendiger Jungen, daß man über das Gewicht nicht genug erstaunen konnte. Sie schwankten bald herauf, bald herunter, wie sie durch die Wurmförmige Bewegung in dem Mutterwurm geführet wurden. Bald in einem Klumpen zusammen, bald schlängelten sie gerade bey sechsen und achten neben einander her. Im Schwanz-Ende am sichtbarsten

sten, da oft zwey bis drey nebeneinander mit dem Kopf vor dem Schließer des Afters spielten, und einen Ausgang suchten. Jeder Junge war unter dieser Nummer in der Größe des grösten Eßigaals. Ihre Zahl nicht zu bestimmen. Ich zerpreßte einen, und es wurden, ohne Embryonen, Eyer, und ohne die zurükgebliebenen im Mutterkörper, an die 300 gezählet. Alle meine Freunde — Rauch, Kramer, Meineke, Ritter, Herr Wiedeburg aus Berlin, der es selbst unserm Gleditsch melden wird, und noch mehrere, haben dies Phönomen mit Bewunderung gesehen. Aus der Mammilla kommen die Jungen in dem Tropfen, als aus ihrem Geburtsort, einer nach dem andern heraus. Noch am Montage lebten einige, und ich habe den Nachmittag durch meinen Kramer die genaueste Zeichnung des alten und eines jungen nehmen laßen. Die jungen gleichen den Eßigaalen ihrer Gestallt nach ziemlich. Ihre Bewegung aber ist verschieden. Wasser ist ihr Element nicht. Daher ziehen sie sich immer im Zirkel zusammen, oder hängen mit dem Schwanze vest. Dieser gehet eben so spitzig zu, als bey den Eßigaalen. Das Vorderende aber ist Käulenförmiger und dikker; am Kopf ein kleiner Einschnitt seiner Länge nach. Im Körper verschiedene Punkte, sonst durchsichtig und weißgraulich. Abermal der herrlichste anschaulichste Beweis, daß der Fadenwurm seine Jungen lebendig bringe! Wie vielen Dank sind Ihnen also alle Naturfreunde für diese Entdekkung schuldig! Haben Sie noch Vorrath von diesen Würmern in Weingeist; so pressen Sie einen aus, und Sie werden

den die Jungen so gewiß, als die Sonne am Himmel, sehen.

Die sonderbaren Thierchen mit dem fürchterlichen Gebiß in dem kleinern Gläschen sind Larven von Wasserkäfern oder Dytiscis. Wir haben iezt die Federbuschpolypen — die ästigen sowohl, als die gebüschelten — besonders Wagler in seiner Gegend, bey Millionen g), und wissen oft nicht, wie wir diese Armeen füttern und erhalten sollen. Dennoch gehet es nun aus einem, in meinem Garten angelegten Wasserlinsenhälter, welcher der Natur gemäß erhalten wird, recht gut an. Die Natur ist gegen uns iezt so gütig, daß es zu wünschen wäre, wir könnten ihr und ihrem großen Urheber, alle Stunden unseres Lebens widmen.

g) Mir schreibt eben dieser würdige Freund unter dem nämlichen Dato: Die Federbuschpolypen sind ohnstreitig das schönste Objekt zur sichtbaren Ankündigung der Herrlichkeit Gottes. Mein Wagler und ich haben die Sache nun so weit getrieben, daß wir ihre Nahrung zu bestimmen wissen, auch überzeuget sind, daß die vom Rösel angegebene Wasserlinsensamen wirklich ihre Eyer vorstellen. Diese Polypen wollen alle Tage mit gewärmtem Mutterwasser, wenigstens viermal, gefuttert seyn. Der Stromzug, den eine Familie von etlichen Hunderten in dem Glase verursachet, ist ganz erstaunlich, und ich habe die Ursachen dieser großen Wirkung glüklich entdekket.

Jeder von ihren 66 Armen ist mit unzähligen Flimmerspitzen besetzet, die auf gleiche Art, wie am Räderthiere, spielen. Nun läßt sich die gewaltige Wirkung aus den vielen, zu Einem Zwek arbeitenden, obgleich unsichtbaren Organen, begreifen. Aus dem Bau der Stämme der so genannten ästigen Art getraue ich mir die ganze Entstehungsart der Korallenstämme zu erklären.

M...

XXIX.

XXIX.

Zum Andenken einiger verstorbner Mitglieder.

1.

Kurze Biographie

des Königl. privilegirten Apothekers

Herrn Johann Heinrich Hagen

zu Königsberg in Preußen,

aufgesetzt

von seinem traurenden Bruder daselbst

D. Karl Gottfried Hagen.

Herr Johann Heinrich Hagen, Königl. privilegirter Apotheker zu Königsberg in Preußen, war der älteste Sohn des Königl. Preußl. privilegirten Hofapothekers und Assessors des Kollegium medikum zu Königsberg in Preußen, der sowohl durch verschiedene herausgegebene Schriften, meistentheils chymischen Innhaltes, als auch durch seine jederzeit beobachtete Rechtschaffenheit, unter seinen Freunden, auch nach dem Tode noch, unvergeßlich bleiben wird. Seine

Mutter, Maria Elisabeth, ist die Tochter des geschikten Apothekers zu Königsberg, Johann Georgeson, der jederzeit mit dem unverdrossensten Muthe bey manchen erlittenen trüben Schiksalen der Chymie oblag, und nicht eben den untersten Rang unter den Chymisten sich erworben haben würde, wenn es ihm gefallen hätte, seine mit dem grössesten Scharfsinn und Genauigkeit häufig angestellte Versuche, die mit seinem Tode zugleich verlohren giengen, bekannt zu machen.

Da unser Hagen so ansehnliche Chymisten in seinen nächsten Vorfahren zu verehren hatte; so war es wahrscheinlich, daß in ihm ein starker Trieb zu dieser so nützlichen, als Anmuthsvollen Wissenschaft entstehen mußte, welches er auch nur zu sehr bestätiget hat. Er wurde im Jahr 1738 den 20sten Dezemb. zu Schippenbeil im Natangischen Kreise von Ostpreußen, wo sein Vater damals Apotheker und Rathsverwandter war, geboren.

So erfreulich den zärtlichen Aeltern die Ankunft eines Sohnes war, so bestürzt wurden sie dennoch, da sie ihn wegen seiner Schwächlichkeit schon bey seiner Geburt beynahe für verlohren geben mußten. Diese Schächlichkeit hielt einige Wochen an, binnen welcher Zeit er nicht einmal die Kräfte hatte, selbst aus der mütterlichen Brust seine Nahrung zu empfangen; sondern man war genöthiget, ihn durch

künstlich

künstlich eingeflößte Nahrungsmittel zu unterhalten. Mit seinem zunehmenden Alter wuchsen aber seine Kräfte, und er ist bis zu dem Anfange seiner letzten Krankheit jederzeit beynahe ganz gesund gewesen.

Schon bey seinem angehenden Wachsthum ließen sich bey ihm viele Fähigkeiten wahrnehmen. Besonders verrieth er eine starke Einbildungskraft und ein großes Genie zur Malerey, indem er Städte, die er schon vor einiger Zeit nur von weitem gesehen, ganz genau abzuzeichnen im Stande war, eh er noch hierinnen einige Anleitung empfangen hatte.

In der Schule war er wegen seines Eifers in Erlernung der Wissenschaften und Sprachen jederzeit ein Liebling seiner Lehrer. In seinem vierzehnten Jahre stand er schon an der Spitze aller seiner Mitschüler und wurde von den Lehrern der Altstädischen Pfarrerschule zu Königsberg für würdig erklärt, ein akademischer Bürger zu werden. Aber sowohl sein natürlicher Hang, als auch der Wille des Vaters, waren Antrieb genug, sich hauptsächlich der Apothekerkunst zu widmen.

Hier genoß er das vorzügliche Glük, nicht nur einen gütigen, sondern auch geschikten Führer an seinem Vater zu haben, dem es nur gar zu wohl bewust war, wie viel Vergnügen und Beruhigung es für einen Apotheker mit sich führe, wenn er nicht nur Arzeneyen verfertigen, sondern auch aus sicheren

Gründen der Chymie dieselbe beurtheilen könne. Nachdem er ihn also in allen pharmazeutischen Arbeiten genug geübt hatte, gab er sich alle Mühe, aus diesem jungen Apotheker auch einen geschikten Chymisten zu bilden. Er fieng daher mit ihm und einem andern, auf hiesiger Universität Studierenden an, die natürlichen Körper auf unterschiedene Weise chymisch aus einander zu setzen, die Erscheinungen dabey durch andere Versuche zu erklären, hierauf Grundsätze zu bauen, und also die Theorie aus den unmittelbaren Erfahrungen zu ziehen, welches gewiß der sicherste Weg ist, um in einer Wissenschaft, wie diese, am wenigsten zu schwanken und Fehltritte zu thun.

Da der liebreiche Vater endlich sahe, daß der folgsame und eifrige Sohn diesen treuen Unterricht aufs beste genutzt und auch schon einige Jahre seiner Apotheke als Geselle aufs rühmlichste vorgestanden hatte; so entschloß er sich, ihn im Jahr 1765 nach Berlin, als in den Sitz der Wissenschaften, zu schikken, und seine Kenntnisse sowohl durch den in der Chymie so geschikten, kürzlich verstorbnen Apotheker, Herrn Asseßor **Valentin Rose**, einen würdigen Schüler des großen **Marggrafs**, als auch durch den lehrreichen Vertrag der dortigen Herren Professoren zu erweitern. Er hielt sich zwey Jahre daselbst auf und genoß binnen dieser Zeit, außer der besondern Unterweisung in der Chymie bey Herrn Assessor **Rose**, auch das Glük, die **Kräuterkunde** und **Materia medika** in den vor-

treflichen

treflichen Vorlesungen des Herrn Hofrath Gleditsch, die Metallurgie und Physik bey Herrn Oberbergrath Gerhard, und die Physiologie bey Herrn Prof. Sprögel zu hören.

Von dieser verfloßenen, so nützlich angewandten Zeit legte er eine würdige Probe ab, indem er im Jahr 1767 als Apotheker vor dem Kollegium medikochirurgikum in dem anatomischen Lehrsale den sogenannten Kursum pharmazeutikum oder eine öffent-Vorlesung hielt, welche in einer chymischen Untersuchung des Eßigs bestand, die eben so gründlich, als genau abgefasset war. Kurz darauf legte er sowohl ein mündliches, als schriftliches Examen bey dem Ober-Kollegium medikum ab, wobey er, nach dem ihm von diesem Kollegium ertheilten Zeugnisse, recht gut und gründlich bestanden.

Da er also mit größtem Beyfall dieses alles geleistet hatte, unternahm er eine Reise nach Sachsen ins Erzgebirge, und kehrte darauf wieder in den Schoos der Aeltern zurük. Er hatte sich aber kaum acht Monathe daselbst aufgehalten, als die Königl. privilegirte Apotheke im Kneiphofe zu Königsberg zum Verkauf angeschlagen wurde, welche er, auf Anrathen und durch Unterstützung seines Vaters, wirklich kaufte und im Jahr 1768 den 24sten Junii antrat.

Im Jahr 1770 den 2ten März verheyrathete er sich mit Jungfer Henriette Louise Dorn, der jüngsten Tochter des berühmten Kauf- und Handelsmannes Johann Christoph Dorn, mit welcher er eine nicht weniger vergnügte, als zufriedene Ehe geführet, aus derselben aber keine Erben hinterlaßen.

Die Zeit, welche ihm seine häusliche Geschäfte und die Aufsicht der Apotheke übrig ließen, widmete er seinen Lieblingswissenschaften, der Naturhistorie des Vaterlandes, der Botanik und Chymie und in letzterer hat er einigen, auf hiesiger Albertine Studierenden Unterricht ertheilet. Von den in diesen Wissenschaften sich erworbenen Kenntnissen zeigen seine herausgegebene und mit Beyfall aufgenommene Schriften, welche folgende sind:

1) **Physikalisch-botanische Betrachtungen über die Weidenrosen und die in Preußen befindliche 16 nutzbare Weidenarten.** Königsberg 1769. 4to. Diese Abhandlung befindet sich auch in den **Königsbergischen Frag- und Anzeigungsnachrichten** von gedachtem Jahre. So wohl die Betrachtung von der Entstehungsart der Weidenrosen, als auch die Beschreibung der 16 Preußischen Weidenarten sind beyde, jede besonders, auch in den **Berlinischen Sammlungen** eingerükket.

2) **Gesammlete Nachrichten vom Preuß. Elennthiere sind mit Anmerkungen des Hrn. D. Martini**

tini in den Berlinischen Mannigfaltigkeiten aufgenommen.

3) Chymisch-mineralogische Untersuchung einer merkwürdigen blauen Farbenerde aus den Preußischen Torfbrüchen. Königsberg 1772. 4to. Ist zuerst in den Königsbergschen Frag- und Anzeigungsnachrichten von demselben Jahre abgedrukt worden.

4) Beobachtungen über das schrekliche Gift in den Gewächsen.

5) Nachricht von einigen unter der Erde flüßenden Strömen in Preußen.

6) Abhandlung vom Blutregen und einigen in Blut verwandelten Wässern in Preußen.

7) Nachricht von einem wandernden Stein in Preußen.

No. 4 — 7 findet man in den Neuen Berlin. Mannigfaltigkeiten mit eingerükket.

Einer der vorzüglichsten Beweise, wie sehr man die Verdienste des verstorbnen auch außer Preußen geschätzet, ist, daß er bey der Stiftung der Naturforschenden Gesellschaft in Berlin im Jahr 1773. den 22ten Dezemb. zu einem Ehrenmitglied ernannt wurde. Diese Ehre hielt er für eine starke Ermunterung, mit neuem Eifer sich um die Naturwissenschaft verdient zu machen. Er setzte sich daher auch zu einigen Abhandlungen Plane vest, an deren Ausführung er aber durch seine Krankheit verhindert wurde.

Eine starke Diarrhöe, von der er schon seit einigen Wochen her war beunruhiget worden, und wogegen er nichts gebraucht hatte, war der erste Grund zu seiner Krankheit. Ob man gleich nachhero alle nur mögliche Mittel dagegen anwandte; so konnten die geschiktesten Aerzte dennoch keinesweges den Ausbruch eines schleichenden Fiebers verhindern, das vielleicht schon lange Zeit vor seiner Krankheit in seinem Körper stillschweigens gewütet hatte. Es geselleten sich hier also zwo Krankheiten zusammen, wovon die auserwähltesten Arzeneyen keine zu erstikken im Stande waren. Den 30ten November 1775 bemerkte man eine wirkliche Trommelsucht, da er dann Abends um 10 Uhr seinen Geist in die Hände desjenigen zurükgab, dessen Güte er in seinem Leben jederzeit gepriesen hatte.

Er starb also im sieben und dreyßigsten Jahre seines Alters als ein Christ, der in dem ganzen Laufe seines Lebens die Religion sehr hoch geschätzet hatte: als Menschenfreund, dem jederzeit die Pflichten eines rechtschaffenen Mannes heilig waren; beweint von seiner hinterlaßenen Wittwe und allen Anverwandten, die ihn aufs zärtlichste liebten, betrauret von seinen Freunden, die ihn hochschätzten, beklagt von allen, die sein Herz und seine Verdienste kannten.

2.

2.

Biographie

des

Herrn D. Bernhard Feldmann

zu Ruppin.

Herr Bernhard Feldmann war geboren zu Kölln an der Spree am 11ten November 1704. Sein Vater, Bernhard Feldmann, ein in der Chymie sehr erfahrner Laborante, genoß die Achtung der berühmtesten Chymisten seiner Zeit, und war ein Schüler des berühmten Dippels. Seine Mutter war Achate Marie Ruschin, aus Bielefeld gebürtig. Nach vollendeten Schulstudien, denen er, zu seinem grösten Vortheil auch die Erlernung der Englischen Sprache beyfügte, konnte er sofort von dem neu errichteten Collegio medico chirurgico, welches im Jahr 1723 gestiftet wurde, für sich denjenigen großen Vor-

 theil

theil ziehen, der für alle, die Arzneygelahrtheit studirende Berliner so außerordentlich wichtig ist. Er konnte sich früh und lange genug die ersten und nöthigsten Kenntnisse aller Theile der Arzneywissenschaft erwerben, um auf der Universität mit desto schnellern Schritten und glüklicherm Fortgang weiter zu schreiten. Wer kennt nicht die berühmte Namen eines Neumann, Pott, Eller, Buddeus, Ludolf, Senf? Diese Männer waren hier unsers Verstorbenen erste Lehrer in der Arzneywissenschaft. Im Jahr 1726 gieng er nach Halle, in den Lehrstunden des berühmten Friedr. Hofmann, Prof. Gerekens u. a. m. tiefere Einsichten in die Heilungswissenschaft zu sammlen, kam 1730 nach Berlin zurük, wo er im Winter das Königliche anatomische Theater, im Sommer des Herrn Hofrath Ellers und Herrn Prof. Ludolfs Kranke zum Theil, unter ihrer Anleitung, besuchte.

Im Jar 1731 hielt er seinen anatomischen Kursus. Darauf reisete er noch in demselben Jahre nach Amsterdamm, wo er Bekanntschaft mit dem Operateur Vilhoorn, der vornämlich im Steinschnitt sich hervorthat, und mit dem berühmten Seba machte, dessen große Naturaliensammlung er einigemal besichtiget. Seba hatte damals den Auftrag, einige junge Aerzte nach Rußland, mit einem Gehalte von 600 Rubeln anzuwerben, und seine Wahl fiel mit auf unsern verstorbenen Freund, der aber von seinem Vater die Erlaubniß dazu nicht erhalten konnte. Nach einem Aufenthallte

enthallte von zween Monaten begab er sich nach Leyden, hörte daselbst noch einige Kollegia bey dem berühmten Boerhave und gelehrten Prof. der Chymie, Hrn. Gaubius, wiederhohlte mit einigen seiner Freunde die Vorlesungen des Herrn Boerhave, und ließ einige merkwürdige Handschriften, zu seinem künftigen Unterrichte, sich abschreiben a). Er selbst schrieb zu Leiden 1732 zu Erlangung der Doktorwürde eine Dissertation de comparatione plantarum & animalium. Sie ist in Quarto 63 Seiten stark. Herr v. Linné b) und von Haller c) gedenken derselben in ihren botanischen Bibliotheken mit vielem Ruhme.

Nun reisete der sel. Freund wieder nach Halle. Er hatte an den berühmten Hoffmann von Boerhaven einen Brief, und dessen damals herausgegebenen Chymie, abzuliefern. Hoffmann theilte die Kopie des Briefes dem Ueberbringer mit, und sagte dabey: Sie müssen die Kopie dieses Briefes von einem so großen Manne

a) Besonders *Boerhavium* de Auditu, de Morbis oculorum, de Lue venereâ, it. Herrn van Swietens Mat medicam, *Albini* Physiologiam, D. Io. Iac. *Friedii* zu Strasburg Colleg. de arte abstetricandi über den *Mauriceau*, &c. die ohnstreitig alle noch in seiner Verlassenschaft vorhanden sind.

b) In Biblioth. botan. Amstel. 1736. in 12mo.

c) In Bibl. botanicæ Tom. II. Tiguri 1772. 4to majori, p. 263. Cf. *Seguieri* Bibl. botan. Hagæ 1740. p. 64.

Manne selbst besitzen. Da dieser Brief ein Zeugnis der Achtung Boerhavens für Hoffmannen, und unsern Feldmann abgiebt, und da das darinn enthaltene Lob des letztern demselben desto mehr Ehre macht je weniger Boerhave jemanden zu schmeicheln pflegte; so haben wir den Innhallt um so lieber, da er kurz ist, selbst hersetzen wollen. Er lautet also:

Clarissimo Nobilissimoque Viro Friderico *Hoffmanno*, H. *Boerhave*, Quum egregius hic Medicinæ Doctor, Tuâ disciplinâ perpolitus, patriam cogitaret, postquam ingenii, doctrinæ, diligentiæ, & virtutis præclara dederit documenta in nostrâ Academiâ, rogavi, vellet a me Te salutare, huncque Tibi, nomine meo, tradere librum. Id in se suscepit. Tu exiguum fidæ amicitiæ pignus benevolè accipe! Utinam diu superstes valeas, eximium artis decus & præsidium! Leydæ 1732.

Hofmann schikte zugleich ein Exemplar der Feldmannischen Probeschrift an seinen Freund, den Kayserl. Leibarzt Garelli nach Wien, und Herr Joach. Lange zu Halle gedenkt ihrer mit großem Lobe. d)

Noch

d) In *Elementis Philos. naturalis.* Halæ 1735. 8vo. P. III. c. 3. p. 257. Quam paucis hîc indicavimus structorum corporum, i. e. Plantarum & Animalium convenientiam, eam uberiùs explicavit, & exactissimis recentiorum observa-

Noch im Jahr 1732. kam er nach Berlin zurük, arbeitete den von dem Hochlöbl. Oberkollegio mediko ihm aufgegebenen *Casum medico-practicum* aus, und ward nun zur Praxis approbiret. Im November desselben Jahres erhielt er die Bestallung als Stadtphysikus und Senator zu Neu-Ruppin, welche Posten er im Jahr 1733 antrat. Im Jahr 1738. ward er auch zum Physikus des Ruppinischen Kreises, und im Jahr 1770. zum dritten Burgemeister der Stadt Ruppin erwählet.

Unser seliger, von allen Rechtschaffnen hochgeschätzter, von allen Gelehrten, welche ihn kennten, geliebter Freund, ist zweymal verheyrathet gewesen. Aus der ersten Ehe mit Jungfer Dorothea, der Tochter des Kaufmanns Schnakenburg zu Ruppin, bekam er zwo Töchter. Von der zwoten Ehe mit Jungfer Louise Rose, einer Tochter des Kaufmanns und Senators Rose zu Ruppin, sind zween Söhne und zwo Töchter gebohren worden.

Obgleich der selige Feldmann, welcher auch 1740 von Sr. Königl. Majestät als einziger Feldmedikus

servationibus & experimentis acutissimis suas meditationes superstruxit *Bernh. Feldmannus* in diss. suâ Lugd. Bat. habitâ, quâ tamèn neutiquam summam, quæ Plantas & Animalia intercedit, differentiam, sicco pede transit „

dikus bey der damals Marschfertigen Armee nach Schlesien berufen wurde, seiner Familie wegen aber diesen vortheilhaften Ruf ausschlagen mußte, eine weitläuftige und beschwerliche Praxis in Ruppin und in der ganzen umliegenden Gegend hatte, auch öfters als Arzt an den Hof zu Reinsberg gehohlet wurde; so wandte er doch auch seine Erhohlungsstunden zu den nützlichsten physikalischen Beschäftigungen an, und war auch sonst zu Hause unermüdet fleißig und arbeitsam. Aus historischen, geographischen Büchern, Reisebeschreibungen und merkwürdigen medizinischen Schriften, hatte er verschiedene Folio und Quartbände von Kollektaneen gesammlet, und von großen, wichtigen, oder seltnen, so wohl alten, als neuen physikalischen Werken, die er theils aus öffentlichen Bibliotheken, theils von Freunden geliehen, theils auch selbst besaßen, ist nicht leicht eines übergangen worden, woraus er nicht den Honig für seine Handschriften zusammen getragen. Auf sehnliches Verlangen des Neuruppinischen Rathes hatte dieser geschäftige Menschenfreund 222, nach seiner Art überaus enge geschriebene Folioseiten zur Neuruppinischen Historie, besonders von den dortigen Familien der Rathhäußlichen = Kirchen = und Schulbedienten, mühsam zusammen geschrieben.

Er hatte sich nach und nach mit nicht geringen Kosten eine der grösten, prächtigsten, und mit den schönsten, zum Theil ungemein seltenen Exemplaren prangende Sammlung von Konchylien und Korallen angeschaffet.

schaffet. Er besaß ferner eine vollständige Sammlung aller bey Berlin, Ruppin, und an vielen andern Orten der Kurmark zu findenden Steinarten und Petrefakten, und hatte sie alle selbst aufgesucht, auch schön schleifen und poliren laßen. Von Erzen besaß er einen auserlesenen Vorrath. Endlich enthielt sein Naturalienkabinet eine zalreiche Sammlung unterschiedener fremder und einheimischer Holzsorten in geschliffenen Platten. Ueberhaupt hat er seinen großen Schatz natürlicher Seltenheiten, der wohl verdiente, künftig ein öffentliches Naturalienkabinet lehrreicher zu machen, weil der selige Besitzer jedem Körper eine deutliche Beschreibung beygefüget, theils bey Neuruppin gesammlet, theils aber aus Amsterdam, London, Altona, Helsingör, Königsberg, Petersburg, Wolfenbüttel, Zürch, Malaga, Batavia u. s. w. durch Briefwechsel mit Kennern und Freunden erhalten. An Glanz, Politur, an Reinlichkeit und Ordnung wird seine Sammlung, die man mit Entzükken bewunderte, nicht leicht von einer andern übertroffen.

Er hatte aber diesen Naturschatz nicht für sich allein, nicht bloszu seinem eigenen Vergnügen. Er bereicherte auch andere damit; er verborgte gern und mit Freuden diejenigen Exemplare auf eine Zeitlang, die einer nähern Betrachtung und größern Aufmerksamkeit werth waren. Hier sind Beweise davon, die das Andenken des seligen Mannes so unvergeßlich machen, daß man sie billig nicht übergehen darf. Er beschenkte im

Jahr

Jahr 1763. die hiesige Akademie der Wissenschaften mit einer Sammlung von 700 unterschiedenen Holzplatten und 271 vierekkichten, überall polirten, unterschiedenen Ruppinischen Steinplatten, welche leztere in harten Pflastersteinen, Marmor, Muschelmarmor, und allerhand Korallinischen und Muschelversteinerungen bestanden. Er überschikte auch unserm Freunde, dem Doktor Martini viele Konchylien, die derselbe in seinem Konchylienwerke abgebildet und ausführlich beschrieben hat e) Unserer Gesellschaft Natur-

e) Für die edelmüthigen Beweise der Freundschaft und des thätigen Wohlwollens, womit Herr D. Feldmann mich zehn Jahre lang so reichlich und oft erfreuet hat, wär ich der Asche dieses Redlichen ein besonderes Opfer schuldig. Hier muß ich die Forderungen meines von Dankbarkeit ganz durchdrungenen Herzens einschränken, ohne doch die Gelegenheit, einen kleinen Beweiß davon zu geben, ganz zu übergehen. Als ich anfieng Konchylien zu sammlen, glaubte ich den Anfang mit einheimischen machen zu müßen. Ich eröfnete meinen Wunsch, damals als ein Fremdling, dem seligen Feldmann schriftlich, weil ich erfahren, daß er darinn stark gesammlet hätte. Sogleich erhielt ich, mit mühsam beygeschriebenen Nachrichten, den ganzen Vorrath seiner Erd- und Flußkonchylien, um sie mir theils bekannt zu machen, theils einige davon in meiner angehenden Sammlung aufzubewahren. Daraus entstand meine, im 2ten, 3ten und 4ten Bande des Berlin. Magazins gedrukte weitläuftige Abhandlung von den hiesigen Konchylien. Einige Zeit nachher, da ich mein größeres Konchylienwerk im Sinn hatte, und ihm — diesem in Gefälligkeiten unermüdeten Freunde, den Entwurf darzu mit-

Naturforschender Freunde, die ihn im Jahr 1773 zu ihrem auswärtigen Ehrenmitglied ernannt hatte, ver-

mittheilte, that er mir aus eignem Triebe den unerwarteten Antrag, mir zu dieser Absicht allmählig seinen ganzen Vorrath von Seekonchylien, auf einige Zeit, Geschlechterweise, und mit Anzeige seiner gesammleten Synonymen, franko zu schikken, damit ich dadurch die Lükken meiner damals noch unbeträchtlichen Sammlung in den Abbildungen und Beschreibungen ergänzen mögte. Seine Versprechungen wurden treulich erfüllt, und man wird im Werke selbst sehen, wie viel ich in diesem Fach meinem rechtschaffen denkenden und edel handelnden Feldmann zu danken hatte. Die Erfüllung jedes meiner Wünsche war seine gröste Wollust, und ich, immer in Gefahr, seine Güte ehe zu mißbrauchen, als einen vergeblichen Wunsch zu äußern. Aus dem reichen Vorrathe seiner Kollektaneen hat er für mich mit unvergeltbarer Mühe alles ausgezeichnet, was er a) von ungewöhnlichen Speisen und Getränken, b) vom Aberglauben fremder Völker, und c) von den Giften aller drey Naturreiche finden können, bloß weil er wußte, daß ich über diese Materien etwas zu lesen wünschte.

Die Feyer unserer Herzen bey der ersten Umarmung in Ruppin, nach einem achtjährigen freundschaftlichen Briefwechsel, wird uns beyden, auch in einem glüklichern Leben, gewiß noch Freude machen. Da sah ich in einem Nachahmungswürdigen Urbilde die Würde der christlichen Rechtschaffenheit, und alle Hoheit einer Gefühlvollen, thätigen und uneigennützigen Freundschaft. — Meine Segnungen, verewigter Feldmann, begleiteten Dich auf dem Wege zu einem glüklichern Leben, und Deine Segnungen — Verklärter! — werden mir dort, wenn ich unter den Seligen Dich vorsuche, den Himmel selbst verschönern!

Martini.

verehrte er eine beträchtliche Anzal vortreflicher ein- und ausländischer Holz- und geschliffener Steinplatten. An unsern Herrn Professor Gledisch sandte er einen sonderbaren monströsen Fichtenzweig, welchen derselbe in den Gedenkschriften der hiesigen Königl Akademie von 1756. beschrieben, und in Kupfer abgebildet hat. Der Maler Nikol. Georg Geve zu Hamburg hat von den, vom seligen Feldmann erhaltenen Ruppinischen Konchylien die Erdschnekken auf der 31sten Kupfertafel seines 1754. angefangenen, aber nicht fortgesetzten Konchylienwerkes abgebildet.

Als der große Haller im Jahr 1739. den ersten Band der Boerhavischen Prälektionen mit seinen Anmerkungen herausgegeben hatte, ward unser Feldmann gewahr, daß darinn viele Wahrheiten des Boerhavischen Diskurses fehlten. Nachdem er dem Herrn von Haller Nachricht davon gegeben, sendete er ihm, auf dessen Verlangen, seinen eigenen, und einen alten, zwischen 1710 und 1713 nachgeschriebenen Kodex des Boerhavischen Diskurses über seine Institutionen. Er erhielt mit dem Auktuario zugleich folgenden Brief: Accepi a Te duos Codices, alter sententias aliquas valdè diversas à recentioribus, alter, qui Tuus est, admodùm diligentem & uberrimam explicationem habet. Ecce schedam primam ad codices Tuos reformatam! Vides augmenta non modica. Dieses anfänglich besonders gedrukte Auktuarium ward nachher in der zwoten Ausgabe des ersten

Bandes

Bandes an den gehörigen Orten eingeschaltet. Herr von Haller erwieß auch unserm Feldmann die große Ehre, Ihm den vierten Band der Prälektionen zu dediziren.

Von unserm Freund Martini wurde diesem würdigen und immer geschäftigen Gelehrten seine Uebersetzung oder die Abhandlung des Herrn Geoffroy von den Pariser Erd- und Flußkonchylien, Nürnberg 1769 gr. 8vo zugeschrieben, weil er dem sel. Feldmann den grösten Theil seiner Kenntniß dieser einheimischen Konchylien zu danken zu haben glaubte.

Unser Gelehrter war ein Mann von einem vortreflichen Gemüthskarakter, munter, leutselig, und gefällig. Sehr leicht gewann er die Liebe und das Zutrauen seiner Kranken, und alle Gelehrten, denen er näher bekannt war, musten ihn, wegen seiner gründlichen Gelehrsamkeit und seines guten Herzens, aufrichtig hochschätzen. Sein ganzes Leben war lauter Thätigkeit, lauter Eifer für das Beste seiner Nebenmenschen und für die Zufriedenheit seiner Freunde. Bey der besten Diät erhielt er bis zu den letzten Wochen seines, in allen Absichten rühmlichen Lebens einen muntern, gesunden Körper, ein zufriedenes, fühlbares Herz und eine heitere, lebhafte Seele. In seinem Herzen und in seinem Hause herrschte die Ruhe der Frommen, und in seiner Seele der Friede der Rechtschafnen. Ein drey wöchentliches Lager, auf welchem er er die zerstörenden Anfälle asthmatischer Beklemmungen und eine darauf erfolgende Auszehrung mit einer standhaften Gelassenheit ertrug, und, unter Einsegnung seiner geliebten, Trostlosen Familie, dem annähernden Tod mit Ergebung in den Willen Gottes und einem christlichen Heldenmuth in die Augen sah, beschloß er die Laufbahn seines Nachahmungswürdig geführten Lebens im 72sten Jahre seines Alters. In dem Herzen seiner noch übrigen Freunde wird sein Andenken ewig unauslöschbar bleiben.

Da sich unser, nunmehro den Lohn seiner unwandelbaren Rechtschaffenheit einerndtender Freund größtentheils mehr für andre, als für sich zu leben bemühete; da er beständig im Verborgnen, ohne Durst nach Glanz und vergänglicher Ehre, arbeitete; so schien er sichs zu einem Gesetze gemacht zu haben, lieber andre Freunde, die einen stärkern Ruf zur Schriftstellerey zu fühlen schienen, durch seinen Fleiß und seine, aus einer unermüdeten Belesenheit gesammlete Kollektaneen zu unterstützen; als durch eigne Werke und Aufsätze nach einem großen Namen zu streben. Man hat also von ihm hauptsächlich, außer seiner angezeigten Probeschrift, nur folgende gedrukte Abhandlungen gesehen:

Observationes de lumbrico renali; de vitro deglutito; de morbo Kriebelkrankheit; de Succino in minerâ martis ex paludibus bey Zehdenik; de Gentianâ angustifoliâ autumnali bey Neuruppin. Sie stehen

hen in den Jahrgängen von 1734 und 1743 des Commercii litterarii Norimbergensis.

Bemerkungen vom Steinschneiden, Schleifen und Poliren, sind im 3ten und 4ten Bande des Berlinschen Magazins durch unsern D. Martini, den er in vielen Fällen durch seine gelehrte Beyhülfe unterstützet hat, zum Druk befördert worden.

Auf ein ergangenes Reskript vom hiesigen Oberkollegio mediko an alle Physikos, sandte der selige Freund an gedachtes Kollegium, wie auch an die Königl. Akademie der Wissenschaften, zween ausführliche merkwürdige medizinische Kasus ein f) diesen fügte er an die Akademie noch bey, des Herrn D. Krielo, Stadtphysici zu Batavia, geschriebene medizinisch-physikalische Beobachtungen auf 3 Bogen, imgleichen dessen chymische Untersuchung des grauen Ambra, auf 2 Bogen, welche leztere in den Gedenkschriften der Akademie vom Jahr 1763. p. 125—137 abgedrukt und bekannt gemacht worden.

Von seinen eigenen medizinischen Beobachtun-

 gen

f) Der erste hätte der Titel: Fœtus extrà uterum contusi vegetatio ex parte vigens, imo post terminum partus in matre efformans capillitium & dentes. Der zweete: Ulcus hepatis recens per tussim artificialem depuratum & sanatum.

gen sind im *IV*ten Bande der Berlin. Sammlungen, durch des D Martini Besorgung, abgedrukt worden:

1) Beobachtung einer Verrenkung des Hüftbeins von einem Absaz oder Metastasis eines ungewöhnlichen Hustens. l. cit. p. 26.

2) Vom Nutzen der Harseile bey den Pokken und krätzigen Ausschlägen. Ib. p. 32.

3) Vom Nutzen des Kampfers in starker Dosis. Ibid. p 37.

XXX.
Nachrichten
von unsern
gesellschaftlichen Sammlungen.

I.
Verzeichniß
der
von 1774—77 angesammleten
Bibliothek der Gesellschaft
Naturforschender Freunde in Berlin,
ausgefertigt
von
D. Martini.

Periodische Schriften.
I.
Wochen- und Monatsschriften.

1-4. Mannigfaltigkeiten. Eine gemeinnützige Wochenschrift. I-IV. Jahr. Berlin 1769 bis 73 mit Kupfern, gr. 8. HEnglb. Von der Wittwe Wangin.

5 - 8. Neue Mannigfaltigkeiten, I-IV Jahr mit Kupf. Berlin 1773 — 77. gr. 8. H. Englb. Von der Wittwe Wangin.

9. Neueste Mannigfaltigkeiten, 1stes Quartal Ib. 1777. mit K. Von Ebenders.

10 - 19. Der Naturforscher, 1 — 10tes St. 1774 — 77. gr. 8. 10 Bändchen mit Kupf. Vom Hrn. Hofr. Walch.

20 - 22. Kopenhagener Magazin, übers. von Chr. Gottlob Menzel, Kopenhagen I - III B. 1759 — 63. gr. 8. HEnglb. Von Hrn. Rebelt.

23 - 25. Physikalische Belustigungen, 1 — 30 St. Berl. 1751 — 53. 3 Pergb. Vom Hrn. D. Bloch.

26 - 29. Berlinisches Magazin mit Kupf. I - IV B. 1765 bis 69. 4 HEnglb. 8vo. Vom D. Martini.

30 - 38. Berlinische Sammlungen mit Kupf. I - IX B. 1769 — 77. 8vo. 9 HEnglb. Von Hrn. Pauli.

39. 40. Joh. Dan. Denso monathliche Beyträge zur Naturkunde, 1 — 12. St. Berlin 1752. 8vo. 2 gelbe Pappenb. Von Hrn. Insp. Wilkens, den 2ten gekauft.

41 - 57. Hamburgisches Magazin, 1 — 17 Band. 8. Hamburg 1749. 17 Bände in bl. Pappe. Von Hrn. geh. Finanzrath Müller.

58. 59. Hrn. Heinr. Gottl. von Justi neue Wahrheiten zum Vortheil der Naturkunde, I - XII St. Leipz. 1754 — 58. 8 BP 2 Bände. Vom Hrn. Insp. Wilkens zu Kotbus.

60 - 62. Des Hrn. Diak. Joh. Sam. Schröters Journal für die Liebhaber des Steinreichs und der Konchyliologie, I - III Band, Weimar 1773 — 76. 8vo. 3 Bände, gelbe Pappe. Vom Hrn. Diak. Schröter.

63. 64. Vermischte Beyträge zur physikalischen Erdbeschreibung, I und II B. mit Kupf. Brandenb. 1774 — 77. 8vo. Unserer Gesellschaft gewidmet. Vom Hrn. geh. Sekr. Otto.

65 - 68. D. Karl Ludw. Neuenhahns vermischte Anmerkungen zu Beförderung nützlicher Wissenschaften,

schaften, Leipz. 1754—56. 4 Pergam. Bände. Vom Hrn. Rebelt.

II.

Schriften großer Akademien und gelehrter Gesellschaften.

68 a) 69. *Transactions philosophiques* de la Societé Royale de Londres. Trad. par Mr. de *Bremond*. Années 1731 â 36. à Paris 1741. 2 HEnglb. Gekauft *).

70. *Table* des Memoires imprimées dans les Transactions depuis 1665 — 1735. par. Mr. de *Bremond*. à Paris 1739. HEnglb. Gekauft.

71 - 75. *Novi Commentarii* Acad. Scient. Imperialis Petropolit. Volum. XIV. Pars I et II. Vol. XV - XVII. Annorum 1769—72. 5 Bände, gr. 4. HEnglb. Vom Hrn. D. Güldenstädt.

76 - 78. The *Philosophical Transactions* of the End of the Year 1700 abrig'd in 3 Volumes by John. *Lowtorp* 1705. mit Kupf. 3 Englb. gr. 4. Vom Hrn. Insp. Wilkens.

79. Hist. et *Commentationum Academiae Elect. Theodor. Palatinae*. Vol. III. physicum, cum figuris. 4. HEnglb. Vom Hrn. Regierungsrath Medikus.

80. Novi *Commentarii* Soc. Regiae Sc. *Goettingensis*. Tom. I II. An. 1769—71. Goett. 1771 et 72. 4to. HEnglb. Gekauft.

Kk 5 81 - 83.

*) Einige unsrer edel denkenden Mitglieder, welche nicht gern unsre Bibliothek durch Werke, die wir etwa schon besitzen mögten, verstärken wollten, setzten uns durch einen willführlichen Beytrag an baarem Geld in den Stand, nach gemeinschaftlich überlegter Wahl einige neuere, kostbare und einige alte rare Schriften anzuschaffen. Unter die Zahl dieser Großmüthigen gehören vornämlich, der Hr. Prälat und Domherr von Rochow, der Hr. Leibmed. Brinkmann, Hr. D. Brumbey, Hr. D. Pelißon, Hr. Past. Klein zu Oedenburg, Hr. Amtmann Honkeny ꝛc. für deren Geschenke die als gekauft angegebne Bücher und Naturalien angeschaft und in unsern Sammlungen dankbar aufgeführet und eingetragen worden.

81 - 83. Versuche und Abhandlungen der Naturforschenden Gesellschaft in Danzig I - III. Danzig 1747 bis 56. 4. mit Kupf. 3 Mrmb. Vom Hrn. Baron von Zorn.

84. Gekrönte Preißschriften der Danziger Gesellschaft, in 4 GPappe. Von Ebendemselben.

85. Schriften der Duisburgischen Gesellschaft 1761. 21 B. gr 4. GPapier. Vom D Martini.

86. Sam. Christ *Hollmanni Commentationum* in Reg. Scient. Societate indè ab Anno 1756 recensitarum Sylloge, cum Tabulis aeneis, Gött 1765. 1 A. 2 B. bl. P. 4to. Vom Hrn. Pr. Bekmann

87 - 93. Abhandlungen der Römisch-Kayserlichen Akademie der Naturforscher, I - XIV Theil, m. Kupf. Nürnberg 1755 — 65. blaubunte Pappe. 4to. 7 Bände. Gekauft.

94 - 106 *Histoire de l'Academie Royale des Sciences* et des Belles Lettres, avec les Memoires de l'Academie, Tom. I - XXV. Années 1745 — 69. à Berlin 1746 — 1761. avec Fig. 4to. 13 Hfrb. Von Hrn. Achard.

107.108 *Nouveaux Memoires de l'Academie Royale des Sciences* etc. de Berlin. Années 1770 — 72 avec Fig. 1773 und 74. 2 Bände. Von Ebendems.

109-120 *Commercium litter. Noricum.* cum Figuris An. 1731 bis 1742. 12 Quartb. bunte Pappe. Von Hrn. Rebelt.

121-123 *Miscellanea Berolinensia* ad increm. Scientiarum. c. Tab aeneis Pars I-VII. Berol. 1710—1743. 3 Pergb. Gekauft.

124-127 *Acta Helvetica* cum Figuris. Vol. I - VI. Basil. 1751 bis 67. 4 Hfrb. Vom Hrn. D. Pelißon.

128.129 Auserlesene Abhandlungen praktischen und chirurgischen Innhaltes aus den philosophischen Transaktionen gesammlet und übersetzt von M. Nathan Gottfr. Leske. I - IV Theil, Lübek und Leipz. 1777. 2 Bände mit Kupfern. gr. 8. Hfrb. Vom Hrn Pr. Leske.

130-132 Beschäftigungen der Berlinischen Gesellschaft Naturforschender Freunde m. K. Schrbpap. 1 B. Berlin 1775. gr. 8. H. Englb. 2ter Band 1776.

3ter

3ter Band 1777 mit illumin. Kupf. 3 H. Englb. Von Hrn. Pauli allhier.

133.134 Abhandlungen einer Privatgesellschaft in Böhmen, herausgegeben vom Hrn. Ignatz Edlen von Born. I. II Band 1775. 76. Prag m. Kupf. 2 Englb. Vom Hrn. Baron von Born.

135-143 Der Königl. Akademie zu Paris Anatomische, Chymisch-Botanische Abhandlungen, übersetzt vom Hrn. von Steinwehr, 1-9 Theil mit Kupf. Breslau 1749-60. gr. 8. 9 schöne Marmorbände.

145-156 Der Königl. Akademie der Wissenschaften in Paris physische Abhandlungen aus dem Franz. übersetzt von Wolf. Balth. Adolph von Steinwehr, 1-13 Theil, Breslau mit vielen Kupf. 1748-59. gr. 8. 13 schöne Marmorbände *).

157-173 Abhandlungen der Königl. Schwedischen Akademie der Wissenschaften, 1-34 Theil in 17 H. Englb. gr. 8. Von Hrn. Rebelt.

174-176 Neue Anmerkungen über alle Theile der Naturlehre, aus den Engl. Transakt. Pariser und anderer Akademien Gedenkschriften, aus dem Franz. übersetzt, I-III Theil, Kopenhagen und Leipzig 1753-56. 3 Bände 8vo. GPappe. Vom Hrn. D. Bloch.

177 *Acta Medicorum Berolinensium*, Ed. I. Dec. I. Berol. 1719-22. cum Figuris. 8. Pergb. Vom Hrn. D. Brand.

178 Eadem Decur. II. Vol. I-VII. Ibid. 1723-27. it. Dec. III. Vol. I. 1731. blau Papier. Von Ebendemselben.

179 *Histoire de l'Academie Royale des Sciences de Paris*, Année 1732. à Amsterdam 1736. avec Figures. Frb. 8vo. Von Hrn. Rebelt.

*) Alle 22 Marmorbände sind auf des Hrn. Hofapothekers Meyers Verlangen und Unkosten in der Badenhauptischen Auktion für 16 Rthlr. gekauft worden.

III.

Lexika.

180 D. Christ. *Mentzelii* Index nominum plantarum multilinguis cum Jac. Breynii Pugillo rariorum Plantarum. Berol. 1682. 11 K. Pl. fol. Lederb. Gekauft.

181.182 Jo. Christ. *Riegeri* Introd. in notitiam rerum naturalium et artefactarum per Alphabeti ordinem digestarum. Tom. I. IV. Hagae Comit. 1743. 2 Pergb. in gr. 4. Vom Hrn. D. Brand.

183 D. Mich. *Alberti* Tentamen Lexici realis observat. medicarum. Halae 1727. 4to. WB. Von Ebend.

184-186 D. Martini allgemeine Geschichte der Natur in Alphabetischer Ordnung, I-III Band, mit vielen Kupf. Berlin 1774-77. gr. 8. 3 Engl. Bände. Vom D. Martini.

187-197 Des Hrn. D. Krünitz ökonomische Enzyklopädie, I-XI Band mit Kupf. Berlin 1773-77. gr. 8. 11 H. Englb. Von Hrn. Pauli.

198 *Onomatologia curiosa* artificiosa et magica, oder natürlich Zauberlexikon, 2te Auflage, Nürnberg 1764 gr. 8. Englb. Von Hrn. Raspe.

199-202 *Onomatologia botanica* completa von einer Gesellschaft erfahrner Pflanzenkundiger, Frankfurt und Leipzig, I-VIII Theil 1772-77. 4 H. Engl. Bände gr. 8. Von Ebendemselben.

203 Joh. Sam. Schröters Lithologisches Reallexikon, I Band, Berlin 1772. gr. 8. GPappe. Von der Wittwe Wangin.

IV.

Naturlehre, Astronomie, Mathematik und Mechanik.

204 *Dedale*, ou Mentions nouvelles pour l'avantage de la Navigation, avec Figures, par Chret. Theoph. *Berger*, D. en Médecine, à Berlin 1777. 8 Bogen. gr. 4. Holl. Papier. GPappe. Vom D. Martini.

205 *Hesse'ns* neu erfundne mathematische Rechenschule und Bestimmung der Quadratur des Zirkels, Berlin 1777. gr. 4. Schrbpap. Vom D Martini.

206 *Guil. Jacobi S. Gravesande* Physices Elementa Mathematica experimentis confirmata, Tom. I. II. Edit. 2. auctior. Lugd. Bat. 1725. gr. 4. WB. Vom Hrn. D. Feldmann.

207 Eben dieses Werk, Edit. I. Ibid 1720 und 21. Frzb. Vom Hrn. D. Brand.

208 Leon. *Euleri Theoria motuum lunae*, cum tabulis Astronomicis. Petrop. 1772. P. I II 1775. gr. 4. H.Englb. Vom Hrn. D. Güldenstädt.

209 Andr. Jo. *Lexell* Disput. de investigandâ verâ quantitate Paralaxeos Solis ex transitu Veneris ante discum Solis, An. 1769 Petr. 1772. 1 Kupfertafel. gr. 4. bunt Pap. Von Demselben

210 Nic *Fuss* Instructions pour porter les Lunettes et description du plus parfait Microscope, Ibid 1774. $10\frac{1}{2}$ B. 2 Kupferpl. gr. 4. Eben so. Von demselb.

211 Joh. Alb. *Euleri* meditat. de motu vertiginis Planetarum, praecipuè Veneris. Petrop. 1760. 6 B. 2 Kupferpl. Eben so. Von demselben.

212 *Ejusdem* meditat de perturbatione motus Comerarum ab attractione Planetarum orta. Petrop. 1762. 6 B. 1 Kupferpl. Eben so. Von demselben.

213 Chr. Eulers von den Beobachtungen des Durchganges der Venus. Ibid 1769. 32 pagg. 4to. Eben so. Von demselben.

214 Mr. *Clairaut* Recherches sur la Comête des années 1531, 1607, 1682 et 1759. Ibid 1762. 42 pag. 1 Kupferpl. Eben so. Von demselben.

215 Steph. *Rumovsky* Obs circa transitum Veneris per discum Solis Petrop. 1769. 22 pag. 1 Kupferpl. 4to. Eben so. Von demselben.

216 I A. *Braunii* diss de admirando frigore artific. quo Mercurius est congelatus. Ibid. 1769. 30 pag. 4to. Eben so Von demselben

217 Joh. Christoph *Sturmii* Collegium experimentale curiosum, cum Figuris et alii tractatus physici ejusdem.

ejusdem. Norimb. 1701. 4to. Pergb. Vom Hrn. D. Brand.

218-219 Mich. Christ. *Hanovii* Philosophiae naturalis sive Physicae dogmaticae Tom. I-IV. Halae 1761-68. 4to. 2 schöne Fr. Bände. Vom Hrn. K. Rath Reimari.

220 Jo. Marci à *Kronland* Philosophia vetus restituta Franc. et Lips 1676. 3 Alph. 3 B.

— b.) M. Henr. *Kippingii* Instit physicae methodicae Libri X. Brem. 1670. 2 Alph. 13 B

— c) Wunder der Natur nach der Menschen unterschiedlicher Beschaffenheit, in 3 Theilen, Frankf. 1690. 2 Alph. 18 B.

— d) Erasm. *Bartholini* de naturae mirabilibus quaest. academicae. Havn. 1674. 1 Alph. 2 B. 4to. Pergb. Vom Hrn. Insp. Wilkens.

220 A) Wyert. Guil. *Muys* Elementa Physices. Amstel. 1701. 968 S. 4to. Pergb. Vom Hrn D. Brand.

221 a) Erasmi *Bartholini* Experimenta circa Christalli Islandici disdiaclastici refractionem, Hafniae 1669. cum Figuris, 60 pagg. 4to.

— b) C. H. D. Z. Traité de la lumiére, où sont expliquées les causes de ce qui lui arrive dans la reflexion et particulierement dans l'etrange *refraction du Chrystal d'Islande*, avec un discours sur la pesanteur, à Leide 1690. 180 pag. 4to sauberer Mrb. Von Hrn. Spengler zu Kopenhagen.

222 Leon. *Euler* Theorie complette de la Construction et de la Manoeuvre des Vaisseaux, Petersb. 1773. I-III Part XI Kupferpl. gr. 8. Bunt Pap. Vom Hrn. D. Güldenstädt.

223.224 Opuscoli di Fisica animale e vegetabile dell' Abate *Spallanzani*, Regio Professore di Storia nat. dell' univ. di Pavia, Vol. I. II. in Modena 1776. gr. 8. Bunt Papier. Vom Hrn. Abt. Spallanzani.

225-227 B. *Martin's* Philosophia Britannica Newtoniana Sec. Edit. in Three Volumes, cum Fig. Vol. I-III. Lond. 1759. 3 Franzb. Vom Hrn. Kanzl. Rath. Beck zu Kopenhagen.

228 Hr. Joh. Elert Bode deutliche Anleitung zur Kennt-

Kenntniß des gestirnten Himmels, dritte verbesserte, vermehrte und mit vielen Kupfern versehene Auflage, Berlin 1777. gr. 8. 1 Alph. 20 B. Vom Hrn. Verf.

229 Hrn. Joh. Elert Bode deutliche Anleitung zur Kenntniß des gestirnten Himmels, zwote verbesserte und vermehrte Auflage, Hamburg 1772. 1 Alph. 9 B. 508 S. gr. 8. Schrbp. H. Englb. Von Ebendems.

230 a) Ebend. deutliche Abhandlung nebst einer allgemeinen Karte vom bevorstehenden Durchgang der Venus durch die Sonnenscheibe, zwote Auflage, Hamburg 1769. 3 B. 2 Kupfert. H. Englb.

— b) Desselben Abhandlung von dem 1769 erschienenen Kometen, ib. eod. 3 B. mit illumin. Platte. Bunt Pap.

— c) Dessen monathliche Anleitung zur Kenntniß des Mondes und der Bewegung der Planeten und des Mondes, von 1770-75. mit Kupf. Hamb. und Berlin 8vo. H. Englb. Von demselben.

231 Desselben sechste Fortsetzung mit 2 Kupfert. 1776. 10 B. 8vo. Bunte Pappe. Von demselben.

232 Siebente Fortsetzung fürs Jahr 1777. Eben so. Von demselben.

233 D. Joh. Fr. Polacks Mathesis forensis mit Kupf. Leipzig 1734. 20 B. 8vo. Grüne Pappe. Vom Hrn. D. Brand.

234 Hr Lorenz Spenglers Erfahrungen der elektrischen Wirkungen in Krankheiten, in Briefen, mit Kupf. Kopenhagen 1754. 8vo. Marmb. vergold. Schnitt. Von Hrn. Spengler.

235.236 Pr Chr. Aug. *Crusii* Anleitung über natürliche Begebenheiten ordentlich nachzudenken, I. II Theil Leipzig 1749. 2 schöne Engl. Oktavbände. Von Hrn. Rebelt.

237 G. *Dethardingii* Fundamenta scientiae naturalis, Havn. 1740. 7 B. 8vo. Geheft. Vom Hrn. D. Zükkert.

238 Jac. *Rohaulti* Tract. phys. latinè versus à Sam *Clarke* c. animadvers, *Anton le Grand.* Amstel. 1708. Editio

Editio nova cum tabulis aeneis. 562 pagg. 8vo. Blau Pap. Vom Hrn. D. Zückert.

239 a) Anmerkungen über die Streitigkeiten wider die Wolfische Philosophie, Frankfurt und Leipzig 1736. 9 Bogen.

— b) D. Franc. Alb. *Redekeri* Meditationes de natura motus, cohaesionis et elasticitatis, Lemgoviae 1738. 5 B. Wb. Von demselben.

240 a) D. Jo. *Kieslingii* Physica experimentalis, Lipsiae 1711. 14 B.

— b) Positiones Physicae exper. Auct. Car. Aug. de Bergen Fr ad Viadr. 1752. 10 B. G. Pappe. Vom Hrn. D. Zückert.

241 Rob. *Bayle* nova Experimenta phys. mechan. de vi aeris elasticâ. Oxon. 1661. 18 B. 8vo. Pergamb. Getauscht.

242 a) M. Jo. Mich. *Schwimmers* Deliciae physicae. Erf. 1702. 13 B.

— b) Der Matrosen Gesundheit, oder vom Scharbok, durch Abrah. Leonh. *Vrolingh*, übersetzt vom D. Shurig, Dresden 1702. 1 Alph. 3 B.

— c) Traktat von der raren Kochenille, von Christian Richtern, Leipzig 1703. 4 Bogen.

— d) De Mercurio dulci pulverato, Quedlimb. 1703. 3 Bogen.

— e) Jo. Conr. *Spiess* de Melancholiâ hypochondriacâ, 1704. 3 Bogen.

— f) Theod. *Zwingeri* Scrutinium magnetis physico-medicum, Basil. 1697. 14 Bogen. 8vo. Pergb. Vom Hrn. D. Zückert.

243 Dan. *Hartnaccii* curiosa naturae, S admiranda physica. Fr. et Lips. 1685. 2 Alph. 8vo. Franzb. Von demselben.

244 Wilh. *Derhams* Astrotheologia, vermehrt von J. Alb. Fabricius, Hamburg 1728. 16 Bogen 8vo. Vom D. Martini.

245 D. Chr. Gottl. Kratzenstein, vom Einfluß des Mondes in die Witterung, und in den menschlichen Körper, Halle 1747. 3½ Bogen. 8vo. 1 K. Tafel. GPap. Vom Hrn. Insp. Wilkens aus Kotbus.

246

246 D. Fr. Lebr. Suppriens Gedanken von den Ursachen des Blitzes, Potsdam 1746. 5 Bog. 8vo. SPap. Vom Hrn. Insp. Wilkens.

247 D. Joh. Jak Scheuchzers Physica, I. II Theil, Zürch 1703 WB. 8vo. Vom Hrn. D. Brand.

248 Jacques *Rohault* Traité de Physique, 2de Edit. Tom. I. avec fig à Paris 1673. 8vo. Franzb. Von demselben.

249-257 Wolfs Anfangsgründe aller mathematischen Wissenschaften, Halle 1717. 9 Pergm. Bändchens. 8vo. Von demselben.

258 P. Ignat. Gast. *Pardies* S. I. Opera mathematica, cum Figuris, Jenae 1721. 12mo WB. Von dems.

259 a) Jo. Heinr *Sturmi* Compendium Physicae Aristotelico-Cartesianae, Frf ad Moen 1715. 11 Bogen. Vom Hrn. D. Zükkert.

— b) *Ejusdem* Ontosophia Joh. *Claubergii* Ib. eod. 2 Bogen. 12mo Franzb.

260 Joh. Jak. Schüblers Anleitung zur praktischen Sonnenuhrkunst, mit vielen Kupfern, Nürnb. 1726. gr. 8. Englb. Von Hrn. Rebelt.

V.

Allgemeine Naturgeschichte und Werke klaßischer Schriftsteller oder Systeme.

261 Ledermüllers Versuch, bey angenehmer Frühlingszeit die Vergrößerungswerkzeuge zum nützlichen und angenehmen Zeitvertreib anzuwenden, Nürnb. 1764. 12 Bogen und 12 sauber illuminirte Kupferplatten, in Fol. rothe Pappe mit vergulderen Stämpeln und Schnitte. Vom Hrn. Baron von Meidinger.

262-264 *Gesneri* Historia animalium, Tiguri 1554 in 3 Schwl. Bänden. in Fol Gekauft.

265 C. *Plinii* Secundi Historiae mundi libri XXXVII. Lugduni 1582 fol. Ledb. Gekauft.

266 Joh. Swammerdams Bibel der Natur, mit Boerhavens Vorrede, Leipzig 1752 mit Kupf. Fol. H.Frb. Vom Hrn. Grafen von Bork.

267 a) Felic. *Plateri* de corporis humani structurâ et usu, libri III. Iconibus illustrati, Basiliae ex officina Froben 1583. Vom Hrn. Pr. Kölpin.

— b) *Bartholomaeus Anglicus* de proprietate rerum, Norimb. 1492. Schwl. Ein seltenes monumentum typographicum!

268 P S. *Pallas Specilegia Zoologica.* Vol. I seu Fasc. I-X, cum figuris aeneis, Berolin 1774. gr. 4. Englb. Vom Hrn. Prof. Pallas

269.270 Des Hrn. Prof. Schrebers Abbildungen der Saugthiere nach der Natur, mit Beschreibungen, I-III Theil, Erlangen 1775-77. mit illuminirten Kupfern. Gekauft.

271 D. Carl *Oehme* de serie corporum naturalium continuâ, Lips. 1772. 2¼ Bogen. 4to. Geheft. Vom Hrn. D. Oehme aus Dresden.

272 Levini *Lemnii* occulta naturae miracula, übersetzt von D. Jak. Horsche, Leipzig 1580. 2 Alph. und 14 Bogen 4to. Vom Hrn. Jasp. Wilkens.

273 Joh. Ant. Skopoli Introductio in historiam naturalem, Pragae 1777. 1 Alph. 13 Bogen. gr. 8. Englb. Vom Hrn. Bergr. Skopoli.

274 Joh. H. Gottl. von Justi Geschichte des Erdkörpers, Berlin 1771. 1 Alph. 3 Bog. gr. 8. Hfrd. Vom Hrn. Pred. Herbst.

275-277 Hr. von Büffon allgemeine Geschichte der Natur, übersetzt und mit Anmerkungen vermehret von D. Martini, 1-7 Theil, Berlin 1771-74 mit Kupf. 3 H Englb. gr. 8. Von Hrn. Pauli.

278-286 Des Ritters K. von Linné vollständiges Natursystem, nach Anleitung des Houttuynischen Werkes erklärt und übersetzt von Phil Ludwig Stat. Müller, I-VI Theil mit vielen Kupfern, Nürnberg 1773-76. 8 H Englb. in gr. 8. ingleichen der Supplementband und Register, 1776. Englb. Von Hrn. Raspe.

287.288 Hrn Diak. Schröters vermischte Abhandlungen zur Naturgeschichte, mit 3 illuminirten Kupfern. I. Band, Leipzig 1776. 8vo. H. Englb. Vom Hrn. Diak. Schröter. Der 2te wird erwartet.

289

289 Hr. Karl Bonnets Betrachtungen über die Natur, mit Kupf I. II Theil, Leipzig 1766. gr. 8. Englb. Vom Hrn. Apoth. Hagen in Königsb.

290.291 Hrn. Karl Bonnets Betrachtungen über die organisirten Körper, aus dem Franz. mit Zusätzen von J. A. E. Göze, I und II Theil, Lemgo 1775. 8vo. Vom Hrn. Past. Göze.

292.293 Torb. *Bergmann* Physisk Beskrifning öfver Jord-Klotet, I. II Band 1773. 74. 2 Oktavbände in GPappe. Vom Hrn Pr. Bergmann.

294 Anders. Jahan. *Retzius* Tal om det Som Förbin, der oss til Natural-historiens laerende Stockh. 1770. 1¼ Bogen. 8. GPapier. Von demselben

295 Jo Polyk Erxlebens Anfangsgründe der Naturgeschichte, I. II Theil, Göttingen 1768. 8 Englb. Vom Hrn. Kriegsr. Reimari.

296 Jo. *Beckmann* de Historia naturali veterum. Libellus primus, Petrop et Goett 1766. 16 Bogen. 8 GPappe. Vom Hrn Pr Bekmann.

297 D. Ant. Friedr. Büschings Unterricht in der Naturgeschichte, Berlin 1775. 14 Bog. 8vo. GPappe. Von der Wittwe Wangin.

298 a) *Anton le Grand* Historia naturalis, Norimb. 1678. Vom Hrn. D. Zückert.

— b) *Ejusdem* diss. de carentia sensus et cognitionis in Brutis. Ibid 1679. 9 Bogen.

— c) *Ejusdem* curiosus rerum abditarum naturaeque perscrutator. Ibid 1681. 17 Bogen. 8vo. Pergb.

299 a) De diluvii universalitate dissertatio prolusoria. Genevae 1667. Vom Hrn. Insp Wilkens.

— b) Abr *Mylius* de origine animalium et migratione populorum Ibid eod

— c) Edwardi *Berowodi* Scrutinium religionum et linguarum, Franc. 1679. 12mo Pergb.

300 Steph. *Lumnitzer* diss de rerum naturalium adfinitatibus, Posonii 1777. 3 Bogen. gr. 8. G. Pap. Vom Hrn. Past. Klein.

VI.

Musæa und Naturalienverzeichnisse.

301 *Bonanni* Mus. Kircher. cum notis et observationibus Jo Ant. *Battara*, Pars I. Romae 1773. 253 pagg. 47 Kupferpl. und viel schöne Vignetten, 4 Tafeln Anhang, Fol. Rothe Pappe mit vergoldetem Stämpel und Schnitte. Vom Hrn. Baron von Meidinger.

302 *Besleri* Gazophylaceum naturae, Lips. 1733. 35 Kupferpl. in Fol. Für Jacobaeum de Ranis umgetauscht. Vom Hrn. Geh. Rath Müller.

303 P. Athanasii *Kircheri* Musaeum Romani Collegii Societatis Jesu, cum Figuris, Amstelod. 1678. Frb. Vom Hrn. Kriegsr. Reimari.

304 *Museum* Societatis Nat. curiosorum, Berol. Fol. H. Englb. Mst. Vom D. Martini.

305 Musei *Gottwaldiani* Icones Conchyliologiam spectantes, Gedani 1736. Fol. GPappe. Vom D. Martini.

306 Don. Paulo e Silvio *Boccone* Museo di Fisica è di esperienze in Venezia 1697. con figure, 4to. Frb. Von Hrn Fuchs aus Potsdam.

307 C. F. *Neickelii Museographia*, vermehrt von D. Joh. Kanold, Leipzig 1727. BPappe. 4to. Gekauft.

308.309 à *Born* index fossilium, Tom. I. II Pragae 1772 und 75. cum fig. gr. 8. 2 Bände. GPappe. Vom Hrn. Ignaz Edeln von Born.

310 *Museum Chaisianum*, Amsterdam 1766.
— *van der Miedenianum*, Ibid. eod.
— *Oudaanianum* Rotterd. 1766. Frb. in 8vo. Vom Hrn. Legat. Rath Meuschen im Haag.

311 *Museum Leersianum*, Amsterd. 1767.
— *Dishoeckianum*, Ibid. eod.
— *Koeningianum*, Ibid. 1770. Frb. 8vo. Von demselben.

312 *Museum v. Nyvreltianum*, Amst. 1773. Frb. 8vo. Von demselben.

313 Nachricht vom Naturalien- und Kunstkabinette des Hrn. Geheimen Raths von Büchner, Berl. 1771. 5 Bogen. 8vo. Schreibp. Blaup. Vom D. Martini.

314 Beschreibung der Seltenheiten der Natur, Kunst und Alterthümer, des Moverschen Kabinets in Hamburg in 2 Theilen (von Hrn. M. Schulz) Hamb. 1770 14 Bogen. Schreibp. gr. 8. neu 12 gr. GPappe. Von demselben.

315 Beschreibung des Kaltschmiedtischen Naturalienkabinets, Jena 1770. 3 Bogen. 8vo. BlP. Von demselben.

316 Petiv. Gazophylaceum, Dec. I. BP. 8vo. Von demselben.

317 Verzeichniß des Naturalienkabinets und der Bibliothek des Hrn. D. und Hofrath Georg Ernst Stahl. Berlin 1773. 12 B. 8vo. GP. Von demselben.

318 Verzeichniß einer auserlesenen Sammlung von Naturalien und Kunstsachen, nebst Tabelle und Erklärungen des Martinischen Konchyliensystems, Berlin 1773. 10 Bogen. 8vo. Schrbpap. GPappe. Von demselben.

VII.

Reisebeschreibungen, ingleichen Natur- und bürgerliche Geschichten gewisser Länder.

319 Hr. A. B. *Koelpin* Progr de Culturâ Historiae naturalis in Pomerania, Stettin 1773. 3 B. fol. geh. Vom Hrn. Prof. Kölpin.

320 Thomae *Harriot* admiranda narratio de commodis et incolarum ritibus Virginiae, Fr. ad M. 1590. cum figg. Pergb. in fol. Vom D. Martini.

321, 322 Hrn. Georgi's Beschreibung der Nationen des Rußischen Reichs, nach ihrer jetzigen Verfaßung, mit illuminirten Abbildungen, I. II Ausg. Petersburg 1775. gr. 4. zwischen Pappen geheftet. Vom Hrn. Asseß. Georgi zu Petersburg.

323 Ebendesselben Bemerkungen einer Reise im Rußischen Reich, im Jahr 1772-74. I. II Band, St. Petersburg 1775. gr. 4. Englb. Von demselben.

324 Briefe aus der Schweitz nach Hannover geschrieben (von Hrn. Andreä) Zürch 1776. gr. 4. 17 K. Tafeln Englb. Vom Hrn. Füeßlin in Zürch.

325-328 Hr. Prof. Pet. Sim. Pallas Reisen durch verschiedene Provinzen des Rußischen Reichs, I-III Theil, St. Petersburg 1771 und 73. gr. 4. in 4 saubern ganz Englb. Vom Hrn. Pr. Pallas zu Petersburg.

329.330 *Sonnerat* Voyage de la Guinée, à Paris, avec plus de cent planches 1776. gr. 4. Englb. Vom Hrn. Honkeny.

331.332 Hrn. Pitton von Tourneforts Reise nach der Levante, aus dem Franz. übersetzt, I. II Band, mit vielen Kupfern, Nürnberg 1776. 77. gr. 8. 2 H. Englb. Vom Hrn. Raspe.

333 D. Phil. Fermins Beschreibung der Kolonie Surinam, I. II Theil mit Kupf. Berlin 1775. gr. 8. Mrb. Vom Hrn. Kr. R. Reimari.

334 Hr. Joh. Jak. Ferbers Briefe aus Wälschland, herausgegeben von Ignatz Edlen von Born, Prag 1773. 1 Alph. 3 Bogen, gr. 8. H. Englb. Vom Hrn. Verfasser.

335 *Ejusdem Travels trough Italy* translated from the German by *Raspe*, Lond. 1776. 1 Alph. 2 Bogen, gr. 8. H. Englb. Vom Hrn. D. Wagler.

336 Hrn. Adansons Reise nach Senegal, übersetzt und mit Anmerkungen von D. Fr. H. Martini, Brandenburg 1773. Schreibp. 20 Bogen. gr. 8. H. Englb. Vom D. Martini.

337-339 Arthur Youngs sechs monathliche Reise nach den nördlichen Engl. Provinzen, I-III Band, Leipz. 1772 bis 75. 8. 3 Frb. Vom Hrn. D. Zükkert.

340 Des Hrn. Pr. E. A. W. Zimmermann, Beobachtungen auf einer Harzreise, nebst einem Versuche, die Höhe des Brokken durch Barometer zu bestimmen, Braunschweig 1775. 4 B. gr. 8. gr. Pappe. Vom Hrn. Pr. Zimmermann.

341 Peter Kalms Reise nach dem nördlichen Amerika, Leipzig 1754. 1 Alph. 18 Bogen. 8. Englb. Vom D. Martini.

342 D Zückerts Naturgeschichte und Bergwerksverfassung des Oberharzes, Berlin 1772. 19 B. 8vo. GPappe. Vom Hrn. D. Zückert.

343 Desselben Naturgeschichte einiger Provinzen des Unterharzes und Anhang von Mannsfeldischen Schiefern, Berlin 1763. 14 Bogen. 8vo. Eben so. Von demselben.

344 M. E. Laxmanns Siberische Briefe, herausgegeben von Aug Ludewig Schlözer, Göttingen und Gotha 1769. 8vo. 7 Bogen. GPappe. Vom Hrn. Pr. Bekmann.

345 C. Collini Tagebuch einer mineralogischen Reise, aus dem Französ. übersetzt von J. S. Schröter, Mannheim 1777. 1 Alph. 14 Bogen. 15 Kupferpl. 8vo. Vom Hrn. Diak. Schröter.

VIII.

Vom Menschen, von vierfüßigen Thieren und Amphibien.

346 Eberh. Aug. Guil. *Zimmermanni* Specimen zoologiae geographicae, quadrupedum domicilia et migrationes sistens, cum Tabulâ mundi zoographicâ, Lugd. Bat. 1777. 3 Alph. 17 Bogen Holl Papier. Englb. 4to. Vom Hrn. Pr. Zimmermann.

347 Physiologia animalium commendata a *Nath. Godofr. Leske*, Lips. 1775. 3 Bogen. gr. 4. roth Mrb. verguldet. Vom Hrn. Pr. Leske.

348 Leonh. Frischs Natursystem der vierfüßigen Thiere in Tabellen, Glogau 1775. gr. 4. H. Franzb. Vom Hrn. Past. Frisch.

349 Ant. Joh. *Güldenstædt* Theoria virium corporis humani primitivarum, Fr. 1767. 11 Bogen 4to. geheft. Vom Hrn. D. Güldenstädt.

350 Casp. *Hornii* Elephas und Beschreibung des Elephanten, Nürnberg 1577. 4to. GPappe. Vom D. Martini.

351 Sam. *Bocchарti* Hierozoicon, S. Compendium de animalibus Scripturae, Franecquerae 1690. 4to. Pergb. Gekauft.

352-354 Hrn. von Büffons Beschreibung der vierfüßigen Thiere, I-V Band mit Kupf. Schreibp. Berlin 1772-77. H.Englb. Von Hrn. Pauli.

355 D. Fermins Abhandlungen von der Surinamischen Kröte oder Pipa, mit drey schwarzen und 1 illuminirten Kupfertafeln, übersetzt und mit Zusätzen vermehrt vom Herrn Past. J. A. Ephr. Göze, Braunschw. 1776. 5 Bogen. gr. 8. GPap. Vom Hrn. Past. Göze.

356 Hrn. Sam. Reimari Betrachtungen über die Triebe der Thiere, dritte Ausgabe, Hamb. 1773 und dessen Betrachtungen über die besondern thierischen Kunsttriebe, nebst einem Anhange von der Natur der Pflanzenthiere, durch D. Joh Alb. Heinr. Reimarus, Hamb. 1773. 8vo. H.Englb. Vom Hrn. Pred. Hindenberg.

357 Jo. L. Frischs Betrachtungen von dem großen Nutzen und Schaden der vierfüßigen Thiere, Bunzlau 1776. 5 Bogen. 8vo. bl. Pappe. Vom Hrn. Past. Frisch.

358 Vom körperlich wesentlichen Unterschiede zwischen der Struktur der Thiere und Menschen, von D. Peter Moskati, aus dem Ital. übersetzt von Joh. Bekmann, Göttingen 1771. 6½ Bogen. 8vo. Schreibpap. GPappe. Vom Hrn. Prof. Bekmann.

359 I. G. *Tenner* de organi olfactus differentiâ, Lipſ. 1777. 1½ Bogen 8vo. GPap. verguldet auf den Schnitt. Vom Hrn. Pr. Leeke.

360 Freyherrn von Hüpsch patriotische Vorschläge, die Ausbreitung der Hornviehseuche zu verhindern, Köln 1776. 4 Bogen 8vo. Bunt Pap. Vom Hrn. Baron von Hüpsch.

361 Wolfg. *Franzii* Historia animalium sacra, Wittenb. 1624. 8vo. 888 pagg. GPappe. Vom Hrn. D. Feldmann.

IX.

Schriften zur Geschichte der Vögel.

362 Jac. *Kleinii* Historiae avium, prodromus, cum Figuris, Lubecae 1750 1 Alph. 7 Bog. gr. 4. B. Pappe. Vom Hrn. D. Brandt.

363 von Büffons Naturgeschichte der Vögel, mit Anmerkungen und Zusätzen (vom Hrn. D. Oehme) I Theil, Leipzig 1775 1 Alph. 2 Bogen. 35 Kupf. Taf. in 4to. Vom Hrn. D. Oehme.

364.365 Desselben Naturgeschichte der Vögel, vom D. Martini übersetzt, I - IV Band, mit Kupfern. Schreibpapier. Berlin 1772 - 77 2 H. Englb. gr. 8. Vom Hrn. Pauli.

366 Joh. Ant. Skopoli Bemerkungen der Naturgeschichte, I Jahr, oder Vögel seines eignen Kabinets, übersetzt von D. Fr. Chr. Günther, Leipz. 1770. 13 B. 8. G Papp. Vom Hrn. Hofrath Günther.

X.

Zur Geschichte der Fische.

367 Jac Theod. *Kleinii* Mantissa Ichthyol. de Sono et auditu piscium, Lips. 1746. 4½ Bogen. gr. 4. G. Pappe. Vom D. Martini.

368 Nath Godofr. *Leske* Ichthyologiae specimen Lipsiensis. Lips. 1774. 5 Bogen gr. 8. Hfrb. Vom Hrn. Prof. Leske.

XI.

Zur Geschichte der Insekten und Würmer.

369 Hrn. Baron von Gleichen Geschichte der gemeinen Stubenfliege, mit 4 illuminirten Pl. 4¼ Bog. kl. Fol. gelbe Pappe. Vom Hrn. Verfasser.

370 D. Sulzers abgekürzte Geschichte der Insekten, nach dem Linneischen System, I. II Theil mit 32 illumi-

illuminirten Kupferpl. Winterthur u. Zürch 1776. gr. 4 (neu 18 Rthlr.) Vom Hrn. D. Sulzer.

371 Hrn. von Gleichen Geschichte der Blattläuse des Ulmbaumes, mit 4 illum. Kupferpl. Nürnb. 1775. 4 Bogen. gr. 4. gelbe Pappe. Vom Hrn. Verfaß.

372.373 Hrn. Karl Degeer Abhandlungen zur Geschichte der Insekten, übersetzt und mit Anmerkungen begleitet von Joh. Aug. Ephr. Göze, mit Kupf. Leipz. 1 B. 1775. gr. 4. Vom Hrn. Past. Göze.

374 Espers Abbildungen und Beschreibungen der Schmetterlinge, 1-4 Heft, Erlangen 1776 und 77. 4to mit illum. Kupf. Jedes auf Pränumeration 1 Rthlr. 8 gr. Gekauft.

375-378 Aug. Joh. Rösels monathliche Insekten Belustigungen, 1-4 Band, Nürnberg 1746 mit illuminirten Kupfern. 4to Mrb. Von Hrn. Kappel.

379 Hrn. Kleemanns Beyträge zur Insektengeschichte, 1-40 Tabelle. Von Hrn. Chemnitz.

380 D. Jak. Chr. Schäfers Blumenpolypen der süßen Wasser, mit illuminirten Kupfert. Regensburg 1755. gr. 4. GelbP. Vom D. Martini.

381 J. Konr. Eichhorns Beyträge zur Naturgeschichte der kleinsten Wasserthierchen der Danziger Gewässer, mit 8 Kupfert. Danzig 1775. 4to. 12 B. GPap. Vom Hrn. Baron von Zorn.

382 Des Hrn. Past. Götzens Entomologische Beyträge zu des Ritters Linné, 12 Ausgabe seines Natursystems, 1 Theil, Leipzig 1777. 2 Alph. gr. 8. H.Englb. Vom Hrn. Past. Göze.

383 Hrn. Karl Bonnets Abhandlungen aus der Insektologie, aus dem Franz. übersetzt mit Zusätzen von J. A. E. Göze, Halle 1773 mit Kupf. Englb. Von demselben.

384 Hrn. Karl Bonnets und anderer berühmter Naturforscher, auserlesene Abhandlungen aus der Insektologie, übersetzt und mit Zusätzen von J. A. E. Göze, nebst 7 Kupfertafeln, Halle 1774. gr. 8. Roth Mrb. verguld. Schnitt. Vom Hrn. Past. Göze.

385 Hrn. Trembley's Abhandlungen zur Geschichte der Armpolypen der süßen Wasser, mit Zusätzen von J. A. E. Göze. (Unsrer Gesellschaft gewidmet) 14 Kupfertaf. Quedlinb. 1775. gr. 8. Roth Mrb. mit verguld. Schnitt. Von demselben.

386 Otto Fr. *Mülleri* Fauna Insectorum Fridrichsdaliana, Lips. 1764. gr. 8. GPappe. Vom Hrn. Etatsr. Müller.

387 M. J. Torkos wahrer Ursprung des Bienenwachses, Oedenburg 1776. 5 Bogen. 8vo. GPap. Vom Hrn Past. Torkos.

388 D. Büschings Gedanken von der Tarontel, Berl. 1772. 4 Bog. Schrbp. 8. bl Pap. Vom D Martini.

389 D. Chr. Gottl. Kratzensteins, von Erzeugung der Würmer im menschlichen Körper, Halle 1748. 4 Bogen, 1 Kupfert. in 8vo. GP. Vom Hrn. Insp. Wilkens.

390-395 Memoires pour servir à l'Histoire des Insectès, par Mr de *Reaumur*, Tom. I-XII. à Amst 1737-48. avec Figures. 8vo. 6 Mrb. Für 12 Rthl. gekauft.

396 Francesco *Redi* Esperienze intorno alla Generazione degl' Insetti in Napoli 1687 mit Kupfern, kl. 8. Mrb. Von Hrn. Gründler.

397 *Ejusdem* Osservazioni intorno agli animali viventi che si trovano negli animali viventi, Ibid. eod. Eben so.

398 Jo. *Goedartii* Metamorphoses et Hist. nat. Insectarum, cum Commentariis D. Joh. *de May*, Medioburg 1662. 12mo. 80 Kupferpl. 236 pagg. Pergb. mit vielem angehefteten Papier. Vom Hrn. Past. Göze.

XII.

Zur Geschichte der Konchylien, der Hartschaligen und Weichthiere.

Testacea, Crustacea et Mollusca.

399 Franz Michael Regenfußens auserlesene Schnekken, Muscheln und andere Schalthiere, ou Choix de

de coquillages et crustacés, par ordre du Roi. Kopenhagen 1758 gr Royal Fol. 12 illuminirte Kupfertaf und kostbare farbige Vignetten, in stark verguld. Mrmb. Vom Hrn. Grafen von Moltke.

400 *Janus Plancus* (Arimin.) de Conchis minus notis littoris Ariminensis Liber. Venetiis 1749. 4to. 2 Bogen 5 Kupferpl. Mrmb. kl. Fol. Von Herrn Chemnitz.

401-404 D. Martini systematisches Konchylienkabinet, mit illuminirten Kupfern, I-III Band, Nürnb. 1768 bis 77. 3 H. Englb. die Kupfer besonders geheftet. Von Hrn. Raspe.

405 *Hebenstreitii* (D. Jo. Ern.) Diss. de ordinibus Conchyliorum methodicè instituendis, Lips. 1728. 5½ Royalb MST G. Pappe. Vom D. Martini.

406 *Adanson* Histoire naturelle du Senegal. Coquillages, à Paris 1757. 4 Alph. 19 Kupferpl. gr. 4. Mrmb. Vom Hrn. Prof. von Steinhaus aus Frankf.

407 *Sellii* (Godofr.) Historia naturalis Teredinis, cum tabulis aeneis, Traj. ad Rhen. 1733. 4 Kupferpl. illuminirt und schwarz Ex Auct Thieliana

408 *Murray* Fundamenta Testaceotheologiae, Ups. 1773. Praes. à Linné. 4to. 2 Kupferpl. Vom D. Martini.

409 Mart *Listeri* Exerc. anat. de Bivalvibus cum diss. de calculo humano, Londini 1696. 10 Kupferpl. in 4to. Fib für Langii method Testaceorum umgetauscht vom D. Martini. Vom Hrn. Geheim. Rath Müller.

410 *Geoffroy* Abhandlung von den Konchylien um Paris, übersetzt und mit Anmerkungen begleitet vom D. Martini, Nürnberg 1767. 12 Bogen. gr. 8.

— b) Museum Oudaanianum Auctore *Meuschenio*, à Rotterd. 1766. Holl. Pap. 9 Bogen. gr. 8. Englb. Vom D. Martini.

411 Fr. Chr Leßers Testaceotheologie mit Kupf. Leipz. 1744. 8vo. Hfrb. (die beste Ausgabe) Gekauft.

412

412 Joh. Sam. Schröters systematische Abhandlungen von den Erdkonchylien, um Thangelstädt, mit Kupfern, Berlin 1771. 16 Bogen 8vo. 2 Kupfertaf. H Englb. Vom D. Martini.

XIII.

Zur Geschichte der Thier- und Steinpflanzen.

Zoophyta et Lithophyta.

413 D. Joach Fr. Boltens Nachricht von einer neuen Thierpflanze, Hamburg 1770. 4 Bogen gr. 4. nebst einer illuminirten Kupferpl. in Fol. G Pappe. Vom Hrn. D. Bolten.

414 Hr. Joh. Ellis Versuch einer Naturgeschichte der Korallarten und anderer dergleichen Meerkörper, übersetzt und mit Anhängen vermehrt durch D. Joh. Ch. Krünitz, mit 46 Kupfert. Nürnb. 1767. gr. 4. Frb. Von Hrn. Rebert.

415 Jo Lud. *Gansii* Historia coralliorum, Francf. 1630. 11 Bogen 8vo. Von Hrn. Chemnitz.

XIV.

Mineralogie und Metallurgie.

416 Joh. Friedr. Espers Nachricht von neuentdekten Zoolithen unbekannter vierfüßiger Thiere, und von den sie enthaltenden Grüften im Barenthischen mit 14 illuminirten Kupfertaf. Nürnb. 1774. Royal Fol. Schrbpap. neu 6 Rthlr. Englb. Vom Hrn. Rendant Ebel.

427 Jac. Theod. *Kleinii* specimen descriptionis Petrefactorum Gedanensium cum syllabo Tabellarum, Nürnb. 1770. 24 illumin. Kupfertaf. Fol. Vom Hrn. Baron von Zorn.

418 D. Jo. Gottl. *Lehmann* specimen Orographiae generalis, Petrop. 1762. 4 Bogen gr. 4. Bunt Pap. Vom Hrn. D. Güldenstädt.

419.420 Joh. Sam. Schröters vollständige Einleitung in die Kenntniß und Geschichte der Steine und Versteinesteinerungen I. II Theil, Altenb. 1774 und 76. Schrbpap. gr. 4. 2 H. Englb. Vom Hrn. Diak. Schröter.

421 Hr D. Brükmanns Abhandl. vom Weltauge oder Lap. mutabili. Braunschw. 1777. 4to. 2 Bogen.

422 J. Ant. *Scopoli* Crystallographiae Hungaricae, Pars I. Pragae 1776. 18 Bogen 19 Kupferpl. 4to. Rothe vergulbete Dekkel und goldner Schnitt. Vom Hrn. Baron von Meidinger.

423 Anselmi *Boetii de Boodt* Gemmarum et lapidum Historia, cum Figuris, Hanov. 1609. 4to. Pergb. Gekauft.

424 D. Jo. Gottl. *Lehmanni* Epistola ad Dn. de Buffon de novâ minerae plumbi specie crystallinâ rubrâ, Petrop. 1766. 4to. in duplo. Vom Hrn. Kr. R. Reimari und Hrn. D. Güldenstädt.

425 Institutiones metallicae, oder Unterricht vom edlen Bergwerk, Wittenb. 1687. 16 Bogen 4to. Vom D. Martini.

426 Chr. Fr. Schulzens Beyträge der Kräuterabdrükke im Steinreich, mit Kupf. Dresden 1755. kl. 4. H. Frb. Von Hrn. Chemnitz.

427 Soleae *Boemi* und Eliae *Montani* Büchlein vom Bergbau, Zerbst 1600. 1 Alph. 4to. BPappe. Vom D. Martini.

428 Urban Fr. Benedikt Brükmanns Abhandlung von Edelsteinen, zwote Auflage, Braunschweig 1773. gr 8 Frb. Vom Hrn. D. Brükmann.

429.430 D. K. Abr. Gerhards Beyträge zur Chymie und Geschichte des Mineralreiches, I und II Theil, Berlin 1773 und 76 gr. 8. 2 H. Englb. Vom Hrn. Pred. Hindenberg. Den 2ten gekauft.

431 Joh. Jak. Ferbers Beyträge zur Mineralgeschichte von Böhmen, 1774. 10 Bogen, 2 K. Tafeln.

— b) Desselben Beschreibung des Quekſilberbergwerks in Idria, Berlin 1774. 5 Bogen, 3 grosse Kupfertafeln, H. Englb. Vom Hrn. Prof. Ferber.

432 Des Hrn. Pr. J. E. Im. Walchs Steinreich, systematisch entworfen, I. II Theil mit 24 Kupferplatten,

platten, Halle 1762 und 64. gr. 8. Englb. Vom Hrn. Kriegesr Reimari.

433 Hrn. Ignatz Edlen von Born, Briefe über mineralogische Gegenstände an Hrn. Ferber, Frft. 1774. 15 Bogen. gr. 8. Bunt Pap. Vom Hrn. von Born.

434.435 Beyträge zur Naturgeschichte, sonderlich des Mineralreichs, aus Briefen gelehrter Naturforscher, I II Theil, Altenburg 1774 und 76 mit Kupf. 8vo. Vom Hrn. Diak. Schröter

436 J. Ant. Skopoli Anfangsgründe der systematischen und praktischen Mineralogie, aus dem Lat. übersetzt von Karl Freyh. von Meidinger, Prag 1775. 12 Bogen 8vo. rothe vergulbete Pappe und goldner Schnitt. Vom Hrn Baron von Meidinger

437.438 Gabr. Jars, Metallurgische Reisen, mit D. Karl Abr. Gerhards Anmerk. I II Band, Berl. 1777. gr. 8. mit K. 2 H. Englb. Von Hrn. Pr Bode.

439 D Joh W. Baumers Naturgeschichte der Edelsteine, aus dem Lat. übers. von Karl Freyh. von Meidinger, Wien 1774 20 Bogen gr. 8. Eben so gebunden. Vom Hrn. Uebersetzer.

440-446 Hr. Franz Ludwig Kankrinus erste Gründe der Berg- und Salzwerkskunde, 1-6 Theils zwote Abtheil Frankf. am M. 1773-76. gr. 8. 7 Mrmb. welche die Mineralogie, Probierkunst, ober- und unterirrdische Erdbeschreibung, den Grubenbau und Markscheidekunst enthalten, mit 133 Kupferpl. Vom Hrn. Hauptm. von Oesterreicher aus Sklavonien.

447 Christ. Hieron. Lommers Abhandlung vom Hornerz, mit 1 Kupfert. Leipzig 1776. 5 Bogen, gr. 8. Hfrb. Unserer Gesellschaft gewidmet. Vom Hrn. Bergm. Lommer.

448 Joh. Heinr. Gottl. von Justi, chymische Schriften, 1 Band, Berlin 1760. gr. 8. Von Hrn. Rebelt.

449 Fr. Sam. Boks, Naturgeschichte des Preußischen Bernsteins, Königsberg 1767. 9 Bogen gr. 8. Frb. Vom Hrn. Präp. Haken zu Stolpe.

450

450 Chr. Fr. Wilkens Nachricht von seltnen Versteinerungen, Berlin 1769 mit Kupf. 5¼ Bogen, 8 Kupfert. 8vo. bl. P. Vom D. Martini.

451 Freyherrn Dan. von Tilas, Entwurf einer Schwedischen Mineralhistorie, übersetzt vom Hrn. Pr. Bekmann, Leipzig 1767. 8½ Bogen 8vo. GPapier. Vom Hrn. Pr. Bekmann.

452 Des Hrn. Sage chymische Versuche verschiedener Mineralien, aus dem Franz. mit Anmerk. von Hrn. Pr. Bekmann, Göttingen 1775. 13½ B. 8vo. GPappe. Von demselben.

453 Karl Freyh. von Meidingers Abhandlung vom Torf oder von der brennbaren Erde, Prag 1775. 3 Bogen 8vo. rothe verguld. Pappe und Schnitt. Vom Hrn. Verfasser.

454 Fr Aug. Kartheusers mineralogische Abhandlungen, I Theil, Giesen 1771. 12¼ Bogen 8vo. GP. Vom Hrn. D. Zückert.

455 Des Hrn. von Charpentier Bergwerkscharte vom wichtigsten Theil der Gebirge im Bergamtsrevier Marienberg, nebst des Hrn. von Trebra Erklärungen dieser Charte, Anneberg 1770. 9 Bogen 8vo. GPappe. Die Charte besonders aufgezogen. Vom Hrn. von Trebra.

456 Joh. Sam. Schröters, Etwas zum Nutzen und Vergnügen aus der Naturgeschichte. (Mineralogisch) Weimar 1775. 8vo. 4½ Bogen. Gelb Pap. Vom Hrn. Verfasser.

457 D. G. E. Stahls, Einleitung zur Grundmixtion der unterirdischen miner. und metallischen Körper, Leipz. 1744. 1 Alph. 4 Bog. Hfrb. Durch Tausch.

458 Raccolta di Memoire chimico-mineralogiche, metallurgiche et orittographiche del Sigr. Giov. *Arduino* in Venetia 1775. 8vo. BP. Vom Hrn. Pr *Arduino*.

459 Thom. Nikols Edelsteinbüchlein, übersetzt von Joh. Langen, Hamburg 1665. 15 Bogen 8vo. roth Papier. Vom Hrn. Insp. Wilkens.

460 Gabr. *Pazmundi* Idea natri Hungariae veterum, nitro analogi, Vindob 1770. 5 Bogen 8vo. bl. Pap. Vom Hrn. Past. Klein in Preßburg.

461 Albart Alonsi Barbá Bergbüchlein, Hamb. 1676. 14 Bogen 8vo. bl. P. Vom Hrn. Insp. Wilkens.

XV.

Oryctologia.

462 Hrn. Kerns Beschreibung des Schnekkensteins oder Sächsischen Topasfelsens, herausgegeben vom Hrn. Ignatz Edlen von Born, mit Kupf. Prag 1776 gr. 4. GPap. Vom Hrn. von Born.

463 Des Ritters von Born Schreiben an den Hrn. Grafen von Kinsky, über einen ausgegrabenen Vulkan bey Eger in Böhmen, Prag 1773. 2¼ B. 4to. Bunt Pap. Von demselben.

464 Joh. Sam. Schröters Nachricht von den Oettinger Foßilien, 2 Bogen 8vo. 1776. Vom Hrn. Diak. Schröter.

465 Desselben Lithographische Beschreibung der Gegenden von Thangelstädt und Rettewitz, Jena 1768. 7 Bogen 8vo. Bunte Pappe. Von demselb.

XVI.

Hydrologia.

466 D. Joh. Fr. Zükkerts systematische Beschreibung aller Gesundbrunnen Deutschlands, Berl. 1768. 1 Alph. 20 B. 4to. Vom Hrn D. Zükkert.

467 Eb. Burgharts Abhandlung von den warmen Bädern bey Landsekke, mit Kupf. Breslau 1774.

— b) Vom Gebrauch des Charlottenbrunnens bey Tannhausen im Fürstenthum Schweidnitz, Bresl. 1743. 6 Bogen 4to. Englb. Vom Hrn. Kr. R. Reimari.

468 Trattato delle Acque minerali di Nicolao *Andria* Pars I. II in Napoli 1775. 1 Alph. 2 Bogen gr. 8. Vom Hrn. Prof. Andria zu Neapel.

469 Torb. *Bergmann* dissertatio de fonte acidulari Dannemarkensi, Upsal 1773. Vom Hrn. Pr. Bergmann.

470 D. Mart. Fr. Ludw. Eisfelds Beschreibung des Quedlimburgischen Gesundbrunnens, 7½ Bogen, Leipzig 1761. 8vo. bl. Pap. Vom Hrn. Geh Finanzrath Müller.

471 *Cartheuseri* (Fr. Aug.) Rudimenta Hydrologiae systematicae, Fr. ad Viadr. 1758 6 Bogen 8vo. GP Vom Hrn Insp. Wilkens.

472 Joh. Fr. Zükkert vom Meinberger Mineralwasser an den Hrn. D Trampel, Lemgo 1774. 2 Bogen 8vo. BP Vom Hrn. D. Zükkert.

473 Torb. *Bergmans* Afhandling om Bitter-Selzer-Spa-och Pyrmonter Vattens, Upsala 1776. 5 Bog. 1 Kupfert. 8vo. Vom Hrn. Prof. Bergmann.

XVII.

Botanik und Forstwissenschaft.

474 496 D. Martini selbst aufgetroknetes Herbarium vivum, nach dem Tournefort geordnet und bis zu 2000 Pflanzen vermehret, 23 Pakete in Fol. zwischen Pappen. Vom D. Martini.

497 Leonh. *Fuchsii* de Historiâ Stirpium Commentarii, Basiliae 1542. Frb. Gekaupft.

498 Des Hrn. Baron von Gleichen Neuestes aus dem Reiche der Pflanzen, mit 151 illuminirten Kupf. von Joh Chr. Keller, Nürnberg 1764. Fol. H.Engb Vom Hrn. Verfasser.

499 Jo. Reinh. *Forsteri* Caracteres generum Plantarum Insularum maris australis, cum Icon. Lond. 1776. 4to. Hfrb Vom Hrn. D Rebelt.

500 Car. *Linnaei* disputatio Academica de sexu Plantarum praemio ornata, Petrop 1770 4 Bogen gr. 4. Bunt Papier. Von Hrn. D. Güldenstädt.

501 Laur. Theod. *Gronovii* Bibliotheca botanica, Lugd. Bat. 1760. 450 pagg addita Jo Ant *Bumaldi* Bibliotheca botanica, ibid. eod. 66 pagg. et *Gronovii* Auctuar. Bibl. botan. gr. 4. Mrmb. Vom Hrn. D. Zükkert.

502 Otto Fr. *Mülleri* Efterretning og Erfaring om Svampe. medkaaber. Kiövenhaven 1763. 9 Bogen,

2 Ku-

2 Kupferpl. gr. 4. GPappe Vom Hrn. Etats-Rath Müller zu Kopenhagen.

503.504 Des Hrn. Oelhafen von Schöllenbach, Abbildungen und Beschreibungen der wilden Bäume, Stauden und Gewächse, Nürnb. 1773. 10 Bogen Text, 34 sauber illuminirte Kupfertaf. Zwischen Pappe geheftet. it. II Theil, 1 — 5 Kupfertaf. 1777 mit Beschreibungen. Vom Hrn. Verfasser.

505 Dissertatio de Atropâ Bella donna, Praes. D. Ant. Gui. *l latz* Resp. *Daries*, Lips. 1776. gr. 4. Goldp. Von Hrn. Daries

506 C. *Bauhini* Pinax Theatri Botanici, Basil 1623.

— b) *Sanctorii* methodus vitandorum errorum omnium, qui in arte medicâ contingunt, Genevae 1630. 4to. Pergb. Gekauft.

507 D. Schäffers Abbildung und Beschreibung merkwürdiger Schwämme, Regensb. 1761. 4to. bl. Pap. Vom D. Martini.

508 Jo. *Scheuchzeri* Agrostographia, Tiguri 1719. cum Figuris 4to. Pappe. Gekauft.

509 D. Barthol. *Zornii* Botanologia medica, Berlin 1714. 4to. 5 Kupfertaf. WB. Gekauft.

510 D. Jo G. *Volkameri* Flora Norimbergensis 1706. cum figuris aeneis, 407 pagg. 4to. Mrmb. Vom Hrn. D Zückert

511 Nath. Godofr. *Leske* de generatione vegetabilium, Lips. 1773. 4 Bogen 4to. GPappe. Vom Hrn. Pr. Leske.

512 Dissertatio de Amygdalis et oleo amararum aethereo, Lips. 1776 2 Bogen 4to. Vom Hrn. D. Daries.

513 Al. B. *Koelpin* Commentatio botan. physica de Stylo florum ejusque differentiis, Gryphiae 1774. 6½ Bogen 4to. geheft. Vom Hrn. Prof. Kölpin.

514 Ladislai *Bruz* dissertatio de Gramine Mannae, seu Festucâ fluitante, Vindob. 1775 2½ Bogen, 1 Kupfertaf. gr. 8vo. roh. Vom Hrn. Past. Klein zu Presburg.

515 Pet. John. *Bergius* Descriptio plantarum ex capite bonae spei, cum tabulis aeneis, Holmiae 1767.

gr 8. 1 Alph. 5 Kupfertaf. H.Englb. Vom Hrn. Prof. Bergius aus Stokholm.

516 Des Ritters von Linné Pflanzensystem, mit K. I Band, Nürnberg 1777. H.Englb. Von Hrn. Raspe

517.518 D. Joh. Gottl. Gleditschs systematische Einleitung in die Forstwissenschaft, I. II. Band, Berl. 1774 und 75. gr. 8. 2 H.Englb. Vom Hrn. Pr. Gleditsch.

519 Desselben Pflanzenverzeichniß mit kurzen Anmerkungen, Berlin 1773. 1 Alph. 5 Bogen, gr. 8. H Englb. Vom D Martini.

520 Ebendesselben vollständige theoretisch = praktische Geschichte nutzbarer Pflanzen, I Band, Berlin 1777. 1 Alph. 16 Bogen Schrbpap. gr. 8. Englb. Vom Hrn. Hofr. Gleditsch.

521 Otto Fr *Mülleri* Flora Friedrichsdaliana, Argentor. 1767. mit 2 Kupfertaf. 6 Bogen gr. 8. G Pap. Vom Hrn. Etatsrath Müller.

522 Joh. *Raji* Stirpium Europaearum extrà Britannicis nascentium Sylloge, Lond 1694. gr. 8. Pergb. Vom Hrn. D Kühn zu Eisenach.

523 Pauli *Hermanni* Hortus Academicus Lugduni-Batavicus Iconibus illustratus, Lugd. 1687. 699 pagg. gr. 8. Pergb. Von demselben.

524 Chr Fr *Reuss* Compendium botanices, Ulmæ 1774. Gelbe Pappe. Vom Hrn. Verfasser.

525 D. Joh. Gottfr. *Zinn.* Catalogus plantarum Horti Academ. et agri Goettingensis, Goett 1757. 1 Alph. 6 Bogen, cum tabula aeneâ. 8vo. Pergb. Vom Hrn. D. Zükkert

526 Car Aug. *de Bergen* Flora Francofurtana, Fr. ad Viadr. 1750. 1 Alph. 2 Bogen 8vo. Pergb. Vom Hrn. D. Zükkert.

527 Jos. Gottl. Kölreuters entdecktes Geheimniß der Kryptogamie der Pflanzen, Karlsruh 1777. 8vo. G Pap. Vom Hrn. Verfasser.

528 D. Joh. Fr. Gmelins allgemeine Geschichte der Pflanzengifte, Nürnberg 1777. 1 Alph. 10 Bogen 8vo. H.Englb. Vom Hrn. Raspe.

529-532 D. Balth. Erharts ökonomische Pflanzenhistorie, I-XII Theil, Ulm 1753-62. 8vo. 4 Franzbände. Vom Hrn. Kriegsr. Reimari.

533 Sam Gust *Wilke's* Flora Gryphica, Gryphiae 1765. 10 Bogen 8vo.

— b) Alex. Bernh. *Koelpin* Florae Gryphicae Supplem. Ibid 1769 9 Bogen. H.Englb. Vom Hrn. Prof. Kölpin.

534.535 M. Pitt *Tournefort* Histoire des Plantes des Environs de Paris, seconde Edition augmentée par *Bern. de Jussieu*, Tom. I. II. à Paris 1725. 8vo. 2 Frzb. Vom Hrn Rend. Siegfried.

536 Jo. *Rai* Methodus Plantarum nova, Lond. 1682. 14 Bogen 8vo. Frzb. Vom Hrn. Pr. Kölpin.

537.538 *Herbarium vivum portatile* mit dem Verzeichnisse desselben, gesammelt von B Erhardt, Berlin 1755. 8vo. Vom Hrn. Rend. Siegfried.

539 Jo. Heinr. *Ursini* Arboretum biblicum, cum figuris, Norimb 1763. 621 S. kl. 8. Pergb. Vom Hrn. D. Feldmann.

540 Leonh *Fuchsii* Historia Stirpium, Lugdb. 1755. 12mo. Pergb. Vom jungen Hrn. Abt.

XVIII.

Gartenbücher.

541.542 Des Hrn. Probst Franz Hermann Heinrich Lüders, Briefe über die Bestellung eines Küchengartens, Hannov. 1773 und 76. 8vo. 2 Mrmb. Vom Hrn. Verfasser.

543 Desselben Briefe über Anlegung und Wartung eines Blumengartens, Hannov. 1777. 1 Alph. 17 Bogen 8vo H.Englb. Von demselben.

544 P. V. Engels verständiger Gartenmeister, aus dem Holländischen übersetzt vom Hrn. *le Gendre*, Leipzig und Wolfenb. 1734.

— b) Kräutermanns Blumen- und Kräuterbuch. Frkf. und Leipzig 1716.

— c) L. Chr. v. Hellwigs hundertjähriger Hauskalender von 1701-1801. 10te Ausgabe, Erfurth 1731. WB. Vom Hrn. D Zükkert.

545 René *Dahuron* vollständiges Gartenbuch mit Kupfern, 6te Auflage, Weimar und Zelle 1743. 1 Alph. 21 Bogen 8vo. WB. Von demselben.

546 Dan. *Rhagorii* erneuerter Pflanzgarten, 4te Ausgabe, Basel 1669. 2 Alph. 1 Bogen 8vo. Pergb. Von demselben.

547 Georg Lingelsteiners wohlgerathner Zwergbaum, Leipzig 1747. 9½ Bogen mit Kupf. 8vo.

— b) De Combe, ausführliche Beschreibung der Pfirsichbäume, aus dem Franz. Frankf. und Leipzig 1747. 7 Bogen 8vo. bl. Pap. Von demselben.

548 Der neu ankommende Holländische Gärtner, Nürnb. 1737. 11 Kupfert. 12mo. bl. Pap. Von demselben.

XIX.

Physikotheologische Schriften.

549 Die Schönheiten des Winters, historisch und physikalisch beschrieben von M. H. Frankf. und Leipz. 1756. 18 Bogen 8vo. Englb. Vom Hrn. Kriegsr. Reimari.

550 Die Schönheit der Schöpfung, aus dem Dänischen des Hrn. Chr. Bromann Tullin von Peter Kleen, Kopenh. 1765, 2½ Bogen 8vo. GPap. Vom D. Martini.

XX.

Oekonomie und Kameralwissenschaft.

551 Hr. K. L. M. Schmidts, Rede vom Zusammenhang zwischen der Land- und Stadtwirthschaft, der Handlung, der Polizey, dem Finanzwesen und der Staatswirthschaft, Lautern 1776. 5 Bogen 4to. bunt Pap. Vom Hrn. Regierungsrath Medikus.

552 Modi di preparare la Semenza per preservare il frumento dal Carbone. Dal Sigl. Pietro *Arduino*. In Venezia 1770. 2 Bogen gr. 8. B. Pap. Vom Hrn. Prof. Arduino zu Venedig.

553 Tal om Suenska Ang-skötseen af *Bengt Bergius*. oder Rede vom Schwedischen Wiesenbau und dessen Förderung durch lohnende Grasarten, Stokholm 1769. 6 Bogen gr. 8. Vom Hrn. Bankokommissarius Bergius zu Stokholm.

554 Hr Prof. Joh. Bekmanns Grundsätze der deutschen Landwirthschaft, zwote verbesserte und vermehrte Auflage, Göttingen 1775. 8. H. Englb. Vom Hrn Verfasser.

555 Gottfr. von Mayers kluger und erfahrner Hausvater, Nürnb. 1765. 1 Alph. 13 Bogen 8vo. H. Fzb. Vom Hrn. D. Zükkert.

556 Just. Chr. Dithmars ökonomis. Fama, 10 Theile. Frankf. und Leipz. 1743. 8vo. Wb. Von demselb.

557 Peter Kretschmars ökonomische Praktika mit Kupf. Leipz. 1749. 15½ Bogen 8vo. bl. Pap. Von demselben.

558 Plan zur hohen Kameralschule zu Lautern, zwote Auflage 1776. 5 Bogen 8vo. bunt Pap. Vom Hrn. Regierungsrath Medikus.

XXI.

Chymische und pharmazevtische Schriften.

559 Barend *Goenders van Helpen* Tresor de la Philosophie des Anciens, ou connoissance de tous les metaux et mineraux, pour arriver enfin à la perfection du grand oeuvre, avec des tailles douces, à Cologne 1693. Fol. Frb. Vom Hrn. Insp. Wilkens.

560 *Commentationes chemicae* e secundo Novorum Act. Upsal: Tomo excerptae, Upsal 1775. 4to. cum figg. bl. Pap. Vom Hrn. Pr. Bergmann aus Upsal.

561 *Ejusdem* dissertatio *de Magnesiâ* albâ. Ibid. 1775. 3½ Bogen 4to. geheft. Von demselben.

562 *Ejusdem* dissertaito *de Acido sacchari*, Ibid. 1776. 3 Bogen 4to. geheft. Von demselben.

563 *Ejusdem* dissertatio *de Stibio tartarisato*, Ibid. 1775 2½ Bogen 4to. geheft. Von demselben.

564 *Ejusdem* dissertatio *de Nicolo*. Ibid. 1775. 4½ Bogen 4to geheft. Von demselben.

565 Petr. *Mar. Caneparius* de Atramentis, Lond. 1660. 3 Alph. 2 Bogen 4to. Pergb. Für Hrn. Ferbers Briefe eingetauscht.

566 Musta et vina Neccaria, examine potissimum hydrostatico explorata, Praes. *Jaegero*. Auct. Jo Jos. *Reuss*. Tubing. 1773. 4to Vom Herrn Verfasser.

567 *Riplaei* (Georg.) Chymische Schrift vom Stein der Weisen, Wien 1756. 8vo. H Frzb. NB. Nro. 567-574 Vom Hrn. D Zückert.

568 Hermann *Fictuld* Turba Philosophorum zu Erläuterung der Hermet. Smaragdtafel, 1763. 8vo. H Frzb.

569 *Arnoldi de villa Nova* chymische Schriften durch Jo. Hoppodamum, Wied 1749. 8vo. H. Frzb.

570 Sinc *Renati* Theo-Philosophia theoretico practica, Breslau 1714. H. Frzb.

571 Joh. Langens chymisches Zweyblatt, Frankf. und Hamb 1673.

— b) Dreyfache chymische Fakkel ꝛc. Nürnberg 1674. 8vo. Pergb.

572 Der Hermetische Philosoph, Frankf. und Leipz. 17 9 Nebst andern chymischen Traktaten von D. Mangeti und Petermann &c. 8vo. Pergb.

573 *Philaletha* von Verwandlung der Metalle, durch Joh. Lange, Hamburg 1675. Ebendesselben Kern der Alchymie, Leipzig 1685 und *Ejusdem* Comment. in Epist. Georg. Riplaei, Ibid. 8vo. Pergb.

574 Hermogenis Apocalypsis spagyrica &c. Leipz. 1739. 8vo. bl. Pap.

575 Nachrichten an das Publikum von den Gravenhorstischen Chymischen Fabrikprodukten, Frkf. 1769. 6 Bogen 8vo. und eine Beylage von 8 halben Bogen in 4to. Nebst einigen Proben der beschriebenen Produkte. Vom Hrn. D. Martini.

576

576 Erxlebens physikalisch-chymische Abhandlungen, 1 Band, Leipzig 1776. 1 Alph. 8vo. Schreibpap. bl. Pap. Vom Hrn. Verfasser.

577 And. Joh. *Retzius* grunderne til Pharmacien, Stockh. 1769. 8vo. G. Pap. Vom Herrn Prof. Bergmann.

578-596 Noch 19 grösstentheils alchymische Traktate, von Glauber und andern alten Scheidekünstlern, in 8. Vom Hrn. D. Zükkert.

XXII.

Vermischte Medizinische Schriften.

597 D. Joach. Fr. Boltens Nachricht von einem mit dem künstlichen Magnet gemachten Versuch in einer Nervenkrankheit, Hamb. 1775. 6½ Bogen gr. 4. Vom Hrn. Verfasser.

598 D. Carl *Oehme* dissertatio de morbis recens natorum chirurgicis, Lips. 1773. 8½ Bogen gr. 8. Schrbp. Goldpap. Vom Hrn. D. Oehme.

599 D. Carl. Gottl. *Wagleri* diss. de morbo mucoso. Praes. *Roederer*. Goett. 1762. 12 Bogen 4to. Mrb. verguld. Schnitt. Vom Hrn. Leibmed. Wagler.

600 Dissertatio de Diapasmate oecon. medica. Praes. Chr. Fr. *Reuss*. Resp. Chr. Gottl. *Seeger*. Tubing. 4to. Vom Hrn. Pr. Reuß.

601 D. Jo. Fr. *Zükkert* Materia alimentaria systematica, Berol. 1762. 1 Alph. gr. 8. Vom Hrn. D. Zükkert.

602 Desselben allgemeine Abhandl. von den Nahrungmitteln, Berlin 1775. 21 Bogen gr. 8. Schreibp. Mrmb. Von demselben.

603 Desselben Abhandl. von den Speisen aus dem Thierreich, Berlin 1777. 12 Bogen gr. 8 SP. Von demselben

604 D. Joh. Ludw. Leberecht Lösekens Abhandlung von den auserlesenen Arzneymitteln, vierte Auflage, vermehrt und verbessert vom D Joh. Fr. Zükkert, Berlin 1773. 1 Alph. 17 Bogen gr. 8. Von demselben.

605 D. Joh. Fr. Zükkert medizinisches Tischbuch, zwote vermehrte Auflage, Berlin 1775. 1 Alph. 1 Bogen 8vo. Schrbpap Mrb. Von demselben.

606 Jo. *Bruyerinus* de re cibariâ, Francof. 1500. 2 Alph. 8 Bogen 8vo. Pergb. Vom Hrn. Prof. Kölpin.

607 D. Zükkerts wahre Mittel, die Entvölkerung eines Landes in epidemischen Zeiten zu verhüten, Berlin 1773. 5¼ Bogen 8vo. GPap. Vom Hrn. D. Zükkert.

608 Desselben Abhandlung von der Luft und Witterung, und der davon abhangenden Gesundheit der Menschen, Berlin 1770. 13½ Bogen. GPap. Von demselben.

609 Desselben Diät der Schwangern und Sechswöchnerinnen, Berlin 1767. 12½ Bogen 8vo. GP. Von demselben

610 Desselben Unterricht für rechtschafne Aeltern zur diätetischen Pflege ihrer Säuglinge, zwote Auflage, Berlin 1771. 11½ Bogen. GP. Von dems.

611 Desselben diätetische Erziehung der entwöhnten und erwachsenen Kinder bis in ihr mannbares Alter, zwote Auflage, Berlin 1771. 16½ Bogen. Von demselben

612 Jo Fr *Cartheuseri* dissertationes phys. chym medicae, Franc ad Viadr 1774. 10⅛ Bogen 8vo. Von demselben.

613 D M E Blochs medizinische Bemerkungen und Abhandlungen vom Pyrmonter Brunnen, Berlin 1774. 8vo. Englb. Vom Hrn. Verfasser.

614 D. Joh. Ernst Wichmanns Beyträge zur Geschichte der Kriebelkrankheit, Leipzig 1771. 5 B. 8vo. Goldpap Vom Hrn Verfasser.

615 D. Wilh. Baylie's kurze Säze über die Pokken, aus dem Engl. von D. Alex. Bernh Kölpin, Stettin 1775. 4 Bogen 8vo. BPap. Vom Hrn. Pr. Kölpin.

616 D. Mart. Fr. Ludw. Eißfelds Abhandlung vom Nuzen der Schlakkenbäder, Quedlinb. 1766. 6 Bogen 8vo. Vom Hrn. Geheim. Finanzrath Müller.

617

617 Raccolti di opuscoli fisico-medici, Vol. I. di Giov. Luig. *Targioni*, in Firenza 1774. 8vo. BPap. Vom Hrn. Verfasser.

618 Die Genesung von einer Paralysis durch den Blitz, eingeschikt von John Wilkinson, Götting. 1765. 2 B. gr. 8. Vom Hrn. D. Wichmann.

619 Lev. *Lemnii* de habitu et constitutione corporis, Libri II. Franc. 1596.

— b) *Ejusdem* de similitudine et parabolis, quae in Bibliis ex herbis atque arboribus desumuntur; accedunt

— c) Franc. *Ruei* Libri II. de gemmis aliquot apocalyptis, Franc. 1608. 12mo. Schwlb. Vom Hrn. Inspekt. Wilkens.

XXIII.

Allerhand vermischte Schriften.

620 Ein Atlas von 54 Charten in Leder gebunden. Fol. Vom Hrn. Geh. Sekret. Otto.

621 Hr. C. L. Zieglers Preißschrift über die Ursachen der Vestigkeit alter Römischer und Gothischer Gebäude, Berlin 1776. 4 Bogen. gr. 4. Vom Hrn. Probst Lüeder.

622 Die Kunst Porzelain zu machen vom Grafen von Milly, aus dem Franz. mit Kupf. Brandenburg 1774 15 Bogen, 6 Kupfertaf. H. Englb. Vom D. Martini.

623 Des Hrn. Past. Leonhard Frischs Traktat: Die Welt im Feuer oder das wahre Vergehen und Ende der Welt, mit 12 illuminirten Kupfertafeln, zwote Aufl. Sorau 1747. 22 Bogen 4to. Hfrb. Vom Hrn. Past. Frisch.

624 Der wahre Evangelische Christ in der Einsamkeit, zwote Auflage, Freystadt und Sorau 1764. gr. 8. Frzb. Von demselben.

625 Die wahre Auferstehung der Todten, Sorau 1745. 5 Bogen.

— b) Erklärung der göttlichen Träume in der heiligen Schrift, von Joh. Leonh. Frisch, Sorau 1745. 10 Bogen. 8. Frzb. Von demselben.

626 Hrn. Heinr. Math. Aug. Kramers, Nachrichten zur Geschichte der Herkulanischen Entdekkungen, mit Hrn. Joh. Jak. Rambachs Vorrede, Halle 1773. 13 Bogen gr. 8. GP. Vom Hrn. Past. Kramer aus Quedlimburg.

627 Fr. Christ *Meuschenii* Schediasma problematicum de summo officio Archi-Admirall. S R. Imperii, Lugd. Bat. 1743. 5 Bogen 8. Hfzb. Vom Hrn. Verfasser.

628 Leben und Karakter des Hrn. Hofr. D. Fr. Christ. Günthers zu Kahle, an Hrn. Hofr. Walch von M. Joh Christ. Tschirpe, Jena 1775. 3 Bogen 8vo mit dem Güntherischen Bildniß. BP. Vom Hrn. Hofr. Walch.

629 D. Joh. Karl Konr. Oelrichs, Entwurf einer Pommerischen vermischten Bibliothek, mit historisch kritischen Anmerkungen, Berlin 1771. 8 Bogen 8vo Mrmb. Vom Hrn. D. Oelrichs.

630 Verzeichniß der Martinischen Bibliothek, mit einem Namen- und Sachregister, nebst einem Entwurf zu einer gemeinnützigen Journalgesellschaft, zwote Auflage, Berlin 1775. 17 Bogen gr. 8. Schrbp. GPappe. Vom D. Martini.

631 Bibliothecae Ludwigianae Sect. I II. Lipſ. 1774. 1 Alph. 4 Bogen 8vo. cum Indice Auctorum. Vom Hrn. Prof. Lecke.

632 Aelians vermischte Erzählungen, übersetzt mit Anmerkungen von Hrn Konr. Meineke zu Quedlinb. 1775. 15 Bogen 8vo. Von Herrn Konrektor Meineke.

633 *Sigr. Bianchi* meditazioni ſu vari punti de felicita publica e privata, Copenh. 1775. 17¼ Bogen 8vo. Pap. Vom Hrn. Prof. *Bianchi* aus Sizilien.

2. Ver-

2.

Verzeichniß
des
gesellschaftlichen
Naturalienkabinettes.

I. Abtheilung.

Erste Klasse.

Vierfüßige Thiere.

1 Ein vollständiger skeletirter Kopf eines Invaliden. Von mir selbst zubereitet. Vom D. Martini.

2 Die Geschlechtstheile von einem zweyjährigen Mädchen, aufgetroknet, mit Nieren= Harn= und Samengängen, Mutter, Eyerstökken und äußern Theilen der Vulvæ cum hymene. Von demselben.

3 Ein merkwürdiger *Calculus vesicæ humanæ*, oder Blasenstein, ¾″ hoch, 1½″ lang. Vom Hr. Kriegsrath Reimari.

4 29 Stük *Lapides vesicæ felleæ*, oder Gallenblasensteine, in einer zu Eisenach sezirten Wassersüchtigen gefunden. Vom Hr. Kühn.

5 Eine wohlbehaltne Europäische Fledermaus, mit ausgespannten Flügeln. Das Langohr. Vespertilio auritus *Linn* p. 47. n. 5. Müller I. p. 154. Vom Hr. Kriegsr. Reimari.

6 Eine gemeine Fledermaus vollständig, im Sitzen, Vespertilio murinus, L. 47. n. 6. Schrebers Saugthiere. I. p. 165 T. 51. Vom D. Martini.

7 Ein großer Elephantenschwanz mit starken schwarzen Haren, wie Eisendrath, welche die Goldschmiede zum Einlegen in Ringe gebrauchen. Im ganzen 19 Zoll lang. Der häutige Theil 11 Zoll lang, 2″ breit. Cauda Elephantina. Von den Haren eines Elephantenschwanzes lese man Harlemer Abhandlungen a. d. Naturgeschichte II. B. p. 319. u. not.*. Vom Hrn. Garnis. Pred. Chemnitz.

8 Der ganz kleine Schwanz eines ungebohrnen Elephanten. Im ganzen $5\frac{3}{8}$″. Der häutige Theil $4\frac{1}{2}$″. Die Hare haben die Stärke der Pferdshare. S. Müller I. p. 159. Von denselben.

9 Der vollständige Bakkenzahn eines jungen Elephanten. An der Oberfläche $6\frac{1}{2}$″ lang, mit der längsten Wurzel 5″ hoch. Von Hrn. Spengler.

10 Der Kopf des Wallrosses oder Meerpferdes. Caput Trichechi Rosmari absque maxillâ infer. Not. Der ganze Kopf ist im Linn. Syst. des Hrn. Prof. Müller I Th Tab. IX. f. 1. pag. 171, das vollständige Thier aber in des Herrn Pr. Schrebers Saugethieren Tab. 79. abgebildet und beschrieben. Unser Exemplar hat 1 F. 1 Z. in der Länge, hinten 10 Zoll, vorn 6 Zoll in der Breite. Beyde Zähne haben ebenfalls jeder 1 F. 1 Z. in der Länge, und ragen $7\frac{1}{2}$ Z. über die Kinnlade hervor. Von demselben.

11 Der Knochen aus der Ruthe eines Wallrosses. 6 Zolle lang. Müller I. pag. 17. Tab. XI. f. 4. Vom Hrn. Chemnitz.

12 Eine kleine ganz junge Beutelratze auf einem schwarzen Gestelle. Didelphis marsupialis *Linn.* 71. n. 1. Müller I. 288. Vom Hrn. D. Bloch.

13 Stacheln vom Europäischen Igel. Erinaceus europæus. Linn p. 75. Müller I. p. 305. Tab. XVII. f. 1. Vom D. Martini.

14 Zween dikke Stacheln vom Stachelschwein. Erinaceus malaccensis. *Linn.* p. 75. Müller pag. 308. Tab. XIX. f. 2. *Klein Quadr.* p. 66. Von Hrn. Chemn.

15. Das

15 Das graue Virginianische Eichhörnchen. In fressender Stellung ausgestopft Le petit gris *Buff.* Sciurus cinereus. *Linn.* XII. 86. n. 3. Vom D. Martini.

16 Des kleinen Guineischen Rehes vier Füße Moschus pygmæus *Linn.* 92. n. 3 Vom Hrn. Spengler.

17 Das Geweih von einem jungen Grönländischen Rennthier mit zwey Enden und einem Stük Hirnschale 4⅛ Zoll ohne die Krümmung. Das untere getheilte Ende 6¾ Zoll. Cornu Cervi Tarandi. *Linn.* Müller. I. 234. n. 4. T. 23. Von demselben.

18 Zwey auf der Hirnschale noch vestsitzende Gazellen- oder Antilopenhörner, schwarz, jedes mit 16 schrägen Querringen, welche sich hinterwärts verlieren. Zwischen diesen Ringen der Länge nach gestreifet, unten gekrümmet, an der glatten Spitze vorwärts gebogen, jedes von der Wurzel, in gerader Linie bis an die Spitze gemessen, 1 Fuß lang. Sie sind im Herrn von Büffon Tom. VI. Vol. II. p. 119. beschrieben und Tab. XXIII. abgebildet. Cf. Capra bezoardica Linn. p 96. Müller pag 415. Der Bezoarbok Tab. 24. f. 2 Von Hrn. Chemnitz.

19 Ein groſses Horn von der Büffonischen Antilope. S. v. Büffons Naturgeschichte in 4to. VII. 2. p. 160. Antilope cervicapra *Pall* Specil I p. 18. &c. T. I. Ist schwarz, besteht aus 32 Ringen, und ist stark gewunden, oben spitzig, 1 Zoll im Durchmesser, und 15 Zolle lang Von Hr. Spengler.

20 Ein kleines Gazellenhorn, 3¾ Zolle lang, oben glatt und spitzig, unten viermal wellicht geringelt. Im Ganzen schwarz und gerade. Von der Capra Gazella. L. p 96. Müller p. 412. Tab XXIV. f. 1. Vom Herrn Chemnitz.

21 Etwas von dem sogenannten Kämelhar, oder feines Har von der Angorischen Ziege Capra Angorensis. *Linn.* 94. β. *Olear.* Mus. T. 10. f. 2. *Tourn.* Voy. 2. p. 185. Vom Hr. Geh. Sekretär Otto.

22 Zwey kleine Knochen aus dem Fleisch einer ge-

räucherraucherten Rindszunge, so groß als Zukkererbsen. Vom Hrn. Pastor Reineke.

23 Zween Hauer vom Nilpferd oder Hippopotamus. Hyppopotamus amphibius *Linn.* Müller I. 457. Die Hauer sind Tab. XI. f. 3. abgebildet. Im Durchmesser des Bogens 10 Zoll. Von Hrn. Spengler.

24 Ein runder knospiger Lapis porcinus, 1 Zoll hoch, $1\frac{1}{8}$ Zoll breit. Vom Hrn. D. Kühn.

25 Ein großes Horn vom Rhinozeros, 1 Fuß $1\frac{1}{2}$ Z. hoch, unten $4\frac{1}{2}$ Zoll breit, 3 Pfund schwer. Cornu Rhinocerotis *Linn.* pag. 104. Müller pag 469. Tab. 32. Von Hrn. Rebelt.

26 Zwey Exemplare vom kleinen Horne des Narhwall oder des Einhornfisches. Cete monodon, monoceros *Linn.* pag. 105. Müller 477. Herr Spengler gab von diesem Horn dem Hrn Prof. Hanov 1758 Nachricht, welche der Herr Prof. Titius aus den Danziger Erfahrungen im III. Theil seiner neuen gesellschaftlichen Erzählungen p. 33. angeführet. Von Hrn. Spengler.

27 Eine große Wallfischribbe. Costa Balenæ mysticeti. *Linn.* p. 105. Müller p. 481. Sie ist von den kurzen stark gebogenen, und beträgt in gerader Linie von einem Schenkel des Bogens zum andern $7\frac{1}{4}$ Fuß, $4\frac{1}{4}$ Zoll in die Breite, $2\frac{3}{4}$ Zoll in die Dikke auf der obern Kante. Von Hrn Chemnitz.

28 Drey sogenannte Lapides manati, oder vielmehr Gehörknochen des Wallfisches. Leg. Müller I. 484. Von Hrn Chemnitz und Hrn. Spengler.

29 Ein vollständiger *Priapus Ceti*, 6 Fuß 5 Zolle lang, unten $5\frac{3}{4}$ Zoll im Durchmesser. Von Hrn. Rebelt.

30 Eine Portion von den *Branchiis* eines Wallfisches, welcher 1669, den 7ten May in der Lesem gefangen, den 9ten aber nach Bremen gebracht worden. Er hatte 28 Fuß in der Länge. Vom Hrn. D. Brand.

Zwo-

Zwote Klasse.

Vögel.

31 Ein großer Indianischer Papagay, 7 Zolle hoch, 10½ ' lang, mit schwarzer Platte, rother Brust und Wangen, grünen, gelb geflekten Flügeln, blauem Nakken und Schwanze, rothem Bürzel, blau und roth gemischtem Bauch und Schenkeln. Auf einem schwarzen Postamente. Vom Hrn. Assessor Kappel.

32 Ein beschädigter Paradies- oder Luftvogel, mit vollständigem Nest, aus Ostindien. Pica paradisea apoda. *Linn.* 166. n. 1. Müller l. c. p. 197. Tab. 25. f 5. Von Hrn. Chemnitz.

33 Ein vollständig aufgesetzter schöner Wendehals mit lang hervorhängender, Nadelförmiger Zunge. Yunx Torquilla *Linn.* 172. n. 1. Frischs Vögel. T. 38. Müller II. 216. Vom Hrn. Baron von Meidinger.

33 b) Ein Isländischer Pfeilschwanz. Anas acuta. *Linn.* 202. n. 28. Müller l. c. p. 295. Von Hrn. Chemnitz.

34 Eine Isländische Winterente, Angeltasche. Anas hyemalis *Linn.* 202. n. 29. Müller loc. cit. 295. Leems Lappen. p. 145. Von Hrn. Chemnitz.

35 Ein vollständiger, gut aufgestellter Seepapagay, oder Spitzbergischer Papagay. Alca arctica *Linn.* 211. n. 4. Müller l. c. II. 311. T. IX. f. 3. Pennants Br. Thierg. T. 80. p. 157. Martins Spitzberge Tab. K, fig. c. Neueste Mannigfaltigkeiten, I. Jahrg. p. 203. Von demselben.

36 2 Spitzbergische oder Grönländische Seetauben. Der kleine Peter Drikker (Gunn.) Alca Alle. *Linn.* 211. n. 5. Müller l. c. 312. T. IX f. 4. Martins Spitzb. p. 5. n. 2. Tab. L b. Pennant l. c. T. 81. f. 1. p. 158. Von demselben.

47 Ein großer Isländischer Meerhymber oder Eistaucher, auf einem schwarzen Gestelle. Colymbus glacialis *Linn.* 221. n. 5. Müller 340. Das Fell auszustopfen und aufzustellen 2 Rthl. Von demselben.

48 Ein schöner Ohrentaucher mit Silberglänzendem Brustfell, und rothen Korallfarbigen Augen. Colymbus auritus *Linn.* 222. n. 8. Müller loc. cit. p. 341. Pennant l. c. Tab. 74. f. 2. und T. 77. p. 154. Die Brusthaut wird als ein vortrefliches Pelzwerk gegerbet und Grebe genennet. Die eigentliche sogenannte Grebe des Neufchateller- oder Genfersees ist in den Berlinischen Sammlungen VI. B. p. 513. beschrieben. Vom Hrn. Prälaten von Rochow.

49 Ein schönes Präparat von der Zunge, den Zungenbeinen, der ganzen Luftröhre und geöfneten Brust des Kranichs, nebst dessen Füßen und Flügelknochen. Ardea Grus *Linn.* 234 n. 4. Müller II. 372. Cf. dessen Einleitung zu diesem Bande der Vögel p. 6. Von der Luftröhre und dem seltsamen Geschrey des Kranichs. it *Blasii* Anat. animal. und Coiter *Tabb.* anat., wo eine genaue Zergliederung dieses Vogels, besonders der Tubæ stentoreæ zu finden ist. It. Diss d'une Gruë morte d'obesité par Mr. *Hartmann.* Collections Acad. Tom. VII. p. 620. Die Gesellschaft hatte von dem Domherren und Prälaten, Hrn. von Rochow zu Rekan das Subjekt zur Untersuchung, frisch geschossen, erhalten.

50 Ein kleiner Zaunkönig auf einem Gestell. Motacilla Troglodytes. *Linn.* 337. n. 46. Pennants Britt. Thierg. p. 114. Frischs Vögel T. 24. f. 3. Müller II. 619. Vom Hrn. Baron und Ritter von Meidinger.

51 Das vollständige Nest einer Beutelmeise, Pendulin- oder Sumpfmeise, Remitz der Polen. Man findet das ganze Nest in *Bon.* M. K. Tab. 248. n. 15. p. 228. 229. Die beste Abbildung des Nestes aber, der Jungen darinn und der Mutter im Allgemeinen Magazin II. B. pag. 238. Cf.

Hallen.

Hallen. p. 361. f. 22. Parus Pendulinus *Linn.* p. 342. Müller II. 629. Pendolino Ital. Hang-nestje der Holländer. Von Hrn. Chemnitz.

52 Der Schnabel des rothschnablichten Pfeffervogels oder Tukan, Ramphastos Toucanus. *Linn.* p. 151. Müller II. p. 156. An den Seiten roth, oben Strohfarbig, an der Wurzel mit einer schwarzen Binde und mit schwarzen gezähnten Rändern. *Bon. M. K.* p. 228. Pica Brasiliana, Seligm. Vögel III. 23. Brasil. Elster. Hern. Mex. 697. Sechs Zolle lang, an der Basi beyde 2½ Zolle breit. Vom Hrn. Kriegesrath Reimari.

53 Ein schöner Grünspecht auf schwarzem Gestelle. Picus viridis *Linn.* XII. p. 175. Frischs Tab. 35. f. 1. Müller II. 224. T. 28 f. 4. Pic verd. Pivert. Engl. Rain fowl. Vom Hrn. D. Bloch.

54 Ein kleiner Indianischer Eisvogel, 4 Zolle lang, beynahe wie der Bengalische Eisvogel. Alcedo Erithaca *Linn.* 179. n. 4. Müller II. 239. Von Hrn. Rappel.

55 Ein wohlbehaltner gemeiner Wiedehopf auf schwarzem Gestelle. Upupa Epops. *Linn.* p. 183. Müller. II. 249. T. VIII. f. 6. Vom Hrn. D. Bloch.

56 Ein Stük vom Zwölffingerdarm einer Gans, mit anwachsenden Federn erfüllet, 2½ Zoll lang. Vom Hrn. D. Kühn.

57 Große Glasstükken aus einem Hünermagen, die durchs Reiben sehr abgestumpfet worden. (In einem beschriebenen Schächtelchen). Vom Herrn Dd. Stopf.

58 Ein großer Feuerstein, 1½ Zoll breit, ¾ Zolle lang, der im Hahnenmagen allenthalben abgestumpfet und geglättet worden. *Alectorolithus*, seu Alectoria gemma. *Plin.* L. XXXVII. c. X. Der Hahnenstein. Von demselben.

59 Contenta aus dem Magen eines Auerhahns. Tetrao Urogallus. L. 273. n. 7. (lauter bunte Kiesel). Vom Hrn. D. Kühn.

60 Eine Haubenlerche auf schwarzem Gestell. Alauda cristata *Linn.* p. 288. Müller l. c. p. 520. Cochevis. Fr. Alouette hupée. Engl. Crested Lark. Vom Hrn. D. Bloch.

61 Ein großer Seidenschwanz auf schwarzem Gestelle. Ampelis Garrulus *Linn.* p. 297. Frisch T. 32. f. 1. Müller l. c. 540. Von demselben.

62 Ein Buchfink auf schwarzem Gestelle. Fringilla coelebs. *Linn.* 318. Müller II. 580. Fr. Pinçon, Grinson, Quinson; Engl. Chaffink. Von demselben.

63 Ein Stieglitz oder Distelfink auf eben solchem Gestelle. Fringilla carduelis *Linn.* 318. Müller l. c. 582. Tab. XXV. f. 5. Von demselben.

64 Ein vollständiges Finkennest. Von demselben.

Dritte Klasse.

Amphibien.

65 Eine große Oberschale von der Riesenschildkröte. Testudo Mydas *Linn.* p. 350. Müller III. p. 18. Tab. I. f. 1 — 3. 15¾ Zolle lang, 13 Z. breit. Von Hrn. Rebelt.

67 Eine kleine vollständige Seeschildkröte von eben der Art. Auf dem Schild etwas beschädigt. vide loca allegata. Vom Anfange der Schnauze bis zu Ende des Schildes 9 Zolle lang. Das Schild sechs Zolle breit. Vom D. Martini.

67 Das Skelet vom Kopf einer sehr großen Riesenschildkröte. Mit dem Unterkinnbakken 8¾ Z. lang, 5¾ Zolle breit. Aus Ostindien. Vom Hrn. Garnisonpred. Chemnitz.

68 Das ganze Gehäuse von einer Karetschildkröte. Testudo Caretta *Linn.* p. 351. Müller III. p. 30.

leg.

leg. p. 31. vom Schilde. $5\frac{3}{4}$ Z. lang, $4\frac{1}{2}$ Z. breit. Vom D. Martini.

69 Eine vollständige Europäische Landschildkröte mit ihren Schalen. Testudo scabra *Linn.* p. 351. Müller III. pag. 34. Mit dem Kopfe $6\frac{1}{2}$ Z. lang, $3\frac{3}{4}$ Z. breit. Von demselben.

70 Das ganze Schild einer Ostindischen Landschildkröte mit den 13 Kantons. Die geometrische oder Sonnenschildkröte. Testudo geometrica *Linn* pag 353. Müller III. p. 45. Tab. XII. f. 1. 3 Zolle lang, $2\frac{3}{8}$ Zolle breit. Von Hrn. Spengler.

71 Ein dito, $2\frac{1}{2}$ Zolle lang, $2\frac{1}{8}$ Zolle breit. Vom D. Martini.

72 Ein dito, $4\frac{1}{4}$ Z. lang, $3\frac{1}{4}$ Z. breit. Vom Hrn. D. Kühn.

73 Eine vollständige Westindische junge Seeschildkröte. Vom Hrn. Kanzleyrath Bek.

74 Eine saubere vollständige Eidexe von der hiesigen Art, im Thiergarten gefangen. In Spiritus. Lacerta agilis *Linn.* p. 263. Der Springer. Müller. III. p. 92 Vom jungen Hrn. Abt allhier.

75 Ein aufgetrokneter saub'rer Kamäleon. Lacerta Chamæleon. *Linn.* S. Nat. pag. 364. Müller III. p. 95. Tab. XII. f. 4. Er hat über ein Viertel Jahr noch gelebet, und starb den 3ten Dez 1756. im Königl. Kabinette zu Kopenhagen. Von Herrn Chemnitz.

76 Zwey Skelete von den Köpfen großer Schlangen Boa *Linn.* p. 373. Müller III. p. 144. &c der gröste $3\frac{1}{2}''$ lang, $2''$ breit. Von demselben.

77 Wirbelbein einer großen Schlange. Im Durchmesser $1\frac{7}{8}''$ $\frac{5}{8}''$ hoch Von demselben.

78 Eine aufgetroknete hiesige Schlange. Vom Hrn. D. Bloch

79 Eine große Schlangenhaut aus Guinea. Beynahe $6''$ breit, 3 Fuß $5\frac{1}{2}''$ lang. Vom Herrn Chemnitz.

80 Eine große in Form eines Drachen gebrachte aufgetroknete Nagelroche. Raja clavata *Linn.* XII. 397.

397. *Rondel* p. 353. Pontoppidan. 155. Kokkel. In Marseille Clavade. Franz. Bouclier. Engl. Thorn-back oder Stachelrükken. Schwed. Racocka. Holl. Roch. Dasybatus *Klein* Miss. Pisc. III. p. 36. Raie bouclée. Müller III. p. 248. Cf. Mus. *Besler* Tab. XV. f. 3. Vom D. Martini.

81 Zwey Rocheneyer oder sogenannte Seemäuse. Ovum Rajæ. *Rond.* p. 342. *Joust.* Tab. XII. *Valent.* Mus. Mus. I. p. 491. *Knorr.* Delic. nat. II. Tab. H. VI. f. 4. p. 67. *Lochn.* Mus. Besl. Tab. XV. f. 4. 5. Seemaus. Schr. der Dronth. Ges. II. B. p. 226. Müller. Linn. n. 8. III B. p. 242. Vom Hrn. Chemnitz.

82 Ein seltner Joch- oder Hammerfisch. Squalus Zygæna *Linn.* 399. n. 5. *Rond.* 389. Müller. III. 258. 15½ Zolle lang, vorn 2 Zolle breit. Von Hrn. Kappel.

83 Die geflekte Haut eines kleinen Seehündchen. Squalus Catulus *Linn.* XII. 400. Schr. der Dronth. Gesellsch. II. p. 216. T. I II. Der gelbe Hayfisch. Engl. Morgay oder kleiner junger Hund. Ital. Pesce gatto oder Kattfisch, auch Guatto Muscarolo. An den Französischen Küsten wegen seiner röthlichen Haut Roussette. Müller. III. 264. *Klein* Miss. III. p. 8. T. I. f. 5. 6. 17 Zolle lang. Von Hrn. Rebelt.

84 u. 85. Das Gebiß von einem jungen Seewolf oder Menschenfresser. Ein halbes von einem größern, und ein vollständiges von einem kleinern Seewolf. Squalus Carcharias *Linn.* XII. p. 400. *Gesn.* Pisc. 173. Schriften der Dronth. Gesellsch. II. Band. Tab. X XI. Müller III. p. 266. Tab. XI. f. 5. Norw. Haækiaring. Fr. Lamie. Engl. White Shark. Weißer Hay. Holl. Jonas-Haay. Von den Zähnen leg. Müller l. c. p. 267. Das Gebiß ist in *Lochn.* Mus. Besl. T. XVII. abgebildet Mandibula canis marini. 4½ im Durchmesser. Von Hrn. Chemnitz.

86. 87 Zwey Sägen vom sogenannten Sägefisch. Die gröste 1 Fuß, 9 Zolle lang, 3 Zolle breit, die kleinste 1 Fuß 1½ Zoll lang, 1½ Zoll breit. Squalus Pristis

stis *Linn.* XII. 401. Müller III. 273. T. XI. f. 2. Lat Serra. Schw. Sægfisk. Norrweg. Saug-fisk. Engl. Saw-fish *Lochn.* Mus. Besl. T. XVII. Beyde von Hrn. Chemnitz.

88 Ein großer Meerfrosch, oder Fischerfrosch, Froschfisch, Todfisch, Wasserschaufelmaus. Lophius piscatorius *Linn.* XII. 402. Müller III. pag. 279. Tab. VII. f. 3. *Charlet.* Onom. 199. Tab pag. 201. Rana Piscatrix. *Olear.* Mus. p. 37. T. 23. f. 4. Die Synon. leg. bey Hrn. Müller l. c p. 280. S. im VI. Bande der Berlinischen Sammlungen pag. 83. eine ausführliche Beschreibung und Abbildung. Von Hrn. Rebelt.

89 Ein ganz junger Fischerfrosch von eben der Art, 4⅜ Zoll. Von demselben.

90 Ein dito etwas anders gebildet. 3⅞ Zolle. Von demselben.

91 Ein vollständiger Einhornteufel oder Amerikanische Seefledermaus. Lophius Vespertilio *Linn.* 402. n. 2. Seligm. VIII. T. 73. f. 1 — 3. Berlinische Sammlungen VI. 171. Neue Mannigfaltigkeiten III. 194. cum figuris. Müller III. 283. Aus Westindien. Vom Hrn. Assessor Rappel.

92 Ein großer Stör. 2 Fuß 5 Zolle lang. Acipenser Sturio *Linn.* XII. 403. Müller III. 287. Spitzschnauze. S. Mannigfaltigkeiten II. B. p. 807. cum fig. Fr. Esturgeon. Engl. Sturgion. Ital. Storione, Sturione. *Lochn.* Mus. Besl. Tab. XVII. fig. bona. Von Hrn. Rebelt.

93 Ein kleiner junger Stör aus der Oder, 7⅞ Zolle lang. Vom Hrn. D. Bloch.

94 Ein sogenanntes Biegeleisen. Ostracion triqueter. *Linn.* XII. p. 407. *Seb.* III. T. 24. f. 6. 12. Müller. III. 304. Stryk yzer-visch. Hat keine Stacheln am Rande des Bauches. 4½ Zoll lang, 2 Z. hoch. Von Hrn. Chemnitz.

95 Ein großes Dreyek oder Piscis triangularis aus Westindien. Ostracion trigonus *Linn.* XII. 408. Müller l. c, p. 306. T. VIII. f. 4. Engl. Triangu-

lar-fish. Fr. Cochon de mer. Seeschwein. Unterscheidet sich von dem vorigen durch die Stacheln am Rande des Bauches. 7½ Z. lang, 3 Z. hoch. Von Hrn. Spengler.

96 Ein kleinerer dito. 4½ Z. lang, 2¼ Z. hoch. Von Hrn. Chemnitz.

67 Ein sauberes Seekätzchen oder gehörntes Dreyek. Ostracion cornutus *Linn* XII. p. 409. *Sebæ* Mus. III. T. 24. f. 8. 9. 13. Müller l. c. p. 309. Ind. Ikang Setang. Hornfisch. Cacatocha, Capitano. Holl. Zeekatje. Das rechte Vorderhorn beschädigt. 6⅛ Zolle lang, 2⅞ Zolle hoch. Von Herrn Rebelt.

98 Zwey getroknete, saubere Dreyhörner, oder dreyhörnichte Beinfische. Ostracion tricornis *Linn.* 408. n. 4. Müller III. 308. 2 — 2¼ Zolle lang, 1¼ — 1⅝ Zolle hoch. An jeder Seite des untern Randes 4 Stacheln. Vom Hrn. Assessor Kappel.

99 Die Blase von einem Kugelfisch. *Linn.* 412. Diodon. Müller III. 324. Sie gleichet einem Paar aufgeblasenen Beinkleidern, und ist von sehr dichter Haut. Aus Westindien. Vom Hrn. Kanzleyrath Bek in Kopenhagen.

100 Eine Seenatter. Syngnathus Ophidion. *Linn.* XII. p 417. Müller l. c. p. 343. T. XII. f. 5. 10 Zoll lang. Von Hrn. Rebelt.

Vierte Klasse.

Fische.

101 Das Gebiß eines Seewolfs aus Ferroe. Anarhichas *Linn.* gen. 146. Müller III. p. 54. T. 2. f. 2. Von Hrn. Chemnitz.

102 Der Schifshalter, oder kleine Sauger. Echineis Remora. *Linn.* XII. p. 446. Müller. l. c. p. 113.

Hol-

Holländ. Zuigfisch. Ind. Koete-Laect. Seelaus oder Schip-klemmer. Franz. Succt. Arrete-Nef. Engl. Sucking-Fish. Port Piexe Pogador. Piexo pioltho. S. Richter 684. Dresdn. Mag. I 459. *Valent.* M. M. I. p. 488 und 490 *Olear* Mus Gott. T. 24. f. 2. *Knorr.* Delic Nat. II. Tab H. 17 f 2. p. 59. *Bom.* Dict. I. 517. *Cours d'H Nat.* V pag. 463. Pl. VIII. f. 1. Poissons d'ordure. Pilotes. Vom Herrn Faktor Danz.

103 Ein kleiner Soldatenfisch. Chætodon capistratus. *Linn.* p. 465. n. 18. *Sebæ* Thes. III. T. 25. f. 16. Müller IV. 172. Tab. VI. f. 4. 1½ Z. hoch, 2¼ Z. lang. Von Hrn. Chemnitz.

104 Ein Flußbarsch. Perca fluviatilis *Linn.* XII. p. 481. Müller IV. 222. Kaulbarsch. Bekm. pag 80. *Kram.* Austr. p. 384. n. 1 *Rond* II p 196. *Jonst.* Tab. 28. Perca major Perschling, Warschieger. 6 Zolle lang, anderthalb Zolle breit. Vom Hrn. Pr. Leske.

105 Ein Stur- oder Steuerbarsch, 4½ Z. lang, 1¼ Z. breit, und ein kleiner von 3½ Zoll in die Länge. Perca cernua *Linn.* 487. n. 30. *Kramer* Austr. pag. 386. n 4. Pfaffenlaus. Rotzwolf. *Schæff.* Ratisb. 32. T. 2. f. 1. Vom Hrn. Pr. Leske.

106 Ein schöner aufgeklebter Dito, 10 Zolle lang, 3¾ Z. hoch, mit seinen Rückenflossen. Vom Hrn. Geh. Finanzrath Müller.

107 Die Schwanzflosse, unstreitig einer Seemakrele. Pinna caudalis Scombri pelagici *Linn.* 495. Mus. Ad. Fr. I. p. 73. T. 30. f. 3. Müller IV 267. 11 Zolle lang, von einer Spitze zur andern einen Fuß breit. Von Hrn. Kappel

108 Der Seegukkuk, der Radfisch Eberh. 162. Trigla Cuculus *Linn.* XII. 497. Müller 4. pag. 275. Tab. VII. f. 4. Fr. Morrude. Engl. Rotchet. *Klein* Miss. IV. T. XIV. f. 4. Vom Hrn. D. Bloch, unter dem Namen Knurrhahn.

109 Ein vollständiger Tabakspfeifenfisch. Fistularia Tabacaria *Linn.* 515. n. 1. *Mus. Ad. Frid.* I. p. 80. T. 26. f. 1. Müller IV. 333. T. VIII. f. 8. Mannig-

nigfaltigkeiten IV Jahrg. p. 430. cum fig. Ueberhaupt 1 Fuß 9 Zolle lang, der Schnabel 4¼ Zoll. Der Kopf bis zu Ende der Schwanzflosse, 11 Zolle. Der Schwanzfaden 6 Zolle. Vom Hrn. Rappel.

110 Ein getrokneter Grönländischer Angmarset. Clupea Grönlandica. S. Martini Naturl. II B. p. 587. Von Hrn. Spengler. Wir besitzen hiervon auch eine versteinerte schöne Duplette vom Herrn Chemnitz.

111 Eine Barbe, Barme, Seebarbe. 10½ Zolle lang, 1⅞ Zolle breit, ohne die Floßfedern. Cyprinus barbus *Linn.* XII. 525. Eberh. 168. Leske p. 17. *Kram.* Austr p. 391 n. 2. *Klein* Miss Pisc. Vtus p. 64. n. 1. Mystus &c. *Jonst.* p. 130. Tab. 26. f. 6. minus bona. Richter. p. 806. Riegeri Lex. II. p. 98. Der Rothbart quibusd. Holländ. Barm, Berm, Barbeel. Engl. Barbell. Fr. Barbeau, Barleau Ital. Barbio. Müller l. c IV. p. 379. Vom Hrn. Prof. Leßke.

112 Ein kleiner Spiegelkarpfe. 10 Zolle lang, 2¾ Zolle Zolle breit Cyprinus Carpio *Linn.* p 524. *Leske* p. 23. Variat. β. *Klein.* Miss. Pisc. V. p 59. n. 2. *Kram* Aust. p. 390. 1 β. Rex Cyprinorum. Von demselben.

113 Ein Schneiderkarpfen, Moderließken. Cyprinus Aphya *Leske* p. 51. *Linn.* XII. p. 528. 2⅝ Zolle lang. Von demselben.

114 Ein junger Aland, Rappe, Raubalet, Raapse, Rapen Cyprinus Rapax *Leskii*, p. 56. *Klein.* Miss. V. p. 65. n. 1. *Jonst* Pisc. Tab. 26. fig 8. Mala. Richter. p. 889. 5 Zolle lang, 1¼ Zolle breit. Von demselben.

115 Eine Rothfeder. Rothauge, Cyprinus rutilus *Leskii*, p. 64 n. 14. *Kram.* Aust 393. n. 9. *Klein.* Miss. V. p. 62. n 5. Tab. 13. f. 2. 6 Zolle lang, 2 Zolle breit. Von demselben.

116 Eine Bleye, Braßle oder Brassem. Cyprinus *Brama* Linn. 531. n. 27. Müller IV. 398. Flußbrachsem. *Leskii* spec. p. 73. n. 16. *Kram.* Austr. 391.

291. 3. *Klein.* Miss. V. p. 61. n. 1. *Rond.* II. p. 154. fig mala. *Jonst.* Tab. 29. f. 5. mala. Richter pag. 815. 10 Zolle lang, $3\frac{3}{8}$ Z. breit. Von demselben.

117 Eine dito, 8 Zolle lang, 2 Zolle breit. Von dems.

118 Ein kleiner aufgeklebter Weißfisch oder Güster. Cyprinus Alburnus. *Linn.* 531. Müller IV. 396. Nestling. $6\frac{1}{2}$ Zolle lang, $1\frac{3}{4}$ Zolle breit. Vom Hrn. Geh. Fin. Rath. Müller.

119 Ein Häseling, aufgeklebt, 6 und einen halben Z. lang, $1\frac{1}{4}$ Zolle breit. Cyprinus Dobula. *Linn.* 528. n. 13. Meiers Thiere II. 26. T. 93. Müller IV. p. 391. Von demselben.

120 Eine aufgeklebte Schleye. $7\frac{3}{4}''$ lang, $2''$ breit. Cyprunus Trinca. L. 526. Meiers Thiere II. 14. Tab. 51. Müller IV. 383. Von demselben.

121 Eine große ausgestopfte sogenannte Goldschleye. Cyprinus Tynca *Linn.* aus Schlesien. Gelb, schwarz geflekt. 1 Fuß $1\frac{3}{4}''$ lang, $2\frac{1}{3}''$ hoch. Vom Hrn. M. Börner.

122 Eine wunderbare große Fischhaut mit sonderbaren schwarzen Schuppen, welche dem Fucus marinus gleichen. Aus Island. Herr Egede, der 14 Jahr in Island gewesen, hat nicht sagen können, welcher Fisch mit einer solchen Haut umgeben sey. Ein Student hat sie aus Island als eine unbekannte Fischhaut mitgebracht, sie als eine große Seltenheit aufbewahret, und erst nach langem Bitten, für ein ansehnlich Stük Geld, dem Hrn. Spengler überlaßen, der sie uns als eine Seltenheit den 13ten Sept. 1775 übersendete.

123 Ein merkwürdiger Grönländischer Fisch, den wir, ob er gleich aufgetroknet ist, vielleicht einst ausführlich beschreiben werden *). Von Herrn Chemnitz.

Die Fortsetzung im künftigen Bande.

*) So eingeschränkt unsre Sammlung noch in den vier ersten Klassen zu seyn scheinet; so deutlich beweiset sie doch schon die

Theil-

Theilnehmende Großmuth unſerer vereinigten Gönner und Freunde. Viel beträchtlicher ſind bereits, durch eben dieſe, von allen Seiten, durch edle Beförderer unſers Inſtitutes zuſtrömende Quellen, die Klaſſen der Inſekten, Konchylien, Foſſilien und Pflanzen, angewachſen, von welchen letztern wir in der That herrliche Kabinetsſtükke aus Italien, Ungarn, Siberien, Rußland, aus Kölln am Rhein, aus dem Mannsfeldiſchen u, ſ. w. aufzubewahren das Glük haben. Es wird uns zu einer fühlbaren Freude gereichen, künftig, indem wir unſre Schätze den günſtigen Leſern vorlegen, zugleich den edelmüthigen Gebern derſelben unſre dankbarſte Rührungen darüber öffentlich bezeigen zu können.

M...

XXXI.

Verzeichnis
der
im dritten Bande
der gesellschaftlichen Beschäftigungen
enthaltenen Sachen.

A.

B.

Pr. Brün=

F.

Flachs

H.

J.

L.

M.

Mitglie-

S.

T.

U.

V.

W.

Drukfehler im IIten Bande.

Seite 326. l. 19. statt Hochfürstl. Durchl. lies Kurfürstl. Durchl. Seite 327. l. 19. verdelet, lies veredelt. S. 328. l. 10. leichter Farbe, lies lichter Farbe. lin. ult. bis zur, lies bis zu. S. 333. l. 16. von rother Farbe, lies von dunkler Farbe. S. 336. l. 17. feucht, lies feucht. S. 336. l. 19. auf denselben ferner, lies auf demselben Feuer. S. 337. l. 1. ganze Maße, lies ganzen Maßen.

Einige Drukfehler des IIIten Bandes.

Seite 29. l. 14. Absicht, lies Absichten. S. 108. l. 6. Naturhistorie, lies Naturhistorie. S. 140. l. 2. Se, lies Sie. S. 173. l. 6. J. J. D. Annone, lies D'Annone. S. 186. l 12. nach verdient muß eine *) und ein, stehen. S. 210. l. 7. Wißfelchen, lies Weißfelchen. S. 222. nach p. 223 muß 224 heißen. S 319. l. 22. lese man Messerscheiden. S. 389. l. 19. lese sich noch hämmern. S. 391 l. 25. statt Luftröhrchen, lies Lothröhrchen. S. 398. l. 15. statt Flekken, lies Flokken. S. 557. Nach Erste Klasse, muß stehen Menschen und vierf. Thiere.

FSC
www.fsc.org
MIX
Papier | Fördert gute Waldnutzung
FSC® C083411

Kolibri 360 GmbH
Ferdinand-Jühlke-Straße 7
99095 Erfurt, Deutschland
produktsicherheit@kolibri360.de